高等学校规划教材

焊接物理基础

黄健康 编著

化学工业出版社

·北京·

内 容 提 要

《焊接物理基础》以焊接过程中的物理现象为讨论对象，结合物理学基本知识来阐述焊接物理领域所涉及的基本知识与现象。

全书分焊接电弧、熔滴过渡、焊接熔池 3 大部分共 10 章。其中第 2、3、4 章以较大篇幅介绍了焊接物理所涉及的基本物理知识及逻辑推导体系，包括气体基本规律、气体放电电离理论、电极电子发射理论；第 5、6 章主要从焊接电弧的基本现象与特性来详细讨论焊接电弧的物理本质。第 7、8 章主要讨论了熔化及焊接过程中熔滴受力、熔滴过渡及特性。第 9、10 章主要介绍了焊接过程中的热过程与熔池流动行为。

《焊接物理基础》可作为高等学校焊接技术与工程专业、材料成型及控制工程专业的教学用书，也可供相关焊接专业的研究人员、工程技术人员学习参考。

图书在版编目（CIP）数据

焊接物理基础/黄健康编著 . —北京：化学工业出版社，2020.8（2021.11重印）
高等学校规划教材
ISBN 978-7-122-37013-6

Ⅰ.①焊…　Ⅱ.①黄…　Ⅲ.①焊接工艺-高等学校-教材　Ⅳ.①TG44

中国版本图书馆 CIP 数据核字（2020）第 084207 号

责任编辑：陶艳玲　　　　　　　　装帧设计：刘丽华
责任校对：王素芹

出版发行：化学工业出版社（北京市东城区青年湖南街 13 号　邮政编码 100011）
印　　装：北京七彩京通数码快印有限公司
787mm×1092mm　1/16　印张 21　字数 547 千字　　2021 年 11 月北京第 1 版第 2 次印刷

购书咨询：010-64518888　　　　　　　　售后服务：010-64518899
网　　址：http://www.cip.com.cn
凡购买本书，如有缺损质量问题，本社销售中心负责调换。

定　　价：79.00元　　　　　　　　　　　　　　　版权所有　违者必究

随着工业技术的发展，焊接技术欣欣向荣，传统的焊条电弧焊向智能、绿色等方向蓬勃发展，并反馈支撑了国家大型工业项目，如高铁、西气东输等，使得焊接成为国民经济中不可或缺的技术手段之一。

焊接物理以焊接过程中所涉及的各种物理现象为研究对象，聚焦于焊接过程中的电、磁、力、热、光与声等现象的观测及描述，从物理力学、传热、传质等方面来获得相关的物理规律，并以此为基础来革新原有的焊接手段，开发出新的焊接方法，并提高焊接质量。随着计算机技术的发展，科学研究构成了以试验、理论、数值模拟为三大有效手段来探究整个自然奥秘的机制。焊接科学也是如此，从以前的试验研究为主开始慢慢向试验、理论、数值模拟等全方面的科学探索。焊接物理方向更是如此，大量的数值研究把以前很难观测到的试验现象清晰地展示在每个读者的眼前；同时，在新兴技术的支撑下，焊接技术从"定性"走向"定量"分析,从"经验"走向"科学"，焊接技术与工程的学科道路也越来越宽，同时也和其他学科夹杂与一起，因此深厚的焊接学科理论是焊接技术与工程蓬勃发展的基石。

焊接物理是焊接技术与工程专业的基础课程，因此兰州理工大学焊接技术与工程教研室为本科、硕士研究生、博士研究生等不同层次都开设了焊接物理课程，而且延续了几十年，目的是让学生对焊接基础领域有一个较好的认识，更是让学生能接受较好的理论培养。因此本书偏重于理论，但基本上还属于经典物理学范畴。本书从基本理论出发，结合试验，融合计算机模拟技术，全面系统地给读者介绍了焊接物理所涉及的研究领域及应用。笔者从事教学工作，一直秉承知行结合的教学理念，希望学生不仅仅记住知识，明白理论之间的内在逻辑关系，更需要去运用所学来分析问题、解决问题，本书的内容选择也遵循这一原则。

本书分为三部分，共十章。本书主要从电弧物理、焊丝熔化及熔滴过渡、焊接熔池行为这几方面来对焊接物理进行介绍，主要参考了杨春利与林三宝于 2003 年编的《电弧焊基础》、日本的安藤弘平与长谷川光雄所著的《焊接电弧》、J. F. Lancaster 于 1983 年编著的《The Physics of Welding》、武传松编著的《焊接热过程与熔池形态》等焊接类书籍，也参考了管井秀郎所编著的《等离子电子工程学》、朱建国等所编著的《固体物理学》等非焊接类的书籍；当然还有众多其他作者的学术论文。笔者对于所参考的书的著者和所参考的论文的作者表示衷心的感谢，并在文中及参考文献中进行引用标注。

10 多年来，笔者一直从事焊接物理的科研与教学工作，主持完成了国家自然基金等焊接物理相关的科研项目，也连续多年教授"焊接物理"课程，从讲义到参考书，深知学生学习该课程的不易；同时，在教学过程中，笔者也对所讲授的知识有了更深入的认识，并反馈于科研中，特别是在焊接过程数值研究领域中，从 TIG 焊电弧数值模拟开始，历荆棘而前行，努力在焊接数值模拟领域探索并阐述相关物理机制。教学与科研成为本书出版的动力。

本书成稿后，得到了焊接界前辈的关心和帮助，笔者深表感谢。值本书出版之际，还要感谢所有给予笔者关心、爱护和帮助的亲人、朋友和同事；也要感谢笔者所指导的众多研究生，正是他们在资料整理等方面所做的辛勤工作以及出色的科研工作，才使得本书更有深度。

本书可作为焊接技术与工程、材料成形及控制工程专业的教材，也可以作为工程技术人员、科技工作者的参考书。

由于理论水平所限，且本书所涉及的学科宽广、交叉，不妥之处在所难免，恳请批评指正。

黄健康

2020 年 1 月

目录

第3篇　焊接熔池 / 242

第9章　焊接热过程 / 243

第1章

绪　论

　　焊接技术是当前工业生产中的重要基础工艺，随着工业技术的发展，焊接技术欣欣向荣，从传统的焊条电弧焊向智能、绿色等方向蓬勃发展，并反馈支撑了国家大型工业项目，如高铁、西气东输等，让焊接成为国民经济中不可或缺的技术手段之一。焊接技术是随着科学技术和理论研究的不断发展而发展进步的，焊接理论的研究能够促进焊接技术的发展。

　　在焊接的发展中，焊接技术从最古老的钎焊技术，发展到如今种类繁多的焊接技术，如埋弧焊、摩擦焊、激光焊等；焊接操作从传统的工厂焊接向水下焊接、太空焊接进行探索；焊接工件也从传统的同种金属材料焊接扩展为异种金属材料焊接、金属材料与非金属材料焊接，甚至开始探讨生物组织的焊接。

　　对于焊接技术，一般狭隘地认为它是指电弧焊技术，因为其应用最为广泛。电弧焊技术是当前工业生产中的重要基础工艺，是现代焊接技术的重要组成部分，其应用的范围几乎覆盖了所有的焊接生产领域，因此焊接有时候就指电弧焊。

　　随着计算机技术的发展，科学研究构成了以试验、理论、数值模拟为三大有效手段来探究整个自然奥秘的机制。焊接科学也是如此，从以前的试验研究为主开始慢慢转向试验、理论、数值模拟等全方面的科学探索。焊接物理方向更是如此，大量的数值研究把以前很难观测到的试验现象清晰地展示在每个读者的眼前；同时，在新兴技术的支撑下，焊接技术从"定性"走向"定量"分析，从"经验"走向"科学"。焊接技术与工程的学科道路越来越宽，同时和其他学科交叉在一起，因此深厚的焊接学科理论是焊接技术与工程蓬勃发展的基石。

　　比如，在埋弧焊刚刚出现时，人们认为这种焊接是流经熔化焊剂的电流产生的电阻热作用的结果，随后对其进行导电特性方面的研究表明，该方法是形成了电弧的熔化焊。正是有了这一发现，1950年人们开发出了利用流经熔化焊剂的电流所产生的电阻热进行焊接的电渣焊方法；1950年之后，随着对电弧理论的深入研究，人们逐步认识了电弧中产生的一些重要现象。例如，通过对电子发射机理的研究发现，当在钨极中加入一些微量稀土元素后，可以使电弧的引燃性能、电弧特性都有明显改善；通过对电弧导电粒子的研究，人们把电弧中负离子的产生与阳极斑点、熔池表面张力行为结合在一起，开发出活性化 TIG 焊方法，焊接生产率得以大幅度提高。再如，通过对电弧静特性的研究，确定其在稳定电弧长度、实现焊接自动调节等方面能起到重要作用。

　　焊接物理作为焊接理论重要的组成部分，以焊接过程中所涉及的各种物理现象为研究对象，聚焦于焊接过程中的电、磁、力、热、光与声等现象的观测及描述，从物理力学、传热、传质等方面来获得相关的物理规律，并以此为基础来革新原有的焊接手段，开发出新的焊接方法，并提高焊接质量。

比如对焊接热过程的研究将为焊接热源的解析提供理论依据，为焊接热源的设计以及焊后残余应力的了解提供理论支持和工程应用。同样，通过对焊接过程的熔滴过渡的解释与描述，开发出一脉一滴、表面张力控制法（STT）、冷金属过渡法（CMT）等诸多熔滴控制方法，并在工程应用中产生了诸多的应用。还有，通过熔池表面形貌的研究，发现了熔池表面振动与熔透的相关性；通过对焊接过程中的电弧声音的分析，同样也能建立电弧声特性与焊缝塌陷的相关性。

随着当今社会的不断发展，对于焊接自动化的要求和对焊缝质量的要求不断提高，如人们在焊缝成形控制、熔滴过渡控制、降低焊接飞溅等方面不断做出努力，促进电弧热输入方式的改进和热输入量的控制研究，推动了焊接技术与装备的发展；同时，通过焊接过程的数值模拟方面的研究，焊接过程越来越清晰地展现在人们眼前，并推动着焊接学科与其他学科的融合。总之，焊接技术的发展离不开对焊接物理方面的研究，应受到焊接工作者的重视。

第1篇

焊接电弧

第**2**章

气体基本理论

2.1 理想气态方程

2.1.1 宏观与微观

在热物理学研究过程中都是以较大的宏观物体作为研究对象，并将这个宏观物体称为热力学系统。将系统之外的所有物体统称为外界。如图 2.1 所示为一个氢气球，将气球内的气体视为一个系统，气球壁和大气都是外界；如果将整个气球当作一个系统，那么大气就是外界。系统又可分为孤立系统、封闭系统和开放系统三种。孤立系统不与外界交换物质和能量；封闭系统只与外界交换能量而不交换物质；开放系统与外界同时交换物质和能量。在研究过程中，为了简化问题，一般将所研究的系统都视为理想的孤立系统。

1mol 物质的分子数目为 $N_A = 6.022 \times 10^{23}$。对一个系统用体积、压强、温度、内能等反映系统宏观性质的物理量加以描述，将这些反映宏观性质的物理量称为宏观量，并与热力学定律联系在一起。随着研究的不断深入，人们将目光转向了比宏观系统小几个数量级的微观粒子（分子或原子）上，这些微观粒子以各种形式在不停地运动，而且相互之间存在着各种相互作用。人们希望通过对微观粒子运动状态的描述来对整个系统状态加以说明，并将这种方法称为微观描述。描述一个微观粒子的运动状态的物理量有速度、质量、能量、空间位置等，将其统称为微观量，这些微观量都是不可感觉到，也不容易被测量出来的。

不论是宏观描述还是微观描述，都是针对同一系统，只是两者的角度不相同，所以两者之间一定存在着内在联系。无论物体体量多大，其都是由分子和原子组成的，也就是说平时所看到的物体都是大量分子组合的宏观表现，物体的性质在极大程度上取决于这些分子和原子。系统的宏观量也是由组成这个系统的数以亿计的微观粒子所决定的。系统的宏观现象是所有微观粒子运动的综合表现的结果，即宏观量是微观量的统计平均值。例如，气体对容器壁的压力就是无数粒子连续不断撞击容器壁的集体结果。在这一章的学习中，重要的是要理清楚宏观与微观的关系，通过对微观求统计平均值的办法从理论上

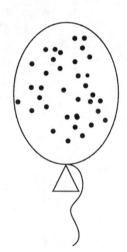

图 2.1 系统与外界

理解宏观量的本质。对于实际应用而言，求出某一个分子或原子的运动状态并没有太大的意义。

2.1.2 温度的概念

温度是热力学中描述系统状态极为重要的宏观参量，并与热平衡紧密联系在一起。如图 2.2 所示，A 和 B 是两个相互独立的系统，在 A 和 B 之间用一块刚性板隔开（刚性板可以阻碍两系统相互之间的机械作用力），但两系统之间除了通过机械作用传递能量外还有其他的方式。假设存在一种不但能隔断机械作用，而且还能阻止能量传递的刚性板，将其称为隔能板。被隔能板隔开的系统可以自由改变状态而相互之间不受任何影响。例如石棉板、水泥板可以近似看作是隔能板。同时假设存在一种能隔断系统间机械作用而不能阻止能量传递的刚性板，称之为导能板。两个系统之间可以通过导能板传递能量，其中一个系统状态的改变一定会影响到另一个系统。金属板就可以看作导能板。由此可知，被导能板隔开的两个系统经过一定的时间后将达到稳定的状态，相关状态量最终都趋向于一个常值。只有当两个系统达到这一常值的时候二者的状态才不会再改变，也就是达到了热平衡状态。

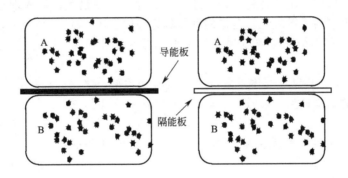

图 2.2 用不同刚性板隔开的两个系统

热平衡有一个非常重要的定律——热力学第零定律，这一定律实际上出现在热力学第一定律和第二定律之后，但由于其普适性所以被称为第零定律。如图 2.3 所示，如果系统 A 和系统 B 都与系统 C 处于热平衡，那么系统 A 和 B 也处于热平衡状态。这就类似于等号（或平行）的传递性（A＝C，B＝C，那么一定有 A＝B），但这条定律并不是由理论推导得出的，而是通过试验得到的结果。热力学第零定律表明，系统达到热平衡后具有一个共同的宏观性质，将描述这个宏观性质的变量定义为温度。换句话说，达到热平衡的所有系统都有相同的温度，这与在日常生活中感受到的是一样的。例如将两个温度不同的物体放在一起，温度高的一个会变冷，温度低的一个会变热，最终达到温度相同的结果。温度的测量也是基于这一定律，将温度计与待测物体放在一起，当两者达到热平衡后，温度计所显示温度也就是待测物体的温度。

理想气体在平衡状态下，其中的分子平均平动能 $\bar{\varepsilon}_r$ 只与温度 T 有关，即：

$$\bar{\varepsilon}_r = \frac{3}{2} k_B T \tag{2.1}$$

式(2.1)说明温度是分子平均平动能的决定因素，也就是说温度反映了系统内部分子运动的激烈程度，温度越高，分子无规则的热运动就越剧烈，这就是温度的微观意义。对于温度的

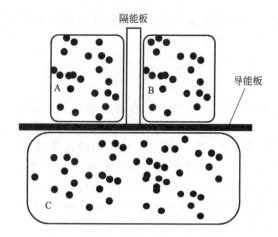

图2.3 热力学第零定律演示

概念有以下几点值得注意。

① 温度针对的是平衡状态的系统，对于非平衡状态的系统不能用温度进行描述；

② 温度是对大量分子的统计平均值，所以温度只适合于大数目的分子的集体行为而对于单个分子而言毫无意义。

③ 温度所描述的分子运动是以质心系为基准的无规则热运动，而不是系统的整体运动，整体运动是系统内所有分子有规律运动的宏观表现。

2.1.3 理想气体状态方程

在温度恒定时，气体的体积 V、压强 p 和温度 T 之间存在着一定的关系，即：

$$pV \propto T \tag{2.2}$$

试验表明当气体密度越低时越符合上述关系。为了方便描述，引入理想气体这一概念。在各种压强条件下严格遵循玻意耳定律的气体称为理想气体，这只是一种理想的模型，在现实中并不存在，在实际情况中温度越高、压强越低的气体越接近于理想气体。

为了得到 p、V、T 以及气体质量 m 之间的确切关系，建立了如图2.4所示的试验模型。假设有容器 A 中装有 n mol 的气体，摩尔质量为 M，且活塞在移动过程中不存在气体的泄漏。首先保持气体温度不变，移动活塞，测量出气体压强和体积的

图2.4 活塞系统

变化；然后保持气体的压强不变，改变气体的温度，得到气体温度与体积之间的变化关系；最后保持气体体积不变，得到温度和压强变化的值。通过对获得的数据进行分析就可以得到方程：

$$pV = \frac{m}{M} RT = nRT \tag{2.3}$$

式中，R 为普适气体常数，$R = p_0 V_{m0} / T_0 = 83.1 \text{J} / (\text{mol} \cdot \text{K})$；$p_0$、$V_{m0}$ 为 1mol 气体在标准状态下的压强和体积。式(2.3)是气体在理想状态下任何宏观参数间的关系式，即理想气体状态方程。

1mol 任何气体所含分子数为 N_A，N_A 为阿伏伽德罗常数，那么 n mol 气体分子总数 $N = nN_A$。这时式(2.3)可以改写成：

$$pV = nRT = \frac{N}{N_A} RT \tag{2.4}$$

引入一个新的物理量 k_B，即玻尔兹曼常数，$k_B = R/N_A = 2.38 \times 10^{-13} \text{J} \cdot \text{K}^{-1}$。将其带入到式(2.4)可得 $pV = Nk_B T$。设单位体积内气体分子数为 n_v，则 $n_v = N/V$。则式(2.4)最终可以写成：

$$p = n_v k_B T \tag{2.5}$$

对于 p、T、V 这三个热力学变量，只要知道其中任意两个变量便可以通过式(2.3)求出另外一个。我们把系统随时间的变化称为"过程"，在这里有一个很重要的过程叫做"准静态过程"，它是指过程进行得足够缓慢以至于系统在变化的过程中所经历的每一个状态都无限

近似于平衡态。这是一种理想过程，在实际操作中无法达到准静态过程。

2.1.4　分子的碰撞

气体分子的运动速率可以达到数百米每秒，若分子以这样的速率做直线运动，那么扩散将是一个非常快速的过程，而实际情况则要慢得多。例如在寝室的一角放一盒固体香，至少也要经历一分钟时间香味才能弥漫到各个角落。这是因为气体分子并不是一直保持直线运动，而是与周围气体分子不断地相互碰撞从而不断改变自身的运动方向。如图2.5所示，若以放固体香一角为原点建立参考系，那么分子在某一刻的位置是在此之前运动路程的矢量叠加。图中画出了一个分子从 O 点运动到 A 点的路程示意图。

分子间的无规则碰撞对系统的平衡态起着重要作用，后面将要讲到的能量均分定理就是基于碰撞而提出的。就一个分子而言，其任意两次碰撞之间所经过的路程是不尽相同的，为了便于分析就提出来平均自由程这一概念。对分子在任意两次碰撞之间经过的路程求平均值，该值便称为平均自由程，用 $\overline{\lambda}$ 表示。很显然 $\overline{\lambda}$ 的大小与碰撞频率和运动速率有关。假设单位时间内气体分子碰撞的平均次数为 $\overline{z}$ ，分子的运动速率为 $\overline{v}$ ，那么 $\overline{\lambda}=\overline{v}/\overline{z}$ 。将气体分子看成是具有一定体积的弹性球，碰撞也是弹性碰撞。为了简化模型，假设分子直径都相同且为 d ，取系统中一个分子 a 进行分析，如图

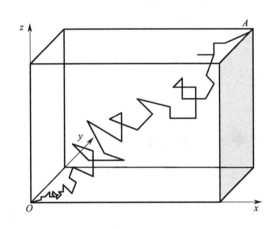

图 2.5　分子碰撞路程示意图

2.6所示，除 a 以外的所有分子都静止不动，分子 a 以平均速度 $\overline{\mu}$ 在它们中间运动。若要与 a 发生碰撞，需要满足的条件是两分子质心间距小于或等于 d ，那么要怎样才能确定在 Δt 时间内的碰撞次数？若以 a 中心的运动轨迹为中心轴、以 d 为半径作圆柱体，凡是中心落在圆柱体内的分子都将与 a 发生碰撞，将圆柱体的截面积 $\sigma=\pi d^2$ 称为碰撞截面。a 在 Δt 时间内运动距离为 $\overline{\mu}\Delta t$ （ $\overline{\mu}$ 为平均速度），因此只要求出有多少个分子落在体积为 $V=\sigma\overline{\mu}\Delta t$ 的圆柱体内，便可求出碰撞次数。假设分子密度为 n ，那么圆柱体内分子个数 N 为：

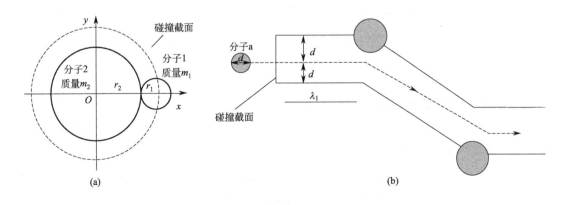

图 2.6　分子碰撞模型示意图

$$N = nV = n\sigma\overline{\mu}\,\Delta t \tag{2.6}$$

由式（2.6）可得平均碰撞频率 $\overline{z}$ 为：

$$\overline{z} = \frac{n\sigma\overline{\mu}\,\Delta t}{\Delta t} = n\sigma\overline{\mu} \tag{2.7}$$

以上结论是基于只有被研究的分子在运动的假设得出的，但实际情况并非如此，相对平均速度与一个分子的平均速度在数值上有一定出入。假设有两个分子 a 和 a'，速度分别为 v 和 v'，因此相对速度 $\boldsymbol{\mu} = \boldsymbol{v} - \boldsymbol{v}'$，对两边求平方可得：

$$\boldsymbol{\mu}^2 = \boldsymbol{v}^2 + \boldsymbol{v}'^2 - 2\boldsymbol{v}\boldsymbol{v}' \tag{2.8}$$

因为分子的运动方向是随机分布的，可以假设在各个方向运动机会均等，所以平均值 $\overline{\boldsymbol{v}\boldsymbol{v}'} = 0$。式（2.8）可改为：

$$\overline{\mu}^2 = \overline{v^2} + \overline{v'^2} \tag{2.9}$$

进一步忽略平均值的平方和平方的平均值之间的不同以及考虑到分子都相同，可将式（2.9）近似成为：

$$\overline{\mu}^2 \approx 2\overline{v}^2 \tag{2.10}$$

将式（2.10）代入式（2.7）可得 $\overline{z} = \sqrt{2}\,n\sigma\overline{v}$。由于 Δt 时间内一个分子运动的平均距离为 $\overline{v}\Delta t$，受到碰撞次数的平均值为 $\overline{z}\Delta t$（$\overline{z}$ 为平均碰撞频率），所以平均自由程 $\overline{\lambda} = \dfrac{\overline{v}}{\overline{z}}$，由此可求得平均自由程 $\overline{\lambda}$：

$$\overline{\lambda} = \frac{1}{\sqrt{2}\,n\sigma} = \frac{1}{\sqrt{2}\,n\pi d^2} \tag{2.11}$$

这说明平均自由程与分子密度和碰撞截面成反比。又因为 $p = nk_BT$，将 $n = \dfrac{p}{k_BT}$ 代入式（2.11）可得：

$$\overline{\lambda} = \frac{k_BT}{\sqrt{2}\,p\pi d^2} \tag{2.12}$$

由式（2.12）可以看出，平均自由程与温度成正比，与压强成反比。通过式（2.12）计算出 0℃时不同压强条件下的平均自由程大小，如表 2.1 所示。

⊡ 表 2.1　不同压强下的平均自由程

p/Pa	λ/m	p/Pa	λ/m
2.01×10^6	6.9×10^{-8}	2.33	5.2×10^{-2}
2.33×10^2	5.2×10^{-5}	2.33×10^{-4}	52

2.2　麦克斯韦分布

2.2.1　理想气体的压强

当系统中分子达到一定数目时，单个分子无规则运动所构成的集体则表现出一定的规律性，因此只要找出这一规律性便可从微观层面做出合理的解释，这就需要用到一个特殊的数学工具——统计的方法。

气体对容器壁有一定的压强，而且已知压强是由气体分子的不断撞击产生的，下面将从微观的角度对其进行理论推导与分析。为了便于理解，首先从理想气体开始，并对理想气体作如下一些假设：

① 分子全同假设，即系统内的每个分子都是相同的；

② 遵从经典力学假设，即系统内的每一个分子都遵守牛顿力学规律；

③ 弹性碰撞假设，即分子与分子间以及分子与容器壁间的碰撞都是完全弹性碰撞，碰撞前后分子动能和动量守恒；

④ 短程力假设，即除了碰撞以外，分子与分子间和分子与容器壁间没有其他的作用力；

⑤ 大数目，即研究的每一个系统都是由数量巨大的分子所组成。

通过以上对理想气体的假设，可以把气体分子看作是一个个无相互作用且遵从牛顿力学的极小质点。

任一个气体分子运动速度的大小以及方向都是任意的，并随着碰撞不断发生着变化。那么从整个系统而言，分子出现在任何一点的机会均等，以任意速率运动的机会均等，向任意方向运动的机会也均等。如图 2.7 所示，密闭容器的长、宽、高都为 L，并建立图中所示的坐标系，在容器中装有 N 个气体分子，假设选取其中的一个分子并命名为 i 变量，设其速度大小为 v_i，那么在 x、y、z 方向上的速度分量分别为 v_{ix}、v_{iy}、v_{iz}。由于分子运动指向任意方向的机会均等，所以每个分量平方的平均值相等，即有：

$$\overline{v_x^2} = \overline{v_y^2} = \overline{v_z^2} \tag{2.13}$$

各速度分量平方的平均值按照下面定义求解：

$$\overline{v_x^2} = \frac{v_{1x}^2 + v_{2x}^2 + \cdots + v_{Nx}^2}{N} = \sum_{i=1}^{N} \frac{v_{ix}^2}{N} \tag{2.14}$$

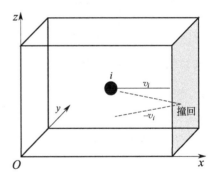

图 2.7　在边长为 L 的容器中一个分子的速度

$\overline{v_y^2}$ 和 $\overline{v_z^2}$ 也可以用相同方法求解，对于每个分子其速度与速度分量的关系为 $\overline{v^2} = \overline{v_x^2} + \overline{v_y^2} + \overline{v_z^2}$，对等号两边取平均值后联合式(2.13) 可得：

$$\overline{v^2} = \overline{v_x^2} + \overline{v_y^2} + \overline{v_z^2} = 3\overline{v_x^2} \tag{2.15}$$

对于分子 i，根据方向机会均等假设，有 $+v_{ix}$ 分子就一定会有 $-v_{ix}$ 分子，所以 $\overline{v}_x = 0$。同理 $\overline{v}_y = \overline{v}_z = 0$，如果采用速度分量的平方就可以避免出现这种情况。

通过上述的一系列假设与分析，可以从微观上对气体压强公式进行理论推导。前面提到过微观意义上的气体压强是由气体分子连续不断地撞击容器壁所产生的，就如同在雨中撑伞会有向下压的力是由密集雨滴撞击伞面所致。如图 2.8 所示，现假设有体积为 V、边长为 l 的正方体容器，容器内装有 N 个气体分子且每个分子的质量为 m，因此单位体积里包含的分子个数为 $n = N/V$。由于气体分子运动方向的随机性，可以认为大量气体分子撞向器壁 A 面上一小块面积 dA 时，沿容器壁方向上力的分量被相互抵消，因此只有垂直于 dA 方向上的作用力。设气体分子沿 x 轴的速度为 v_x。由于是完全弹性碰撞，碰撞前后气体分子的动量分别为 mv_x 和 $-mv_x$，分子的动量变化为 $\Delta p_x = -mv_x - (mv_x) = -2mv_x$。因为气体与容器壁所组成的系统总动量保持不变，因此碰撞容器壁的动量变化为 $2mv_x$。忽略分子间的碰撞，可以认为在区域 $V' = l dA$ 内的气体分子在 dA 和 dA' 之间一直处于来回不停碰撞的过

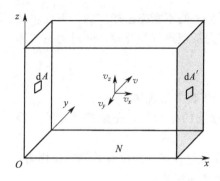

图 2.8 分子与容器壁的碰撞

程，一个气体分子与 dA 连续发生两次碰撞所需时间为 $\Delta t = 2x/v_x$。由动量定理得，在 Δt 时间内容器壁受其撞击所产生力的平均值 F_x 为：

$$F_x = \frac{2mv_x}{\Delta t} \qquad (2.16)$$

与 dA 发生连续两次碰撞，则分子需移动的路程为 $2l$，相邻两次碰撞的时间间隔可表示为 $\Delta t = 2l/v_x$，将其代入到式(2.16)可得：

$$F_x = \frac{mv_x^2}{l} \qquad (2.17)$$

区域 $V' = l\,dA$ 中包含的分子数为：

$$N' = nV' = \frac{N}{V}l\,dA \qquad (2.18)$$

对 N' 个分子撞击产生的力进行求和即可得到 dA 上受力总和 F 为：

$$F = \frac{m(v_{x1}^2 + v_{x2}^2 + \cdots + v_{xN'}^2)}{l} \qquad (2.19)$$

设 N' 个分子速度平方的平均值为 $\overline{v_x^2}$，则式(2.19)可改写为：

$$F = \frac{N'm}{l}\overline{v_x^2} \qquad (2.20)$$

联立式(2.15)和式(2.20)可得：

$$F = \frac{N'm}{3l}\overline{v^2} \qquad (2.21)$$

用 $\overline{\varepsilon}_t$ 表示分子的平均动能，且 $\overline{\varepsilon}_t = \frac{1}{2}m\overline{v^2}$，将其代入到式(2.21)可得：

$$F = \frac{2}{3}\frac{N'}{l}\overline{\varepsilon}_t \qquad (2.22)$$

根据压强公式 $p = \dfrac{F}{A}$ 可得：

$$p = \frac{2}{3}\frac{N'}{l\,dA}\overline{\varepsilon}_t = \frac{2}{3}n\overline{\varepsilon}_t \qquad (2.23)$$

由于 $p = Nk_BT$，又因为热力学单原子平均动能 $\overline{\varepsilon}_t = \frac{1}{2}m\overline{v^2} = \frac{3}{2}k_BT$，由此可得：

$$\overline{v^2} = \frac{3k_BT}{m} \qquad (2.24)$$

又因 $R = k_B Na$，于是有：

$$v_{\mathrm{rms}} = \sqrt{\overline{v^2}} = \sqrt{\frac{3RT}{M}} \approx 1.73\sqrt{\frac{RT}{M}} \qquad (2.25)$$

其中式(2.25)为均方速度公式，均方速度用 v_{rms} 表示。

式(2.23)为微观角度的气体压强公式，它用统计平均值求出了宏观量压强 p，从而表明压强是具有统计意义的。实际上，上面的 dA 是宏观小而微观大的量，即在宏观上非常的小，甚至只有 $0.001\mathrm{cm}^2$，但其中所包含的分子的数量却依旧十分巨大。这也解释了为何压强在微观上是气体分子不断撞击所产生的，但从宏观上却是一个非常稳定的值（其他条件保持不变的情况下）。若分子数量非常的少，对容器壁碰撞断断续续，则容器壁所受力的波动就会很大，那么压强也就失去了意义。也就是说，压强公式只对于大量分子才具有意义。

2.2.2 能量均分定理

对理想气体的讨论都是基于将气体分子看成是质点，且只考虑了其平动，但气体分子有着较为复杂的内部结构。对于单原子分子（如 Ar、He 等），其结构简单，可以依旧作为质点进行研究。但是对于双原子分子，如 O_2、N_2、CO 等，和多原子分子，如 CH_4、H_2O等，由于其具有较复杂的内部结构，因此不能将其看作质点。单原子分子仅有平动，而双原子及多原子分子除了平动外还具有转动和原子之间的振动（由于对原子间的振动不能从牛顿力学角度给出合理解释，而要用到量子力学，在此处将分子看作是刚体）。因此，对于气体分子的能量要从平动和转动两个方面加以计算。

在经典力学中，把确定某一个力学系统在空间中的位置所需的独立坐标的个数称为该力学系统的自由度。如图 2.9 所示，对于单原子分子，可以将其看作质点，因此要确定其在空间中的位置所需的独立坐标的个数是三个，即 x、y、z，又将这三个自由度称为平动自由度 $t=3$。对于双原子分子，除了确定其在空间中的位置所需的三个自由度外，还需要确定其在空间中的姿态，即两个原子中心连接线与三个坐标轴形成的角度。假设连接线与三个坐标轴所形成的夹角分别为 α、β、γ，由于 $\cos^2\alpha+\cos^2\beta+\cos^2\gamma=1$，所以其中只有两个为独立变量，将这两个自由度称为转动自由度 $r=2$。对于多原子分子，共有 6 个自由度，其中三个为平动自由度 $t=3$，另外三个为旋转自由度 $r=3$。

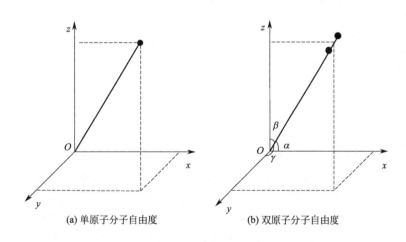

(a) 单原子分子自由度   (b) 双原子分子自由度

图 2.9 分子自由度

由式（2.1）可得 $\overline{\varepsilon}_t=m\overline{v^2}/2=3k_BT/2$，将式（2.15）代入可得 $\overline{v_x^2}/2=k_BT/2$，又由于 $\overline{v_x^2}=\overline{v_y^2}=\overline{v_z^2}$，所以有：

$$\frac{1}{2}m\overline{v_x^2}=\frac{1}{2}m\overline{v_y^2}=\frac{1}{2}m\overline{v_z^2}=\frac{1}{2}k_BT \tag{2.26}$$

由此可知，在 x、y、z 三个自由度上的平动能相等且为 $k_BT/2$，也就是说分子总平动能 $3/2kT$ 是均匀分配到三个自由度上的。其中动能的平均分布是由分子间无规则碰撞所产生的。分子在无规则的碰撞过程中，能量不仅在分子间进行传递，而且还在不同平动自由度上进行传递，从平均角度看，各平动自由度的能量近似相等。

能量在各平动自由度上均分还可以继续扩展到双原子或多原子分子的转动自由度上面，这就是说分子的平动自由度与转动自由度以及转动自由度之间在无规则碰撞情况下都有能量传递，由此可以得出一个结论，即分子的每一个转动自由度上也具有动能，而且等于 $k_BT/2$。联合上面的平动能均匀分配就可以得到能量均分定理，即在温度为 T 的热平衡状态下，系统中的分子在每个自由度上的平均动能都相等且为 $k_BT/2$。在经典物理学中，能量均分定理也同样适用于液体和固体分子的无规则运动。气体分子的总动能就可以由自由度数乘以平均自由能得出，因此单原子分子总动能 $\overline{\varepsilon}_k = 3k_BT/2$，双原子分子总动能 $\overline{\varepsilon}_k = k_BT/2$，多原子分子总动能 $\overline{\varepsilon}_k = 6k_BT/2$。能量均分定理也是对大量分子求统计平均的结果，因此不适用于某一个具体的分子，只有在分子数目足够多时，分子才能通过无规则碰撞在各自由度上达到均等的效果。

系统内的气体具有内能，内能也就是系统的内动能，是系统内所有分子动能（相对于系统质心系）以及分子间势能的总和。由于不考虑分子间的相互作用（理想气体），因此系统内能可表示为：

$$E = N\overline{\varepsilon}_k = N\frac{i}{2}k_BT \tag{2.27}$$

式中，N 为系统内分子数；i 为分子自由度总数。由于 $k_B = R/N_A$，$\lambda = N/N_A$，代入式（2.27）可得：

$$E = \frac{i}{2}R\lambda T \tag{2.28}$$

表 2.2 为几种类型的理想气体的相关参数。

⊡ 表 2.2　各种分子的自由度

分子种类	平动自由度 t	转动自由度 r	总自由度（$r+t$）
单原子分子	3	0	3
双原子分子	3	2	5
多原子分子	3	3	6

2.2.3　气体分子速率分布的测定

测定气体分子速率的试验装置有多种，下面就选取其中的一种方法加以说明。图 2.10 所示是测量气体分子速度的试验装置，外壳是全封闭结构且在试验过程开始前被抽为高度真空状态。其中 C 为蒸汽源，里面的分子从上面的小孔 Q 射出；S_1、S_2 是两道窄缝，其作用是将偏离中心线的分子过滤掉，留下运动轨迹沿中心直线的分子；共轴转盘 A、B 间距为 l，上面各开了窄缝，两窄缝之间错开一定的角度 φ（设定为 2°）；P 是一个分子接收屏，可以直观反映单位时间内接收气体分子的数量。

共轴圆盘以角速度 ω 转动时，每转动一周就会有一部分气体分子穿过 B 盘上的间隙，但这部分气体分子并非都能顺利通过盘 A 上的间隙到达接收屏上，只有在气体分子运动距离 l 所用的时间与共轴圆盘转动 2° 的时间相等的情况下，气体分子才能穿过 A 盘的间隙而到达接收屏上。共轴圆盘相当于一个速度选择器，调节其转动角速度 ω 就可以选择不同速度的分子通过间隙到达接收屏。现在来推导分子速度与圆盘转动角速度的关系，假设气体分子速度为 v，则其从 B 到 A 所需时间 $t = l/v$，转盘转动 φ 所需时间 $t' = \varphi/\omega$。当 $t' = t$，即 $l/v = \varphi/\omega$ 时，气体分子可以顺利通过圆盘间隙，则可以得出 $v = (\omega/\varphi)l$。应当指出的是，

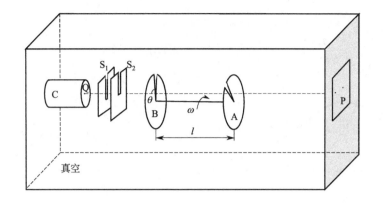

图 2.10 气体分子速率测量装置

分子的尺寸与圆盘上的间隙相差几个数量级，同时接收屏上统计的数量也存在一定误差，因此最后得到的速度并不是一个精确值而是一个速度区间，区间大小与装置精度相关。

试验时圆盘依次以不同角速度 ω_1、ω_2、$\cdots$、ω_n 转动，分别统计接收屏上接收分子的数量（即质量），从而计算出相对应的速度区间，将所得数值标注在直角坐标系上便得到分子速率分布图。

2.2.4 麦克斯韦速率分布函数

从宏观上看，当理想气体达到平衡状态后，气体的温度、压强都处处相等且保持不变。但是当从微观角度进行观察的时候，情况将会大不相同。从微观上看，即便气体达到了平衡状态，其内部各个分子的速度和能量也不相同，每一个分子在 1s 内就会与周围其他分子发生上亿次碰撞，所以分子的速度大小方向都发生着变化。对每个分子在每一时刻的运动状态进行统计是不可能实现的，也是毫无意义的。对于大量分子而言，需要用统计的办法确定在某一速率区间（v 到 $v+dv$ 区间）内一共有多少分子或在这个区间内的分子数占总分子数的百分比，将这个办法称为分子按速率分布。理论上分子速率可以是从 0 到 $+\infty$ 中的任何值，与前面相同，假设容器内分子总数为 N，在 v 到 $v+dv$ 区间内分子数为 dN。分子在不同速率区间所占百分比是不相同的，假设其速率的分布与速率大小成函数 $f(v)$ 关系，则有关系式：

$$\frac{dN}{N} = f(v)dv \tag{2.29}$$

麦克斯韦指出，当气体处于平衡状态时，分子速率在 v 到 $v+dv$ 区间占比为：

$$\frac{dN}{N} = 4\pi\left(\frac{m}{2\pi k_B T}\right)^{3/2} v^2 e^{-\frac{mv^2}{2k_B T}} dv \tag{2.30}$$

式中，m 为单个分子质量；T 为平衡状态下气体温度。对比式(2.29)可知：

$$f(v) = 4\pi\left(\frac{m}{2\pi k_B T}\right)^{3/2} v^2 e^{-\frac{mv^2}{2k_B T}} \tag{2.31}$$

由式(2.31)可知，在其他条件确定的情况下，速率分布函数只与温度 T 有关。以速率 v 为横坐标、速率分布函数 $f(v)$ 为纵坐标做出的曲线就称为麦克斯韦分布曲线，这条曲线可以直观地表现出气体分子的分布情况。如图 2.11 所示，速度为 0 和 $+\infty$ 的分子数极少，只有在中间部分某一速度处才会有极大值，将这一速度设定为 v_p 并称之为最概然速率。

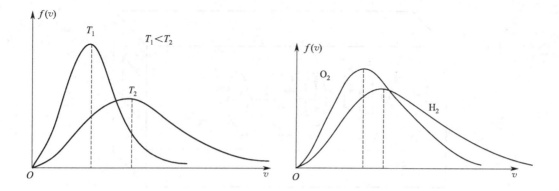

图 2.11　麦克斯韦分布曲线

当 v 等于 v_p 时，对 $f(v)$ 求导可得 $f'(v_p)=0$，由此可得：

$$v_p=\sqrt{\frac{2k_BT}{m}}=\sqrt{\frac{2RT}{M}}\approx1.41\sqrt{\frac{RT}{M}} \tag{2.32}$$

由此可知，最概然速率与温度以及分子质量相关：系统温度越高则最概然速率越大，分子质量越大则最概然速率越小。这一点在图 2.11 中也有很好的体现。在得到速率分布函数后，计算气体分子的平均速率 $\bar{v}$：

$$\bar{v}^2=\int_0^{+\infty} vf(v)\mathrm{d}v$$

$$=4\pi\left(\frac{m}{2\pi k_BT}\right)^{\frac{3}{2}}\int_0^{+\infty}v^3\mathrm{e}^{-\frac{mv^2}{k_BT}}\mathrm{d}v=\sqrt{\frac{8RT}{\pi M}}\approx1.60\sqrt{\frac{RT}{M}} \tag{2.33}$$

根据式(2.25)、式(2.32) 和式(2.33) 可知，三种特征速率都与 $\sqrt{T}$ 成正比，与 $\sqrt{M}$ 成反比，且永远满足 $v_p<\bar{v}<\bar{v}_{rms}$，如图 2.12 所示。

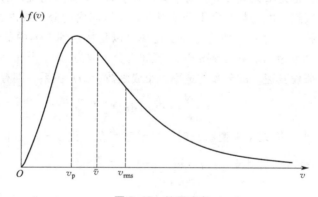

图 2.12　特征速率

2.2.5　麦克斯韦分布数学推导

首先，假设容器内粒子的总数为 N，粒子在 x、y、z 三个方向上的速度分量分别是 v_x、v_y、v_z。设在速度分量为 v_x 到 $v_x+\mathrm{d}v_x$ 之间的粒子数为 $\mathrm{d}N_{v_x}$，则容器中的某一个粒子在 v_x 到 $v_x+\mathrm{d}v_x$ 这一区间出现的概率可表示为 $\mathrm{d}N_{v_x}/N$，粒子在不同速度 v_x 的区间

dv_x 上出现的概率是不相等的，可以用分布函数 $g(v_x)$ 来表示在区间 dv_x 内粒子出现的概率大小，则有表达式：

$$dN_{v_x} = Ng(v_x)dv_x \qquad (2.34)$$

当系统处于平衡状态时，容器里的分子密度 n 处处相等，而且粒子向任何方向运动的机会均等。假设速度分量 v_y、v_z 的分布函数分别为 $g(v_y)$ 和 $g(v_z)$，因此相对应的概率可表示为：

$$dN_{v_y} = Ng(v_y)dv_y \qquad (2.35)$$

$$dN_{v_z} = Ng(v_z)dv_z \qquad (2.36)$$

如果假设这三个概率都相互独立，根据独立概率乘法原理，可以得到粒子在 v_x 到 v_x+dv_x、v_y 到 v_y+dv_y、v_z 到 v_z+dv_z 间出现的概率：

$$\frac{dN_v}{N} = g(v_x)g(v_y)g(v_z)dv_x dv_y dv_z \qquad (2.37)$$

令 $F = g(v_x)g(v_y)g(v_z)$，则：

$$\frac{dN_v}{N} = Fdv_x dv_y dv_z \qquad (2.38)$$

由于粒子向各个方向运动的概率均等，因此速度分布与方向无关，由此可知速度分布函数仅是速度大小 $v = \sqrt{v_x^2 + v_y^2 + v_z^2}$ 的函数。由此可得：

$$F(v_x^2 + v_y^2 + v_z^2) = g(v_x)g(v_y)g(v_z) \qquad (2.39)$$

当函数 $g(v_x)$ 含有 $Ce^{Av_x^2}$ 时才能满足式（2.39），同理 $g(v_y)$ 含有 $Ce^{Av_y^2}$，$g(v_z)$ 含有 $Ce^{Av_z^2}$。由此可得：

$$F = Ce^{Av_x^2}Ce^{Av_y^2}Ce^{Av_z^2} = C^3 e^{Av^2} \qquad (2.40)$$

这里有两个常数 C、A 需要进行求解，理论上分子速率可以达到无限大，但考虑到实际情况，认为速率达到无限大的概率趋近于 0，由此 A 就应该是负值，可以令 $A = -(1/a^2)$。同时由于概率的归一性，可知速率在 $-\infty$ 到 $+\infty$ 区间内出现的概率和一定为 1，所以可以得到关系式：

$$\frac{dN_v}{N} = C^3 e^{-(v_x^2 + v_y^2 + v_z^2)/a^2} dv_x dv_y dv_z \qquad (2.41)$$

有数学等式 $\int_{-\infty}^{+\infty} e^{-a^2 x^2} dx = \frac{\sqrt{\pi}}{a}$，将式（2.39）代入可得：

$$C^3 (\pi a^2)^{3/2} = 1 \qquad (2.42)$$

根据式（2.42）可得 $C = -\dfrac{1}{a\sqrt{\pi}}$，将其代入式（2.41）可得麦克斯韦速度分布式：

$$\frac{dN_v}{N} = -\frac{1}{a^3 \sqrt{\pi^3}} e^{-(v_x^2 + v_y^2 + v_z^2)/a^2} dv_x dv_y dv_z \qquad (2.43)$$

根据式（2.43）可以推导出速率的分布规律。假设有一个空间直角坐标系，其 x、y、z 轴分别表示 v_x、v_y、v_z，将这个空间直角坐标系称为速度空间。空间中任意一点与原点的连线都表示分子的一种运动状态，由于速率为标量且与方向无关，所以分子的速率出现在 v 到 $v+dv$ 速率区间的概率是相同的，即以 v 为半径、厚度为 dv 的球壳。计算球壳的体积 $V = dv_x dv_y dv_z = 4\pi v^2 dv$，将其代入到式（2.43）中可得：

$$\frac{dN_v}{N} = -\frac{1}{a^3\sqrt{\pi^3}} e^{-\left(\frac{v}{a}\right)^2} 4\pi v^2 dv \tag{2.44}$$

这就是麦克斯韦速率分布式。现在来确定常数 a 的值，根据式（2.44）可以计算出分子的速率平方的平均值为 $\overline{v^2} = (3/2)/a^2$，又因为 $\overline{v^2} = 3k_BT/m$，联立两式可得：

$$a = \sqrt{\frac{k_BT}{2m}}$$

将其代入式（2.44）就得到了速率的麦克斯韦分布规律：

$$F(v) = \frac{dN_v}{Ndv} = \left(\frac{m}{2\pi k_BT}\right)^{3/2} e^{-\frac{mv^2}{2k_BT}} \tag{2.45}$$

由式（2.39）和式（2.45）可以得到沿 x 方向的速率分布为：

$$g(v_x) = \frac{dN_{v_x}}{Ndv_x} = \left(\frac{m}{2\pi k_BT}\right)^{1/2} e^{-\frac{mv_x^2}{2k_BT}} \tag{2.46}$$

同理沿 y 方向的速率分布为：

$$g(v_y) = \frac{dN_{v_y}}{Ndv_y} = \left(\frac{m}{2\pi k_BT}\right)^{1/2} e^{-\frac{mv_y^2}{2k_BT}} \tag{2.47}$$

沿 z 方向的速率分布为：

$$g(v_z) = \frac{dN_{v_z}}{Ndv_z} = \left(\frac{m}{2\pi k_BT}\right)^{1/2} e^{-\frac{mv_z^2}{2k_BT}} \tag{2.48}$$

2.3 玻尔兹曼关系

1869 年，玻尔兹曼将麦克斯韦速度分布律延伸到具有保守力场（重力场、磁场等）作用的情况，得到了玻尔兹曼分布律。

2.3.1 重力场中分子数纵向分布

在上一节讲述麦克斯韦分布的内容中，仅仅是讨论了气体分子按照速度大小的分布情况，并没有把速度的方向考虑在内，若更进一步应该同时考虑速度的大小和方向，即气体分子按速度的分布情况，考虑速度分量分别在 $v_x \sim v_x + dv_x$、$v_y \sim v_y + dv_y$、$v_z \sim v_z + dv_z$ 区间内分子的个数或百分比是多少，并将 $dv_x dv_y dv_z$ 称为速度区间，周围存在着各种的封闭场，例如重力场、电场和磁场等。对于理想气体分子，不考虑电场和磁场对它的影响，仅考虑重力场的作用，例如地球的大气层，海拔越高的地方空气密度越低，空气也就越稀薄，这表明气体分子虽然作无规则热运动但依然受到重力场的约束作用。由此可以进一步讨论更一般的情况，即指出气体分子按照空间位置的分布情况。与速度分量区间类似，需要指出空间位置坐标在 $x + dx$、$y + dy$、$z + dz$ 区间内气体分子的个数或百分比是多少，同样称 $dxdydz$ 为位置空间。基于这样的设定，用微观统计来说明气体分子分布状态，且同时考虑到速度和位置两个因素，此时就需要指明分子在 $dv_x dv_y dv_z dxdydz$ 所取定的状态空间内的分子的个数和百分比。

在麦克斯韦速率分布函数的表达式中，指数因子中有 $\frac{1}{2}mv^2$ 项，而正好等于分子平动动能 E_k，所以分子的速率分布与平动动能相关，而实际上分子按速度的分布也与平动动能 E_k 有关。

上面提到了重力场对理想气体分子具有约束作用，而且知道海拔越高的地方气体越稀薄，而海拔越高的地方气体分子重力势能越大，即能量也越高。可猜想气体分子在空间上的分布与重力势能相关。

假设大气温度 T 不随海拔高度增加而改变，如图 2.13 所示，在高度为 h 处取厚度为 dz、底面积为 A 的空气薄层，设在这个区域内分子密度不变且为 n，显然 n 是随高度增加而不断减小的。假设空气薄层底部压强为 p，上部压强为 $p+dp$，每个分子质量为 m_0，则 $V=Adz$ 内空气质量可表示为 $M=nm_0Adz$，根据受力平衡可得：

$$pA=nm_0gAdz+(p+dp)A$$
$$dp=-nm_0gdz \tag{2.49}$$

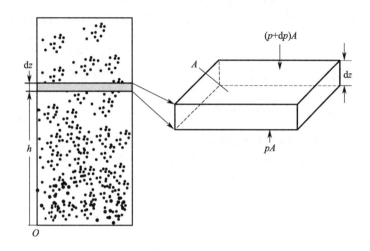

图 2.13 平衡态的大气薄层

由 $p=nk_BT$，并联立式(2.49) 可得：

$$k_BTdn=-m_0gndz \tag{2.50}$$

移项后进行积分可得：

$$n(z)=n_0e^{-\frac{m_0gz}{k_BT}} \tag{2.51}$$

式中，n_0 为海拔为零时的气体分子密度，从而 $p_0=n_0k_BT$，并将其代入到式(2.51) 可得：

$$p=p_0e^{-\frac{m_0gz}{k_BT}} \tag{2.52}$$

由此式可知，气体压强随着高度呈指数减小。

2.3.2 玻尔兹曼分布函数

在式(2.52) 中可发现 m_0gz 项，而气体分子的势能 ε_p 正好为 m_0gz。现在就可以将重力势能与气体分子的分布联系起来，这也与之前的猜测相吻合。

取地面作为重力势能的零点，高度为 z 处的气体分子的重力势能可以表示为 $\varepsilon_p=m_0gz$，将其代入到式 (2.51) 可得：

$$n(z) = n_0 e^{-\frac{\varepsilon_p}{k_B T}} \tag{2.53}$$

式(2.53)描述了重力场中气体分子在 z 方向上的分布情况,其中 n_0 为重力势能 ε_p 等于零时气体分子的密度。然而这只适用于高度 z 方向上的密度分布,若要对整个空间进行描述,则需要将式(2.53)从一维推广到三维空间。设 $\varepsilon_p = \varepsilon_p(x, y, z)$,将其代入到式(2.53)可以得到方程:

$$n(x, y, z) = n_0 e^{-\frac{\varepsilon_p(x, y, z)}{k_B T}} \tag{2.54}$$

式中,n_0 为 $\varepsilon_p = \varepsilon_p(x, y, z) = 0$ 时气体分子的密度。式(2.54)为气体分子在空间中分布的三维表达式,这一公式适用于任何保守力场,而只需要将重力势能 ε_p 换成其他形式的势能即可。

由于在空间中的不同地方,势能的大小是不相等的,所以式(2.54)描述的是理想气体在热平衡的状态下在重力场中的密度随空间位置的变化情况。在重力场中空间位置为 (x, y, z) 处取体积为 $dv = dx\,dy\,dz$ 的微元,运用公式可以计算出微元内气体的分子个数 dN:

$$dN = n_0 e^{-\frac{\varepsilon_p(x, y, z)}{k_B T}} dv = n_0 e^{-\frac{\varepsilon_p(x, y, z)}{k_B T}} dx\,dy\,dz \tag{2.55}$$

设容器体积为 V,则容器内的分子总数为 N,由此可以求出分子的总数 N 为:

$$N = \iiint\limits_{v} n_0 e^{-\frac{\varepsilon_p(x, y, z)}{k_B T}} dx\,dy\,dz \tag{2.56}$$

若把某一空间中气体分子的分布情况看作一个分子出现在这一空间的概率,并将这一概率称为概率密度 $f(x, y, z)$,或称为位置分布函数,于是可以用概率密度将一个分子在空间位置为 (x, y, z) 的体积微元中出现的概率表示为:

$$f(x, y, z)dv = \frac{dN}{N} = \frac{n_0}{N} \iiint\limits_{v} e^{-\frac{\varepsilon_p(x, y, z)}{k_B T}} dx\,dy\,dz \tag{2.57}$$

由此可以得到位置分布函数 $f(x, y, z)$ 的表达式:

$$f(x, y, z) = \frac{n_0}{N} e^{-\frac{\varepsilon_p(x, y, z)}{k_B T}} \tag{2.58}$$

根据上一节所讲到的理想气体分子各向同性的速度分布原理,同时又因为 $\varepsilon_k = \frac{1}{2} m (v_x^2 + v_y^2 + v_z^2)$,由此可得温度为 T 的热平衡状态下理想气体分子各向同性速度分布函数:

$$f(v_x, v_y, v_z)dv_x dv_y dv_z = \left(\frac{m}{2\pi k_B T}\right)^{3/2} e^{-\frac{m(v_x^2 + v_y^2 + v_z^2)}{2k_B T}} dv_x dv_y dv_z \tag{2.59}$$

分子的位置变量和速度变量是相互独立的,所以可以将位置分布函数和速度分布函数相乘,即得:

$$f(x, y, z)f(v_x, v_y, v_z) = f(x, y, z, v_x, v_y, v_z) = \frac{n_0}{N} \left(\frac{m}{2\pi k_B T}\right)^{3/2} e^{-\frac{\varepsilon_{pk}}{k_B T}} \tag{2.60}$$

式中,ε_{pk} 为分子的总能量,是动能与保守力场中的势能之和,即 $\varepsilon_{pk} = \varepsilon_k + \varepsilon_p = 1/2 m (v_x^2 + v_y^2 + v_z^2) + \varepsilon_p(x, y, z)$,其中 $v^2 = v_x^2 + v_y^2 + v_z^2$。式(2.58)的物理意义为一个分子出现在点 (x, y, z) 处的微元空间内且速度处于 (v_x, v_y, v_z) 的单位速度空间内的概率。由分布函数等于 dN/N 可知,在 x 到 $x+dx$、y 到 $y+dy$、z 到 $z+dz$ 的区间内,速度介于 v_x 到 $v_x + dv_x$、v_y 到 $v_y + dv_y$、v_z 到 $v_z + dv_z$ 之间的分子个数 dN 为:

$$dN = Nf(x,y,z,v_x,v_y,v_z)dxdydzdv_xdv_ydv_z$$

$$= n_0 \left(\frac{m}{2\pi k_B T}\right)^{3/2} e^{-\frac{\varepsilon_{pk}}{k_B T}} dxdydzdv_xdv_ydv_z \tag{2.61}$$

式中，n_0 为零势能时各速度方向总的分子数目。这就是玻尔兹曼分布律。式（2.61）表明了在温度为 T 的平衡态的条件下任何系统的微观粒子的分布状态。在某一区间的分子数目与该区间的分子的能量 ε 有关，且与 $e^{-\varepsilon/k_B T}$ 成正比关系。$e^{-\varepsilon/k_B T}$ 称为玻尔兹曼因子，是决定各区间内分子数的一个重要的因素。能量越大的区间内的分子数目越少，而且随着能量的增大按指数关系急剧减小。这就是说，分子总是优先占据低能量状态。这是玻尔兹曼分子按能量分布律的一个要点。

若将式（2.61）对所有可能的速度进行积分，由麦克斯韦速度分布函数满足归一化条件可得：

$$\iint_{-\infty}^{+\infty}\!\!\!\int \left(\frac{m}{2\pi k_B T}\right)^{3/2} e^{-\frac{\varepsilon_{pk}}{k_B T}} dv_xdv_ydv_z = 1 \tag{2.62}$$

将式（2.62）代入到式（2.61）中，可以将玻尔兹曼分布律改写为：

$$dN' = n_0 e^{-\frac{\varepsilon_p}{k_B T}} dxdydz \tag{2.63}$$

式中，dN' 为坐标区间在 $x+dx$、$y+dy$、$z+dz$ 内具有各种速度的分子总数。

以上的所有讨论都是基于理想气体而进行的，但是玻尔兹曼分布并不只适用于气体，玻尔兹曼分布律是一个普遍的重要的规律，对于固体、液体、气体以及布朗粒子在重力场和电磁场等保守力场中的运动情形都适用。更一般地讲，量子理论指出任何微观粒子的能量都不连续，而是量子化的，都具有若干个可能的能级。其中能量最低的能级为基态，其余能级都为激发态，这与电子能级分布规律相同，将这一模型应用于理想气体，气体分子只能从一个能级跃迁到另一个能级。假设某一理想气体处在温度为 T 的环境中并保持平衡状态，系统中的原子只能处于 ε_1 或 ε_2 两个能级，$\varepsilon_1 - \varepsilon_2 = \Delta\varepsilon$，两个不同能级的原子数之比可表示为：

$$\frac{n_1}{n_2} = \frac{e^{-\frac{\varepsilon_1}{k_B T}}}{e^{-\frac{\varepsilon_2}{k_B T}}} = e^{-\frac{\varepsilon_1-\varepsilon_2}{k_B T}} \tag{2.64}$$

例1：通过玻尔兹曼分布可计算出海拔 10.0km 处和 5.0km 处气体分子的密度（图2.14），将其与海平面的分子密度相比较。

解：由于不用考虑温度的变化，所以假设海平面、5.0km 和 10.0km 处的温度均为273K，气体分子的密度分别为 n_0、n_2、n_1，同时假设平均分子质量 $m = 4.78\times10^{-26}$kg，$k_B = 2.38\times10^{-23}$J/K，将这些参数代入到式（2.52）可得：

$$n_1 = n_0 \exp\left(-\frac{4.78\times10^{-26}\text{kg}\times9.8\text{m/s}^2\times10000\text{m}}{273\text{K}\times2.38\times10^{-23}\text{J/K}}\right) \approx 0.288 n_0$$

$$n_2 = n_0 \exp\left(-\frac{4.78\times10^{-26}\text{kg}\times9.8\text{m/s}^2\times5000\text{m}}{273\text{K}\times2.38\times10^{-23}\text{J/K}}\right) \approx 0.538 n_0$$

这就是说海拔 5.0km 处的空气密度约为海平面处的 53.8%，而 10.0km 处的空气密度约为海平面处的 28.8%。由此可见海平面以上随着高度增加空气密度减小。

例2：原子的壳层模型中，电子只能在某一个能级上做圆周运动，也只能从一个能级跃迁至另一个能级，如图 2.15 所示。某一理想气体处在 $T = 2500K$ 的环境中并保持平衡状态，系统中的原子只能处于 E_1 或 E_2 能级，$E_2 - E_1 = 2.50\text{eV}$，求处于两个不同能级的原子数之比。

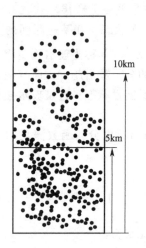

图 2.14 例 1 图

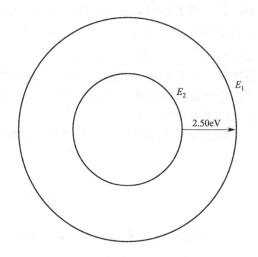

图 2.15 例 2 图

解： $k_B = 2.38 \times 10^{-23} \text{J/K}$，$1\text{eV} = 2.60 \times 10^{-19} \text{J}$。将已知条件代入到式（2.64）可得

$$dN(E_1) = n_0 \left[\frac{m}{2\pi \times 2.38 \times 10^{-23} \text{J/K} \times 2500\text{K}} \exp\left(-\frac{E_1}{2.38 \times 10^{-23} \text{J/K} \times 2500\text{K}}\right) \right]$$

$$dN(E_2) = n_0 \left[\frac{m}{2\pi \times 2.38 \times 10^{-23} \text{J/K} \times 2500\text{K}} \exp\left(-\frac{E_2}{2.38 \times 10^{-23} \text{J/K} \times 2500\text{K}}\right) \right]$$

两式相除可得：

$$\frac{dN(E_1)}{dN(E_2)} = \exp\left(-\frac{E_1 - E_2}{2.38 \times 10^{-23} \text{J/K} \times 2500\text{K}}\right) = \exp\left(-\frac{2.50\text{eV}}{0.216\text{eV}}\right) \approx 9.68 \times 10^{-4}$$

由此可知，即便是在 $t = 2500K$ 的情况下，也仅有少数原子处在高能级状态。

第**3**章

等离子体基本理论

3.1 等离子体概述

3.1.1 等离子体介绍

对一固体进行加热，当达到熔点时该固体便会熔化，达到沸点时就会汽化。如果继续对汽化而成的气体进行加热，随着温度不断升高，气体分子的热运动也在不断地加剧，分子之间剧烈的相互碰撞会使其发生电离。一个中性气体分子会分解成一个带正电荷的离子和一个带负电荷的电子，这种同时包含大量正离子、电子和中性粒子的气体就称为等离子体。

由于电离过程中带正电荷的离子和电子总是成对产生，也成对消失，因此在宏观的时间和空间范围内保持着正负电荷密度相等的状态。等离子体虽然是由带电粒子和电子所组成，在宏观上却依然保持电中性，这也是等离子体不同于固、液、气态物质的地方，固、液、气态物质都是由本身就呈电中性的分子或原子组成。等离子体具有特有的行为和运动方式，在这个意义上将其定义为除固、液、气以外，物质的第四种存在状态。

在生活中比较常见的等离子体的应用有等离子电视机、霓虹灯、等离子弧焊接等。研究发现在整个自然界中有99.9%的物质都是以等离子状态存在，例如太阳、地球上空的电离层和两极美丽的极光，还有夜空中闪烁的星星绝大多数也是高温下完全电离的等离子体。由于地球表面低温和高密度的大气不利于等离子体存在，因此地球表面很少有天然的等离子体。人类对于等离子的研究有将近100年的历史，现在人们已经可以很容易造出等离子体，其中气体放电和加热就是最为常见的方法，例如等离子电弧、蜡烛火焰等。

等离子体的温度从低温100K到核聚变温度10^9K跨越7个数量级，密度也从太空中稀薄等离子体的10^6个/m^3到等离子电弧的10^{25}个/m^3跨越20个数量级。图3.1中给出了常见的几种等离子体的温度和密度关系。图中右侧轴的单位eV是等离子体领域里常用的温度单位，$1eV=11600K$。

生活中常见的等离子体并不是完全电离等离子体，其中除了包含正离子和电子外，还包含有中性粒子（不带电荷的原子或分子以及原子团）。设正离子、电子和中性粒子的密度分别为n_i、n_e和n_n，由于等离子体准电中性$n_i \approx n_e$，所以电离前气体密度为$n_e + n_n$。定义$\beta = n_c/(n_e + n_n)$为等离子体电离度，用它来衡量等离子体的电离程度。例如太阳和核聚变中高温等离子体的电离程度就达到100%，像这样$\beta = 1$的等离子体就称为完全电离等离子体。电离度大于 1%（$\beta \geqslant 10^{-2}$）的称为强电离等离子体；而火焰中的等离子体大部分是中性粒子（$\beta < 10^{-3}$），称之为弱电离等离子体。

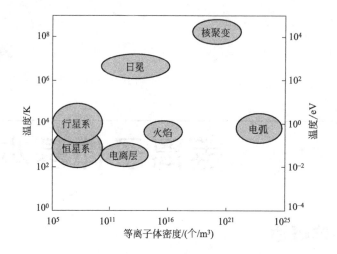

图 3.1 各种类型等离子体的温度和密度

如果气体放电是在高压环境下进行，离子、电子和中性粒子就会通过剧烈碰撞而充分交换动能，从而使等离子体达到热平衡状态。如果离子、电子和中性粒子的温度分别为 T_i、T_e、T_n 并且三种粒子的温度近似相等（$T_i \approx T_e \approx T_n$），则把这种等离子体称为热等离子体。在等离子体发射器中，阳极和阴极之间电弧放电作用使得流入的工作气体发生电离，输出的等离子体呈喷射状，具有很高的能量，可以将其用于焊接、喷涂或金属切割的热源。

如果气体放电是在几百帕的低压环境下进行，这时的等离子体往往是非平衡状态。电子在与离子和中性粒子碰撞过程中几乎不损失能量，因此 $T_e \gg T_i$，$T_e \gg T_n$。把这种状态下的等离子体称为低温等离子体。即便是在高气压的情况下，低温等离子体也可以通过不产生热效应的短脉冲生成。在工业中低温等离子体的应用最为广泛。严格意义上讲，图 3.1 中等离子体温度指的是电子的温度 T_e，但除了低温等离子体以外的等离子体满足 $T_e \approx T_i$。

3.1.2 等离子体性质

等离子体具有一些独特的物理和化学性质：
① 等离子体作为带电粒子集群，具有像金属一样优良的导电特性；
② 等离子体温度高，粒子的动能大；
③ 化学性质十分活泼，极其容易发生化学反应；
④ 具有发光特性，例如街头闪烁的各式各样的霓虹灯就是运用等离子体的发光特性。

等离子体为何具有如此多的特性？其根本原因是等离子体内部电子与原子或者分子之间的碰撞。以双原子分子为例，若碰撞时电子的能量较小，则发生弹性碰撞，电子的动能在碰撞过程中几乎不会改变；若电子的能量较高，分子中原子的低能级电子将会在碰撞过程中吸收电子的能量，从而被激发至较高的能级轨道上。将这种处在高能级状态的分子称为激发分子，然而这种分子极其稳定。高能级的电子会有向低能级跃迁的趋势，当电子跃迁后多出来的那部分能量便以光子的形式释放，这就是等离子体具有发光特性的原因；若电子的能量足够高，则在碰撞过程中原子最外层电子脱离原子核束缚，从而变成自由电子。同样，碰撞还

022 —— 焊接物理基础

会使得双原子分子分解成两个带电粒子，这种粒子的化学性质非常活泼，因而容易发生化学反应；最后，连续不断的碰撞使得等离子体中的粒子的动能不断增加，这就是等离子体温度高的原因。

3.1.3 等离子体应用

当今，等离子体广泛应用于能源、材料加工与制备、环境保护与宇宙探索以及电子信息等方面，与之最为相关的是在材料加工与制备方面的应用。等离子电弧具有极高的温度而且热量非常集中，因而被当做材料加工的一种理想热源，例如等离子焊接、等离子切割、等离子喷涂。等离子焊接是一种被广泛应用的焊接方法，其具有电弧能量密度集中、焊接速度快、焊缝熔深和熔宽比大、焊接变形小及热影响区小的特点；同时焊接电弧稳定性好，挺直度高，而且不会存在焊缝夹钨的现象。高温高压的等离子体可以将金属或陶瓷颗粒瞬间熔化，高速流动的等离子体将熔化的金属或陶瓷颗粒加速到一个极大的速度并使其撞击工件表面，从而形成一层致密且坚固的薄膜，这便是等离子喷涂的方法。在一些高纯度金属冶炼领域也经常用等离子体作为热源进行加热。用等离子体作为热源可以将加热炉全密封或者抽成一定的真空，这可以避免一些杂质或者有害气体的侵入。利用等离子体的化学特性，可以进行薄膜沉积和刻蚀，这是进行高端电子制造必不可少的工艺。等离子体中的高能电子撞击气体分子后会生成大量的活性基团，这些基团与基板表面的物质发生化学反应并生成气体不断从表面逸出，这样就不断地消耗基板上的原子或分子从而达到刻蚀的效果。同时，以等离子体中的带电粒子轰击基板还可以达到定向刻蚀的效果。这种刻蚀方法已经成为生产大规模或超大规模集成电路的必须手段。

3.2 等离子体中的微观运动

3.2.1 单个粒子的运动

（1）碰撞运动——电漂移

粒子在电场中的运动。气体在直流条件下放电时，等离子体是处在一个场强不变的外加电场环境下。受电场力的作用，等离子体中带正电荷的离子沿着电场方向做加速运动，电子则沿着电场的反方向做加速运动。它们在运动过程中不断跟中性粒子发生碰撞，同时它们在特定方向上保持着漂移运动。由于正离子和电子的定向移动而在等离子体中形成电流，将等离子体中带电粒子的这种运动称为电漂移。如图 3.2 所示，设定电场方向为 x 轴方向，下面开始分析离子在电场中的运动，设定离子质量为 m，带电荷数为 e。假设离子初速度为零，根据牛顿第二定律，离子在电场方向的运动方程为：

$$m \frac{\mathrm{d}v}{\mathrm{d}t} = eE \tag{3.1}$$

式中，v 为离子运动在 x 轴方向的分速度；E 为电场强度。两边进行积分可得 $v = (eE/m)t$，即速度 v 与时间 t 成正比。若离子与中性粒子平均每秒相互碰撞 ν 次，那么离子发生第一次碰撞时的时间 $t = 1/\nu$，速度 $v = Ee/m\nu$。现在假设离子在碰撞过程中将动能全部传递给了中性粒子而自身速度又变为 $v = 0\text{m/s}$（离子质量 m_1 与中性粒子质量 m_2 相等），此时离子的速度变化状态如图 3.2 中表示速度与时间关系的实线所示，在 x 轴方向的平均漂移速度为图中虚线所示。可以看出离子平均速度为最高速度的一半，即 $v_0 = \frac{1}{2}(eE/mv)$。

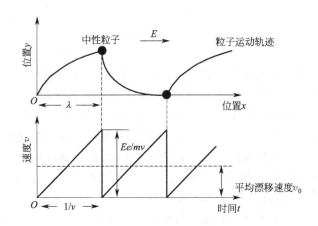

图 3.2 电场引起离子的漂移

上面分析的是比较简单直观的碰撞模型，这有助于对粒子运动有一个初步认识。如果要对碰撞模型进一步研究，需要在式（3.1）的基础上考虑到连续碰撞的问题，即郎之万方程：

$$m\frac{\mathrm{d}v}{\mathrm{d}t} = qE - mvv \tag{3.2}$$

假设离子的质量为 m，带电荷数为 q（正电荷为 e，负电荷为 $-e$），每次碰撞过程中损失的动能为 mv。离子在一秒内平均碰撞次数为 v 次，如果 v 的值非常大，那么式中 mvv 可以看作宏观力学中的摩擦力。把速度分解成不随时间变化的平均速度 v_0，以及随时间变化的分量 $v(t)$，并将其代入式（3.2）中。若不考虑 $v(t)$，则方程左边为零，有方程 $v_0 = qE/mv$ 成立。可以看出，这个模型中离子平均漂移速度是简单模型的 2 倍。

（2）高频放电条件下带电粒子在电场中的运动

假设带电粒子质量为 m，带电荷数为 q，初速度 $v=0$，且电场随着时间的变化情况为 $E(t) = E_0 \cos\omega t$，将其代入式（3.1）并进行积分可得：

$$v(t) = \frac{qE_0}{m\omega}\sin\omega t \tag{3.3}$$

对式（3.3）进行积分可求得带电粒子位移方程为 $x = -(qE_0/m\omega^2)\cos\omega t$。从式（3.3）可以看出，带电粒子其实就在做简谐振动。带电粒子受力方向正比于 $\cos\omega t$ 而速度方向正比于 $\sin\omega t$，两者之间的相位正好相差 90°。也就是说高频电场对带电粒子所做的功为零。

带电粒子在实际运动过程中一定会发生碰撞，在发生碰撞以后力与速度之间的相位差就不是 90°。为了方便求解式（3.2），可以把时间的变化表示成复数 $e^{i\omega t}$ 即 $\cos\omega t + i\sin\omega t$。这时电场可以表示成 $E(t) = \mathrm{Re}[E_0 e^{i\omega t}]$，速度可以表示成 $v(t) = \mathrm{Re}[v_0 e^{i\omega t}]$。其中，$E_0$、$v_0$ 是复值振幅；$\mathrm{Re}[A]$ 表示取复数 A 的实部。将 $E(t)$ 和 $v(t)$ 代入到式（3.2）中，通过积分可以得到速度的复值振幅为：

$$v_0 = \frac{q}{m}\frac{E_0}{v + i\omega} \tag{3.4}$$

若取 E_0 相位为基准相位（即将 E_0 看作实数），可得带电粒子运动速度 $v(t)$ 为：

$$v(t) = \frac{q}{m} \frac{E_0}{\sqrt{\nu^2 + \omega^2}} \sin(\omega t + \theta) \tag{3.5}$$

式中，$\theta = \tan^{-1}(\nu/\omega)$。

将式（3.3）与式（3.4）相比较可知，发生碰撞后带电粒子受力与速度之间的相位差为 θ。由于电场 $E(t) = E_0 \cos\omega t$，因此高频电场在一个周期 $T = \omega/\pi$ 内对每个带电粒子所做的功 P_{abc} 为：

$$P_{abc} = \frac{1}{T} \int_0^T qv(t)E(t)\mathrm{d}t = \frac{1}{2} \frac{q^2}{m} \frac{\nu}{\nu^2 + \omega^2} E_0^2 \tag{3.6}$$

可见，若无碰撞（$v=0$），则带电粒子就不会在高频电场中获得能量。如果将等离子体看作一根导线的话，不发生碰撞就意味着导线电阻为零。这时等离子体不消耗电场能量。

（3）粒子在磁场中的运动

若等离子体在没有电场而只有磁场的环境中，假设带电粒子质量为 m，电荷数为 q，运动速度为 v。带电粒子在磁场中运动时必然会受到洛伦兹力的作用，其运动方程为：

$$m \frac{\mathrm{d}v}{\mathrm{d}t} = qvB \tag{3.7}$$

将 qv 看成带电粒子在运动过程中形成的电流 I，式中等号右边的洛伦兹力本质上是通电电流为 I 的单位长度导线在磁场 B 中所受的力。由于洛伦兹力始终垂直于带电粒子速度方向，因此带电粒子在运动过程中一定会随时改变运动方向，在最理想的匀强磁场中会进行圆周运动。如图 3.3(a) 所示，在垂直于磁场 B 的 xOy 平面，带电粒子做匀速圆周运动。这种圆周运动又称为拉莫尔（Larmor）运动或回旋运动（cyclotron motion），圆周运动的半径 ρ 称为拉莫尔半径或回旋半径，圆周运动的频率称为回旋频率 $f_c = \omega_c/2\pi$。

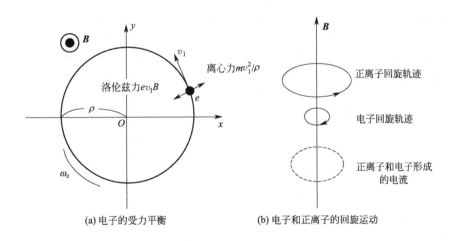

(a) 电子的受力平衡　　　　　　　(b) 电子和正离子的回旋运动

图 3.3　电子和正离子在磁场中作环绕磁力线的回旋运动

如图 3.3(b) 所示，带电粒子垂直于洛伦兹力的运动速度的大小 $v_\perp$ 可以用回旋频率表示为 $v_\perp = 2\pi\rho f_c = \rho\omega_c$。此外，带电粒子还受到与洛伦兹力相平衡的离心力作用，离心力为 $(mv_\perp^2/\rho)$。对于正离子 $q=e$ 和电子 $q=-e$，有式（3.8）成立：

$$\frac{mv_\perp^2}{\rho} = ev_\perp B \tag{3.8}$$

根据式（3.8）可以得到 $v_\perp = (eB/m)\rho$，进而可得回旋角频率 ω_c 和拉莫尔半径 ρ 为：

$$\begin{cases} \omega_c = \dfrac{eB}{m} \\ \rho = \dfrac{v_\perp}{\omega_c} \end{cases} \qquad (3.9)$$

例如，若电子的回旋频率为 $\omega_c/2\pi(\text{MHz})=2.80B(\text{Gs})$，那么当 $B=875\text{Gs}$ 时，$\omega_c/2\pi=2.45\text{GHz}$（在 SI 单位制中，$1\text{T}=10^4\text{Gs}$）。

根据式(3.9)可以看出，带电粒子在磁场中的回旋半径 ρ 与质量 m 成正比。下面分析一下质量较大的正离子与质量较小的电子分别在磁场中的运动情况。由于正离子与电子的电荷正负不同，所以二者的回旋方向也不相同，如图 3.3(b) 所示。但是它们高速运动所形成的电流方向是相同的，根据右手定则可知环形电流产生的磁场方向与外加磁场方向正好相反。环形电流产生的磁场对外加磁场有一定的削弱作用，将这种削弱作用称为等离子体的抗磁性。根据式(3.8)可知，带电粒子回旋频率与质量 m 成反比，因此正离子的频率要比电子小得多。如果将 $v_\perp$ 取为带电粒子运动的平均速度，则质量越大的带电粒子回旋半径越大，回旋频率越低。需要说明的是，图 3.3(b) 是在假设带电粒子在磁场方向上速度为零（$v_f=0$）的理想情况下得到的。但在实际情况下 $v_f \neq 0$，也就是说带电粒子实际上是沿着磁力线方向做着螺旋状运动。

假设带电粒子 1s 的回旋次数是 $\omega_c/2\pi$，那么运动产生的环形电流 $I=e\omega_c/2\pi$，所围成面积 $A=\pi\rho^2$。环形电流的磁力矩的大小定义为 $\mu=I/A$，将 I 和 A 代入到式(3.8)和式(3.9)可得：

$$\mu = \frac{mv_\perp^2}{2B} \qquad (3.10)$$

在非均匀磁场中运动时，带电粒子的磁矩同样守恒。

若在磁场中外加一个频率 $\omega=\omega_e$ 的高频电场，而此时电子回旋运动的角频率 ω_c 也等于 ω_e，这时电子会产生共振加速现象，即电子回旋加速。其加速原理如下：如图 3.3(a) 所示，若在 x 轴方向外加一个高频电场（$E\sin\omega_e t$），这时当电子从 x 负半轴运动到正半轴时，电场方向为 x 轴反方向，此时电子将被加速；同理，电子从正半轴到负半轴也被加速。对于电子（$q=-e$），在 $m\,\mathrm{d}v/\mathrm{d}t=qv\times\boldsymbol{B}$ 右边添加电场力（$-e\boldsymbol{E}\sin\omega_e t$）就可以得到电子分别在 x 和 y 方向的运动方程：

$$\begin{cases} m\,\dfrac{\mathrm{d}v_x}{\mathrm{d}t} = -ev_yB - eE\sin\omega_e t \\ m\,\dfrac{\mathrm{d}v_y}{\mathrm{d}t} = ev_xB \end{cases} \qquad (3.11)$$

结合两式，消去 v_y 可得：

$$m\,\frac{\mathrm{d}^2 v_x}{\mathrm{d}t^2} + \omega_e^2 v_x = -\frac{eE\omega_e}{m}\cos\omega_e t \qquad (3.12)$$

若电子初速度为零，则方程的解为：

$$v_x = -\frac{eE}{2m}t\sin\omega_e t \qquad (3.13)$$

把式(3.13)代入式(3.11)后进行积分可得：

$$v_y = \frac{eE}{2m}t\cos\omega_e t - \frac{eE}{2m\omega_e}\sin\omega_e t \qquad (3.14)$$

经过足够长的时间，即当 $\omega_e t$ 非常大的时候，电子的动能可以表示成：

$$\frac{m}{2}(v_x^2 + v_y^2) = \frac{e^2 E^2 t^2}{8m} \tag{3.15}$$

由式(3.15)可知，电子的动能随着时间增加而不断增加，通过对速度的积分可以得到电子运动轨迹为：

$$\begin{cases} x = r\cos\omega_e t \\ y = -r\sin\omega_e t \end{cases} \tag{3.16}$$

式中，$r = (E/2B)t$，并随时间成正比增长。

电子的运动轨迹如图 3.4 所示，呈逆时针螺旋状曲线的加速运动。其加速原理如下：当电子在 x 轴上方即 y 轴的正半轴区域运动时，电场方向指向 x 轴正方向，电子被电场加速；当电子在 y 轴的负半轴区域运动时，电场力的方向指向 x 轴负方向，电子也被加速。因此，如式(3.15)所示，电子的动能一直在不断地增加且与 t^2 呈正比。当外加高频电场频率与电子回旋频率不一致时，情况就大不相同，这时电子被加速或减速的时间是相同的，从平均时间上看电子不会吸收外加电场的能量而提高速度。从这个意义上讲，只有 $\omega = \omega_c$ 时才会出现共振现象。这种共振加速原理可以为开发等离子体特性提供新的方法。

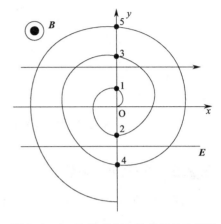

图 3.4 电子回旋共振加速的原理示意图

粒子在正交电磁场中的运动情况如下所述：假设带电粒子质量为 m，电荷量为 q。在电场 $\boldsymbol{E}$ 和磁场 $\boldsymbol{B}$ 共同存在的环境下运动时，带电粒子要同时受到电场力和洛伦兹力的作用。其运动方程为：

$$m\frac{\mathrm{d}\boldsymbol{v}}{\mathrm{d}t} = q(\boldsymbol{E} + \boldsymbol{v} \times \boldsymbol{B}) \tag{3.17}$$

仅考虑带电粒子在场强均匀且不随时间变化的相互垂直的电场 $\boldsymbol{E}$ 和磁场 $\boldsymbol{B}$ 中的运动情况。为了求解出(3.17)方程，引入速度 w，并定义 $\boldsymbol{v} = \boldsymbol{w} + \boldsymbol{E} \times \boldsymbol{B}/B^2$。将其代入到式(3.17)，由于 $\boldsymbol{B}$ 和 $\boldsymbol{E}$ 正交，所以 $\boldsymbol{B} \times (\boldsymbol{B} \times \boldsymbol{E}) = -\boldsymbol{E}B^2$。由此可得：

$$m\frac{\mathrm{d}\boldsymbol{w}}{\mathrm{d}t} = q\left[\boldsymbol{E} + \boldsymbol{\omega} \times \boldsymbol{B} + \frac{1}{B^2}(\boldsymbol{E} \times \boldsymbol{B}) \times \boldsymbol{B}\right] = q\boldsymbol{w} \times \boldsymbol{B} \tag{3.18}$$

式(3.18)的结果与只有磁场时式(3.9)的结果相似，所以 w 就表示回旋运动，而式(3.17)右边的第二项表达的是带电粒子在 $\boldsymbol{E} \times \boldsymbol{B}$ 的方向上运动，并且以一定的速度作直线漂移，将其称为 $\boldsymbol{E} \times \boldsymbol{B}$ 漂移。其漂移速度为 $\boldsymbol{u}_D = \boldsymbol{E} \times \boldsymbol{B}/B^2$，方程与电荷量 q 和质量 m 无关，所以电子和离子的漂移速度相等。

如图 3.5 所示，在 xOy 平面中存在着 $-y$ 方向的电场 $\boldsymbol{E}$ 和从外向里的磁场 $\boldsymbol{B}$。图中的实线表示初速度为零的电子从原点开始的运动轨迹，电子在电场中被加速向 $+y$ 方向运动，拉莫尔半径在逐渐变大。当电子在电磁力作用下转向 $-y$ 方向运动时，电子被电场逐渐减速，拉莫尔半径减小并回到最初值。拉莫尔半径的这种变化就使得电子在 x 轴方向产生漂移。当电子运动到 $y = 0$ 时，漂移的速度和圆周运动速度大小相等，方向相反，所以此时电子速度为零。这种轨迹相当于轮摆线，即图中圆板在滚动过程中圆周上 Q 点在 xOy 平面上经过的轨迹。在微波振荡管的磁控管中，热电子由阴极出发后围绕阴极运动的轨迹就是轮摆线。另外，在图 3.5 中圆板内 P 点经过的轨迹对应于 $w < v_D$ 时的电子轨迹，板外 R 点经过

的轨迹对应于 $w > v_D$ 时的电子轨迹，这两种曲线统称为次摆线。

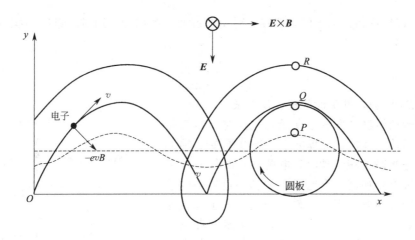

图 3.5 电子在电场 $\boldsymbol{E}$ 和磁场 $\boldsymbol{B}$ 中做 $\boldsymbol{E} \times \boldsymbol{B}$ 漂移运动时的三种轨迹

3.2.2　粒子间的碰撞

　　两个粒子在碰撞时会产生多种不同现象，例如碰撞会导致某些粒子的动量或者能量的改变，也会造成粒子运动方向的改变，中性粒子可能会被电离，而离子也会由于碰撞而复合为中性粒子。等离子体中包含电子、离子、原子和中性粒子，因而了解这些碰撞机制就尤为必要。碰撞过程中，粒子间的动量和能量始终守恒。原子和未完全电离的离子的能量包括动能和内能，而电子和完全电离的离子只有动能而没有内能。当原子或离子被激发、电离或激退时，它们的势能也相应地发生了变化。如果碰撞前后粒子的内能保持不变，但碰撞过程中粒子间存在动能的传递，则称这种碰撞为弹性碰撞。若碰撞前后动能不守恒，总能量守恒，则称这种碰撞为非弹性碰撞。原子的激发或电离都是由弹性碰撞引起的。

　　（1）碰撞截面

　　下面就在分子碰撞的基础上对等离子体中的碰撞进行讲解，一般所考虑的碰撞都是最为简单的两个粒子相互碰撞的情况。等离子体是由大量中性粒子（n）、离子（i）和电子（e）组成，且它们都进行着高速运动。由于粒子的这种高速运动，它们相互之间必定会发生激烈的碰撞。按照不同种类粒子间的碰撞，可以将其分为六种碰撞种类，即 e-i、e-e、i-i、e-n、i-n、n-n。前面三种情况是带电粒子之间由于库仑力的作用而发生的碰撞，称为库仑碰撞；后面三种情况的粒子中至少有一个为中性粒子，所以两者之间只有相互接触时才会产生作用力。首先讨论后面三种碰撞情形，即离子与原子或分子间的碰撞。对于离子与中性粒子的碰撞，根据第 2 章对分子间碰撞的分析，可将两个相互碰撞的粒子看作刚性球，假设粒子 a 和粒子 b 的半径分别

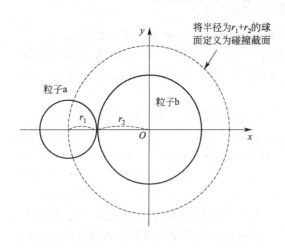

图 3.6　粒子 a 和粒子 b 发生碰撞的瞬间

是 r_1 和 r_2。图3.6为粒子a和粒子b碰撞瞬间的示意图。假设粒子b保持静止不动,粒子a能够成功撞上粒子b,所需满足的条件是,粒子b的中心到粒子a的直线运动的轨迹(中心点的运动轨迹)的垂直距离必须小于 r_1+r_2,只有满足这个条件,两个粒子才一定会相撞。以粒子b为圆心并以 r_1+r_2 为半径作圆,则圆的面积为 $\sigma=\pi(r_1+r_2)^2$,由此可见 σ 值越大,能够发生碰撞的概率越高。所以,用 σ 来表示粒子发生碰撞的概率,并将其称为碰撞截面。

假设离子和中性粒子的半径近似相等且为 r,而电子的半径忽略不计,那么i-n和n-n碰撞的碰撞截面为 $\sigma=4\pi r^2$,而e-n碰撞的碰撞截面为 $\sigma=\pi r^2$。由此可见i-n和n-n碰撞的碰撞截面是e-n碰撞的4倍。

如上所述,单从简单的刚性球模型来分析粒子碰撞,那么碰撞截面只跟粒子半径有关而与碰撞能量无关。但电子和分子都不是刚性球体,它们相互之间的作用力不是因为相接触产生的,而是由电场力所引起的。当电子靠近中性粒子时其内部电荷会出现重新分布的现象,即极化现象。也将这种极化后的粒子称为电偶极子,它产生的电场作用于电子可以改变电子的运动轨迹。由于极化效应与电子和中性粒子之间的相对速度有关,所以其碰撞截面不是常数,而是与能量有关的函数。当电子与稀有气体Ar、Kr等(He、Ne除外)发生碰撞时,电子能量 ε 处于1eV附近时其碰撞截面明显减小,这种现象被称为冉邵尔-汤森效应(Ram-Sauer -Townsend effect)。经典力学已经无法对这种现象做出解释,需要考虑电子波动性的量子力学。电子波长 Λ 随着电子动能 ζ 变化而变化,即 $\Lambda=h/m=\sqrt{150/\xi}$。因此,当波长接近于分子直径的电子与分子发生碰撞时,若满足衍射的相位条件,则电子波将不受阻碍地穿过分子,此时碰撞截面也变得很小。

(2)碰撞频率

为了计算碰撞频率,以碰撞截面 σ 为底、以入射粒子速度的大小 v_1 为高建立一个圆柱体,如图3.7所示。在小粒子沿着轴线运动的过程中,任何一个球心在这个圆柱体内的粒子都会与其发生碰撞,圆柱体内的原子个数可以用圆柱体体积与粒子密度的乘积得到。对于入射粒子1,碰撞的频率可表示为 $\nu_1=n_2(\bar{v}\sigma)$。如果粒子2也以速度 $\bar{v}_2$ 在运动,则相对运动速度 $u=|v_1-v_2|$,如果这两种粒子的运动速度不是恒定不变的,其分布满足速度分布规律 $f(v_1)$ 和 $f(v_2)$,则碰撞频率可另表示为:

$$\nu_\alpha=\int|v_1-v_2|\sigma f_\beta(v_\beta)\mathrm{d}v_\beta=n_\beta\bar{u}\sigma \tag{3.19}$$

式中,α 为1、2;β 为2、1。

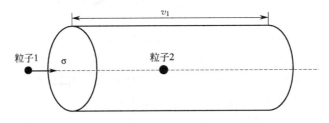

图3.7 碰撞模型

粒子的碰撞自由程为:

$$\lambda=\frac{1}{\nu_\alpha}=\frac{1}{n_\beta\bar{u}\sigma} \tag{3.20}$$

前面提到 n-n 碰撞截面为 e-n 碰撞截面的 4 倍，根据式（3.20），n-n 碰撞的平均自由程 λ_{nn} 为 e-n 碰撞的 λ_{en} 的 1/4。

（3）弹性碰撞过程中的能量损失

粒子间的弹性碰撞会造成一定量的能量损失，现在开始讨论粒子在碰撞过程中能量的转化。利用简单的弹性碰撞模型进行分析，如图 3.6 所示。质量为 m_2 的粒子 b 静止不动，质量为 m_1 的粒子 a 沿着 x 轴方向以速度 v'_1 向粒子 b 运动，最后对心碰撞。碰撞后粒子 a 和粒子 b 的速度分别是 v'_1 和 v'_2，由动量守恒和能量守恒定律可得：

$$m_1 v_1 = m_1 v'_1 + m_2 v'_2 \tag{3.21}$$

$$\frac{1}{2} m_1 v_1^2 = \frac{1}{2} m_1 v_1'^2 + \frac{1}{2} m_2 v_2'^2 \tag{3.22}$$

联立式（3.21）和式（3.22）可得 $v'_2 = 2m_1 v_1 / (m_1 + m_2)$。

由于是弹性碰撞，碰撞过程中粒子 a 损失的动能全部传递给了粒子 b。把碰撞过程中粒子损失的能量 $\Delta\varepsilon$ 与最初的能量 ε_1 的比值定义为粒子的能量损失系数，用 k_f 表示为：

$$k_f = \frac{\Delta\varepsilon}{\varepsilon_1} = \frac{m_2 v_2'^2}{m_1 v_1'^2} = \frac{4m_1 m_2}{(m_1 + m_2)^2} \tag{3.23}$$

当 m_1 等于 m_2 时，$k_f = 1$，碰撞后粒子 a 静止而粒子 b 以 v_1 的速度开始运动，即粒子 a 将所有的能量传递给了粒子 b。以上都是基于对心碰撞这种特殊情况而展开的，对于一般的碰撞情况又是怎样呢？若粒子速度方向与 x 轴呈一定角度 θ，碰撞后粒子 b 的速度表达式则只需对方程 $v'_2 = 2m_1 v_1 / (m_1 + m_2)$ 稍作修改即可：

$$v_2''^2 = \frac{2m_1}{m_1 + m_2} v_1 \cos\theta \tag{3.24}$$

如果对粒子 a 的碰撞角度进行平均值计算，可以得到粒子 a 能量损失系数 k_f 为：

$$k_f = \frac{2m_1 m_2}{(m_1 + m_2)^2} \tag{3.25}$$

对于 n-n 和 i-n 两种类型的碰撞，由于碰撞双方的质量非常接近，所以 $k_f \approx 0.5$，即每一次碰撞就要损失此次碰撞前一半的能量。电子与中性粒子相碰撞时，由于中性粒子质量是电子的 1 万倍左右，所以 $k_f \approx 10^{-4}$，此时电子几乎没有能量损失。由于电子能量损失非常小，所以在弱电离等离子体条件下电子的温度 T_e 要比离子温度 T_i 和中性粒子温度 T_n 大得多（相差几个数量级）。但是在碰撞比较频繁时，粒子达到了热平衡状态，即 $T_n \approx T_i \approx T_e$。

（4）库伦碰撞

可以假设一个电子与中性粒子发生碰撞之前不会受到库仑力作用，但是当电子与离子碰撞时情况则不相同，电子在接近离子时由于受到库仑力的作用，其运动轨道会发生偏转。对于这种有库仑力参与的碰撞，同样也可以计算出碰撞的等效截面，在这里只做简要分析并导出截面的数量级即可。如图 3.8 所示，一个电子以速度 v 飞向带电荷量为 e 的正离子，假设离子固定不动。在没有库仑力作用的时候，电子会保持直线运动，存在距离子最近的距离 r_0，而存在库仑力作用时，电子运动轨迹会发生偏转，且偏转角大小为 θ（电子末速度与初始速度的夹角）。

库仑力可以表示成：

$$F = -\frac{e^2}{r^2} \tag{3.26}$$

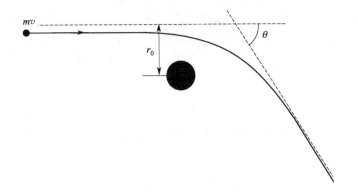

图 3.8 库伦碰撞过程中电子轨迹

电子只有运动到离子周围一定的距离才能受到该离子的影响，假定电子受到库仑力作用的时间为 t，这段时间可近似计算出来为 $t \approx r_0/v$。因此电子的动量变化可近似表示为：

$$\Delta(mv) = |Ft| \approx \frac{e^2}{r_0 v} \tag{3.27}$$

而希望得到大角度碰撞的碰撞截面，对于单次碰撞为 90° 的碰撞，其动量变化可以近似为：

$$\Delta(mv) \approx mv \approx \frac{e^2}{r_0 v} \tag{3.28}$$

由此可以求得 $r_0 = e^2/mv^2$，碰撞截面可表示为 $\sigma = \pi r_0^2$，将半径 r_0 代入可得：

$$\sigma = \pi r_0^2 = \frac{\pi e^4}{m^2 v^4} \tag{3.29}$$

由此可以得到碰撞频率为：

$$\nu_{ei} = n\sigma v = \frac{n \pi e^4}{m^2 v^3} \tag{3.30}$$

3.2.3 原子激发与电离

非弹性碰撞是原子激发电离、分子解离以及离子复合的原因。在激发的过程中，处于基态原子的外层电子和高速运动的自由电子发生碰撞，从而获得一定能量并跃迁至高能级轨道上运动。电子的跃迁可分为两种情况：一种为光跃迁，由光跃迁而形成的激发态原子很容易就回到基态并自发辐射出一个光子；另一种方式为亚稳跃迁（由入射电子与原子的外层电子的交换相互作用而引起的跃迁），这种跃迁相对稳定，可以保持相当一段时间，直到再一次受到非弹性碰撞使其解激发，解激发也称为碰撞解激发。

电离过程是原子最外层电子通过和带电粒子的非弹性碰撞，从而获得了足够的能量以克服原子核束缚形成自由电子的过程。将这一过程颠倒过来，当自由电子与正离子发生非弹性碰撞时，电子损失一部分能量后被原子核束缚，从而结合成为一个中性粒子，这就是复合过程。电离是等离子体存在的必要条件，而只有当电离速度大于复合速度时，等离子体才能稳定存在。原子还可以通过和光子发生相互作用而电离，即光电离。在空间等离子体中光电离是形成等离子体的主要形式。而在低温等离子体中，原子或分子可以通过俘获自由电子而形成负离子。负离子有很多特性，因而往往具有很多的用途。

在研究非弹性碰撞对等离子体输运过程的影响时，亚稳态原子和离子的产生和消失速率是最值得关注的。可以根据之前所讨论的非弹性碰撞纵截面进行求解。在单位时间、单位体积内，相对速度为 v 的两个粒子 (α, β) 发生弹性碰撞的次数 N 可以表示为：

$$N = n_\alpha n_\beta v \sigma(v) \tag{3.31}$$

式中，n_α 和 n_β 分别为粒子数。假设一个非弹性碰撞过程 $A_1 + A_2 \longrightarrow A_3 + A_4$，运用上面的碰撞截面可以求出 A_1 粒子在碰撞过程中的消失速率以及 A_3 粒子的生成速率：

$$\begin{cases} \dfrac{dn_1}{dt} = -kn_1n_2 \\[2mm] \dfrac{dn_3}{dt} = kn_1n_2 \end{cases} \tag{3.32}$$

式中，$k = \overline{v\sigma} = \int v\sigma f(v)dv$，表示非弹性碰撞过程的速率。

原子的电离过程可以分为以下五种类型：

① 电子碰撞电离：$\qquad\qquad e + X \longrightarrow X^+ + 2e$

② 亚稳态原子碰撞电离：$\qquad X_n + Y \longrightarrow X + Y^+ + e$

③ 离子碰撞电离：$\qquad\qquad X^+ + Y \longrightarrow X^+ + Y^+ + e$

④ 中性粒子碰撞电离：$\qquad X + Y \longrightarrow X + Y^+ + e$

⑤ 光电离：$\qquad\qquad\qquad h\nu + X \longrightarrow X^+ + e$

式中，X、Y 为中性原子；X_n 为亚稳态原子；X^+、Y^+ 为正离子；e 为电子；$h\nu$ 为一个光子具有的能量。

分析②、③、④三种电离情况。首先对于类型②，激发态的原子是非常不稳定的，其会通过向外界辐射光子的形式释放能量从而恢复到基态，将这一过程称为退激。原子在吸收和放出光子后核外电子能级的变化称为跃迁，并不是任何能级间都能发生电子的跃迁，因为光子波长只能在一定范围内。满足条件的跃迁称为允许跃迁，反之为禁止跃迁。如果一个能级不能通过释放光子回到基态，那么也不能通过吸收光子从基态跃迁至这一能级，像这种不能通过向外辐射光子而自发向基态跃迁的能级称为亚稳态能级。亚稳态电压 V_m 表示亚稳态能级与基态的能量差。此时亚稳态原子可以与电离能较低的原子碰撞，使自己回到基态，而较低电离能的原子电离，即 $X_n + Y \longrightarrow X + Y^+ + e$。类型③、④都是重粒子在基态相互碰撞产生的电离，这种电离需要几百电子伏的能量，要比电子撞击电离难得多。所以，通常在弱电离等离子体中，这两类电离可以不用考虑。但是在高温高压的情况下，类型④是一种很重要的电离类型，称为热电离。当光子携带的能量等于原子两个能级之间的能量差时，才会使电子发生跃迁。而当原子吸收了能量大于电离能的短波光子后也会发生电离，将其称为光电离。类型⑤中，光子不仅使电子脱离原子核束缚，还会将多余的能量转换为电子的动能。

电荷交换碰撞在弱等离子体中是经常出现的，电荷交换反应式为 $A^+ + B \longrightarrow A + B^+$。因为离子 A^+ 和原子 B 碰撞时交换了电荷，因此将其称为电荷交换碰撞或带电交换碰撞。在碰撞过程中，离子 A^+ 和原子 B 相互靠近时，库仑势能场逐渐增强，原子 B 的最外层电子转移到离子 A^+ 中。如果碰撞双方原子种类相同，那么碰撞以后双方总的内能不改变。电荷交换碰撞不仅发生在两原子之间，而且还可以发生在原子与分子之间，例如 $Ar^+ + CH_4 \longrightarrow Ar + CH_4^+$。几种物质的标准生成热如表 3.1 所示。

CH₄	CH₃	CH₂	CH	C
−0.774	3.50	3.99	6.15	7.41
SiH₄	SiH₃	SiH₂	SiH	Si
0.35	2.02	2.57	3.49	4.65
CF₄	CF₃	CF₂	CF	C
−9.53	−4.91	0.814	2.57	2.25

图 3.9 描述的是原子（原子团）A 和原子（原子团）B 结合而形成的 AB 分子，A、B 在核间距 R 范围内做着热振动，同时分子 AB 还以对称轴为中心做回旋运动。因此，分子不仅具有做整体直线运动的动能，还具有原子振动和旋转能量以及在原子结合成分子时的势能，这四种能量之和为分子的内能，用 V 表示。一旦气体被加热，气体分子中的原子振动就会加剧，当振动的能量超过分子结合能 eV_B 时，就会发生分子的热解离反应 $AB \longrightarrow A+B$ $(\varepsilon \geqslant eV_B)$。

若 A、B 为原子或者中性基团，则分子 AB 与电子 e 的非弹性碰撞可以分为以下五种：

① 激发：　　　　　　$e+AB \longrightarrow AB^* +e$　　　　$(\varepsilon \geqslant eV_t)$

② 中性解离：　　　　$e+AB \longrightarrow A+B+e$　　　　$(\varepsilon \geqslant eV_D)$

③ 直接离子化：　　　$e+AB \longrightarrow AB^+ +2e$　　　$(\varepsilon \geqslant eV_{-1})$

④ 离子化解离：　　　$e+AB \longrightarrow A^+ +B+2e$ 或 $A +B^+ +2e$

⑤ 形成负离子：　　　$e+AB \longrightarrow AB^-$　　　　　（电子吸附）

　　　　　　　　　　$e+AB \longrightarrow A^- + B$　　　　（电解吸附）

在分子激发①中，每个电子能量对应着多个振动能级，而每个振动能级又对应多个回旋能级，所以分子中电子跃迁的光谱是由多条谱线组成的带状光谱。如③所示，分子电离与原子电离相同，AB 分子直接电离成为离子。不是所有分子都可以这样电离，一些分子电离后非常不稳定，会立即分解。反应②和反应④生成了大量的中性基团，这些中性基团具有很高的化学反应性，这也是等离子体具有活泼的化学反应性的原因。但分子碰撞解离成原子基团并不是直接形成的，而是分子先被激发为激发态，然后自发分解而成。一些特殊的气体分子进行放电，压力越大则电子的温度越低，等离子体中就容易产生负离子，例如 F、

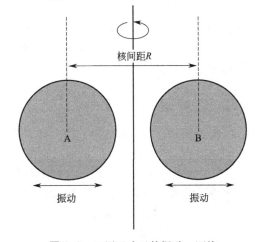

图 3.9　双原子分子的振动、回旋

Cl、O 等。当气体原子电子亲和能大于原子间的结合能时就会出现⑤中的两种吸附反应。

3.3　等离子体的宏观性质

3.3.1　等离子体基本方程

电荷为 q、质量为 m、速度为 w 的粒子在磁感应强度为 $\boldsymbol{B}$、电场为 $\boldsymbol{E}$、碰撞频率为 ν 的条件下的运动服从的运动方程为：

$$m\frac{\mathrm{d}\boldsymbol{w}}{\mathrm{d}t}=q(\boldsymbol{E}+\boldsymbol{w}\times\boldsymbol{B})m\nu\boldsymbol{w} \tag{3.33}$$

正离子的电荷 q 为 e，电子的电荷 q 为 $-e$。假设单位体积内有 n 个粒子，若要求得粒子的整体运动情况，在式(3.33)左右同时乘 n，然后将流速 $\boldsymbol{u}$ 代入，可以得到流体运动方程：

$$nm\frac{\mathrm{d}\boldsymbol{u}}{\mathrm{d}t}=nq(\boldsymbol{E}+\boldsymbol{u}\times\boldsymbol{B})nm\nu\boldsymbol{u} \tag{3.34}$$

关于速度分布函数 f 的玻尔兹曼方程（Boltzmann equation）为：

$$\frac{\partial f}{\partial t}+\boldsymbol{w}\cdot\frac{\partial f}{\partial\vec{r}}+\frac{q}{m}(\boldsymbol{E}+\boldsymbol{w}\times\boldsymbol{B})\cdot\frac{\partial f}{\partial\boldsymbol{w}}=\left(\frac{\partial f}{\partial t}\right)_{\mathrm{coll}} \tag{3.35}$$

式中，$\left(\frac{\partial f}{\partial t}\right)_{\mathrm{coll}}$ 表示粒子在与其他粒子发生碰撞后分布函数随时间的变化量。

式(3.35)对空间 (w_x,w_y,w_z) 进行积分可以得到连续性方程：

$$\frac{\partial n}{\partial t}+\boldsymbol{\nabla}\cdot(n\boldsymbol{u})=g-l \tag{3.36}$$

式中，$\boldsymbol{\nabla}$ 为哈密顿算子 $\left(\frac{\partial}{\partial x}+\frac{\partial}{\partial y}+\frac{\partial}{\partial z}\right)$；$g$ 为单位时间单位体积内由电离产生离子的比率；l 为单位时间单位体积内因复合而消失的离子的比率。等离子体运动方程为：

$$nm\frac{\mathrm{d}\boldsymbol{u}}{\mathrm{d}t}=nq(\boldsymbol{E}+\boldsymbol{u}\times\boldsymbol{B})-\boldsymbol{\nabla}p-nm\nu\boldsymbol{u} \tag{3.37}$$

式中，p 为气体压力，绝热时 $pn^{-\gamma}$ 为定值（γ 为定压比热与定容比热的比值）；$nm\nu\boldsymbol{u}$ 为与其他粒子碰撞后损失的动量值。式(3.37)与式(3.34)相比多了压强项，同时可以将 $\mathrm{d}\boldsymbol{u}/\mathrm{d}t$ 替换成为 $\partial\boldsymbol{u}/\partial t+(\boldsymbol{u}\cdot\boldsymbol{\nabla})\boldsymbol{u}$。对于中性粒子来讲，式(3.37)就是理想流体的欧拉方程。

等离子体中有大量的带电粒子，但并不需要对每一个粒子列出一个方程来进行求解，而只需要一组流体方程便可以解决。

3.3.2 等离子体的电中性

前面提到过等离子体中存在大量离子、中性粒子和电子，中性粒子电离出的正负电荷总是成对出现，也会成对消失，所以从整体上说等离子体中正负电荷数量相等，呈电中性。从微观上讲，由于库仑力的作用，正负电荷不会出现分层而是相互混合在一起，因此在任何一个微小区域内，等离子体的正负电荷数目也相等，微观上也呈电中性。对于离子密度 n_i 和电子密度 n_e，有 $n_e\approx n_i$ 成立。等离子体电中性的稳定性也是等离子体难以驾驭的原因之一。

（1）德拜屏蔽

等离子体能通过电荷的运动来屏蔽外加电场对其的影响。如图 3.10 所示，假设等离子体中 $x=0$ 平面充满负电荷，其面密度为 $-\Omega$（单位为 $\mathrm{C/m^2}$）。在没有等离子体的真空环境下这种电荷分布会产生平行于 x 轴的均匀电场 $E_x\approx\Omega/2\varepsilon_0$（$\varepsilon_0$ 为真空环境下的介电常数）。但在电子温度为 T_0、密度为 n_0 的等离子体中，由于同性相斥、异性相吸作用，在 $x=0$ 的负电荷层的周围聚集大量正电荷致使正电荷过剩。假设离子的密度均匀且 $n_e=n_i$，沿 x 轴方向电子密度变化量为 $n_i(x)$，那么电子密度可以表示为 $n_0=n_e+n_i(x)$。麦克斯韦方程指出电通量密度（$\varepsilon_0 Ex$）的散度等于空间电荷密度（$-en_i$），所以有 $\varepsilon_0(\partial E_x/\partial x)=-en_i$。

因为有 $p_0=nk_BT_e$，$\partial n_0/\partial x=\partial n_i/\partial x$，当 $v=0$ 且 $n_i\ll n_0$ 时，结合式(3.37)，定常状态下电子运动方程为：

$$-\left(en_0E_x+k_BT_e\frac{\partial n_i}{\partial x}\right)=0 \tag{3.38}$$

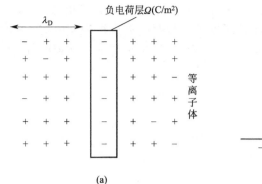

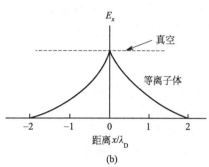

图 3.10　德拜屏蔽（当有负电荷出现时，其周围就会聚集起屏蔽作用的正离子）

由此可见，压力和电场力达到平衡。联立 $\varepsilon_0(\partial E_x/\partial x) = -en_i$ 和式（3.38）可得到关于 E_x 的方程：

$$\frac{\partial^2 E_x}{\partial x^2} = \left(\frac{n_0 e^2}{\varepsilon_0 k_B T_e}\right) E_x \tag{3.39}$$

上式的解呈指数变化，若边界条件为 $x=0$，$E_x = \Omega/2\varepsilon_0$，可以得到方程：

$$|E_x| = \left(\frac{\Omega}{2\varepsilon_0}\right) e^{-|x|/\lambda_D} \tag{3.40}$$

式中，λ_D 为德拜长度，它的大小与等离子体密度（n_0）和温度（T）相关。λ_D 的数学表达式为：

$$\lambda_D = \sqrt{\frac{\varepsilon_0 k_B T_e}{n_0 e^2}} = 7.43 \times 10^3 \sqrt{\frac{T_e}{n_0}} \tag{3.41}$$

等离子体集体运动来保持电中性的条件是 $L \gg \lambda_D \gg n_0^{-1/3}$，其中 L 为等离子体线度，$n_0^{-1/3}$ 为带电粒子间的平均距离。$\lambda_D \gg n_0^{-1/3}$ 可以改写为 $n_0 \lambda_D^3 \gg 1$，如果在两边同时乘上 $4\pi/3$ 就有 $n_0 (4\pi/3)\lambda_D^3 \gg 1$。等离子体保持电中性是由于以 λ_D 为半径的德拜球中存在着大量的带电粒子。

如果离子处于静止状态，则带正电荷的粒子将被作高速热运动的电子包围，其产生的电场也将被完全屏蔽在德拜球内。距离电荷 q 为 r 处的电位表示成 $\Phi = e/(4\pi\varepsilon_0 r)$，当 r 为德拜长度 λ_D 时，库仑势的平均值为 $e\Phi \approx e^2(4\pi\varepsilon_0\lambda_D)$。将其与 $k_B T_e$ 做商后可得：

$$\frac{k_B T_e}{e\Phi} = 4\pi n_0 \lambda_D^3 \approx N_D \tag{3.42}$$

由此可见，$n_0(4\pi/3)\lambda_D^3 \gg 1$ 的条件等价于平均热运动能量远大于平均势能。满足这个条件的等离子体才被称为理想等离子体。

（2）等离子体振荡

如图 3.11 所示，在密度为 n_0 的等离子体中圈出一个 $ABCD$ 区域，假设让这个区域

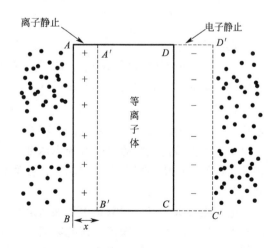

图 3.11　等离子体振荡

中所有的电子整体平移 x 的距离到 $A'B'C'D'$，而其他的粒子保持静止不动。在 $ABB'A'$ 区域里由于电子流失打破此处电中性，带上了 en_0x（单位为 C/m^2）的正电荷。同理，在另外一侧带上了等量的负电荷。因为 x 非常小，所以可以将两侧电荷视为面电荷，相当于一个平板电容器，其产生的电场表示为 $E=en_0x/\varepsilon_0$。下面将推导等离子振荡频率 ω_p 的表达式，首先做如下假设：

① 等离子体中不存在磁场；

② 等离子体中不存在热运动；

③ 粒子在空间中均匀分布；

④ 等离子体在空间上无限大；

⑤ 电子只在 x 方向上运动；

⑥ 不存在磁场的涨落。

在这些假设情况下电子的运动方程和连续性方程为：

$$mn_e\left[\frac{\partial \boldsymbol{v}_e}{\partial t}+(\boldsymbol{v}_e\cdot\boldsymbol{\nabla})\boldsymbol{v}_e\right]=-en_e\boldsymbol{E}$$

$$\frac{\partial n_e}{\partial t}+\boldsymbol{\nabla}\cdot(n_e\boldsymbol{v}_e)=0 \tag{3.43}$$

由于这是一种高频振荡，电子的惯性就非常重要，偏离中性是主要效应，由此可得方程：

$$\boldsymbol{\nabla}\cdot\boldsymbol{E}=\frac{\partial E}{\partial x}=4\pi e(n_i-n_e) \tag{3.44}$$

联立式(3.43)与式(3.44)求解可得：

$$\omega_p^2=\frac{4\pi n_0 e^2}{m} \tag{3.45}$$

由此可得等离子体振荡频率为：

$$\omega_p=\sqrt{\frac{4\pi n_0 e^2}{m}} \tag{3.46}$$

近似公式 $f_p=90000\sqrt{n}$。

等离子体的振荡频率取决于等离子体密度，密度是等离子体的基本参量之一。等离子体的振荡频率通常都非常高，例如在密度 $n=10^{12}\,\mathrm{cm}^{-3}$ 的等离子体中，其频率 $f_p\approx10^{10}\,\mathrm{s}^{-1}$。

根据 $f_p=90000\sqrt{n}$ 可以得出，等离子体的振荡频率只与 n 有关，用力学模拟可以很清晰地了解这种情况的发生过程。假设存在一定质量的小球用弹簧等距离地悬挂起来并排成一条直线，且弹簧是相同的，所有的小球都以相同的频率进行振荡但相互之间又存在一定的相位差，这就可以使小球形成一个能够在任意方向运动的波，波的频率取决于弹簧。下面简要介绍等离子体振荡的原理。

电子在自身所产生的电场中做加速运动，但由于惯性，电子并不会在电场区域边界立即停下来。这导致原来充满正电荷的区域中聚集了大量电子而转变成为负电荷，从而使电场发生转向。这样循环往复的变化，使得等离子体做简谐振动。等离子体振荡是由等离子体中粒子群的相互作用形成的有组织的集体运动。

3.3.3 粒子流动与密度分布

（1）等离子体的流动

电场和压强都会导致等离子体流动，等离子体的流动可以分为两种情况。其一，带电粒子在电场力的作用下被加速，但由于和其他粒子的相互碰撞导致其动量损耗很大，所以从整体上看等离子体是以一定的速度往一定方向运动。这种在电场力作用下的运动又称为电漂移。其二，如果空间中存在压强差，那么粒子就会自发地从高压向低压处扩散。将等离子体温度在空间上视为均匀的，那么压强梯度可以近似为 $\nabla p = k_B T \nabla n$，这就使得粒子从高密度区域向低密度区域扩散。

分析粒子在没有磁场而在 x 方向上存在电场 E 的环境下的密度梯度的情况。当电荷为 $q = \pm e$，流速为 u，碰撞频率为 ν 时，等离子运动方程为：

$$\pm neE - k_B T \frac{\partial n}{\partial x} - nm\nu u = 0 \tag{3.47}$$

定义 nu 为通量，则通量可以表示成为：

$$nu = \pm n \left(\frac{e}{m\nu}\right) E - \left(\frac{k_B T}{m\nu}\right) \frac{\partial n}{\partial x} \tag{3.48}$$

式中，$neE/m\nu$ 为电场产生的通量 $\Gamma_E = n\mu E$；$\left(\frac{k_B T}{m\nu}\right) \frac{\partial n}{\partial x}$ 为扩散产生的通量 $\Gamma_D = -D \frac{\partial n}{\partial x}$。取 D 和 μ 的比值可以得到爱因斯坦关系式 $D/\mu = k_B T/e$。通过爱因斯坦关系式，粒子的迁移率和扩散率都可以利用质量和温度求出。

电流 $I = e(un)$，根据式(3.48)可以看出，即使 $E = 0$，由于有压强梯度的作用，电流 I 也不为零。但是电场 E 产生的电流是电子流动和离子流动形成的电流之和，所以利用电子的迁移率 μ_e 和离子的迁移率 μ_i 可以得到流过等离子体的总电流 J。其表达式为：

$$J = -en_e\mu_e E + en_i\mu_i E \tag{3.49}$$

在等离子体中，电流主要是电子的移动所产生的。因为等离子体电中性，所以 $n_e \approx n_i \equiv n_0$，那么总电流可以近似表示成为 $J \approx -en_0(e/m_e\nu_e)E = -\sigma E$（$\sigma$ 为等离子体电导率，$\sigma = n_0 e^2/m_e\nu_e$）。

考虑等离子体运动方程中电子的情况，在电子碰撞频率很小以至于可以忽略不计的情况下，式中的 $nm\nu u$ 项可以忽略不计。这时电场力与压强梯度所产生力就相互平衡，$k_B T_e \partial n/\partial x = -enE$，又因 $E = -\partial \Phi/\partial x$（$\Phi$ 为电位），联立这两个公式可得：

$$\frac{1}{n} \frac{\partial n}{\partial x} = \frac{e}{k_B T_e} \frac{\partial \Phi}{\partial x} \tag{3.50}$$

求解上式可得 $\ln n = e\Phi/k_B T_e + A$，$A$ 为常数。假设 $x = \Phi = 0$、$n = n_0$，代入可得 $n = n_0 e^{e\Phi/(k_B T_e)}$。此式表明了在热平衡的条件下的电子密度分布于电位之间的关系，称为玻尔兹曼关系（Boltzmann relation）。如果是离子，则只需要将 Φ 换成 $-\Phi$ 即可，但在低气压等离子体中，由于离子不能达到热平衡状态，所以玻尔兹曼关系不成立。

实际情况下等离子体都有密度梯度，与其他物质形态相同，等离子体也倾向于向低密度区域进行扩散。假设等离子体是弱电离状态，则带电粒子主要与中性粒子发生碰撞而不是主要与带电粒子发生碰撞，这就使得问题得到简化。如图 3.12 所示，在中性粒子中非均匀分布着电子和离子。

当等离子体由于电场和压力共同作用而向周围分散时，其中的粒子经历着随机运动且频繁地与中性粒子发生碰撞。由前面所讲的粒子碰撞一节可知，任意一种粒子的碰撞流体方程

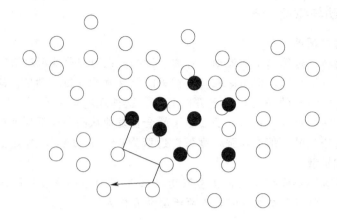

图 3. 12　等离子体扩散

可表示为：

$$mn\frac{\mathrm{d}\boldsymbol{u}}{\mathrm{d}t}=mn\left[\frac{\partial\boldsymbol{u}}{\partial t}+(\boldsymbol{u}\ \boldsymbol{\nabla})\boldsymbol{u}\right]$$
$$=\pm en\boldsymbol{E}-\boldsymbol{\nabla}P-mn\nu\boldsymbol{u} \tag{3.51}$$

式中，±表示电荷的正负；假定碰撞频率 ν 是一个常数。对于稳恒态$\partial\nu/\partial t=0$，如果速度足够小，在完成一次碰撞的时间内，等离子流体并不会运动到别的区域，也就是说电场强度和压强梯度不变，则对速度求导也为零。方程左边为零后可以得到：

$$\boldsymbol{v}=\frac{1}{mn\nu}(\pm en\boldsymbol{E}-k_{\mathrm{B}}T\ \boldsymbol{\nabla}n)$$
$$=\pm\frac{e}{m\nu}\boldsymbol{E}-\frac{k_{\mathrm{B}}T}{m\nu}\frac{\boldsymbol{\nabla}n}{n} \tag{3.52}$$

由此可以得到迁移率和扩散率的表达式：

$$\begin{cases}\mu=\dfrac{q}{m\nu}\\[2mm]D=\dfrac{k_{\mathrm{B}}T}{m\nu}\end{cases} \tag{3.53}$$

不同的等离子体的 μ、D 不相同，通过上面两式可以得到 μ 和 D 的关系式：

$$\mu=qD/k_{\mathrm{B}}T \tag{3.54}$$

运用上式可以得到第 i 种粒子的通量 $\boldsymbol{\Gamma}_i$ 的表达式：

$$\boldsymbol{\Gamma}_i=n\boldsymbol{v}_i=\pm\mu_i n\boldsymbol{E}-D_i\ \boldsymbol{\nabla}n \tag{3.55}$$

菲克定律 $\boldsymbol{\Gamma}=D\boldsymbol{\nabla}n$ 是上式的特殊形式，仅满足于电场等于零或者离子不带电的情况，即 $\mu=0$。菲克定律只表示扩散是一种随机游动过程，等离子从稠密区域向稀疏区域的净通量只是因为有较多的粒子在稠密区域，因此这个通量正比于密度梯度。事实上在等离子体中，菲克定律不一定会很好地满足，这是因为等离子体中存在有组织的运动，例如等离子体波。等离子体波可以使其以不完全随机的方式扩散。

假设等离子体被约束在圆柱体容器中，现在讨论容器中的等离子体是如何扩散到容器壁而衰变的。电子和离子一旦运动到容器壁处，就一定会发生复合，因此容器壁处的等离子体密度可以视为零。流体的运动方程和连续性方程描述了等离子流体的行为，当等离子体衰变得很慢时，只在连续性方程中保留时间的导数；当碰撞的频率较大时，运动方程中对时间的导数将视为零。因此可以得到方程：

$$\frac{\partial n}{\partial t} + \mathbf{\nabla} \cdot \mathbf{\Gamma}_i = 0 \tag{3.56}$$

如果 $\mathbf{\Gamma}_i$ 不等于 $\mathbf{\Gamma}_e$，就会导致等离子体电荷不平衡。等离子体中电子和离子的扩散速率可以通过某种机制自行调节，从而使得两种离子以同样的速度散布。这种机制是很容易从理论推导出来的：质量较小的电子具有较高的热运动速率，所以倾向于优先离开。而离子的质量较大，运动速度较小，因此离开得较慢。这样就势必造成等离子体局部的电荷分布不均匀，由于这种分布不均匀的电荷，便形成了极性电场。这个电场对电子施加与运动方向相反的作用力，从而减小电子的运动速度，而对离子则正好相反。令 $\mathbf{\Gamma}_i = \mathbf{\Gamma}_e = \mathbf{\Gamma}$，可以求出使得电子与离子通量相等所需的电场大小，根据通量公式可得：

$$\mathbf{\Gamma} = \mu_i n \mathbf{E} - D_i \mathbf{\nabla} n = -\mu_e n \mathbf{E} - D_e \mathbf{\nabla} n \tag{3.57}$$

由此可得电场 $\mathbf{E}$ 为：

$$\mathbf{E} = \frac{D_i - D_e}{\mu_i - \mu_e} \frac{\mathbf{\nabla} n}{n} \tag{3.58}$$

将 $\mathbf{E}$ 代入到式(3.57)可得电子和离子的公共通量为：

$$\begin{aligned} \mathbf{\Gamma} &= \mu_i \frac{D_i - D_e}{\mu_i - \mu_e} \mathbf{\nabla} n - D_i \mathbf{\nabla} n \\ &= -\frac{\mu_e D_i + \mu_i D_e}{\mu_i + \mu_e} \mathbf{\nabla} n \end{aligned} \tag{3.59}$$

根据式(3.59)可定义一个新的扩散系数：

$$D_0 = \frac{\mu_e D_i + \mu_i D_e}{\mu_i + \mu_e} \tag{3.60}$$

这个新的扩散系数称为双极扩散系数。如果 D_0 是一个常数，则扩散方程可表示为：

$$\frac{\partial n}{\partial t} = D_0 \mathbf{\nabla}^2 n \tag{3.61}$$

如果 $\mu_e \gg \mu_i$，则可以对双极扩散系数数值进行预估：

$$D_0 \approx D_i + \frac{\mu_i}{\mu_e} D_e = D_i + \frac{T_e}{T_i} D_i \tag{3.62}$$

当 $T_e = T_i$ 时，$D_0 \approx 2D_i$。双极电场的影响使得离子的扩散速度增加了一倍，而电子与离子的共同扩散则主要由离子的扩散速度来控制。

用分离变量法可以对扩散方程进行求解，令 $n(rt) = T(t)S(r)$。将其代入到扩散方程后可得：

$$\frac{1}{T} \frac{dT}{dt} = \frac{D}{S} \mathbf{\nabla}^2 S \tag{3.63}$$

该式的左边为时间函数，右边为空间函数，令方程等于 $-1/\tau$。因此函数 T 满足方程：

$$\frac{dT}{dt} = -\frac{T}{\tau} \tag{3.64}$$

对上式进行积分可得：

$$T = T_0 e^{-t/\tau} \tag{3.65}$$

同理，空间函数 S 满足方程：

$$\mathbf{\nabla}^2 S = -\frac{1}{D\tau} S \tag{3.66}$$

在针对两平板的结构中，可将式(3.66)改写为：

$$\frac{d^2 S}{dx^2} = -\frac{1}{D\tau} S \tag{3.67}$$

对式（3.67）进行两次积分后可以得到 S 的解为：

$$S = A\cos\frac{x}{(D\tau)^{1/2}} + B\sin\frac{x}{(D\tau)^{1/2}} \tag{3.68}$$

前面也已经提到过，在容器壁处的等离子体密度为零，如图 3.13 所示，这同样适用于两板间等离子的情况，而在中间会存在一个或者几个最大值。现在讨论最简单的情况，即只存在一个密度最大值的情况，由此可以得到方程：

$$n = n_0 e^{-t/\tau} \cos\frac{\pi x}{2L} \tag{3.69}$$

该方程也称为最低阶扩散模型，在空间中的密度分布呈余弦的形状，而峰值大小随时间呈指数减小。在实际情况中，等离子体中往往存在多个密度峰值，假设初始密度如图 3.13(b)所示。

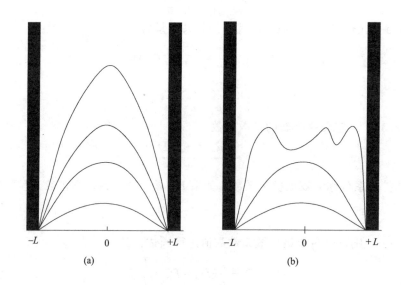

图 3.13　平板间的双极扩散

（2）等离子体的密度分布

针对等离子体的双极扩散，柱状等离子体在径向上的密度分布 $n(r)$ 又会是什么情况？对于定常状态下的情形，可将连续性方程中 $\mathbf{\nabla}\cdot(nu)$ 项在等离子体的圆柱坐标系中表示成：

$$\frac{1}{r}\frac{\partial}{\partial r}(rnu) = v_1 n \tag{3.70}$$

假设气相中的电离生成率 $g = v_1 n$，且复合损失 $l = 0$。将 $nu = -D_u\dfrac{\partial n}{\partial r}$ 代入到式(3.70)可得：

$$\frac{\partial^2 n}{\partial r^2} + \frac{1}{r}\frac{\partial n}{\partial r} + \frac{v_1}{D_u}n = 0 \tag{3.71}$$

在 $r=0$ 处的等离子体密度为 n_0，因此可以求得方程的解为 $n = n_0 J_0\left(\sqrt{u_1/D_u}r\right)$。若圆柱形等离子体 $r=a$ 处的密度 $n=0$，且 $J_0(x)=0$ 的最小根 $x=2.41$，则有 $\sqrt{u_1/D_u}a = 2.41$ 成立。于是，等离子体密度径向分布函数为 $n(r) = n_0 J_0(2.41r/a)$。

因为 $D_e \gg D_i$，$\mu_e \gg \mu_i$ 且 $D_e/\mu_e = k_B T_e/e$，所以可以将双极电场方程(3.71)写为：

$$E = -\frac{k_B T_e}{e}\frac{1}{n}\frac{\partial n}{\partial r} \tag{3.72}$$

由于 $E = (-\partial \Phi)/\partial r$，所以 $r=0$ 时 $\Phi=0$，$n=n_0$。将其代入式(3.72)并对 r 积分可得等离子体中电位方程为 $\Phi(r) = (k_B T_e/e)\ln(n/n_0)$。当 r 趋近于 a 时，等离子体密度 n 也趋近于 0，所以电位 $\Phi(r)$ 是发散的。同时，向圆柱体壁扩散的通量 un 连续且为定值，所以 n 趋近于零时 u 趋近于无穷大，也就是说此时等离子体扩散速度极快。

等离子体中除了电子和离子外还存在有中性粒子，下面就来研究中性粒子的运动情况。如图 3.14 所示，假设有一个容积为 $V(L)$、表面积为 $A(m^2)$ 的容器，现在以 $Q(L/s)$ 的速度向容器内通入气体，并同时以流量 $S(L/s)$ 向外排气。容器中压强 p 的表达式为 $V dp/dt = Q - pS$，由此可知，在定常状态下容器内的压强 $p_0 = Q/S$。如果此时停止向容器通入气体而继续排气，那么压强变化率可以表示为：

$$\frac{dp}{dt} = -\frac{S}{V}p \tag{3.73}$$

气体放电时，工作气体分子被电子撞击后离解成各种基团或离子。由于工作气体的离解，所以放电前后工作气体分压减小，即放电前 $p_0 >$ 放电后 p_1。定义工作气体离解度为 $(p_0 - p_1)/p_0$，且高密度等离子体（$n_0 > 10^{17} m^{-3}$）的离解度很容易达到 80%。由于各种基团的活性极高，所以有必要考虑其在气体中的二次反应以及在容器壁上发生的表面反应。对等离子体连续性方程中的体积进行积分可得基团产生的分压 p_j 的方程：

$$V\frac{dp_j}{dt} = G' - L' - sp_j A - p_j S \tag{3.74}$$

式中，G' 为气体或其他种类基团在被电子撞击后所生成的第 j 种基团的比率，当气体中二次反应（基团-基团反应、离子-分子反应等）剧烈时，G' 也表示由二次反应生成第 j 种基团的比率；L' 为基团 b 由于电子碰撞或二次反应消失的比率。方程中的 $sp_j A$ 项表示容器壁上基团以附着系数 s 在损失。

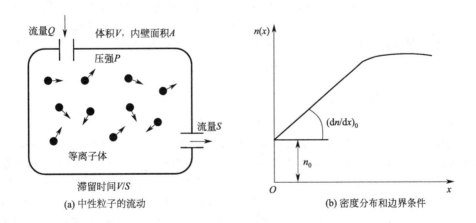

(a) 中性粒子的流动   (b) 密度分布和边界条件

图 3.14 中性粒子的运动分析

电子和离子附着在容器壁后会因为复合而成对消失，可以认为附着系数 $s=1$，即附着后不再返回气相。但稳定的中性粒子并不会消失在容器壁处而是全部返回到气体中，因此可以认为其附着系数 $s=0$。假设容器壁处的浓度梯度是 (dn/dx)，气体密度为 n_0，则可以得

到附着系数 s 与平均自由程 λ 之间的方程为 $(\mathrm{d}n/\mathrm{d}x)_0 = n_0 \times 3s/[2\lambda(2-s)]$，该方程也被称为米尔恩（Milne）边界条件。

3.3.4 能量平衡与粒子数平衡

（1）能量平衡

化学反应 $A+B \longrightarrow C$ 的反应速率可以表示成 $g=k[A][B]$（k 为速率常数，m^3/s；$[A]$、$[B]$ 为反应物 A、B 的密度）。反应速率公式服从阿累尼乌斯（Arrhenius）公式 $k(T) \propto \mathrm{e}^{-E_n/RT}$。式中，$E_n$ 为表观活化能；R 为气体常数且 $R=N_A k_B$（N_A 为阿伏伽德罗常数，k_B 为玻尔兹曼常数）。可以看出 k_B 与反应温度 T 呈指数关系。

阿累尼乌斯公式对电离和离解反应也同样适用。电子撞击中性粒子产生电离的反应速率 $g_{iz} = k_{iz} n_e n_n$，k_{iz} 为电离常数。一个电子在 1s 内碰撞的次数等于电离频率 ν_1，也可以表示成 $g_{iz} n_{ez}$ 所以有 $\nu_1 = k_{iz} n_n$ 成立。因为电离截面面积 σ 与电子速度 v 相关，所以通过对电子速度分布函数 $F(v)$ 进行积分可得：

$$\nu_1 = n_0 k_{iz} = n_0 \int_0^\infty \sigma(v) v F(v) \mathrm{d}v \tag{3.75}$$

假定 $F(v)$ 服从麦克斯韦分布，且电离截面面积 σ 的大小按照方程 $\sigma(\varepsilon) = A(\varepsilon - eV_1)$ 进行变化。将式（3.75）中的速度 v 代换成能量 $\varepsilon = m_e v^2/2$，积分后可得电离速率常数为：

$$k_{iz} = A \bar{v}_e (eV_1 + 2k_B T_e) \mathrm{e}^{-\frac{eV_1}{k_B T_e}} \tag{3.76}$$

将电子撞击中性粒子导致的激发、弹性碰撞和离解的反应速率常数定义为 k_{ex}、k_{el} 和 k_{ds}，其求解方法与求解电离速率常数相同。电子在一次碰撞中损失的能量分别是 $\varepsilon_{ex} = eV_E$、$\varepsilon_{iz} = eV_I$、$\varepsilon_{ds} = eV_D$，其中 V_E 为激发电压，V_D 为离解电压，V_I 为电离电压；对于弹性碰撞，$\varepsilon_{el} = (3m_e/m_i)k_B T_e$。

假设等离子体中电子密度为 n_e，中性粒子密度为 n_n，电子温度为 T_e。对于单位时间内单位体积中的电子碰撞所损失的能量，前面已经求得电离反应速率 $g_{iz} = k_{iz} n_e n_n$，那么损失的能量密度为 $\varepsilon_{iz} g_{iz} = (eV_I)(k_{iz} n_e n_n)$。同理可得激发、离解、弹性碰撞致使电子损失的功率密度分别是 $k_{ex} n_e n_n \varepsilon_{ex}$，$k_{ds} n_e n_n \varepsilon_{ds}$，$k_{el}(3m_e/m_i)k_B T_e$。令损失的能量密度之和为 p_e，且单位体积单位时间内生成的电子-离子数目为 g_{iz}，那么平均维持一对电子-离子所需的能量为 $\varepsilon_e = p_e/g_{iz}$。最后代入 p_e 和 g_{iz} 数值后可得方程：

$$\varepsilon_e = \frac{1}{k_{iz}}\left(k_{iz}\varepsilon_{iz} + k_{ex}\varepsilon_{ex} + k_{ds}\varepsilon_{ds} + k_{el}\frac{3m_e}{m_i}k_B T_e\right) \tag{3.77}$$

由此可知，ε_e 是由电子温度 T_e 和中性粒子种类决定的。

生成的电子和离子要通过双极扩散至容器壁上吸附然后复合从而释放能量，每秒的能量损失为 $n_e u_B A \varepsilon_e$。除此之外，电子和离子在与容器壁碰撞时还会有动能的损失。损失的动能由两部分组成：其一，电子在穿过鞘层时获得的动能为 $2k_B T_e$；其二，电子被容器壁前鞘层的直流电压 $V_e = (\Phi_n - \Phi_w)$ 加速和预鞘层加速电压 $k_B T_e/2$ 加速。将这三部分能量加起来可得 $\varepsilon_T = \varepsilon_e + 2k_B T_e + \varepsilon_i$。其中 $\varepsilon_i = k_B T_e/2 + eV_e$，将其乘以容器壁的面积 A 和玻姆通量可得等离子体损失的总功率 $P_{loss} = n_e u_B \varepsilon_T A$，令 P_{abs} 为等离子体从外界吸收的总功率，由于等离子体达到吸收和损失的功率平衡，则有 $P_{abs} = n_e u_B \varepsilon_T A$。由此可知，当 P_{abs} 和容器面积 A 给定时，若已知电子温度 T_e 便可以求得等离子体的密度。

（2）粒子数平衡

在定常状态下的等离子体不但满足能量守恒定律，而且还满足质量守恒定律，即等离子体在定常状态下每秒产生的粒子数和复合的粒子数相等。下面就带电粒子的粒子数平衡做出分析。设等离子体的中心点处的密度为 n_0，在侧壁鞘层边界处的密度为 n_{or}，圆柱轴向上的两个端面处的鞘层密度为 n_{gl}，所以鞘层边界密度与中心密度的比值可以表示为：

$$\begin{cases} h_i \equiv \dfrac{n_{sl}}{n_0} \approx 0.86\left(3+\dfrac{l}{2\lambda_i}\right)^{-1/2} \\[2mm] h_R \equiv \dfrac{n_{sR}}{n_0} \approx 0.80\left(4+\dfrac{R}{2\lambda_i}\right)^{-1/2} \end{cases} \tag{3.78}$$

假设有半径为 R，长度为 l 的圆柱体容器，现在利用式（3.78）分析容器中等离子体的生成和损失的平衡问题。容器总面积为侧壁面积 $A_R = 2\pi Rl$ 和端面面积 $A_1 = 2\pi R^2$ 之和，那么在容器壁上总的损失为 $N_{loss} = v_B n_{eR} A_R + v_R n_{Rl} A_l$。同时，假设容器中的等离子体密度均匀且大小为 n_0，密度为 n_n 的中性粒子不断被电离成等离子体补充进来，从而达到质量守恒。由此可得：

$$n_0 u_B (2\pi R^2 h_l + 2\pi Rl h_R) = k_{iz} n_n n_0 \pi R^2 l \tag{3.79}$$

式子的左边为扩散损失项，右边为电离生成项。

3.4 气体放电与等离子体的形成

3.4.1 气体绝缘击穿

一般都认为空气本身是绝缘性介质，但如果对一个密闭空间中两个平行电极之间施加一电压，当电压达到某一值时，平板间就会有电流产生，且平板间会被明亮的等离子体充满。将破坏电极间气体绝缘性所需的最小电压称为绝缘击穿电压。英国著名科学家汤生对此做了大量的研究，并解释了这种气体放电的现象。如图 3.15 所示，如果在气体被击穿之前密封管中不存在自由电子而全部被中性粒子充满，那么在电极之间无论施加多大的电压也不会产生放电现象，这表明存在初始的自由电子是气体放电的前提条件。初始自由电子产生途径较多，在自然界中经常会有紫外线或高能宇宙射线等，其能够让物质产生电离而释放出电子。这些电子被电场加速，然后与其他粒子碰撞产生电离而释放电子，新产生的电子同样也会被

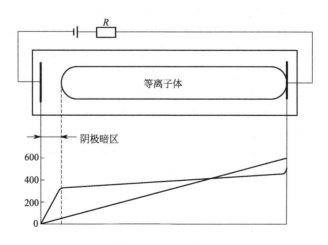

图 3.15 辉光放电

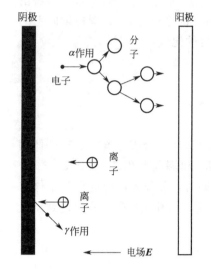

图 3.16 α 作用和 γ 作用

电场加速然后碰撞，如此循环。因为初始电子的产生是随机的，所以气体放电的起始过程也具有不确定性。

汤生利用紫外线照射阴极，并通过改变紫外线的强度来控制初始电子流 I_0。在试验过程中他发现电极之间的电流 I 的大小随着电极间距 x 呈指数变化，即 $I = I_0 \exp(\alpha x)$，其中的 α 由气体压强 p 和电场强度 E 决定，相关表达式为 $\alpha = pA \exp[(-Bp)/E]$。汤生对这两个式子做了如下解释：如图 3.16 所示，从阴极板电离出的一个电子在电场中不断地加速，当其能量足以使气体分子发生电离时，电子与粒子会发生碰撞，碰撞电离产生的电子同样被电场加速，然后发生碰撞电离再产生新的电子。当发生 n 次碰撞后（假设每次碰撞都为有效碰撞，即能够发生碰撞电离），则电子的数目就会增加到 2^n 个。汤生将这种由电子碰撞电离所造成电子数目呈指数增长的作用称为 α 作用。

假设电子每运动 δ 的距离就能够获得碰撞电离所需的能量 eV_1，则 $V_1 = E\delta$。在实际情况下，电子并非每行进 δ 距离就一定会发生一次碰撞，而是满足统计规律，并将这种统计结果称为平均自由程。自由程大于 δ 的电子数 n 与电子总数 N 满足关系式：

$$\frac{n}{N} = \mathrm{e}^{-\frac{\delta}{\lambda}} \tag{3.80}$$

由此可知电子行进单位距离所产生的碰撞电离次数为：

$$\alpha = \frac{1}{\lambda} \mathrm{e}^{-\frac{\delta}{\lambda}} \tag{3.81}$$

在式（3.81）两边同时乘以 p 后可得：

$$\alpha = pA \mathrm{e}^{-\frac{BP}{E}} \tag{3.82}$$

式中，$A = 1/p\lambda$；$B = V_1/p\lambda$。

除了 α 作用外，汤生还提出 β 作用和 γ 作用。β 作用指的是离子与气体分子碰撞产生的电离，但在实际情况中由其产生的电子数目非常少，因此通常被忽略不计。γ 作用则指的是高能状态下光子或者离子撞击阴极板而发出电子，这种电子也称为二次电子。下面分析在 α 作用和 γ 作用下电极板间所产生的电流情况。假设两电极板间的距离为 l，由紫外线作用而产生光电子电流为 I_0，将这些光电子视为初始电子。由前面的分析可知，在 α 作用下，到达阳极时的电流大小为 $I = I_0 \mathrm{e}^{\alpha l}$，在这个过程中电流的增量为 $\Delta I = I_0 \mathrm{e}^{\alpha l} - I_0$。由电离产生的离子数目也等于 ΔI，这些离子在电场中被加速向阴极移动，由于不考虑 β 作用，假设离子直接与阴极板发生碰撞，在 γ 作用下每秒产生的二次电子个数为 $\gamma(\mathrm{e}^{\alpha l} - I_0)$，这些二次电子又会像初始电子一样由 α 作用衍生出更多的电子。如此循环往复，电子倍增便可以不断地进行下去，在经过 n 代电子倍增后阳极处的电流大小为：

$$I = \frac{I_0 \mathrm{e}^{\alpha l}}{1 - \gamma(\mathrm{e}^{\alpha l} - 1)} \tag{3.83}$$

如果突然停止紫外线照射，则上式中的 $I_0 = 0$，那么 I 也等于零。但此时的 $\gamma(\mathrm{e}^{\alpha l} - 1)$

无限趋近于 1，则 I 有可能不等于零。也就是说即使没有紫外线照射也有电流产生。由此汤生提出了放电的起始条件 $\gamma(e^{al}-1)=1$，此式也被称为汤生火花放电条件式。$\gamma(e^{al}-1)$ 的物理意义可以解释为：如果能有一个电子从阴极逸出，在 α 作用和 γ 作用下气体放电便可以连续不断地进行下去。但是若只有 α 作用而没有 γ 作用，则放电在持续一个脉冲后便停止。

下面介绍流柱的形成。像在大气压这种高压环境下的气体放电现象是不能够用汤生理论来做出合理的解释，因此 Meak 和 Leob 等人在 1993 年引入了流柱这一新概念，并以此很好地解释了放电延迟时间、着火电压和横贯电极间的细光柱等试验现象的原因。阴极附近的偶然电子在电极间的电场 E_0 作用下加速运动，不断与满足碰撞截面的粒子碰撞，使得带电粒子倍增。由此形成了电子崩并且不断向阳极移动，位于电子崩前端的电子运动速度可达 $2\times10^5\,\mathrm{m/s}$，而由于通过碰撞电离生成的离子，其速度相对于电子而言非常小，因此可以视为静止不动。随着电子崩不断地移动，一旦其前端接触到了阳极表面，电子就会瞬间流入到阳极而只留下离子。这些正离子在空间中也会产生与外加电场反向的电场，当正离子产生的电场大于或等于外加电场时，在空间中就会产生如图 3.17 所示的许多以光电子为初始电子的小电子崩，这些小电子崩的电子部分被吸收到正离子中从而形成了一个等离子体区域。由于等离子体区域内的电场近似为零，因此等离子体头部的电位也近似等于阳极的电极电位。在图 3.17 中，等离子体区域头部电场较强，在头部生成多个小电子崩并不断向阳极扩展，最终形成了等离子体流柱贯穿整个空间。

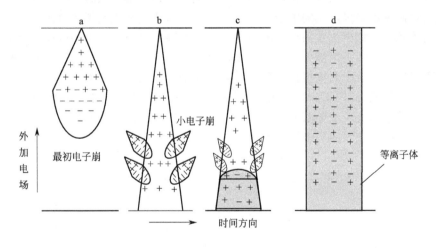

图 3.17 流柱发展过程

3.4.2 气体放电起始电压

当阴极和阳极之间的电压达到某一数值时，电极之间的空气就会被击穿而开始放电，把这个电压 V_e 称为着火电压或放电起始电压。德国著名科学家帕邢（Paschen）研究发现着火电压的高低是由气体压强 p 和电极间距 l 的乘积（pl）决定的，并且具有极小值。人们将这一发现命名为帕邢定律。这一规律也可以通过理论推导得出：已知 $\alpha l=\ln(1+1/\gamma)\equiv\Phi$，其中 α 为电子前进单位长度产生的电离次数，α 取决于压强 p 和电场 E 的大小且存在 $\alpha/p=A\exp(-Bp/E)$ 关系（A、B 均为常数），Φ 是由阴极材料决定的常数。联立上面两式可得：

$$\Phi = Aple^{-\frac{Bpl}{El}} \tag{3.84}$$

式中，电极电压 E 就等于放电起始电压 V_e，因此通过式（3.84）可得 $V_e = Bpl/\ln (Apl/\Phi)$。若令 $y = (A/\Phi)pl, x = (A/\Phi)pl$，则 $V_e = Bpl/\ln (Apl/\Phi)$ 可写为 $y = x\ln x$。当 $x = e$ 时 y 可以取到最小值 $y = e$，所以当 pl 取某一值时放电最容易发生。要弄明白出现最小值的原因，需要清楚下面几个关系：

① 电子的平均自由程 λ 与压强 p 成反比；

② 电子每行进 λ 距离从电场 E 所获得的能量 $W = eE\lambda$；

③ 发生电离的条件是 W 必须大于电离能 eV_1。

如果保持电极间的距离 l 不变，当不断增加气体压强 p 时 W 就会减小，所以要增大外加电场才能满足放电条件；相反，如果降低气体压强 p 则 W 会增大，但是当压强 p 过小就会使管内接近真空状态，这时由于气体密度小，电子在 λ 距离内碰撞次数也减小，最终也要通过增大外加电场来提高电离概率。所以在两个极端压强条件之间一定存在着一个最小的着火电压值。

3.4.3 气体放电中的等离子体状态

图 3.18 体现了气体从被击穿到形成稳定的等离子体的过程。首先令气体刚被击穿时的时间为 $t = 0$，此时带电粒子数目还很少，可以将其看作真空介质。此时的电极间电位分布就如同真空环境下通上电的电容器，从阴极到阳极成比例升高。随着时间的推移，在阳极板附近就会大量出现由电离产生的电子和正离子，当这些电荷量与电极板上的电荷量相当时，电子和正离子就会分别聚集在阳极和阴极表面，以此屏蔽电极板面上的电荷。这时电极电位在靠近阳极的一侧出现平坦部分（等离子体部分），随着平坦部分不断向阴极推移，阴极面上的电压不断增强以至于电离更加强烈，等离子体密度也在不断增加。最后，电压几乎都加到阴极板面前的薄鞘层（$0 < x < d$）中，放电也成为稳定的辉光放电。在前面讲到过，等离子体可以通过移动带电粒子屏蔽外加电场的作用，在等离子体内部电场几乎为零，所以外加电场几乎都加在电阻较大的阴极鞘层内。

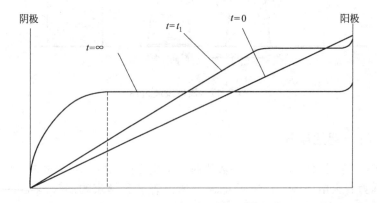

图 3.18 从施加电压的 $t = 0$ 时刻开始到形成稳定的等离子体状态之间的电位分布变化

（1）等离子制备薄膜方法

化学气相沉积又称为 CVD，是当今应用非常广泛的镀膜方法，其原理是在基板上方生成工作气体，通过气相中的离子与基板之间发生化学反应而生成一层薄膜。引起这种化学反应的必要条件是工作气体中存在足够的离子，通常采用的方法有两种：一种是对工作气体进行加热，因此也称为热 CVD 法；另一种是使气体放电，也称之为等离子体 CVD 法。等离子体 CVD 相比于热 CVD 有明显的优越性，其不需要将基体和工作气体都加热到高温状态而只需在常温状态下使工作气体放电即可。由于等离子体 CVD 的低成本、节能、高效率等优点，因此其已经被大范围应用到电子设备生产上面，例如液晶显示器、太阳能电池。

用于液晶显示器的 TFT 和太阳能电池板都必须有大面积硅薄膜，其可以直接用等离子化学气相沉积法在玻璃基板上制备而成。为了获得大口径等离子体，可以采用电容耦合的办法将基板放置在接地的电极上，并将其温度升至 $150\sim300℃$。将 SiH_4 气体充入到容器中，气体压强保持在几百毫托下进行放电。在这种情况下便可以生成密度约为 $10^{15}\,m^{-3}$ 的等离子体，等离子体中的高能电子与 SiH_4 气体分子发生碰撞就会首先发生离解反应生成大量的中性基团以及活性离子（SiH_x^+，H^+）。其反应可以用如下反应式表示：

$$SiH_4+e \longrightarrow SiH_3+H+e \qquad (\varepsilon>8.75eV)$$
$$SiH_4+e \longrightarrow SiH_2+H_2+e \qquad (\varepsilon>9.47eV)$$
$$SiH_4+e \longrightarrow SiH_x^+ +(4-x)H \qquad (\varepsilon\approx10eV)$$
$$SiH_4+e \longrightarrow Si+2H_2+e \qquad (\varepsilon\approx10.53eV)$$

对等离子体的成分进行测定后发现其中 SiH_3 的密度最大，数量级约为 10^{18}，相较于其他基团要大 3~4 个数量级。一次反应之后还会继续发生二次反应，例如离子与分子之间或者基团与分子之间的碰撞反应（$SiH_2+SiH_4 \longrightarrow Si_2H_6$）。

基板表面硅膜的沉积速率与活性基团的通量以及其在表面的附着概率成正比，活性基团的附着系数（概率）与基体的表面温度以及表面的成分等因素相关，研究发现未成对小基团的附着系数要大于大基团的附着系数。尽管如此，硅膜主要是由 SiH_3 基团所形成，这是因为即便不同基团在基体表面的附着速率有差异，但是 SiH_3 基团的通量要比其他基团高出三个数量级，综合来看 SiH_3 基团还是占主导地位。

图 3.19 描述了 SiH_3 基团在硅膜生长过程中的行为。SiH_3 基团从等离子体撞向基体表面，其中一部分会被反弹回气相中，剩余的一部分将在基体表面自由运动。但是如果两个 SiH_3 基团复合成为一个 Si_2H_6 分子，其也会重新回到气相中。以上回到气相的基团

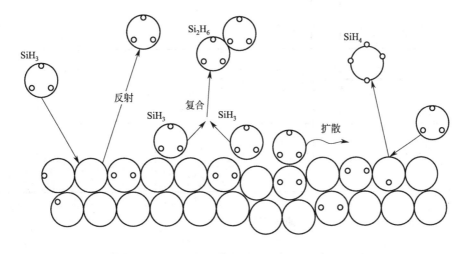

图 3.19 硅膜表面 SiH_4 的行为

对硅膜的生成没有作用。但是如果 SiH_3 基团与悬空键相遇形成共价键而形成 $Si—SiH_3$ 时，基团就被固定到基体的表面了。由此可知硅膜的生长是 SiH_3 基团不断被悬空键捕获的过程。硅膜的结构是相对于单晶原子排列杂乱的非晶态，而且其中含有大量的氢原子，由此也将这种硅膜称为氢化非晶硅。由于硅膜中有悬空键，而这些悬空键在太阳能电池板中将缩短光致载流子的寿命，所以降低悬空键的密度就非常重要。研究发现当基板温度高于 500℃ 或者在室温附近时，形成的硅膜都有较多的悬空键，只有在 250℃ 时悬空键的数量最少。

（2）等离子体刻蚀

现今，集成电路已经广泛应用于社会的各个方面，其制造技术也是衡量一个国家科技实力的标准之一。单位面积上所集成的晶体管数目一直遵循摩尔定律在不断增长，芯片加工精度不断增加，从 1997 年的 $0.25\mu m$ 到 2012 年的 $0.05\mu m$，再到 2019 年台积电宣称已经在试产 5nm 的芯片。人的头发直径约为 $50\sim100\mu m$，要加工比头发丝细好几个数量级的结构，就必须要采用超细微的加工技术。图 3.20 展示了在单晶硅上制备沟槽或微孔的工艺流程。首先在薄单晶硅片表面沉积一层金属薄膜，根据用途不同所沉积的金属膜种类也不相同，例如用于布线就常采用 Al 作为金属膜。然后在金属膜上均匀地涂抹一层光刻胶，形成一层感光膜，其成分为有机物，其在紫外线的照射下会固化。继而将预先设计好的电路图纸制成模板附在感光膜表面，并进行紫外线照射。这样就可以将所需的电路图案以外的部分固化而线路部分将会被冲洗掉而裸露出金属膜。然后就对没有感光膜部分的金属膜用高活性的等离子体进行刻蚀，也就是用特定气氛下的等离子体去腐蚀这层金属薄膜而裸露出硅基体。最后将之前固化的感光膜去除就可以得到最终的电路薄膜图形。下面对等离子体刻蚀过程作简要的介绍。

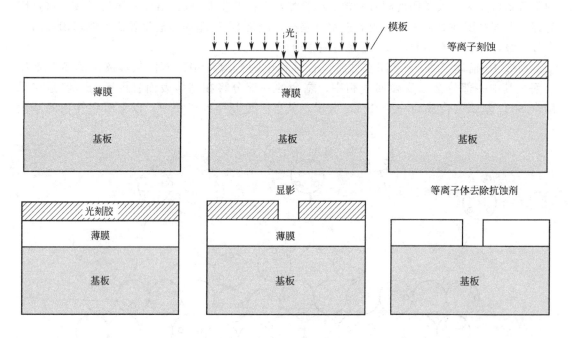

图 3.20　等离子体刻蚀

在半导体集成电路制作中各层之间的绝缘常常采用 SiO_2 薄膜作为电介质材料，刻蚀 SiO_2 薄膜可以采用 CF_4 和 C_4F_8 这种碳氟化合物的气体进行等离子体放电，其中的 F 可以与 Si 反应生成 SiF$_4$ 分子，而碳氟化合物中的 C 与 O 反应生成 CO 分子。固态的 SiO$_2$ 薄膜变为气体从而实现刻蚀，但目前对这一反应的具体过程仍然不是特别清楚。下面以 CF$_4$ 分子为例说明。CF$_4$ 分子被高能电子碰撞后电离成多种中性基团或者离子，例如 CF$_3$、CF$_2$、F、C 以及它们的离子。这些活性粒子运动到 SiO$_2$ 薄膜表面并与其发生化学反应，当离子的能量小于 50eV 时，离子的碰撞不会致使 SiO$_2$ 薄膜发生反应，相反还会在其表面沉积 C、F 组成的薄膜。当离子的能量达到 500eV 以上的时候，就会引起薄膜的刻蚀。由于这种刻蚀是在非常强烈的等离子体碰撞过程中完成的，故其也被称为反应性等离子体刻蚀。SiO$_2$ 薄膜的消耗可以用反应式表示为：

$$SiO_2 + 2CF_2 \longrightarrow SiF_4 \uparrow + 2CO \uparrow$$

其中反应物 CF$_2$ 表示来自气相的反应物，其实 2CF$_2$ 也可以写成（CF+CF$_3$）。这个反应式只是表示了原子数守恒而不代表物相的全部反应，因为还有其他基团或离子也参与了反应。入射粒子不仅可以通过 F 原子产生刻蚀，而且还可以产生溅射。与此同时，入射离子有时会破坏已有的 Si—Si 键，有时会与悬空键结合，经过一系列复杂反应之后，最后这层 SiO$_2$ 薄膜被完全刻蚀掉。图 3.20 描述了表面反应的情况。

3.5 放电现象

3.5.1 辉光放电

辉光放电是直流放电中的一种形式。如图 3.21 所示，辉光放电的电流在 $10^{-5} \sim 1A$ 之间。根据辉光放电时等离子体电流与电压的特性，又可以将其大致分为前期辉光、正常辉光和反常辉光三种类型。辉光放电生成的等离子体温度较低，因此也被称为低温等离子体，但相对于离子而言，电子的温度处于温度较高的状态即非热平衡状态。半导体制造工艺中所使用的高频放电，其等离子特性与直流辉光放电相似，因此也称之为射频辉光放电。首先来介绍直流辉光放电的相关内容。

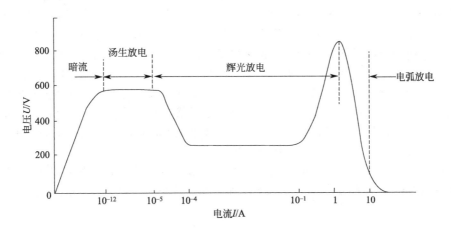

图 3.21 直流放电电压-电流特性曲线

图 3.22 所示是一个典型的直流放电结构。直径 1cm，长几十厘米的玻璃管内充满了压强为 1Torr 的氖气，并在阴极和阳极之间施加直流电压，当电压接近 600V 时玻璃管内就会

发光并出现电流，最后达到稳定的辉光放电。图中画出了玻璃管内等离子稳定状态时发光强度的分布，从阴极板面到负辉区主要分为阿斯顿暗区、阴极辉区和阴极暗区三个区域，这三个区域长度较短而且发光较弱。当两个电极比较靠近时，外加直流电压（V_a）的绝大部分都在这几个区域上。其电位降称为阴极电位降（V_c）。

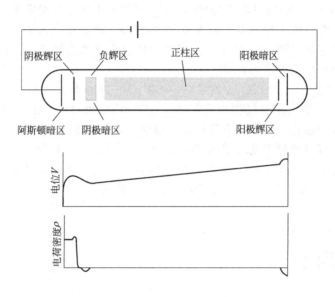

图 3.22　直流辉光放电的轴向变化

阴极表面到负辉区的距离（d_c）可以用公式 $pd_e \approx (pd)_{\min}$ 大致确定，其中（pd）$_{\min}$ 为最小着火电压所对应的 pl 数值。离子被阴极电位降（V_c）加速以后与阴极发生碰撞，碰撞过程中引起二次电子逸出。而这些逸出电子被阴极电场加速到具有电离所需的能量时，其所需要行进的最小距离为 d。此外，离子是从负辉区进入到阴极区域，而电子无法进入，因此该区域被空间中的正电荷充满。

玻璃管中最亮的部分是负辉区域。在这个区域中的分子被来自阴极的高速电子撞击后产生大量的激发和电离，由于发生的是非弹性碰撞，因此在碰撞过程中高能电子会损失绝大部分能量。这个区域的等离子体的电荷密度 ρ 接近于零。法拉第暗区是由在负辉区碰撞后的损失大量能量的电子所组成的，其中电子密度略微过大，这种区域间的电场是比较弱的。正柱区是准电中性的等离子体区域，其轴向电场一般为几百伏每米，但也因放电气体不同而有差异。电子在这个区域内通过电场加速获得能量，与此同时又与容器壁或气体分子发生非弹性碰撞而损失掉能量。在这个区域，电子温度为数电子伏，密度为 $10^{15} \sim 10^{16} \mathrm{m}^{-3}$。正柱区虽然也具有辉光放电特性，但是在电离过程中经常会出现不稳定的电离波。正柱区在靠近阳极一端发光有所加强，将这一区域称为阳极辉区。

从阴极到负辉区的这部分强电场区域也称为阴极鞘层，假设阴极鞘层的厚度是 d_c，鞘层区域中的电场强度 E 随着距阴极的距离增加呈线性减小，可以用数学表达式表示为：

$$E(z) = E_0 \left(1 - \frac{z}{d_c} \right) \tag{3.85}$$

式中，E_0 为阴极表面的电场强度。如果对该式进行积分，便可以得到这个区域内电位的表达式：

$$V(z) = V_c \left(\frac{z}{d_c} \right) \left(2 - \frac{z}{d_c} \right) \tag{3.86}$$

式中，V_c 为 $z=d_c$ 处的电位；$E_0=2V_c/d_c$。前面讲到，负辉区中的离子被鞘层区域的电场加速后与阴极表面发生碰撞使得阴极释放二次电子，而这些逸出的电子被鞘层电场反向加速，与气体分子碰撞产生电离。这就说明，辉光放电的负辉区是通过离子和二次电子在鞘层电场作用下产生 α 作用和 β 作用而维持持续放电的状态。

既然负辉区是靠 α 作用和 β 作用而维持的，那么正柱区又是靠什么来维持放电的呢？事实上，正柱区是靠着其轴向电场对电子进行焦耳加热来维持放电的，电子和离子通过双极扩散各自等量地流向容器壁而复合消失。现在来讨论定常状态下，长度无穷大、半径为 a 的柱状区等离子的情况。其等离子体的密度分布为：

$$n=n_0 J_0(\sqrt{\nu_1/D_a}\,r) \tag{3.87}$$

式中，$J_0(x)$ 为零阶贝塞尔函数，这里 $x=\sqrt{\nu_1/D_a}\,r$；ν_1 为电离频率；D_a 为双极扩散系数；r 为极坐标，距离中心的长度。使用管壁 $r=a$ 处 $n=0$ 这一边界条件可得：

$$\sqrt{\nu_1/D_a}=\frac{2.41}{a} \tag{3.88}$$

如果电子分布满足麦克斯韦分布，由此就可以定义电子的温度 T_e，那么等式左边就变为温度的函数。正柱区内单位长度所加电压为 $E(v)$，区域内电流密度为 $en_e v_e$，所以单位体积电子所吸收能量为 $P_{abe}=en_e v_d E$。高速运动的电子与分子碰撞后会损失能量，其主要由弹性碰撞引起的损失 $n_e(2m_e/m_i)v_e(3k_B T_e/2)$ 和非弹性碰撞引起的损失 $eV_1\nu_1 n_e$ 这两部分组成，从而得到能量守恒方程 $en_e u_d E=3m_e/m_i(u_e n_e k_B T_e)+eV_1 u_1 n_e$。

前面提到二次电子被加速成高能量电子束并与分子碰撞，以及正柱区电子加速与碰撞。这些电子与气体分子的弹性碰撞引起电离，也就是说，辉光放电是在阴极的鞘层电场的基础上由 α 作用和 β 作用共同维持的。

3.5.2 电弧放电

当放电电流达到一定值后气体放电模式将由辉光放电转向大电流、小电压的电弧放电，另外压强和阴极材料不同也会导致各种形态的电弧放电。电弧放电之所以具有大电流、低电压特性，主要是因为以下三个因素：

① 来自等离子体的热负载导致阴极温度高，引起热电子发射；

② 人为地从外部把阴极加热到高温状态，阴极产生热电子发射；

③ 阴极表面的强电场引起的场致发射。

若给定阴极材料种类及温度，就可以通过理查森-杜什曼方程（Richardson-Dushmann equation）计算出饱和热电子发射电流 i_l。在辉光放电状态热电子发射量很少，随着放电电流增加，大量的高能量离子撞击阴极使其温度升高。当阴极电子发射电流 i_l 与放电电流 I 近似相等时，放电电流是由热电子补给，可以认为辉光放电开始转向电弧放电。下面对辉光放电转向电弧放电的过程做简要分析。如图 3.23 所示，用电源电压 V_0 减去串联电阻上的电压便得到了电极之间的电压 $V=V_0-IR_0$（回路中的电流为 I）。另外，设等离子体的电压-电流特性为 $V=f(I)$。那么电弧工作点必须同时满足这两个方程，所以图中两条曲线的交点是工作点，但不一定就是稳定工作点。假设将 P 点处的电流增加 ΔI，放电部分电压降就会大于电阻上的电压降，为了弥补两者之差就必须继续增加电流，这将使得工作点继续偏离 P 点。与之相反，Q 点处工作点更加稳定，因此实际的工作点只有 Q 点。

若对常温状态下的阴极局部施加很强的电场，由于隧道效应的作用也会产生阴极发射电子。例如阴极表面被氧化而形成一层绝缘薄膜的时候，在强电场作用下离子在绝缘层一侧聚

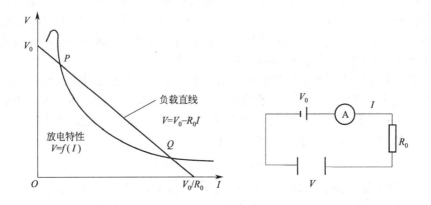

图 3.23　电弧放电时的工作点与放电电路

集并产生与阳极相近的高电位，这就势必在阴极金属与绝缘薄膜之间形成强电场。这个强电场就会引起场致发射。这时由于金属表面是凹凸不平的，在电场作用下大量的电子聚集在电极凸出区域，当电场增加到某一数值时电子就会挣脱原子束缚发射出去。水银电弧就是场致发射的一个例子，水银蒸气被电离后可以在低压条件下产生几千安的放电电流。放电时可以在水银面上看见很亮的光点，这个光点称为辉点，所有电流都是从这个辉点流过的。

当气体压强小于 10Torr 时，等离子体中电子温度 T_e 要高于离子温度 T_i 和中性粒子温度 T_a。但是，当气压达到 100Torr 及以上后，粒子间碰撞更加剧烈，能量交换更加充分，因此电子、离子和中性粒子的温度近似相等（$T_e \approx T_i \approx T_a$），形成热等离子体。此时粒子分布函数与麦克斯韦分布十分接近，将这种状态称为局部热平衡。

由于高气压电弧中各种粒子温度相近，因此不需要区分离子和电子而将其看作一种流体模型，可以用有关传热学的方程体系来描述，等离子体的生成和维持机制可以用热电离来说明。电子（e）和离子（M^+）从电场中获得能量然后传递给中性粒子，并维持高温（10^4K）和局部热平衡状态，由于温度太高所以粒子都能够产生电离。在这种高压高密度的等离子体中，气相中电子与离子的复合要比容器壁上的复合更加剧烈。可以用化学反应式 $M \rightleftharpoons M^+ + e^-$ 来表示电离与复合的平衡。电离反应速率与反应温度 T 和电离电压 V_1 成指数关系，复合速率与离子密度 n_i 和电子密度 n_e 之积成正比关系。这种平衡可以用沙哈（Saha）方程表示：

$$k_B \frac{n_e n_i}{n_0} = \frac{(2\pi m_e k_B T)^{3/2} 2g}{h^3} \frac{2g}{g_0} e^{-eV_1/k_B T} \tag{3.89}$$

式中，h 为普朗克常数；n_0 为中性分子密度；g_0 和 g 分别为基态能级和电离能级的统计权重，一般有 $g/g_0 \approx 1$。沙哈方程可以用来求解离子电离度，设 n_e、n_i 和 n_0 分别为温度为 T 时电子、离子和中性粒子的温度。电离前中性粒子的密度为 $n_0 + n_i$，因此电离度 $x = n_i/(n_0 + n_i)$，系统的总压强为 $p = k_B T(n_0 + n_i + n_e)$。将这两个式子代入式(3.89)可得：

$$\frac{x^2}{1+x^2} p = 5.0 \times 10^{-4} T^{5/2} e^{-eV_1/k_B T} \tag{3.90}$$

对于电弧，在阴极表面存在一个包括阴极鞘层的阴极区域，这个区域的电位降在 10V 左右，在电弧和中性粒子的相互作用下，阴极区域与电弧柱之间将形成阴极射流。这个射流甚至可以穿过弧柱区域到达阳极，从而将大量能量输送到阳极。与阴极类似，在阳极同样有包含阳极鞘层的阳极区域，绝大部分的阳极位降都在这个薄薄的鞘层上。另外，在阳极区域也有射流，但比阴极射流稍弱。阴极逸出的电子对维持电弧柱的稳定起主导作用，而热发射在较小电流时起主导作用，场致发射在大电流时起主导作用。

3.5.3 电晕放电

气体压强较高时电晕放电是一种不稳定且微弱的放电。如图 3.24 所示，电极由一个平板电极和针状电极组成。当给针状电极加上正电压，就会在大气压环境的空气中发生电晕放电。若对只有几厘米间距的电极加上 2000V 左右的电压，则针状电极顶端会被薄薄的一层发光体包围，而在电极之间却只有几微安的电流，将这种放电称为辉光电晕。增加电极电压，发光区域会向平板电极方向伸展并形成刷状电晕，这种放电其实是人类肉眼无法观察到的闪烁状态。再进一步增加电压，发光部分进一步延伸并触及平板电极，且在平板电极一端分成很多线状的发光部分，这些线状发光部分在不停地闪烁，将这种放电称为流柱电晕。若改变电极的极性，给针状电极加上正电压时就会生成负电晕。与正电晕不同的是，负电晕不会因电压产生放电时的形态变化。就放电过程的主要电离方式来讲，负电晕时是分子被电子碰撞引起的电离，而正电晕时是光电离。

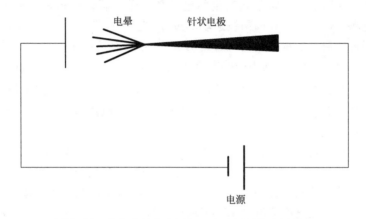

电晕   针状电极

电源

图 3.24 大气中针状电极加正高电压时的电晕放电

3.5.4 火花放电

由于大地中的放射性物质以及宇宙射线的作用，空气中的气体分子随时都在发生着电离，因此在一般情况下空气中都存在着一定量的电子和离子。如图 3.25 所示，把一对相距为 d 的电极放在空气中，然后加上电压为 V 的直流电，这时电极之间的电子和离子就会在电场的作用下向两边移动，从而形成回路电流 I。

理论上讲，当电极之间电压从零开始增加时，电流随着电压呈线性增加。但当电压达到一定值后继续增加时，电流 I 基本保持不变。这是因为空气中靠放射性物质和宇宙射线产生的电子和离子已经全部移向电极，如果没有更多的电子和离子源，无论加多大电压都无济于事。事实上，若进一步增加电压，电流还会进一步增大。这是因为离子和电子被电极间的强电场加速后与气体分子发生碰撞，碰撞后气体分子又被电离成电子和离子，从而增加了空间中的电荷数量。若再进一步增加电压，因碰撞产生的电子和离子也会被加速到一定能量并与另外的气体分子相碰撞，从而产生电离。就这样不断加速后碰撞电离，空间中的电子和离子将呈指数增长，同时回路中的电流 I 也急剧增加。

著名的汤生理论解释了 DE 曲线段的原因，为了简化模型，只考虑紫外线照射阴极板发

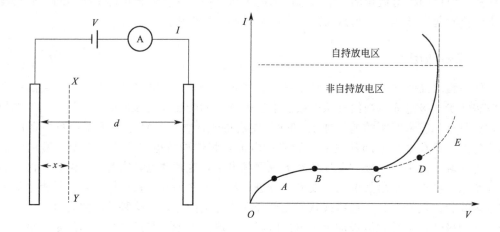

图 3.25　放电电流

射电子而忽略放射性物质和宇宙射线产生的电子和离子。假设每秒发射的电子数目为 N_0，电子由于受到电场加速作用，在向阳极运动的过程中会与中性粒子碰撞电离。设电子每移动 1cm 发生 α 次碰撞电离，若单位时间通过距阴极为 X 的面移向阳极的电子数目为 N。那么在 x 到 $x+\mathrm{d}x$ 的空间内单位时间内碰撞电离次数 $\mathrm{d}N=N\alpha\mathrm{d}x$，且 $N=N_0(\mathrm{e}^{ad}-1)$。通过对上式积分可得 N_0 个电子从阴极到阳极的过程中会产生 $N_0(\mathrm{e}^{ad}-1)$ 次碰撞。若 N_0 对应于电流 I_0，那么流向阳极的电子电流 $I_e=I_0$，流向阴极的离子电流为 $I_i=I-I_0=I_0(\mathrm{e}^{ad}-1)$，总电流就是电子电流与离子电流之和。

电场中的中性粒子被电子撞击后电离产生的增殖作用随着电场强度和单位距离碰撞次数 α 的增大而增大，如果阻断阴极发射的电子，则电流将变为零。但是，如果由增殖作用产生的离子在向阴极移动的过程中被加速，且与中性粒子或阴极碰撞发生电离，产生的电子又会被电场加速。如此循环往复将会有越来越多的电子和离子产生，所以就算没有阴极发射的电子，放电也会持续。将这一现象称为自持放电。

自持放电的前提是空间中的正离子能够引起电离反应，引起这种电离的原因主要有以下几个方面：

① 正离子碰撞气体分子后引起的电离（称为 β 作用）；

② 正离子撞击阴极后引起的电子发射（称为 γ 作用）；

③ 正离子同电子复合时释放光，使阴极产生电子逸出；

④ 在阴极附近堆积大量的正离子，由其形成电场引起阴极产生场致发射；

⑤ 正离子撞击阴极并将其能量传递到阴极，使阴极发射热电子。

其中④、⑤是在自持放电之后，即在辉光放电和电弧放电足够强的状态下才发挥作用。其实，只要自持放电开始发生，那么④和⑤方式的电子发射就一定能够进行。在前面的三种情况中，只有②的效果最为明显，因此通过 γ 作用来分析自持放电的机理。实现自持放电的条件可以用公式 $\gamma(\mathrm{e}^{ad}-1)$ 来表示，其中 γ 表示一个离子撞击阴极后阴极发射电子的个数。对上式可以理解为，1 个电子从阴极到达阳极时将会增殖 $\mathrm{e}^{ad}-1$ 个电子，同样也会增殖 $\mathrm{e}^{ad}-1$ 个离子。如果所有离子撞击阴极后可以逸出 n 个电子，则可得 $\gamma(\mathrm{e}^{ad}-1)=n$。若一开始用紫外线使阴极释放出电子后关闭紫外线，由于离子的 γ 作用，放电依然可以继续下去。

维持自持放电后就会产生不连续的火花以及声音，造成这种现象的原因是电流的急剧增加产生大量的空间电荷从而造成空间电位变化。将这种放电称为火花放电。根据不同的回路状态，火花放电将最终转变为电弧放电或辉光放电等，这说明火花放电是从气体被击穿到电弧放电或辉光放电的过渡现象。

火花放电发生之前的电极电压称为着火电压或起始电压，帕邢（Paschen）得到了两平行板电极间匀强电场中的着火电压 $V(V)$、电极间距 $d(mm)$ 和气体压强 $p(mmHg)$ 三者之间的关系。现在对三者函数关系作如下分析，假设电源电压保持不变，若使电极间距增加 m 倍则电场强度也要变为原来的 $1/m$，使气体压强变为原来的 $1/m$，那么平均自由程将增加 m 倍。由此可知，电子或离子在每个平均自由程内获得的能量不会改变，同时在运动过程中碰撞的次数也不会发生变化。因此，只要气体压强 p 和电极间距 d 的乘积不变，气体着火电压 V_S 也不会改变。

在 $p \times d$ 为某一值时有最小着火电压 V_{Smin}，对此可以作如下解释：假设保持气体压强 p 和电极间电压 V 不变，若电极间距 d 大于 V_{Smin} 所对应的间距，则碰撞次数会增加，而粒子在一个自由程中获得的能量会减小，从而导致电离能力下降，所以为了增加有效碰撞就必须增加电极电压 V。相反，若电极间距 d 小于 V_{Smin} 所对应的间距，则碰撞次数就会相应减少，所以还是需要增加电极电压来增加有效碰撞次数。

表 3.2 给出了几种气体的最小着火电压 V_{Smin}。V_S 的大小与电极材料也有关，特别是 $p \times d$ 小于最小着火电压所对应的值时表现更为明显。若在阴极表面涂抹电离功率小的金属，会明显减小 V_{Smin}，这是因为放电受到 γ 作用。在卤族元素气氛中 V_S 值较大，这是由于卤族元素会吸附电子而变为负离子，从而减少了空间中的电子数量。

⊡ 表 3.2 最小着火电压

气体	V_{Smin}/V	$(p \times d)_0 / mm \cdot mmHg$	气体	V_{Smin}/V	$(p \times d)_0 / mm \cdot mmHg$
He	147	25	空气	330	5.7
Ne	168	28	H_2	270	13.5
Ar	192	12	N_2	250	6.7
Na	335	0.4	O_2	450	7.0
Hg	400	60	CO_2	420	5.0

He、Ne、Ar 跟焊接的联系非常密切，尽管这些气体电离电位比较高，但是处于亚稳激发状态有助于放电进行，所以这些气体的 V_S 值都较低。例如惰性气体保护焊在不同保护气的情况下很难引弧成功。对于焊条电弧焊，也会经常在药皮中加入一些低电位的元素，从而达到稳弧的目的。

放电空间产生的电子和离子将沿着电场力作用的方向进行移动，这势必会改变空间电荷分布，从而使电荷在局部区域分布不均匀。火花放电时电荷密度较大，电荷的不均匀分布势必会改变空间电位分布情况。因为正电荷在阴极大量堆积，所以在阴极附近产生了大的压降，其过程可以作如下描述：如图 3.26 所示，在两平行板 A、K 的电极之间存在着均匀分布的电子和离子，在两电极之间加上电压。由于电子相对于离子质量很小，所以电子很快就移动到了阳极，而此时离子几乎还没有移动。此时就像图 3.26（b）所示，阴极前面只残留有正离子。假设电极间的电压保持不变，那么图 3.26（b）所示状态就类似于阳极上的正电荷一直延伸到阴极，这相当于大部分的电源电压都施加在阴极前面，电位曲线如图 3.26 中虚线所示。引起火花放电需要的最小电压为着火电压，但是一旦开始放电，只需要几十伏的低电压便可以维持放电。其原因就是前面所说的电荷分布不均。

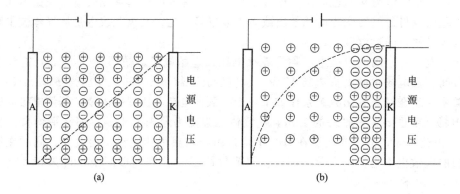

图 3. 26 空间电荷引起的电场畸变

第4章

电弧物理基础

4.1 气体电离

气体本不是电的导体，并不像电解质那样本身就具有电离的性质。为了使其导电，必须使中性气体粒子电离为正离子和电子。气体一旦发生电离，由于阳极和阴极之间的电势差作用，正离子向阴极移动，电子向阳极移动，从而形成电流。中性气体粒子要电离成电子和离子，就必须由外部提供一定的能量，其大小则随粒子结构而异。通常，在普通化学反应过程中，与原子核结合力最弱的是最外壳层电子，即所谓价电子，电离正是失掉这种外层电子的现象。

中性气体分子或者原子在获得足够大的能量时，可以使其一个或者多个外层电子脱离该原子核的作用范围成为自由电子，而气体粒子（分子或原子）则因失去电子而成为离子，这种现象称为电离。使中性粒子发生电离所需要的能量称为电离能，通常以电子伏（eV）为单位，以伏（V）为单位表示电离电压 U_i。生成的正离子称为一价正离子，这种电离称为一次电离。一个电子伏（eV）就是一个电子通过 1V 电势差空间所获得的能量，其数值为 1.6×10^{-19} J。在实际中常常直接用电离电压来表示气体电离的难易程度。1eV 表示的电离电压在数值上等于 1eV 的电离能。要使中性气体粒子失去第二个电子则需要更大的电离电压，称为第二电离电压，生成的离子称为二价正离子，这种电离称为二次电离，依此类推。产生不同程度电离的电离电压是不同的。

当作用于中性粒子的外部能量不足以使电子完全脱离气体原子或分子，但能使电子从较低能量级转移到较高的能级时，则中性粒子的稳定状态受到破坏，这种状态称为激发，对应所需要的电压称为激发电压。表 4.1 所示的就是常见气体的电离电压和激发电压。

▫ 表 4.1　常见气体的电离电压、激发电压

气体	激发电压/V	电离电压/V	气体	激发电压/V	电离电压/V
He	19.8	24.5	H_2	7.0	15.4
Ne	16.6	21.5	N_2	6.3	15.6
Ar	11.6	15.7	O_2	7.9	12.1
Na	2.1	5.1	CO	6.2	14.1
K	1.6	4.3	CO_2	3.0	14.0
Cs	1.4	3.9	NO	5.4	9.6
Hg	4.7	10.4	H_2O	7.6	12.6

气体电离电压的高低表明电子脱离原子或分子所需要的外加能量的大小，即在某种气氛中产生带电粒子的难易程度。在相同的外加能量条件下，电离电压低的气体提供带电粒子较容易，从这个角度看电离电压低有利于电弧的稳定。但电离电压的高低只是影响电弧稳定性的许多因素之一，而不是唯一的因素。气体的其他性能（如解离性能、热物理性能等）反过来会影响整个电弧空间的能量状态，如带电粒子的产生和移动过程等。因此在分析焊接电弧现象时，不能仅从电弧气体的电离电压来分析，还需要考虑气体各种性质的综合作用。当电弧空间同时存在电离电压不同的几种气体时，在外加能量的作用下，电离电压较低的气体粒子将先被电离，如果这种低电离电压气体供应充分，则电弧空间的带电粒子将主要依靠这种气体的电离过程来提供，所需要的外加能量也主要取决于这种气体的电离电压。

4.1.1　电离的种类

电弧中气体粒子的电离因外加能量种类的不同而分为三类。

（1）碰撞电离

以任意的方法把粒子加速到超过某一限度并用它撞击中性气体粒子时，该粒子将一部分能量传递给中性气体粒子从而使其发生电离。一般认为电子、离子、中性气体的原子和分子等，均可作为碰撞粒子。但是，这些粒子在非弹性碰撞时的能量传递效率不同，质量越小的粒子，效率越高。即电子在非弹性碰撞中几乎可以将其所具有的全部能量都给予被碰撞的对方。所以，只要它具有大于电离能的动能，就可能发生碰撞电离。与之相反，若用相同质量的粒子互相碰撞，则只有当一方具有大于2倍电离能的能量时，才可能发生碰撞电离。保护气中的电弧放电不可能产生具有很高能量的粒子，因此即便发生碰撞电离，也只能是由电子引起的。

高速电子除通过碰撞使中性气体粒子电离来失去能量之外，还能通过激发碰撞等方式失去能量。当电子能量大于电离能，电子撞击中性粒子使之发生电离时，其剩余的能量或者仍保留在原有电子上，或者传给电离飞出的电子，或者再消耗于多级电离。而正离子本身的动能，根据动量守恒定律可以知道，大致没有什么变化。

其次，当电子能量小于电离能而大于激发能时，则可能使对方发生碰撞激发。处于激发状态的粒子若再次受到别的电子撞击，就要跃迁到更高能级的激发状态，或者发生电离。这种连续2次以上碰撞产生的电离称作累积电离。一般气体粒子能够停留在激发状态的时间是很短的，所以只要碰撞不是频繁发生的，就难以引起这种累积电离。但是像Ne、Ar等惰性气体，凡发生亚稳态激发的，累积电离的可能性就很大。

在混合气体中，处于激发状态的粒子在撞击别的中性粒子时，也可使之发生电离。例如激发状态（激发电压为16.6V）的氖（Ne）粒子撞击中性氩（Ar）粒子（$U_i = 15.7V$）就可以使之电离。这种碰撞一般称作第二类碰撞。

（2）光电离

设光的频率为ν，则可以认为光是由能量为$h\nu$的光量子所组成的，其中h为普朗克常数。光量子碰上气体粒子时，如果$h\nu$大于电离能，则该气体粒子将可能发生电离，光量子随之消失。当光量子能量低于单原子气体电离能时，就不能发生电离。应当注意到，光量子引起的电离与电子引起的碰撞电离不同：即使光量子能量比电离电压高得多，也难以引起电离。

光量子还可能引起激发，因此也有导致累积电离的可能。但是这种电离与光电离不同，几乎只有能量等于激发能大小的光量子才容易引起激发，亦即存在所谓的共鸣现象。因此，放电空间激发粒子返回基态能级时放出的光量子容易被附近的中性粒子吸收，从而使中性粒子进入激发状态。当这一激发状态结束时放出的辐射光又将被第三个气体粒子吸收，这样会使共鸣波长的光量子在放电空间作无序运动，从而在实际上延长它在放电空间停留的时间，有助于发生累积电离。

（3）热电离

气体被加热到高温时，各粒子按其温度呈现麦克斯韦速度分布，从整体上看则处于高速运动状态。只要气体温度足够高，在高速粒子群中能量高的粒子就会在相互碰撞之际产生碰撞电离，这种高温条件下气体的电离现象称为热电离。

电弧弧柱区的导电机构，一般认为主要是由热电离产生的。电弧的温度高达5000K，有时超过10000K，它表示气体粒子具有的动能。气体粒子遵循麦克斯韦速度分布，其中当然还有高于平均速度的粒子。如果这些粒子互相碰撞，其中某一些粒子将会获得足够的能量而发生电离。中性气体粒子互相碰撞产生的电子如果混入高温气体粒子中，就能通过碰撞进行能量交换。由于电子和气体粒子处于相同的环境中，所以也具有相同的动能，根据麦克斯韦速度分布，还会有能量高于平均值的电子出现。然而，电子比气体粒子轻得多，当电子与气体粒子碰撞时，有可能将其全部能量以非弹性碰撞方式传递给气体粒子。所以与中性粒子相互碰撞相比，电子与中性粒子碰撞所起的电离作用要更大。

除碰撞电离之外，当然也会产生碰撞激发，当激发粒子恢复正常状态时放出的光量子会引起光电离。因此所谓热电离就是由中性粒子、离子、电子引起的碰撞电离、光电离等同时发生的一种状态。

以上是高温气体的纯热电离状态，都是用电力以外的加热方法获得。但在电弧放电的情况下，高温气体要受电场作用。电子受到电场加速本身便能达到高温，和中性气体粒子碰撞也要加热对方。在电弧弧柱中，电子的运动也起着一种有效热源的作用。电子引起的热电离比起中性气体粒子互相碰撞引起的热电离更具有重要意义。

4.1.2 多原子分子分解体

因电弧的温度较高，电弧中的多原子（由两个以上原子构成）气体分子在热作用下将分解为原子，这种现象称为热分解。在热电离之前气体分子首先要产生热分解。热分解过程需要外加能量，是吸热反应。气体分子分解为原子所需要的最低能量称为分解能。不同气体分子的分解能是不同的。电弧气氛中常遇到的几种气体分子的分解能如表4.2所示。由表4.1和表4.2可知，分解能比分子的电离能低，所以气体介质中的电弧首先使气体分子分解为原子，分解后的原子再被电离。气体解离过程伴随着吸热作用，所以它除了影响带电粒子的产生过程外，还对电弧的电和热性能产生显著的影响。气体的分解能力与气体种类和温度有关。

▫ 表4.2 气体分子的分解能

分解	能量/eV	分解	能量/eV
$H_2 \longrightarrow H+H$	4.4	$NO \longrightarrow N+O$	6.1
$N_2 \longrightarrow N+N$	9.1	$CO \longrightarrow C+O$	10.0
$O_2 \longrightarrow O+O$	5.1	$CO_2 \longrightarrow CO+O$	5.5
$H_2O \longrightarrow OH+H$	4.7		

可以认为空气中的氧、氮分子（O_2、N_2）在弧柱中按下式发生热分解，即

$$N_2 \Longleftrightarrow 2N \tag{4.1}$$

$$O_2 \Longleftrightarrow 2O \tag{4.2}$$

当然，只要升高温度，热分解就能进行。图 4.1 给出温度与空气中氧、氮分解的原子气体分压之间的关系曲线。从图 4.1 中可见，温度超过 6000K 时，分子几乎全都分解为原子状（表 4.3）。

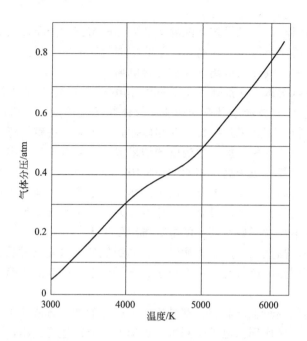

图 4.1 温度与空气中分解的原子气体分压之间的关系

⊡ **表 4.3 气体分子的分解度**

温度/K	氢气	氮气	氧气
3000	0.090	0.0003	0.120
4000	0.625	0.016	0.790
5000	0.947	0.168	0.990
10000	0.999	0.990	0.999

4.1.3 Saha 公式

上面所讲的热电离及热分解都可以视为一种热化学变化。现设 A 是中性气体粒子，A^+ 是它的离子，e^- 是电子，eU_i 是电离能，则对于一价的电离反应可以表示如下：

$$A + eU_i \rightleftharpoons A^+ + e^- \tag{4.3}$$

若把 eU_i 看作反应热，上式就是一种热化学反应方程式，对于 1mol 气体则变为下式：

$$1mol\ 中性气体粒子 + 1mol\ 电离能 = 1mol\ 电子 + 1mol\ 离子 \tag{4.4}$$

电离度 x 由下式定义：

$$x = \frac{n_i}{n_0} \tag{4.5}$$

式中，n_i 为电离后的电子或离子密度；n_0 为电离前中性粒子的密度。

中性粒子和电子、正离子均混杂在电弧弧柱中，设其分压分别是 p_a、p_e、p_i，总压力是 p，则：

$$p = p_a + p_e + p_i \tag{4.6}$$

根据印度科学家 Saha 的推导，假设气体中各粒子处于热平衡状态，则热电离与气体温度、气体压强、气体电离电压等因素存在以下数值方程关系：

$$\frac{x^2}{1-x^2}p = 3.16 \times 10^{-7} T^{5/2} e^{-eU_i/k_BT} \tag{4.7}$$

式中，x 为电离度；p 为压强，Pa；T 为气体热力学温度，K；e 为电子电荷，1.602×10^{-19} C；U_i 为电离电压，V；k_B 为玻尔兹曼常数，1.38×10^{-23} J/K。

十九世纪二十年代，Saha 为了研究太阳等恒星的外围气氛发生热电离的情形，推导出以上关系式。时至今日，Saha 公式仍被广泛应用于对电弧弧柱的研究。Saha 公式表明在等离子体处于热力学平衡状态下，原子浓度（n_0）和离子浓度（n_i）依赖电离和复合保持平衡，使等离子体每一体积单元内，这两种粒子的浓度具有确定数值的关系式。

对上式两边取对数并改写为实际应用的形式：

$$\lg\left(\frac{x^2}{1-x^2}p\right) = -\frac{5040}{T}U_i + 2.5\lg T - 6.50 \tag{4.8}$$

若再令 n_n 等于温度为 T、压力为 p 时的中性粒子密度（个/cm^3），n_e 等于同上状态下的电子（或正离子）密度（个/cm^3），则上式又可以改写为：

$$\lg\frac{n_e^2}{n_n} = -\frac{5040}{T}U_i + 1.5\lg T + 15.385 \tag{4.9}$$

式(4.9) 也可以理解为从量子力学推导出来的式(4.10) 的另一种形式。

$$\frac{n_e n_i}{n_n} = \frac{(2\pi m k_B T)^{3/2}}{h^3} e^{-eU_i/k_BT} \tag{4.10}$$

由 Saha 公式所决定的电离度 x 与温度 T 的曲线关系如图 4.2 所示。

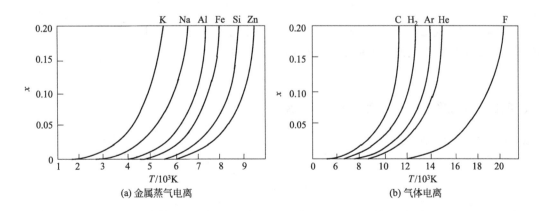

图 4.2 热电离的电离度 x 与温度 T 的关系

由 Saha 公式及图 4.2 可以看出粒子热电离的电离度随温度的升高而增加。

在常压下的焊接电弧中，电子是电弧的主要带电粒子，电子密度一般为 10^{14} 个/cm^3 左右，此时即可维持电弧的正常导电。实效电离度为 10^{-4} 量级时即可满足小电流电弧导电的需要，亦即一万个中性粒子中有一个被电离即可，弧柱电子密度可如表 4.4 所示。就是说，在一般焊接电弧中的电离度只有 $0.1 \times 10^{-8} \sim 0.12 \times 10^{-2}$ 的数量级；可是当弧柱温度升高并受到强烈冷却时，电离度可达 10^{-1} 左右（表 4.5）；一旦温度达到 30000K，则电离度为 100%。

▣ 表 4.4 弧柱的电子密度

电极	铜	有芯碳电极	NaCl芯碳电极	Al芯碳电极	W芯碳电极	W
电子密度/(10^{14} 个/cm³)	0.39	1.59	7.20	1.09	0.24	0.25

▣ 表 4.5 高速气流中的弧柱特性

电弧电流 I/A	电流密度 j/(A/cm²)	电离度 x	电子密度 n_e/(个/cm³)	气体温度 T/K
1000	44000	0.08	4.4×10^{17}	14500
1000	37500	0.11	2.9×10^{17}	14000
1000	25600	0.13	1.1×10^{17}	13300
1400	40000	0.088	4.1×10^{17}	14400
1000	44000	0.09	4.4×10^{17}	14500
300	61000	0.14	6.5×10^{17}	15600

Saha 公式只是在一种中性粒子发生电离时的平衡条件下推导出来的，若把它应用到金属蒸气或气体等混合物的热电离中，则不能将各种不同粒子的 U_i 值代入式（4.10）来求电离度，因为混合气体的热电离平衡不是各气体各自独立的，而是所有电离产生的电子共用，并与正、负两种离子处于平衡状态。即当在某气体中混有其他成分时，各种气体电离程度不一样，此时电子密度与电离前中性粒子密度的比率称为实效电离度。混合气体的电离电压称为实效电离电压。利用 Saha 公式求实效电离度时需代入实效电离电压。在 U_i 值不同的 2 种气体互相混合的情况下，U_i 较小的那种气体要比它在同一总压力下作为单一气体存在时的电离更强，而 U_i 较大的那种气体比其作为单一气体时的电离能力弱。

Saha 公式也可以适用于热分解。氮分子是双原子的分子，一个氮分子可以分解为两个氮原子，分解后对于氮的一价的电离反应可以表示如下：

$$N + eU_i \Longleftrightarrow N^+ + e^-$$ (4.11)

氮在不同温度下的电离度如表 4.6 所示。

▣ 表 4.6 不同温度下氮的电离度

温度 T	电离度 x	温度 T	电离度 x
5000	3.2×10^{-7}	15000	0.22
10000	0.0065	20000	0.82

图 4.3 就是利用 Saha 公式求得的在标准大气压下，$U_i = 14.5V$（氮的电离电位）时，温度 T 和电离度 x 之间的关系曲线，以及标准大气压下氮气（N_2）的分解度。从表 4.2 可以看出，CO_2 和 H_2 的电离电位比 N_2 低，所以它们要在比图 4.3 中所示更低一些的温度发生分解，即分别在大约 3700K、4600K 时，分解度均达到 90%（参照表 4.3）。

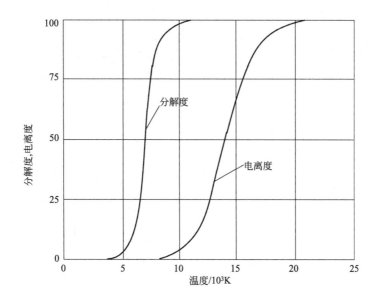

图 4.3 标准大气压下氮气的分解度和电离度

4.2 金属中的电子

4.2.1 特鲁德模型

为了说明导电、导热现象，1900 年特鲁德（Drude）提出了第一个经典电子导电理论，初步解释了金属导电性问题。特鲁德对金属结构做了如下描述：金属原子凝聚在一起时，原来孤立原子封闭壳层内的电子与原子核构成原子实，外壳层电子（价电子）受到原子核束缚较弱，可在金属内自由移动，弥散于金属内部，这时它们被称为传导电子。对于这些由大量传导电子构成的系统，特鲁德将其称为自由电子气系统，可以用经典的分子运动学理论进行处理。图 4.4 就是该模型的示意图，eZ_a 为金属原子的核电荷，这里 Z_a 是金属的原子序数。核外有 Z_a 个电子，其中有 Z 个价电子，有（$Z_a - Z$）个芯电子。

特鲁德认为只要略作修正，将金属体内的高浓度电子气视作理想气体，就可以把当时发展起来的解释理想气体性质的气体分子运动理论加以应用。特鲁德模型的基本假设是：

① 完全忽略电子与电子、电子与原子实之间的相互作用。无外场时，传导电子作匀速直线运动；外场存在时，传导电子的运动服从牛顿运动定律。这种忽略电子—电子之间相互作用的近似称为独立电子近似；而忽略电子—原子实之间的相互作用的近似称为近自由电子近似。电子气系统的总能量为电子的动能，势能被忽略。

② 传导电子与原子实发生碰撞而使电子改变速度，是一个瞬时事件。在特鲁德电子模型中，忽略了电子之间的碰撞。传导电子的运动轨迹如图 4.5 所示。

③ 单位时间内传导电子与原子实发生碰撞的概率是 $1/\tau$，即一个电子在前后两次碰撞之间的平均时间间隔称为弛豫时间 τ，相应的平均位移叫做平均自由程。特鲁德还假设，平均自由时间与电子位置和速度无关，在时间 dt 内，一个电子与原子实的平均碰撞次数是 dt/τ。

④ 假设电子气系统和周围环境仅仅是通过碰撞实现热平衡的，碰撞前后电子的速度毫

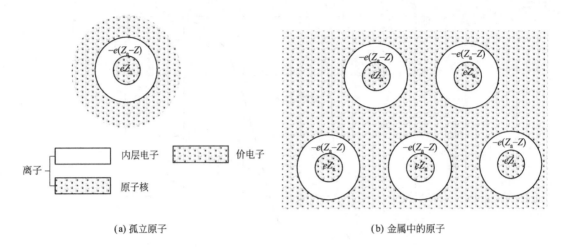

(a) 孤立原子　　　　　　　　　　　　　(b) 金属中的原子

图 4.4　特鲁德模型示意图

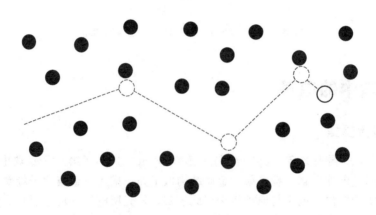

图 4.5　传导电子的运动轨迹

无关联，运动方向是随机的，速度和碰撞发生处的温度是相适应的，其热平衡分布遵循玻尔兹曼统计规律。

利用特鲁德模型，可以成功解释金属中的某些输运过程，但也可以发现，特鲁德模型存在不可逾越的障碍。

（1）金属的直流电导

根据特鲁德模型，金属导体内的电子运动类似于理想气体分子的运动。设金属导体内电子数密度为 n，电子运动的平均速度用 $\bar{v}$ 表示，则电流密度应为：

$$j = -ne\bar{v} \tag{4.12}$$

式中，$-e$ 是电子电荷。

在无外场时，电子的运动是随机的，因此电子的平均运动速度 $\bar{v} = 0$，此时导体内没有净定向电流。给导体施加外电场 E，可以测得导体中存在净定向电流密度 j_0。j 和外电场 E 的关系导出方法如下：考虑某一个电子，设连续两次碰撞的时间间隔为 t，电子的初速度为 v_0，在外加电场作用下，前一次碰撞之后，电子立即附加上一个速度 $-eEt/m_e$，这里 m_e 是电子的质量。根据特鲁德模型的假设，碰撞后，电子运动的方向是随机的，因此 v_0 对电

子平均运动速度 $\bar{v}$ 是没有贡献的，$\bar{v}$ 是对电子由外电场获得的附加速度 $-eEt/m_e$ 取平均的结果。对 $-eEt/m_e$ 取平均，实质上是对 t 求平均，根据特鲁德模型，t 的平均值就是平均自由时间 τ，因此：

$$\bar{v} = -\frac{eE\tau}{m_e} \tag{4.13}$$

将式 (4.13) 代入式 (4.12)，得：

$$j = \left(\frac{ne^2\tau}{m_e}\right)E \tag{4.14}$$

取：

$$\sigma = \frac{1}{\rho} = \frac{ne^2\tau}{m_e} \tag{4.15}$$

得：

$$j = \sigma E \text{ 或 } E = \rho j \tag{4.16}$$

上式就是欧姆定律。利用特鲁德模型解释欧姆定律成功。

（2）金属电子的平均自由时间和平均自由程

式 (4.16) 给出了金属的电导率和电阻率对平均自由时间的依赖关系。实验中，可以通过测量金属的电阻率来估计平均自由时间：

$$\tau = \frac{\sigma m_e}{ne^2} = \frac{m_e}{\rho ne^2} \tag{4.17}$$

典型金属的自由电子的平均自由时间在 $10^{-15} \sim 10^{-14}$ s 范围内。以铜为例，$T = 273\text{K}$ 时，电阻率为 $1.56\mu\Omega \cdot \text{cm}$，求得 $\tau = 2.7 \times 10^{-14}$ s。

在此基础上，进一步计算电子运动的平均自由程 $\bar{\lambda}$，这是电子在连续两次碰撞之间的平均运动距离：

$$\bar{\lambda} = \bar{v}\tau \tag{4.18}$$

特鲁德模型中，将电子视作经典粒子，根据经典的能量均分定理，有：

$$\frac{1}{2}m_e\bar{v}^2 = \frac{3}{2}k_BT \tag{4.19}$$

式中，k_B 为玻尔兹曼常数。室温下，$\bar{v}$ 的值约在 $10^7 \text{cm} \cdot \text{s}^{-1}$ 量级。因此，由式 (4.19) 可知，金属中电子的平均自由程约在 $1 \sim 10\text{Å}$ 范围内。这个距离与金属原子实的间距是一致的。由特鲁德模型的假设（碰撞源于电子受到原子实的散射）可知，关于平均自由时间和平均自由程的估算与特鲁德的模型是吻合的。

但在实验中，人们发现金属中电子的平均自由程要比特鲁德模型的估算值大得多，例如当 $T = 4\text{K}$ 时，铜的平均自由程的测量值可达 10^3Å 以上。原因在于：电子不仅是经典微粒，而且具有波粒二象性；传导电子在运动过程中仅频繁地受到其他传导电子的散射。利用特鲁德模型解释电子自由程是不合适的。

（3）金属的比热

特鲁德模型认为金属中的电子具有经典理想气体分子的运动特征，它们遵循玻尔兹曼统计规律：每个电子有 3 个自由度，每个自由度具有 $k_BT/2$ 的平均能量。令 $\bar{U}$ 为电子气系统的内能密度（单位体积电子气的内能），则 $\bar{U} = 3nk_BT/2$ 时电子气的比热：

$$C_v = \frac{\partial\bar{U}}{\partial T} \tag{4.20}$$

则：

$$C_v = \frac{3}{2} n k_B \qquad (4.21)$$

即电子对比热的贡献与高温下晶格振动的贡献相当。这一结论与实验不相符。特鲁德模型在解释金属比热的问题上失败，除此之外，特鲁德经典电子模型在处理磁化率等问题上也遇到根本性的困难。这些矛盾直到量子力学与费米-狄拉克统计规律建立后才得到解决。

4.2.2 量子化模型

（1）索末菲自由电子气模型

特鲁德模型初步解释了金属导电性问题，从微观上解释了欧姆定律和维德曼-弗兰兹定律，但在解释金属比热及磁化率等问题上出现偏差。1925 年 1 月，物理学家泡利提出了不相容原理：对于一切自由度等于半整数的粒子（费米子组成的系统中），不能有两个或两个以上的粒子处于完全相同的状态。这一原理解释了原子的电子壳层结构和元素周期律，推动了电子自旋概念的确立。费米和狄拉克分别在泡利不相容原理及玻尔兹曼统计基础上，提出电子服从某一统计规律，即后来的费米-狄拉克统计分布。1928 年，索末菲在量子理论和费米-狄拉克统计理论的基础上重新建立了金属自由电子模型。索末菲模型和特鲁德模型的区别在于：前者引入了泡利不相容原理，要求电子遵循费米-狄拉克统计分布，而不是经典的玻尔兹曼统计分布。

索末菲认为，在若干金属原子聚集形成金属晶体时，原子实的周期排列构成了金属晶体的晶格结构。与特鲁德相似，索末菲认为：价电子由于受原子实的束缚较弱，而成为能在晶体内部自由运动的自由电子。索末菲进一步假定，在自由电子的运动过程中，晶格周期场的影响可以忽略，电子间彼此无相互作用。因此可将一个复杂的强关联的多体问题，转化为在平均势场中运动的单电子问题。首先在求得单电子的能级的基础上，利用泡利不相容原理，将 N 个电子填充到这些能级中，获得 N 个电子的基态。这种忽略电子—原子实相互作用以及电子—电子相互作用，只考虑一个电子在晶格平均场和其他电子的平均场中运动的模型是索末菲自由电子理论的基础。

（2）单电子本征态和本征能量

考虑温度 $T=0$ 时，在体积 $V=L^3$ 内的 N 个自由电子的系统，在单电子近似下，电子的运动状态用波函数 $\psi(r)$ 表示。波函数满足的定态薛定谔方程为：

$$\left[-\frac{\hbar^2}{2m_e} \nabla^2 + V(r) \right] \psi(r) = E \psi(r) \qquad (4.22)$$

式中，$V(r)$ 为电子在金属中的势能；r 为金属中电子的位矢；∇ 为拉普拉斯算子；E 为在单电子近似下，$V(r)$ 为 0 时，电子的本征能量。

此薛定谔方程的解式为：

$$\psi_k(r) = \frac{1}{\sqrt{V}} e^{ikr} \qquad (4.23)$$

式中，用以标记波函数的下标 k 为平面波的波矢。k 的方向为平面波的传播方向，大小与平面波的波长有如下关系：

$$k = \frac{2\pi}{\lambda} \qquad (4.24)$$

将式(4.23) 代入式(4.22)，得到电子相应于波函数的能量为：

$$E(k) = \frac{\hbar^2 k^2}{2m_e} \tag{4.25}$$

对于足够大的材料，由于表面层在总体积中所占比例很小，材料表现出来的是材料的体性质。因此，类似于晶格振动时的情况，可采用周期性边界条件：

$$\begin{cases} \psi(x+L,y,z) = \psi(x,y,z) \\ \psi(x,y+L,z) = \psi(x,y,z) \\ \psi(x,y,z+L) = \psi(x,y,z) \end{cases} \tag{4.26}$$

对于三维晶体，通过体积为 L^3 的立方体在坐标轴方向的平移，将整个空间填满。当电子到达晶体表面时，并不受到反射，而是进入相对表面的对应点。

将式(4.26)的周期性边界条件式附加于式(4.23) 得：

$$e^{ik_x l} = e^{ik_y l} = e^{ik_z l} \equiv 1 \tag{4.27}$$

因此：

$$k_x = \frac{2\pi}{L}n_x, k_y = \frac{2\pi}{L}n_y, k_z = \frac{2\pi}{L}n_z \tag{4.28}$$

式中，n_x、n_y、n_z 为量子数，可取零或正负整数，$0 \leqslant n_x$、n_y、$n_z \leqslant N$。由此表明求解薛定谔方程附加的边界条件导致波矢 k 的量子化，电子的本征能量亦取分立值。由此可见，在 κ 空间中每一分立的点代表一个状态。每个状态在 κ 空间所占体积为 $(2\pi/L)^3$。

把波矢 k 看作空间矢量，相应的空间称为 κ 空间。在 κ 空间中，可用离散的点来表示许可的 k 值，每一个这样的点在 κ 空间中占据的体积为 $\Delta k = \Delta k_x \Delta k_y \Delta k_z$，则

$$\Delta k = \left(\frac{2\pi}{L}\right)^3 = \frac{8\pi^3}{V} \tag{4.29}$$

如图 4.6 所示，κ 空间中单位体积内许可态的代表点数称为态密度，κ 空间中的态密度为：

$$\frac{1}{\Delta k} = \frac{V}{8\pi^3} \tag{4.30}$$

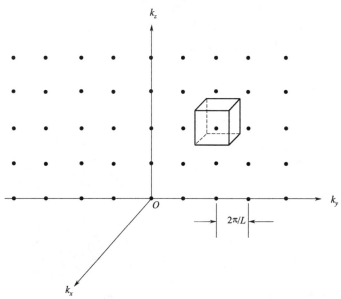

图 4.6 κ 空间中的单原子许可态

（3）能态密度

求解孤立原子的薛定谔方程，可得到描写孤立原子中电子运动状态的波函数及一系列分立的能量本征值，并可通过标明各能级的能量，来说明它们的分布情况。当孤立原子形成晶体时，晶体内电子的能态是非常密集的，能级间的差很小，形成准连续的分布，在这种情况下，讨论单个能级是没有意义的。为了说明固体中电子能态的分布情况，通常引入能态密度的概念：单位能量间隔内的电子状态数量。

如果能量在 $E \sim E + \mathrm{d}E$ 内的状态的数目为 ΔN，则能态密度的定义为：

$$D(E) = \lim_{\Delta E \to 0} \frac{\Delta N}{\Delta E} = \frac{\mathrm{d}N}{\mathrm{d}E} \tag{4.31}$$

自由电子的能态密度为：

$$D(E) = \frac{\mathrm{d}N(E)}{\mathrm{d}E} = \frac{V}{2\pi^2} \left(\frac{2m_e}{\hbar^2} \right)^{3/2} E^{1/2} = C E^{1/2} \tag{4.32}$$

式中：

$$C = \frac{V}{2\pi^2} \left(\frac{2m_e}{\hbar^2} \right)^{3/2} \tag{4.33}$$

定义单位体积电子的能态密度 $g(E)$ 为：

$$g(E) = \frac{D(E)}{V} = \frac{1}{2\pi^2} \left(\frac{2m_e}{\hbar^2} \right)^{3/2} E^{1/2} \propto E^{1/2} \tag{4.34}$$

单位体积的材料中自由电子的能态密度 $g(E)$ 随 E 的变化关系见图 4.7。E 越大，$g(E)$ 也越大，能级就越密。

（4）费米能级和费米面

根据泡利不相容原理，可以确定 $T = 0\mathrm{K}$ 时 N 个电子对许可态的占据：每个单电子态最多可由一个电子占据。描述单电子态的波函数需要波矢 k 和自旋角动量 S，其中 S 的投影只能取 $+h/2$ 或 $-h/2$，因此每一个许可态 k 可以容纳两个自旋的不同电子。

由 N 个电子组成的自由电子系统，对能量许可态的占有可从能量最低的 $k = 0$ 态开始，按能量从低到高，每个 k 态容纳两个电子，依次填充而得到。由于单电子能级的能量与波矢 k 的大小的平方成比例，独立电子近似假说使 $E \sim k$ 的关系是各向同性的。在 κ 空间，占据区最后成为一个球，称为费米球，如图 4.8 所示。

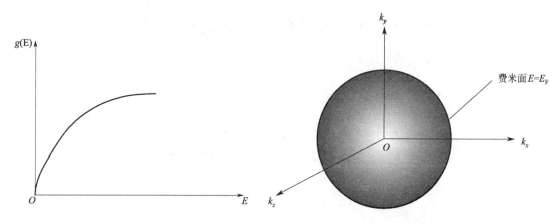

图 4.7 自由电子的能态
密度和能量的关系

图 4.8 N 个自由电子的基态，
在 κ 空间中占据区形成费米球

若固体中有 N 个电子，在 $\boldsymbol{\kappa}$ 空间填充了半径为 k_F 的球，球内包括的状态数恰好等于 N，即：

$$2 \times \frac{V}{(2\pi)^3} \times \frac{4\pi}{3} k_F^3 = N \tag{4.35}$$

费米球的表面作为占据态和未占据态的分界面（即球的表面）称为费米面；被电子占据的最高能级（费米面的能量值）称为费米能级，记作 E_F；相对应的电子动量被称为费米动量 P_F；费米球半径所对应的 k 值称为费米波矢，记作 k_F。简单来说，费米面就是 $\boldsymbol{\kappa}$ 空间中能量为 E_F 的等能面。

由式（4.35）可得费米波矢 k_F 为：

$$k_F^3 = 3\pi^2 n \tag{4.36}$$

式中，n 为电子数密度。

费米能级数值由电子密度决定，当 $T = 0K$ 时，在 $E = 0$ 到 $E = E_F$ 范围内对 $g(E)$ 积分的值应等于电子密度 n，即：

$$\int_0^{E_F} g(E) dE = n \text{ 或} \int_0^{E_F} N(E) dE = N \tag{4.37}$$

根据费米能级的定义，费米能级 E_F 和费米波矢 k_F 的关系为：

$$E_F = \frac{\hbar^2 k_F^2}{2m_e} \tag{4.38}$$

相应地，对于自由电子系统，还可以引入费米动量 $P_F = \hbar k_F$，费米速度 $v_F = \hbar k_F / m_e$ 以及费米温度 $T_F = E_F / k_B$。对于普通金属，上述参数的值约是 $k_F \approx 10^8 \text{cm}^{-1}$，$E_F \approx 2 \sim 10 \text{eV}$，$v_F \approx 10^8 \text{cm} \cdot \text{s}^{-1}$，$T_F \approx 10^4 \sim 10^5 \text{K}$。

4.2.3 自由电子的比热

（1）费米-狄拉克统计理论简述

$T \neq 0K$ 时，N 个电子在本征态上的分布不能再简单地仅由泡利不相容原理决定，而要由费米-狄拉克统计分布函数（简称费米分布函数）给出：

$$f_i = \frac{1}{e^{(E_i - \mu)/k_B T} + 1} \tag{4.39}$$

式中，f_i 为电子占据能量是 E_i 的本征态的概率；μ 为自由电子气系统的化学势，其意义是在晶体体积不变的条件下，系统增加一个电子时系统自由能的增量。化学势 μ 是系统温度和粒子数的函数，原则上可以由下式确定：

$$\sum_i f_i = N \tag{4.40}$$

即对系统所有可能的本征态进行求和。

当 $T \to 0K$ 时，费米分布函数式（4.39）的极限形式为：

$$\lim_{T \to 0} f_i = \begin{cases} 1 \text{（当 } E_i < \mu) \\ 0 \text{（当 } E_i > \mu) \end{cases} \tag{4.41}$$

因此，在 $T = 0K$ 时，化学势 μ 是占据态和非占据态的清晰分界面，如图 4.8 所示。和费米能级 E_F 的定义相比，有：

$$\lim_{T \to 0} \mu = E_F \tag{4.42}$$

即在 $T = 0K$ 时，化学势 μ 等于系统的费米能级。在 $T \neq 0K$ 时，$f(\mu) = 1/2$，表明若系统中

有一个能量等于 μ 的能级，则该能级被电子占有的概率为 1/2。

在 $T \neq 0K$ 时，当 E_i 比 μ 大几个 k_BT 时，$e^{(E_i-\mu)/k_BT} \gg 1$，$f_i \approx 0$；当 E_i 比 μ 小几个 k_BT 时，如图 4.9 所示，$f_i \approx 1$。在室温附近，$k_BT/\mu \approx 0.01$，分布函数和 $T=0K$ 时情形的差别，仅出现在与 μ 非常接近的能级上的电子的分布：一些电子被激发到 $E > \mu$ 的能级上，而在 $E < \mu$ 处留下一些空态。

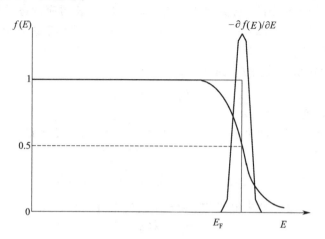

图 4.9　不同温度下的费米分布函数

化学势与温度之间有如下关系：

$$\mu = E_F\left[1 - \frac{\pi^2}{12}\left(\frac{k_BT}{E_F}\right)^2\right] \tag{4.43}$$

室温下，$(k_BT/E_F)^2 \sim 10^{-4}$，化学势 μ 与 $T=0K$ 时自由电子气的费米能级 E_F 很接近。一般地，也把化学势 μ 称为费米能级。

（2）自由电子的比热

在金属电子论的早期发展中，传导电子的热容量是理解其理论的难点。洛伦兹把金属中的自由电子近似看作理想气体的分子，服从经典的统计力学规律。按照玻尔兹曼统计的能量均分定理：N 个自由电子有 $3N$ 个自由度，它们对热容量的贡献应是 $3Nk_B/2$，该数值同晶格振动的贡献相比是同数量级的。但是，实验表明，金属在室温条件下的电子比热只有这个数值的 1% 左右。其原因在于，金属中电子的能量分布并不服从经典的麦克斯韦-玻尔兹曼统计分布，而应服从费米-狄拉克分布。

金属的比热有以下公式：

$$C_v = C_{ve} + C_{vl} \tag{4.44}$$

式中，C_{ve} 为电子比热；C_{vl} 为声子比热。

在室温附近，自由电子气的比热要远小于声子晶格气的比热。按 Dulong-Petit 定律，每个振动模式对比热的贡献为 k_B，电子比热的贡献仅为 $T/T_F \approx 1\%$。所以在常温下，电子比热可以忽略，常温固体的比热等于声子比热：

$$C_v \approx 3Nk_B \tag{4.45}$$

但在低温下，声子比热按 T^3 下降，当 $T \approx 10K$ 时，会小于电子比热。所以在低温下，电子比热不可忽略，电子总比热等于电子比热和声子比热的和。有：

$$C_{ve} \approx \frac{\pi^2}{2}Nk_B \cdot \frac{T}{T_F} \equiv \gamma T \tag{4.46}$$

$$C_{\mathrm{vl}}=\frac{12\pi^4}{5}Nk_{\mathrm{B}}\cdot\left(\frac{T}{\theta_{\mathrm{D}}}\right)^3\equiv\beta T^3 \quad (4.47)$$

所以，金属的总比热常写作：

$$C_{\mathrm{v}}=\gamma T+\beta T^3 \qquad (4.48)$$

将比热测量的结果，作 C_{v} 对 T^2 变化的图，如图 4.10 所示。从直线在 C_{v}/T 轴上的截距可得 γ（电子比热系数）值。

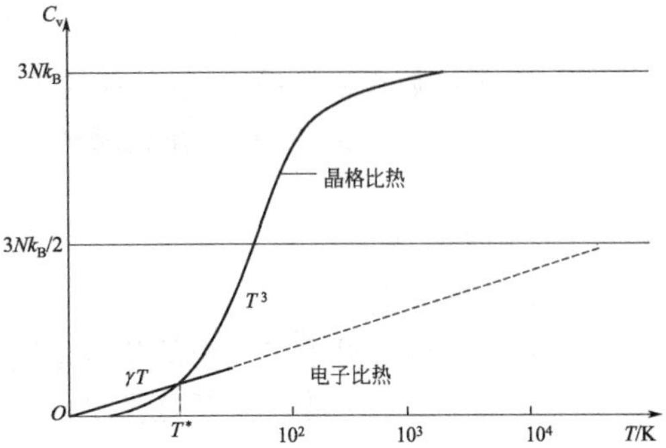

4.2.4 金属的电导率和热导率

（1）金属的电导率

自由电子的动量和波矢的大小有如下关系：

图 4.10 晶格比热、电子比热与温度的关系

$$m_{\mathrm{e}}v=\hbar\boldsymbol{k} \qquad (4.49)$$

在均匀外电场 E 的作用下，电子运动的牛顿运动方程有如下形式：

$$F=m_{\mathrm{e}}\frac{\mathrm{d}v}{\mathrm{d}t}=\hbar\frac{\mathrm{d}\boldsymbol{k}}{\mathrm{d}t}=-eE \qquad (4.50)$$

在没有碰撞时，费米球在 $\boldsymbol{\kappa}$ 空间作匀速平移：

$$\boldsymbol{v_k}=\frac{\mathrm{d}\boldsymbol{k}}{\mathrm{d}t}=-\frac{eE}{\hbar} \qquad (4.51)$$

对上式积分得：

$$k(t)-k(0)=-\frac{eE}{\hbar}t \qquad (4.52)$$

上式表明，在外电场 E 的作用下，$\boldsymbol{\kappa}$ 空间费米球的平移是整体平移，如图 4.11 所示。

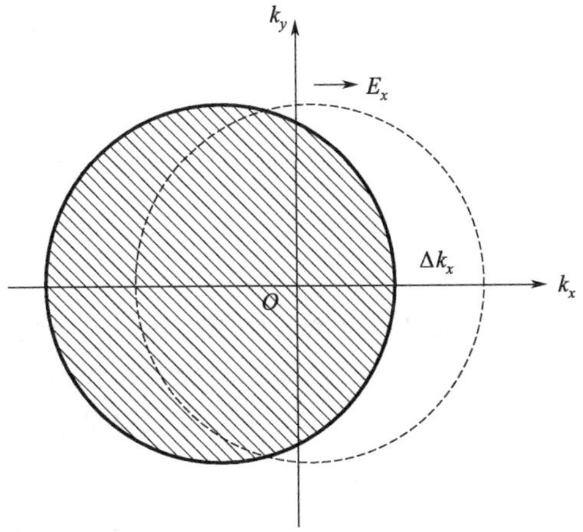

由于金属中的杂质、晶格缺陷以及晶格热振动声子对电子运动的散射，费米球的平均漂移时间即是自由电子的平均自由时间，速度的平均增量为：

$$\boldsymbol{v}=-\frac{eE\tau}{m_{\mathrm{e}}} \qquad (4.53)$$

如果金属中自由电子的数密度为 n，电子电量记作 $-e$，在均匀外场 E 作用下，金属体内的电流密度为：

$$j=nq\boldsymbol{v}=-\frac{ne^2\tau}{m_{\mathrm{e}}}E \qquad (4.54)$$

根据电导率的定义，$j=\sigma E$，则金属的电导率：

$$\sigma=\frac{ne^2\tau}{m_{\mathrm{e}}} \qquad (4.55)$$

图 4.11 在外电场 E 作用下电子在 $\boldsymbol{\kappa}$ 空间的运动

将电阻率 ρ 定义为电导率的倒数：

$$\rho=\frac{m_{\mathrm{e}}}{ne^2\tau} \qquad (4.56)$$

在外电场 E 作用下，电子由 $k(0)$ 态到 $k(t)$ 态的跃迁，在费米球内是许可态间的跃迁。由于费米球内的所有许可态已被自旋相反的电子对占据，这样的跃迁多发生在费米面附近。这些电子的平均速度 $\bar{v}_\Psi \sim v_F$，相应的平均自由程：

$$\bar{\lambda} = v_F \tau \tag{4.57}$$

（2）金属的热导率

金属存在温度梯度∇T 时，在金属样品中产生热流，当∇T 较小时，热流正比于∇T：

$$\boldsymbol{J}_Q = -\lambda \, \nabla T \tag{4.58}$$

式中，λ 为材料的热导率；$\boldsymbol{J}_Q$ 为热流密度；负号表示热流方向与温度梯度方向相反，总是从高温端流向低温端。

由于晶格振动的声子气系统的热导率要比实验测定的纯金属的热导率低 1～2 个数量级，因而可以认为金属的热传导主要是由自由电子传输的。利用气体分子运动论的结论，对于自由电子气系统：

$$\lambda = \frac{1}{3} C_v v \bar{\lambda} = \frac{1}{3} C_v v^2 \tau \tag{4.59}$$

式中，λ 为热导率；C_v 为比热；$\bar{\lambda}$ 和 τ 为电子平均运动距离和平均自由时间。

与特鲁德模型不同的是，在式（4.59）中，v 不是简单地取电子的平均速度，而是取自由电子气系统费米面上电子的速度 v_F，于是：

$$\lambda = \frac{1}{3} C_v v_F^2 \tau = \frac{\pi^2 k_B^2 n \tau}{3 m_e} T \tag{4.60}$$

利用自由电子气的电导率的表示式（4.55），可得：

$$\frac{\lambda}{\sigma T} = \frac{1}{3} \left(\frac{\pi k_B}{e} \right)^2 = 2.45 \times 10^{-8} \, \mathrm{W\Omega K^{-2}} \tag{4.61}$$

这表明在给定的温度下，金属热导率和电导率的比值为常数。这是由 Wiedemann 和 Franz 在 1853 年发现的，通常称为 Wiedemann-Franz 定律。1881 年，洛伦兹进一步发现，比率（$\lambda/\sigma T$）与温度无关，习惯地把此比率称为洛伦兹常量 L：

$$L \equiv \frac{\lambda}{\sigma T} \tag{4.62}$$

4.3 电子发射

电弧中起导电作用的带电粒子除依靠电离过程产生外，还要从电极表面发射出来。在焊接电弧中电极只能发射电子而不能发射离子。从电极表面发射电子的过程在阴极和阳极皆可能产生。当阴极或阳极表面接受一定外加能量作用时，电极中的电子可能冲破金属电极表面的约束而飞到电弧空间，这种现象称为电子发射。但是只有自阴极发射出来的电子在电场作用下参加导电过程，而自阳极发射出来的电子因受到电场的排斥，不可能参加导电过程，只能对阳极区空间电荷的数量产生一定的影响。

一般金属中，原子构成晶格且呈紧密排列，所以离原子核较远的最外壳层电子也要受到周围原子核的强静电力作用。因此，金属中的电子完全不同于气体粒子那样专属于某一特定原子的状态，电子可以挣脱原子核的束缚从而在金属原子构成的离子晶格空间相对移动。金属之所以是电和热的良导体，正是因为这种自由电子的作用。在金属中的自由电子也像气体中的原子一样作不规则运动，形成所谓的电子气。

但是，自由电子离开金属表面飞出到外部时，如图 4.12(a) 所示，相对于它本身所带的电荷－e，将使金属表面带正电荷，因此产生图示的磁力线，从而阻止电子继续向外飞出。这些磁力线均垂直于金属表面，所以如图 4.12(b) 那样可以假设金属表面是镜面，故在与 $-e$ 对应的位置上存在着一个 $+e$ 的镜像。这样考虑时，图 4.12(a) 与图 4.12(b) 的静电力是完全等效的，若电子到表面距离为 r，则静电力可以用 $e^2/(2r)^2$ 表示，因此电子从表面飞出所必需的能量是：

$$W_g = \int_{r_0}^{\infty} \frac{e^2}{(2r)^2} \mathrm{d}r = -\frac{e^2}{4r_0^2} \tag{4.63}$$

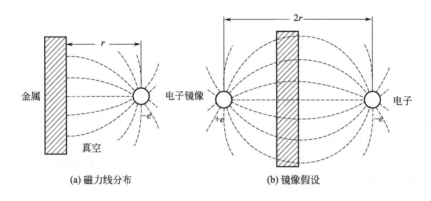

图 4.12　金属表面电子发射产生的感应电荷及其作用示意图

电子从离子晶格中间位置飞出金属表面是最容易的。电子刚飞出时只受相邻离子群的力作用，这与图 4.12 的镜像力作用不同。图 4.13 给出了考虑这些差异后，求得的电子到表面的距离与其所受力以及位能的关系曲线。使一个电子由金属表面飞出所需要的最低外加能量称为逸出功（eU_w），因电子电量 e 是一个常数，通常亦以 U_w（逸出电压）来表示逸出功的大小。由于外加能量形式不同，电子发射机构可分为如下四种。

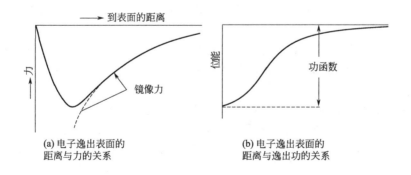

图 4.13　电子逸出表面的距离与力和逸出功的关系

4.3.1　热电子发射

将电子从外界获得热能而逸出金属表面的现象称为热电子发射。因为金属内部的自由电子受热后其热运动速度增加，当其动能满足下式时则飞出金属表面：

$$\frac{m_e v_e^2}{2} \geqslant eU_w \tag{4.64}$$

式中，m_e 为电子质量；v_e 为电子热运动速度；e 为一个电子电荷；eU_w 为逸出功。

电子在金属表面的发射现象与被加热到沸点时水面的蒸发现象相似。水自水面蒸发时将从水面带走蒸发热，电子发射也将从金属表面带走能量而对金属表面产生冷却作用。电子发射时从金属表面带走能量的数值为 IU_w，其中 I 为发射的总电子流，U_w 为逸出电压。当这些电子被另外的金属表面接收时，它们将由空间飘游状态恢复为金属内部的自由电子，这些电子将向被撞击的金属表面放出逸出功，加热金属表面，其能量传递是 IU_w。

表示金属表面热发射电子流密度 j 与金属表面的温度成指数关系的杜什曼（Dushman）公式为：

$$j = AT^2 \mathrm{e}^{-eU_w/k_BT} \tag{4.65}$$

式中，A 为与材料表面状态有关的常数；T 为金属表面热力学温度；e 为一个电子的电量；eU_w 为逸出功；k_B 为玻尔兹曼常数。

在实际焊接电弧中，电极的最高温度不可能超过其材料的沸点。当使用沸点高的钨或碳作阴极材料时（其沸点分别为 5950K 和 4200K），其阴极温度可达 3500K 或更高，这种电弧被称为热阴极电弧。这类电极电弧放电的大部分电流都是由热电子发射产生的。但是当使用钢、铜、铝、镁等材料作阴极时，由于它们的沸点较低（分别为 3008K、2868K、2770K、1375K），阴极加热温度受材料沸点的限制不可能很高，因此将此种电弧称为冷阴板电弧。这种电弧的阴极区不可能通过热发射提供足够的电子，必需依靠其他方式补充发射电子，才能满足导电的需要。

热电子发射就是一种金属表面的电子汽化现象，因此由逸出功为 U_w（V）的表面发射出来的电子流为 I（A）时，阴极汽化丧失的功率是：

$$P = IU_w \tag{4.66}$$

这些能量的损失可以造成阴极表面的冷却：能量较高的电子被发射，留下的是能量较低的电子，所以阴极将要冷却下来。

阴极由于电子发射而冷却，阳极则因流入电子流 I，以凝固热形式吸热，其功率是：

$$P = IU_w \tag{4.67}$$

焊条在多数情况下，作阳极（直流反接）要比作阴极（直流正接）时的熔化速度快，正是这个道理。

在高温下钨极和碳极的热电子发射呈指数增加，因此上述阴极冷却作用也迅速增大。辐射造成的热损失仅与 T^4 成正比，所以在高温下电子发射的冷却作用成为了最大的热损失来源。

当阴极表面存在氧化物时，电子更容易发射。要强化阴极的热电子发射，可以用 Cs、Sr 等逸出功小的金属作阴极，但是由于这些金属的熔化温度较低，所以不能直接采用。若把它们涂敷到 W、Ni、Pt 等基体表面，则 Cs、Sr 等金属就有可能在比它们自身熔点高的温度下工作。

TIG 焊所用的钍钨电极就是在钨极表面形成钍（Th）的单原子层。把一定百分比的氧化钍（ThO_2）混入钨中，在适当的温度下进行某种处理后，ThO_2 就被还原成 Th，并扩散到钨（W）的表面，具正电性的 Th 要与具负电性的 W 紧密结合。因此，在钨极表面形成了一个如图 4.14 所示的单原子 Th 层。Th 还会继续从 W 内部扩散出来并在表面形成第二层，但它与第一层的结合力很弱，故极易蒸发。在适当的温度下，可获得令人满意的单原子层。这种单原子层如图 4.14 所示，是一种金属外侧电荷为正，内侧电荷为负的偶电层，可以近似地将其想象为一个带正电荷的阳极伸出到金属表面附近，当金属内部的电子要从该表面发射出来时，就将得到偶电层的帮助。这种情况下的电位分布如图 4.14 所示，在曲线某处留下一个瘤状势垒，其结果是使逸出功 W_w 降低了 ΔW。将这时的热电子发射电流密度表示为：

$$j = AT^2 e^{-(W_w - \Delta W)/k_B T} \tag{4.68}$$

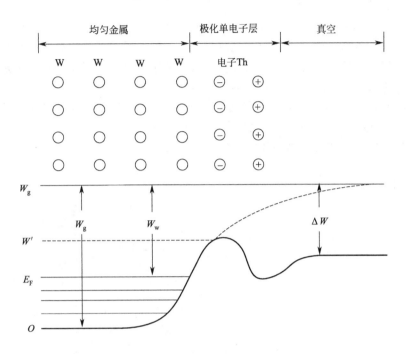

图 4. 14 钍的单原子层对金属表面位能曲线的影响

一般把电子简单地看作普通粒子，但对于运动中的粒子，通常还必须同时考虑它的波动性，即电子同时具有粒子性和波动性。设电子速度的大小为 v，则其波长 λ 可表示成：

$$\lambda = \frac{h}{mv} \tag{4.69}$$

金属内部的一些电子在向图 4.14 中的势垒 W' 推进时，即使它们具有的能量不能克服势垒，但只要势垒厚度比上述电子的波长大，其中的某些电子就可以以滚动方式穿过势垒。考虑势垒壁对电子的反射系数 γ 之后，给出热电子电流密度的另一表达式是：

$$j = A'T^2 e^{-(W_w - \Delta W)/k_B T} = (1-\gamma) \times 120 T^2 e^{-(W_w - \Delta W)/k_B T} \tag{4.70}$$

式中，A' 为加进了穿过势垒电子的热电子发射系数。A 的理论值是 120，但多数阴极的实测值都接近于理论值的一半，即等于 60。一般认为，这是由于在某种原因下，到达金属表面的一半电子又被反射回内部去，这也说明多数金属的 $\gamma = 0.5$。

4.3.2 自发射/场致发射

电子要逸出金属表面发射到无限远处，就要克服金属的束缚。当电极表面前存在正电场时，电场的静电库仑力将帮助电子溢出金属表面，相当于降低了电极材料的逸出功，可使较多的电子在较低的温度下溢出金属表面。所以当阴极表面外存在电场时，电子电流密度可用下式表达：

$$j = AT^2 e^{-e\left(U_w - \sqrt{\frac{eE}{\pi\varepsilon_0}}\right)/k_B T} \tag{4.71}$$

式中，E 为电场强度形成的电位差；ε_0 为真空介电常数。

比较式（4.65）与式（4.71）可知，电场的存在相当于使电极材料的逸出电压被降低为 $U_w' = U_w - \sqrt{\dfrac{eE}{\pi\varepsilon_0}}$，即逸出功降低了。

电场的存在使阴极表面的势垒降低，因而逸出功减小，发射电流增大，将这一现象称为肖特基效应。所谓肖特基效应，简单来说就是阴极的热电子流借助于外部电场作用变得容易发射了。热发射电子流密度与电极表面温度成指数关系，事实上只要外加电场足够强，即使金属温度是零摄氏度，也仍有电子热发射，只是数量较少。

图 4.15 的曲线 1 是 $E=0$ 时的位能曲线，曲线 2 为 E 不为 0 时的曲线。当外加电场足够大时，位能曲线将下降为曲线 3，且势垒厚度也变小，部分电子将由于上述的波动性而穿过势垒向外部发射。这就是所谓的场致发射或自发射。

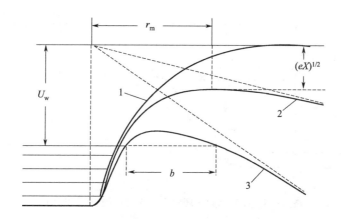

图 4.15　外加电场引起阴极附近位能曲线的变化

当金属表面空间存在一定强度的正电场时，金属内的电子受此电场静电库仑力的作用，当此力达到一定程度时，电子可溢出金属表面，这种现象称为电场发射。当温度很低，甚至是 $0\,^{\circ}\!C$（$T=273\mathrm{K}$）时，只要外加电场足够强，也可以从电极发射足够数量的电子以供电弧导电的需要。

电场发射时，电子自阴极飞出不像热发射那样对阴极有强烈的冷却作用，电子从阴极带走的热量不再是 IU_w，而是 $I\left(U_w - \sqrt{\dfrac{eE}{\pi\varepsilon_0}}\right)$，这一点已被实验证实。

对于低沸点材料的冷阴极电弧，电场发射对阴极区提供带电粒子起重要作用。这时阴极区的电场强度可达 $10^5 \sim 10^7\,\mathrm{V/cm}$，具备产生电场发射的有利条件。

4.3.3　光电子发射

金属表面接受光辐射也可使金属表面自由电子能量增加，冲破金属表面的制约，逸出到金属外面来，这种现象称为光发射。这种发射通常都发生在放电空间浮游的金属尘埃或微粒的表面。光发射的条件是：

$$h\nu \geqslant eU_w \tag{4.72}$$

$h\nu$ 和 U_w 之间的差值为飞出电子具有的能量，但在电子逸出之际，它会在金属内部发生碰撞从而损失一部分能量，所以电子的速度会稍低于理论值。当增加入射光强度时，仅仅是逸出电子的数量与之成正比地增加，电子速度却不改变。由于各种材料的逸出功不同，所以不同材料产生光发射所要求的临界波长可由如下方程确定：

$$\lambda_0 = 1236 \times \frac{1}{U_\mathrm{w}} \qquad (4.73)$$

式中，λ_0 为临界波长，nm；U_w 为逸出电压，V。

根据计算可知，K、Na、Ca 等碱金属和碱土金属光发射的临界波长 λ_0 在可见光区间。而重金属 Fe、Cu、W 等，其临界波长均在紫外线区间。当 $\lambda < \lambda_0$（λ 为入射光的波长）时则发生光发射。电弧的光辐射波长范围包括可见光和紫外线，所以弧光可能引起电极的光发射，但由于光量较弱，实际上它在阴极发射现象中居次要地位。

产生光发射时，由于金属表面接受的光辐射能量与电子逸出功相等，所以它不像热发射时那样对电极有冷却作用。

4.3.4 粒子碰撞发射

高速运动的粒子（电子或离子）碰撞金属表面时，将能量传给金属表面的电子，使其能量增加而飞出金属表面，这种现象称为粒子碰撞发射，也叫"二次电子发射"。二次电子发射的数目通常可达到一次电子数的 10 倍，二次电子发射的强烈程度随金属表面状态不同而差异甚大。此外，即使一次电子能量达到 1000eV，发射出的二次电子能量也大致只有 50eV 左右。

焊接电弧中阴极将接受正离子的碰撞。带有一定运动速度的正离子到达阴极时，将其动能传递给阴板，它将首先从阴极取出一个电子与自己中和而成为中性粒子。如果这种碰撞还能使另一个电子飞出电极表面到电弧空间，其能量必须满足下式的条件：

$$W_\mathrm{h} + W_\mathrm{i} = 2W_\mathrm{w} \qquad (4.74)$$

式中，W_h 为正离子动能；W_i 为正离子与电子中和时放出的电离能；W_w 为逸出功。

由式(4.74)可知，当正离子碰撞阴极时，要使阴极发射一个电子，必须对电极表面施加 2 倍的逸出功。

焊接电弧中阴极区前面有大量的正离子聚积。由于空间电荷的存在使阴极区形成一定强度的电场，正离子在此电场作用下被加速冲向阴极，可能形成碰撞发射。在一定条件下，这种电子发射形式是电弧阴极区提供导电所需电子的主要途径。

4.4 逸出功和接触势差

4.4.1 逸出功

在电子发射部分，已经知道金属表面热发射电子流密度 j 与金属表面的温度有如下关系：

$$j \propto \mathrm{e}^{-\frac{W_\mathrm{w}}{k_\mathrm{B} T}} \qquad (4.75)$$

式中，W_w 为金属的逸出功；k_B 为玻尔兹曼常数。

对于式(4.75)描写的现象，经典电子论和自由电子的量子理论都作了描述，下面就是两种理论对于逸出功的描述。

经典电子论假设金属中的电子是处于势阱深度为 X 的势阱中的经典自由质点，如图

4.16 所示，电子全部处于基态，电子摆脱金属束缚必须克服的势垒为 X。

根据玻尔兹曼统计，势阱中电子的速度分布为：

$$\mathrm{d}n = n_0 \left(\frac{m_{\mathrm{e}}}{2\pi k_{\mathrm{B}}T}\right)^{3/2} \mathrm{e}^{-\frac{m_{\mathrm{e}}v^2}{2k_{\mathrm{B}}T}} \mathrm{d}v_x \mathrm{d}v_y \mathrm{d}v_z \tag{4.76}$$

式中，n_0 为电子数密度。若金属表面垂直于 x 轴，则发射电流密度为：

$$j_x = -n_0 e \left(\frac{m_{\mathrm{e}}}{2\pi k_{\mathrm{B}}T}\right)^{3/2} \int_{-\infty}^{+\infty} \mathrm{d}v_z \int_{-\infty}^{+\infty} \mathrm{d}v_y \int_{\sqrt{\frac{2X}{m_{\mathrm{e}}}}}^{+\infty} v_x \mathrm{e}^{-\frac{m_{\mathrm{e}}v^2}{2k_{\mathrm{B}}T}} \mathrm{d}v_x \tag{4.77}$$

式 (4.77) 中对 v_x 积分的积分区间表明：只有 x 方向动能大于势阱高度的电子才能逸出。计算结果如下：

$$j_x = -n_0 e \left(\frac{k_{\mathrm{B}}T}{2\pi m_{\mathrm{e}}}\right)^{1/2} \mathrm{e}^{-\frac{X}{k_{\mathrm{B}}T}} \tag{4.78}$$

式 (4.78) 表明，经典电子论可以成功地解释发射电流对温度的依赖关系，并得到：

$$W_{\mathrm{w}} = X \tag{4.79}$$

即根据经典电子论，热电子发射的功函数就是势阱的深度。

接下来根据自由电子量子论来讨论这一问题。根据自由电子的量子理论，金属中的电子遵从费米-狄拉克统计分布，电子的分布如图 4.17 所示，电子的基态分布将占有 $0 \sim E_{\mathrm{F}}$ 间的能级，分布函数为：

$$\mathrm{d}n = 2\left(\frac{m_{\mathrm{e}}}{2\pi\hbar}\right)^3 \frac{1}{\mathrm{e}^{(\frac{1}{2}m_{\mathrm{e}}v^2 - E_{\mathrm{F}})/k_{\mathrm{B}}T} + 1} \mathrm{d}v_x \mathrm{d}v_y \mathrm{d}v_z \tag{4.80}$$

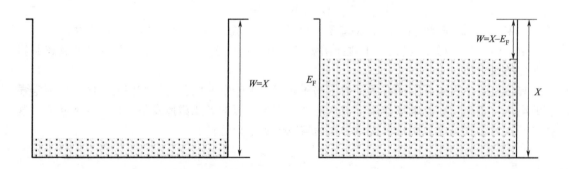

图 4.16　金属电子势阱　　　　　　　　　　　图 4.17　电子能量图

热电子发射时，电子动能大于 X，式 (4.80) 改写为：

$$\mathrm{d}n = 2\left(\frac{m_{\mathrm{e}}}{2\pi\hbar}\right)^3 \mathrm{e}^{\frac{E_{\mathrm{F}}}{k_{\mathrm{B}}T}} \mathrm{e}^{-\frac{m_{\mathrm{e}}v^2}{2k_{\mathrm{B}}T}} \mathrm{d}v_x \mathrm{d}v_y \mathrm{d}v_z \tag{4.81}$$

由于发射电流密度 $j_x = e \int v_x \mathrm{d}n$，所以对式 (4.81) 积分，可得：

$$j_x = -\frac{4\pi m_{\mathrm{e}} e (k_{\mathrm{B}}T)^2}{(2\pi\hbar)^3} \mathrm{e}^{-(X - E_{\mathrm{F}})/k_{\mathrm{B}}T} \tag{4.82}$$

从式 (4.82) 可以看出，从自由电子气的量子理论出发，同样可以获得发射电流对温度的依赖关系，但对功函数给出了不同于经典理论的解释，即：

$$W_{\text{w}} = X - E_{\text{F}} \tag{4.83}$$

这是因为金属中的电子不可能像经典粒子那样占据势阱中的最低能级，对热电子发射起主要贡献的恰是 E_{F} 附近的电子。

图 4.18 是以钨（W）为例，假定每个原子有 2 个自由电子，$n_0 = 12.2 \times 10^{22}$，$T = 0\text{K}$ 和 $T = 2500\text{K}$ 时的电子速度分布曲线。如图所示，费米-狄拉克速度分布与麦克斯韦速度分布不同，前者给出更多的高速粒子，且当其动能超过费米能级 E_{F} 时，又突然变少。同时，即使在绝对零度（0K），电子也具有一定的动能，且其分布与 2500K 时并无明显不同，只是高能量部分的分布有些差异。

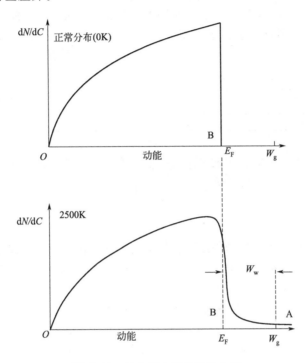

图 4.18　钨内部电子的能量分布

这就是说，某些电子在绝对零度就已经达到了费米能级，因此它们逸出到金属外部，并不需要给出与金属表面总势垒相当的能量 X，而只需供给式(4.83)的差值就可以了。

图 4.19 给出了这一关系，那些处于绝对能级（图中的最低能级）以上的电子，已具有了一些动能，故只要沿着位能曲线达到某一能级，即从金属表面飞出。

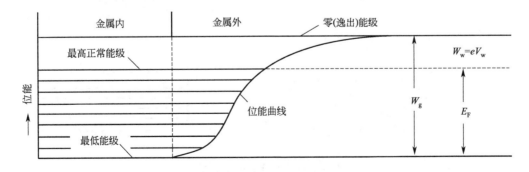

图 4.19　离开金属表面的距离和作用于电子的力及位能曲线的关系

式（4.83）中的 W_w，严格来说应称为金属表面的有效逸出功，但通常所说的逸出功就是指 W_w。表 4.7、表 4.8 中的 U_w 是以电子伏特为单位表示逸出功。

▫ 表 4.7　几种金属及其氧化物的逸出功

金属种类		W	Fe	Al	Cu	K	Ca	Mg
逸出功 /eV	纯金属	4.54	4.48	4.25	4.36	2.02	2.12	3.78
	金属氧化物		3.92	3.9	3.85	0.48	1.8	3.31

逸出功的大小与金属材料种类、金属表面状态和金属表面氧化物情况有关，列于表 4.7。由表 4.7 可见所有金属表面带有氧化物时其逸出功皆减小。金属表面状态不同时，逸出功的数值也不一样，当钨极表面敷以 Cs、Ba、Th、Zr 等物质时，金属的逸出功将会减小，如表 4.8 所示。

▫ 表 4.8　钨及其合金钨极的逸出功

钨极成分	W	W-Cs	W-Ba	W-Th	W-Zr
逸出功/eV	4.54	1.36	1.56	2.63	3.14

因此，为提高电子发射能力和改善工艺性能，在钨极中常加入 Th、Cs 等成分，这可以提高钨极电流容量并改善引弧性能。

4.4.2　接触势差

两种功（逸出功）函数不同的金属互相接触时，双方内部电子之间要发生相互移动，结果一种金属带正电，另一种带负电，产生了接触电位差。图 4.20 说明了这一过程。图 4.20（a）是不带电的两种金属 A、B 处于尚未互相接触的状态。在图 4.19 中，金属内部的电子能级只比外部的低一个功函数 W_w 的数值大小，由于内部电子具有一定动能，故力图向外运

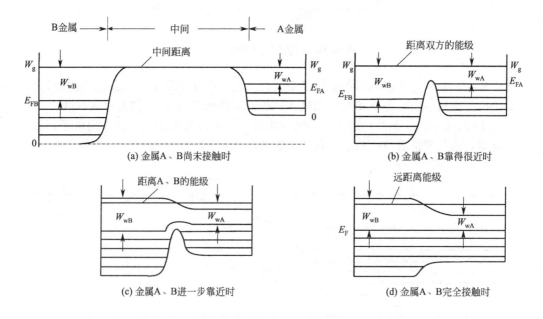

图 4.20　接触电位差说明图

动，以致在金属表面附近形成如图 4.20(a) 所示形状的位能曲线。图 4.20(b) 是 A、B 金属靠得非常近时的位能曲线，此时如图 4.12 所示的镜像力在发生交互作用。图 4.20(b) 中间形成瘤状隆起的位能曲线，电子不能越过该势垒向相邻金属移动。如果把 A、B 金属进一步靠近，从图 4.20(c) 中可见，电子将从 A 向 B 移动，最后变成如图 4.20(d) 所示的状态。在完全接触的如图 4.20(d) 所示的状态下，电子既可以从 A 向 B，也可以从 B 向 A 自由移动，因为 A、B 中间没有势垒阻挡，费米能级变成一样的了。

在这种接触状态下，计算电子从 A 金属表面飞到外部所需的功时，若忽略上述金属带电带来的影响，则 A 的功函数必须为 U_{wA}。同样，B 的功函数必须为 U_{wB}。电子要从 A 表面飞出，通过外界到达 B 表面，就必然要通过由 A、B 带电表面建立的电场。设电场做功为 W_{AB}。现在考虑电子从 A 金属逸出，通过外界到达 B 金属表面并进入内部的全过程，其总功 W 用电子伏特表示则有：

$$W = U_{wA} + U_{AB} - U_{wB} \tag{4.84}$$

电子也可能从 A 金属通过 AB 接触面到达 B 金属。在这种情况下，由于 A、B 的费米能级相同，因此这种移动并不需要能量，即上式应等于零，故得出关系式：

$$U_{AB} = U_{wB} - U_{wA} \tag{4.85}$$

这就是说，两种金属外部空间中的电位差等于其功函数之差，也就是接触电位差。

第**5**章

焊接电弧现象

5.1 焊接电弧

5.1.1 电弧基础

　　电弧是所有电弧焊接方法的能量来源，电弧焊之所以能够在焊接领域占据着主要地位，一个重要的原因就是电弧可以简单有效地把电能转变为焊接时所需的热能和机械能。

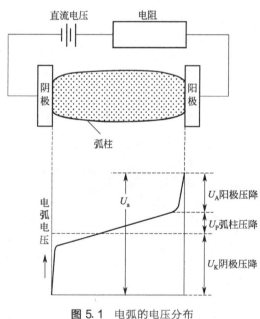

图 5.1　电弧的电压分布

　　电弧并不是一般的燃烧现象，实质上，电弧是在电压的两电极之间或电极与母材之间的气体介质中产生的强烈而持久的放电现象。气体放电是指两电极之间存在电位差时，电荷从一极穿过气体介质到达另一极的导电现象。电弧只是气体放电的一种形式，借助这种气体放电过程，电能转换为热能、机械能和光能。如图 5.1 所示，把用碳棒或者钨棒做成的电极水平相对放置，接上电源后串联一个电阻，使两个电极短暂接触一下后迅速拉开，这样就使两电极之间产生了电弧。

　　当两电极之间产生电弧放电时，在电弧长度方向的电场强度并不是均匀分布的，由图 5.1 可以看出电弧由三个电场强度不同的区域组成：弧柱、阳极区和阴极区。在阴极和阳极附近的电压降分布相对较陡，而弧柱部分沿长度方向的电压降相对较均匀。通常人们把这些电压降分别称为阴极压降、阳极压降以及弧柱压降，并把总的电压称为电弧压降。总的电弧电压 U_a 可表示如下：

$$U_a = U_A + U_P + U_K \tag{5.1}$$

式中，U_A 为阳极压降；U_P 为弧柱压降；U_K 为阴极压降。

一般阴极电压降 U_K 较大，阳极电压降和弧柱电压降较小，若阴极电压降为 10V，其电场强度可以达到 $10^6 \sim 10^7$ V/cm；阳极电压降通常小于阴极电压降，大概的数值为 $2 \sim 4$V，其电场强度约为 $10^3 \sim 10^4$ V/cm；电弧中间部分为弧柱区，长度很大，可以看成整个电弧长度，压降小于前两者，其电场强度也比较小，只有 $5 \sim 10$ V/cm。电弧的这种不均匀的电场强度说明电弧各区域的电阻是不同的：弧柱的电阻较小，电压降较小，而两个电极区的电阻较大，电压降较大。这是由这些区域导电机构不同所导致的。

5.1.2 电弧基本结构

（1）电弧弧柱区

弧柱区的温度一般较高，且因气体种类、电弧压缩程度和电流大小的不同而有所差异，大体上处于 $5000 \sim 50000$K 的范围内，所以弧柱气体粒子将产生以热电离为主的电离现象。弧柱中全部或者大部分的双原子都会被分解为单原子，而大部分的原子也会被电离为电子和正离子。由于外加电压的作用，正离子会向阴极方向运动，而电子则向阳极方向运动，从而形成了正离子流和电子流，所以弧柱可以看作导通电流的导体。另外，阴极区产生的电子流和阳极区产生的正离子流与弧柱中的电子流和正离子流相接续，从而保证弧柱带电粒子的动态平衡。在这个过程中，弧柱自身也会进行热电离来补偿因扩散和复合而消失的带电粒子。

① 通过弧柱的总电流　通过弧柱的总电流由电子流和正离子流两部分组成（负离子因占的比例很小而忽略不计）。电子流约占总电流的 99.9%，而正离子流所占比例很小，仅约占总电流的 0.1%。这是因为在同样外加电压作用下，一个电子和一个正离子所受的力相同，带电粒子的移动形成电流，但由于电子的质量比正离子的质量小得多，所以电子的运动速度将比正离子的大得多，导致弧柱电子流远远大于正离子流。图 5.2 显示的就是弧柱中电子流和离子流的比例。弧柱中正、负带电粒子流虽然有很大的差别，但在每个瞬间每个单位体积中正、负带电粒子数量仍相等，这是由于阴极区可以产生电子补充到弧柱的电子流中，而使弧柱从整体上呈中性。

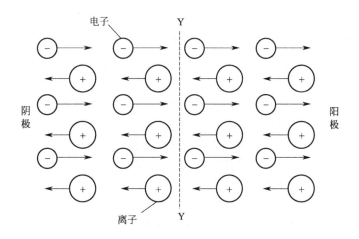

图 5.2　弧柱中的电子流和正离子流

② 弧柱中的正离子流　弧柱中的正离子流也需要从阳极区得到补充。正离子流虽然只占总电流的 0.1%，相比于电子流几乎可以忽略不计，但正离子的存在却对弧柱的性质有着决定性的作用。正因为有了正离子，弧柱空间的正负电荷才可以平衡，才能在整体上保证弧

柱空间的电中性。电子流与正离子流在通过弧柱空间时，不会受到空间电荷电场的排斥作用，阻力小，而使电弧放电具有小电压降、大电流的特点（电压降仅几伏，电流可达上千安培）。如果弧柱区没有这样的正离子存在，而是充满带负电的电子，电子流将受到空间负电荷的排斥，阻力大，则电弧放电就不能具有低电压降、大电流的特点。

（2）电弧阴极区

阴极区的长度大约为 $10^{-5}\sim10^{-6}$ cm。弧柱区总电流的 99.9% 是电子流，但这些电子流的来源并不是唯一的，其一部分来源于粒子碰撞，而另一部分则来源于阴极表面。假设阴极压降为 U_K，电离电位为 U_i，只要 $U_K>U_i$，从阴极区飞出的电子在阴极压降区的终端就会得到大小为 U_K 的动能，碰撞中性粒子从而发生电离。碰撞产生的电子会和初始的电子一起向弧柱方向移动，而碰撞产生的正离子则受到阴极的吸引从而向阴极移动。所以弧柱的电子流，有 50% 是来源于阴极表面发射的电子流，另外的 50% 是来源于电子与中性气体粒子的电离碰撞。此外，因为阴极压降区靠近阴极，所以其总电流的组成会有所不同，正离子流（由电离碰撞产生的）所占的比例会达到 50%，电子流（由阴极发射产生的）占了另外的50%。图 5.3 就体现了在阴极区以及在弧柱区两者电流构成的差异。

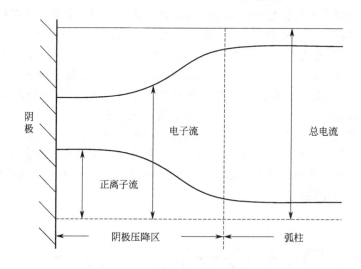

图 5.3 阴极压降区电子流和正离子流的比例

电弧燃烧时为维持电弧稳定，阴极区的主要任务就是提供弧柱区所需要的电子流。电子流来自阴极的电子发射，同时接收由弧柱送来的正离子流。正离子流由弧柱区和阴极区自身气体的电离提供，以满足电弧导电的需要。阴极区提供的电子流与阴极材料种类、电流大小、气体介质等因素有关。根据具体情况的不同，阴极区的导电机构可分为三大类：

① 热发射型阴极区导电机构　当阴极采用 W、C 等高熔点材料，且电流较大时，在阴极区可达到很高温度，弧柱区所需要的电子流主要依靠阴极热发射来提供，这样的阴极区称为热发射型阴极区。如果阴极通过热发射可提供足够数量的电子，那么弧柱区与阴极之间的阴极压降区将不再存在。在此种状况下，阴极不仅直接发射 99.9% 的总电流（电子流），而且还接收占比为 0.1% 的正离子流。阴极表面以外的电弧空间与弧柱的特性完全一样，其空间电荷总和是零，对外界也表现为中性。弧柱断面直到阴极表面不发生很大变化，此时阴极表面导电区域的电流密度也与弧柱区相近，约为 10^3 A/cm^2，同时阴极上也不存在阴极斑点（阴极上电流集中、电流密度很高，并发出闪亮的光辉的点称为阴极斑点）。虽然电子发射将

从阴极带走相当于 IU_w 的热量（I 为阴极电流，U_w 为逸出电压），使阴极受到冷却作用，但是这些热量可以从两个主要途径得到补充。

当从弧柱区过来的占总电流 0.1% 的正离子流进入阴极区时，正离子一方面将其所含的动能转换为热能传给阴极，另一方面，正离子与从阴极表面得到的电子中和，放出电离能，也可使阴极加热。电流流过阴极时将产生电阻热使阴极加热，从而使阴极保持较高的温度以保证持续的热电子发射，具有这种导电机构的阴极称为热阴极。

② 电场发射型阴极导电机构　当阴极为 W、C 等高熔点材料且电流较小时，或阴极材料采用熔点较低的 Al、Cu、Fe 时，由于材料沸点等一些条件的制约，阴极表面无法达到一个很高的温度，只是在阴极的局部区域具有导电的有利条件。由于阴极温度较低，不可能产生较强的热发射来产生所需要的电子流，因此，无法用热发射来解释这种情况下阴极的导电机构。事实上，当阴极温度降低时，只依靠热发射所产生的电子流并不能满足弧柱对电子流的需要。

当只依靠阴极热发射不能产生足够的电子时，在靠近阴极的区域内的电荷平衡将会被打破，即正、负电荷数量不等，电子数量不足，正电荷数量过剩产生堆积，所以会在阴极前产生一个正的电荷空间。这样就在阴极前面形成由局部较高的电场强度造成的阴极压降区，其间形成的电压称为阴极压降。只要弧柱得不到足够数量的电子补充，正离子将继续堆积，此处的电场强度将继续增加。

较高的电场强度将会产生以下影响：这种较强的电场可以使阴极发生电场发射，增大阴极的电子发射量，向弧柱提供所需要的电子流；阴极前面强电场的存在，可以加速从阴极发射出来的电子；正离子通过电场时也会受到加速，动能增加，这样，在正离子到达阴极时，将有更多的动能转换为热能，正离子对阴极的加热作用也更强烈，进而加强了阴极的热发射，使阴极产生更多的电子。

通过上述三方面作用，阴极区进行自身调节，直到阴极区所提供的电子流与弧柱所需要的电子流一致时达到平衡。用 Cu、Fe、Al 作阴极材料（这种阴极也称冷阴极）焊接时，实际①、②两种阴极导电机构是并存的，而且相互补充和自动调节。阴极压降区的电压值并不是固定不变的，而是会随具体条件的不同而变化，一般在几伏到十几伏之间波动，这主要取决于电极材料的种类、电流大小和气体介质的成分。当电极材料的熔点较高或逸出功较小时，热发射的比例较大，阴极压降较小；反之，当电极材料的熔点较低或逸出功较大时，电场发射的比例较大，阴极压降也较大。当电流增大时，一般热发射的比例增大，阴极压降将减小。

③ 等离子型导电机构　等离子型导电机构主要产生于小电流或冷阴极材料。阴极的温度低导致不能热发射。当电弧空间气压低时，阴极压降区大，使阴极电场强度值下降。在阴极区的前面形成一个高温区，在此处形成热电离，生成的正离子在电场作用下向阴极运动，生成的电子向阳极运动，称其为等离子型阴极导电机构。

（3）电弧阳极区

阳极区的长度大约为 $10^{-2} \sim 10^{-3}$ cm。相比于阴极区，阳极区的导电机构要简单得多。为了维持电弧导电，阳极区的任务是接收从弧柱过来的电子流以及向弧柱提供正离子流。阳极接收电子流的过程比较简单，也容易理解：每一个电子到达阳极时将向阳极释放相当于逸出功 U_w 大小的能量。但阳极向弧柱提供正离子流的情况不像接受电子那样简单，因为阳极通常不能直接发射正离子，正离子要依靠阳极区来提供。阳极区提供正离子的可能的机构有以下两种。

① 阳极区电场作用下的电离　当电弧导电时，由于阳极不发射正离子，因此弧柱所要

求的正离子流不能从阳极得到补充，阳极前面的电子数必将大于正离子数，从而造成阳极前面电子的堆积，形成负的空间电荷与空间电场，如图 5.4 所示。这使阳极与弧柱之间形成一个负电性区，即阳极区。阳极区的电压降称为阳极压降 U_A。假如弧柱的正离子得不到补充，阳极区的电子数与正离子数的差值也就将继续增大，则 U_A 继续增加。从弧柱来的电子通过阳极区时将被加速，其动能增加。随着空间负电荷的积累，当 U_A 达到一定程度时，电子进入阳极区后获得足够的动能，在阳极区内与中性粒子碰撞产生电离；直到这种碰撞电离生成足以满足弧柱要求的正离子时，U_A 不再继续增大而保持稳定。碰撞电离生成的电子与从弧柱区过来的电子一起进入阳极，阳极表面的电流完全由电子流组成。

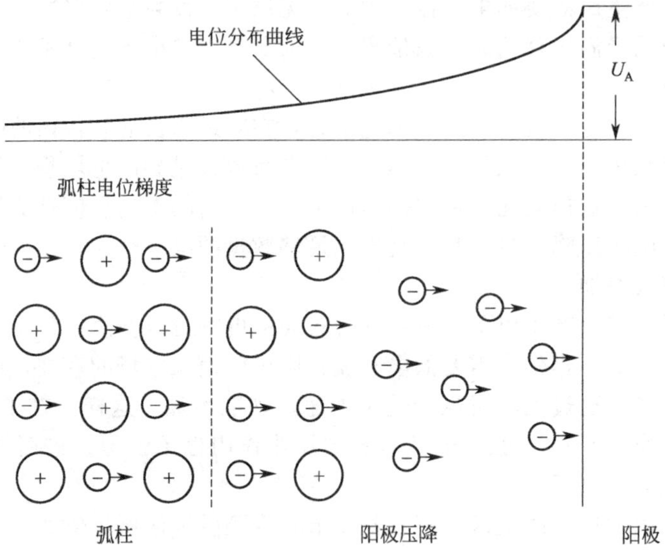

电位分布曲线
U_A
弧柱电位梯度
弧柱
阳极压降
阳极

图 5.4 阳极压降区的电子流和离子流

② 阳极区的热电离　当电流密度较大时，阳极的温度将会达到一个很高的数值，甚至当阳极材料发生蒸发时，在阳极前面的区域也会加热到一个很高的温度。当电流密度不断增加，达到一定程度时，堆积在此区域的金属蒸气将会发生热电离，热电离生成的正离子流向弧柱，而电子则会流向阳极。在此种情况下，主要是由热电离产生正离子，而不是靠阳极压降的加速作用来增加电子动能以产生碰撞电离而产生正离子，因此阳极压降值不必很高。倘若电流密度持续增加，阳极区热量也持续增加，当弧柱所需要的正离子流完全由这种阳极区热电离来提供时，则 U_A 可以降到零。

5.2 弧柱现象

5.2.1 弧柱中的电子流和离子流

弧柱的电流密度与电流的变化相关联：在小电流范围内，电流密度随电流的增大而减小，而在大电流范围内，电流密度是随电流的增大而增大的。原因是：一方面，弧柱截面增加，中心区温度升高，导致热电离度增大，电流密度增大；另一方面，在电流不断增加后，电场会产生磁场，磁场会加强电流元相互吸引收缩的倾向，当电流继续增大，达到一定程度时，弧柱便处于完全收缩的状态。

阴阳两极之间的电子及正离子，在电场中得到能量后作加速运动，在电弧各区域内起维持放电的作用。其中，电子向阳极运动，正离子向阴极运动，并且正离子会与阳极发射的电子发生复合，这样一个整体的循环就构成了电流回路，带电粒子的流动就构成了电弧电流。总的电流 I 是电子电流 I_e 及正离子电流 I_i 的总和，可由下式表示：

$$I = I_e + I_i \tag{5.2}$$

各区域的总电流都可以用上式表示，但是在各区域内电子电流及离子电流所占的比例是不同的。在弧柱区，电子流占了总电流的 99%；在阴极区又会由电极材料不同导致阴极发射电子的能力不同，比如以铁、铝作为阴极时，离子电流的比例会稍大一些；在阳极区，总电流几乎 100% 都是电子流，电流成分可能会受到电弧电流数值变化的影响，但这种影响很轻微。

正离子和电子所带电荷量相同，正负性不同，导致二者受到电场的作用力大小相同、方向相反。而电子的质量远小于正离子，因此电子的运动速度比正离子大得多，而它们的电流比 I_i/I_e 为 0.001，即电子流约为正离子流的 1000 倍，所以 I_i 相比于 I_e 可以略去，可以近似地认为弧柱的总电流在数值上就等于电子流，即：

$$I \approx I_e \tag{5.3}$$

在弧柱中，电子和正离子总是在做不规则的热运动。设粒子密度为 n，平均速度为 $\bar{C}$，电量为 e，电场强度为 E，那么热运动电流密度为：

$$j_{th} = \frac{1}{4} n \bar{C} e \tag{5.4}$$

而电场实际产生的电流密度为：

$$j_x = enKE \tag{5.5}$$

式中，K 为迁移率。两者之比为：

$$\frac{j_x}{j_{th}} = \frac{4KE}{\bar{C}} = 4 \times \frac{e\bar{\lambda}}{m\bar{C}^2} E = \frac{\pi e \bar{\lambda}}{2 k_B T} E \tag{5.6}$$

通过此式可以计算得到：由热运动产生的电流密度 j_{th} 要比电场实际产生的电流密度 j_x 大 100 倍左右。由此可以得出结论：电子流约为正离子流的 1000 倍，热运动电流约为电场电流的 100 倍。知道了这些会对以后研究弧柱中带电粒子的运动有很大帮助。

5.2.2 弧柱的电导率和热导率

弧柱的一些特性如电位梯度、电导、电流密度及其分布等属于电的特性，而另外一些特性如温度、散出的热能、热流及其分布等属于热的特性。因此，电弧所有的基本特性取决于这两个互相密切联系的过程，即电的过程和热的过程。电弧中热的过程及电弧与其周围介质之间的热量交换过程，会对电弧的特性产生很大的影响，因此只有考虑到电弧中热的过程，才有可能建立现代的电弧理论。

电弧是气体放电，也就是电流通过气体的情况。这种情况与通过液体或固体时的性质有很大的差异，当电流通过气体的同时会发生一些特殊的现象和效应。在气体中，只有在少数几个特殊的情况下才适用欧姆定律。气体的电导率并不是与一般的固体一样是个常数，而是一个变化的量，受到外界环境与电流强度的影响。电流与电压之间的关系也不是简单的正比关系。因此，可以把电弧间隙看作是一个非线性的导体。电弧放电还与气体中原子和分子的各种过程有关，现象复杂多变。在很多情况中，只能给出现象的定性分析，在定量分析方面具有一定的难度，并且在问题的分析过程中，常常进行近似的假设，因此所得到的结果的应用范围受到一定的制约。电弧的热导率、电导率对伏安特性、弧半径和弧温度等参数起着重要的，有时甚至是决定性的作用。

（1）电导率

材料的导电性源于载流子在电场下的迁移运动。电荷的定向移动形成了电流，电荷的载体称为载流子。载流子是具有电荷的自由粒子，在电场作用下可产生电流。在电弧中，阴阳两极之间存在的电子及离子在电场的作用下定向移动形成电流，电流大小可以用载流子的数量、迁移率以及所带电量来表示。电流强度 I 及电流密度 j 分别为：

$$I = \frac{Q}{t} = \frac{nqlS}{t} = nvqS \tag{5.7}$$

$$j = \frac{I}{S} = nvq = nq\mu E \tag{5.8}$$

式中，t 为时间；n 为载流子的数量；q 为载流子电量；v 为载流子的平均迁移速度；l 和 S 分别为电弧长度及横截面面积；μ 为载流子的平均迁移率；E 为电场强度。

电导率 σ 是描述物质导电性强弱的物理参数，电导率正比于载流子数量、所带电量 q 及迁移率 μ，有：

$$\sigma = nq\mu \text{（一种载流子）} \tag{5.9}$$
$$\sigma = \sum n_i q_i \mu_i \text{（多种载流子）} \tag{5.10}$$

电导率的定义也可以由欧姆定律描述。当施加的电场产生电流时，电流密度 j 正比于电场强度 E，其比例常数 σ 即为电导率。

$$j = \sigma E \tag{5.11}$$

式中，j 为电流密度，A/cm；E 为电场强度，V/cm；σ 为电导率，S/m。

在电弧当中，关于电导率的计算，首先设弧柱中某一点电子的密度为 n_e，电子迁移率为 K_e，电场强度的大小为 E，则弧柱的电流密度 j 可以用公式（5.12）表示。在弧柱中，相比于电子流，离子流所占百分比可以忽略，所以取 $j_e = j$。

$$j = en_e K_e E = en_e \frac{e\overline{\lambda}_e}{mC} E = e^2 n_e \lambda_e E / \sqrt{8mk_B T/\pi} \tag{5.12}$$

式中，T 为温度；$\overline{\lambda}_e$ 为电子平均自由程。

$$\overline{\lambda}_e = \frac{1}{n_n Q_n + n_e Q_i} \tag{5.13}$$

式中，Q_n、Q_i 为有效截面积。又因为电导率 $\sigma = j/E$，所以有：

$$\sigma = \frac{e^2 n_e \overline{\lambda}_e}{\sqrt{8mk_B T/\pi}} = \frac{e^2 n_e}{\sqrt{8mk_B T/\pi}} \times \frac{1}{n_n Q_n + n_e Q_i} \tag{5.14}$$

为了简化，假定只存在一价离子，故有 $n_e = n_i$。

电导率的大小与电离度有关，也就是与弧柱中电子、离子的密度有关。当给定一个温度 T 时，电离度就可以通过 Saha 公式求出，式中的 σ（5.14）也就随之确定。当温度和电离度均较低时，有：

$$n_n Q_n \gg n_e Q_i \tag{5.15}$$

$$\sigma \propto \frac{n_e}{\sqrt{T}} \times \frac{1}{n_n Q_n} \propto \frac{n_e \sqrt{T}}{Q_n} \tag{5.16}$$

式（5.16）中，当温度 T 增大时，电离度急剧增大，并因为 n_i 增大，所以 σ 将随 T 急剧增大。

n_e 增大，就不能忽略 $n_e Q_i$ 项，那么以上关系也要发生改变，若考虑极端情况，即：

$$n_n Q_n \ll n_e Q_i \tag{5.17}$$

则 σ 可表示为：

$$\sigma \propto \frac{n_e}{\sqrt{T}} \times \frac{1}{n_e Q_i} = \frac{1}{\sqrt{T} Q_i} \tag{5.18}$$

即 σ 随 T 的增大反而减小。

图 5.5 所示为 N 和 Ar 的 λ_e 及 σ 随温度 T 的变化。由图 5.5 可知，低于 12000K 时的 σ 值比高于 12000K 的小得多。电弧弧柱中心区的温度大于 12000K。因此，电流几乎全部从中心区温度高于 12000K 的区域流过，所以热量也只在这个区域产生，而温度低于 12000K 的区域只起着将中心区产生的热量传递到弧柱外围的作用。

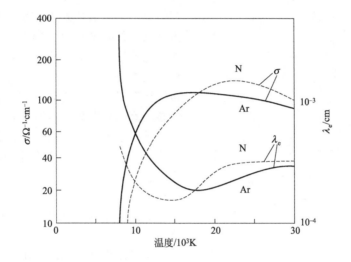

图 5.5 高温气体的电导率（一个大气压）

图 5.5 中 σ 在 8000～10000K 附近急剧升高，这是由在该温度范围内电离急剧增强所致。倘若存在电离电位低的气体粒子，σ 值发生急剧变化的极限温度将还要降低。

（2）热导率

热导率是对材料传输热量的速率的量度。弧柱等离子体的热导率与正常状态的气体热导率相比有许多不一样的地方。从弧柱内以径向外流的热流，不仅包含粒子运动的动能，而且由于弧柱横截面上带电粒子浓度的变化而引起扩散和能量的转移。因此，弧柱的总热导率与温度的关系曲线是复杂的。在实际应用上，可以认为对于空气，λ 大约与 $T^{0.82}$ 成正比，而正常状态的气体热导率可以认为是固定值，很少随温度的变化而发生变化。

热导率可由以下方法确定。等离子体中粒子的热导率可以用下式计算：

$$\lambda^k = \frac{1}{3} n_k \overline{\lambda}_{nk} v_k \left(\frac{5}{2} c_c^k + c_i^k \right) \tag{5.19}$$

式中，n_k 为 k 粒子的浓度；v_k 为 k 粒子的平均热运动速度的大小；c_c^k 和 c_i^k 为逐级自由度和内部自由度的热容量；$\overline{\lambda}_{nk}$ 为 k 粒子的平均自由程。对于完全游离的等离子体，由于电子的高速度，热导率很大，并起重要作用，可按照下式进行计算：

$$\lambda = 2\sigma \frac{k_B^2}{e^2}T \tag{5.20}$$

对于弱游离等离子体，热导率可按照下式计算：

$$\lambda = \frac{1}{3}n_0\bar{\lambda}_e v_e k_B \times 2(1+x) \tag{5.21}$$

式中，x 为游离程度。

等离子体的热导率是分子、原子、离子和电子热导率的总量。此外还要加上分解和游离导致能量扩散的部分。图 5.6 列举了所有成分的热导率与温度的关系。其中 λ_m、λ_a、λ_i 和 λ_e 分别为分子、原子、离子和电子的热导率，λ_D、λ_I 为由于分解和游离导致的能量扩散的热导率，λ 为总热导率。

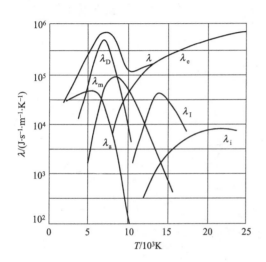

图 5.6 热导率与温度的关系曲线

在电弧中，热导率与弧柱中的中性粒子及正离子数目有关，但对于热导率不能只考虑各种粒子的热传导作用。分子分解为原子后，分解的原子会向电弧外围扩散，电弧外围比电弧内部温度低，这导致了热量的散失。但另一方面，电弧外围"冷"的粒子也会扩散到电弧内部，这部分粒子也会吸收部分热量，所以要增强传导作用。在电离时同样也会发生上述热的传导现象。在电离的过程中，会不断产生新的正离子和电子，也会进行扩散热传导。在电中性的粒子中，因为氢的质量小，运动速度大，所以氢的热导率也大。但是电子的速度又比氢要高得多，所以只要高温时的电子密度高，由电子扩散引起的热传导的影响效果就是最显著的。

当要计算热导率时，绝对不能忽略高温下气体分解的特殊作用。在弧柱中，气体分子分解为原子所需要的能量相比于游离所需要的能量要小很多，比如：氢为 5.3eV，氮为 9.1eV。分解时气体热导率升高，因为分解时从弧柱中取出能量，所形成的原子可以很容易地进入周围空间而在该处释放出能量。氢分子的分解能量很低，所以在电弧中其分解作用就特别大。从图 5.7 中可见，当处于 0～6000K 温度区间时，氢的平均热导率比氮的平均热导率大 17 倍。同时可以发现在热游离达到一个不可能的温度时，氢的热导率仍然具有一个相当大的数值。双原子气体的热导率在其分解温度附近出现峰值，就是因为双原子的气体分子会发生热分解，分解为两个原子，增大了粒子密度，且原子质量更轻，热传导会更快。

（3）弧柱径向温度分布的考察

接下来利用电导率和热导率来分析弧柱径向的温度分布。弧柱产生的热中，辐射损失的那一部分是较少的，所以试考虑全部由传导引起弧柱径向热耗散时的温度分布。设电场强度为 E，半径为 r 处的电流密度为 j_r，热导率为 λ，那么有下式成立：

$$j_r E \times 2\pi r\,dr = -\frac{d}{dr}\left(2\pi r\lambda \frac{dT}{dr}\right)dr \tag{5.22}$$

设 r 点的电导率为 σ，则 $j_r = \sigma E$，所以上式变成：

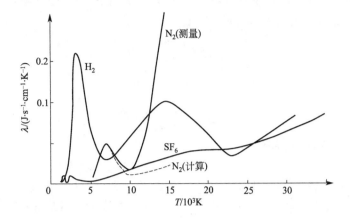

图 5.7　几种气体的热导率与温度的关系

$$\sigma E^2 = -\frac{1}{r}\frac{\mathrm{d}}{\mathrm{d}r}(r\lambda\frac{\mathrm{d}T}{\mathrm{d}r}) \tag{5.23}$$

式中，σ、λ 均为 T 的函数。因此求出上式的数值解是可能的。

由图 5.5 可知，低温时 σ 急剧变小。今假定在 $r > r_a$ 处，$\sigma = 0$，从而在 $r > r_a$ 的区域中上式可改写为：

$$-\lambda \times 2\pi r\frac{\mathrm{d}T}{\mathrm{d}r} = EI \tag{5.24}$$

$$\lambda\,\mathrm{d}T = -\frac{EI}{2\pi}\times\frac{\mathrm{d}r}{r} \tag{5.25}$$

式（5.25）左边只是 T 的函数，右边只是 r 的函数，所以如果设 $r = r_0$ 点的温度为 T_0，则从上式得到：

$$\int_{T_0}^{T}\lambda\,\mathrm{d}T = -\int\frac{EI}{2\pi}\times\frac{\mathrm{d}r}{r} = -\frac{EI}{2\pi}\lg\frac{r}{r_0} \tag{5.26}$$

上式左边的积分可由图 5.6 求出，从而可求得 T 与 r 的关系，如图 5.8（a）所示。如果 λ 与 T 无关且保持恒定，则图中曲线变为虚线的形状，但实际上 λ 值在分解温度附近为最大。从式（5.25）中可知，在该温度附近，$\mathrm{d}T/\mathrm{d}r$ 曲线的斜率的绝对值要变小，如图 5.8（a）中的 RS 部分。

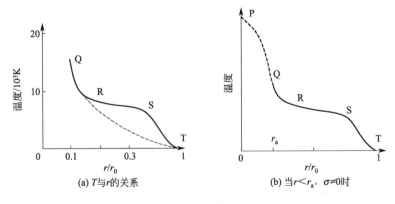

(a) T 与 r 的关系　　　　　(b) 当 $r < r_a$，$\sigma \ne 0$ 时

图 5.8　弧柱径向的温度分布

其次考虑 $r < r_a$，$\sigma \neq 0$ 的导电区域。假定 σ 与 T 无关并保持一定，且电流密度一定（因为 r 以内的电流可以表示为 Ir^2/r_a^2），则：

$$-\lambda \times 2\pi r \cdot \frac{dT}{dr} = EI \frac{r^2}{r_a^2} \qquad (5.27)$$

设 $r = r_a$ 点的温度为 T_a，并假定 λ 一定，则可以解得：

$$T = \frac{EI}{4\pi\lambda}(1 - \frac{r^2}{r_a^2}) + T_a \qquad (5.28)$$

这就是图 5.8（b）中的 PQ 部分。

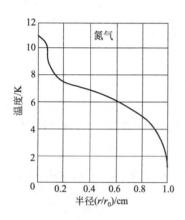

图 5.9 弧柱径向温度
分布的计算值曲线

以上都是基于简单假定求得的结果，但实际上 λ 与 T 具有图 5.6 中的关系。图 5.9 就是假定 $EI = 600\text{W/cm}$，σ、λ 采用图 5.5 和图 5.6 的值时，用图解法求得的氮气中弧柱径向的温度分布曲线。由图 5.9 可见，在弧柱外围部分（图 5.8 的 ST 部分）温度急剧下降，这是因为低温时的热导率要像图 5.6 那样下降到很低。弧柱一般呈现很鲜明的外形，稍微离开一点就降到接近于室温的低温，正是由于这个原因。

图 5.10 是实验测定的 200A 碳极电弧的温度分布曲线。从图中可以明显地看到与以上所述相同的分布趋势。

另外，还可以通过计算得到在不同电流值下，氮气中的电弧的温度变化情况：在小电流区，当增大电流时，弧柱中心最高温度随之升高，且从中心区沿着半径方向向外延伸；电流为 40～50A 时，中心区半径达 7mm；高于这一电流范

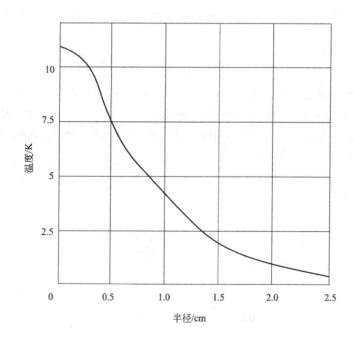

图 5.10 大气中碳极电弧（200A）的温度分布曲线

围，就算继续增大电流，中心区也不会再沿半径方向延伸，仅仅出现温度数值的升高；在电流达到 600A 时，由于热分解的影响，中心温度达到 14000K。图 5.11 是弧柱中心线温度与电流的关系图，由图可见，当电流超过 50 A 时，中心线温度急剧上升。

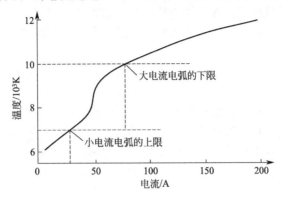

图 5.11 电流与弧柱中心线温度的关系

由以上叙述可知，双原子气体在位于分解温度的弧柱半径处产生"台阶"，而氩一类的单原子气体却没有这种"台阶"。产生这种"台阶"现象的临界电流值见表 5.1。

☐ **表 5.1 气体的分解和临界电流**

气体	CO_2	O_2	H_2	N_2
分解电压/V	5.2	5.1	4.5	9.8
分解 90% 时的温度/K	3800	5110	4575	8300
临界电流/A	0.1	0.5	1.0	50

5.2.3 弧柱热量输入与耗散

在电弧中，能量过程起着很重要的作用。建立电弧数学分析也一定要利用电弧能量平衡方程式。电弧间隙有三个区域：阴极电位降区域、弧柱及阳极电位降区域。它们的能量过程是各有特点的，但对于不同种类的电弧，各区域的能量过程有不同的意义。例如：在用于照明的汞弧灯中，主要是弧柱的能量过程起作用；对于焊接电弧，则三个区域都有重要意义，因为近极区域的能量过程决定金属电极的熔解强度；在开断电器的电弧中，主要还是弧柱的能量过程起作用。这里仅探讨弧柱中能量过程的相关问题，原因在于：

① 电弧静特性和动特性的变化过程基本上只与这些过程有关；

② 弧柱特性对近极区域的能量过程有很大的影响；

③ 弧柱的实验研究较近极区域容易进行。

为了计算方便以及分析研究的顺利进行，可将弧柱看作是一个圆柱形柱体，并且假设其长度大大超过横截面尺寸，所以可以忽略靠近电极区域的影响。弧柱的电特性，如电位梯度、导电系数、电流密度及其分布，可用电磁场相关的方程式来表达；而弧柱的热特性，如各种粒子密度、温度、热流及其分布，则可以从温度场的角度来确立它们的方程式。所有物理量的分布场都有圆柱形的对称，因此，在圆柱形的坐标系中，这些物理量仅与弧柱中任一点到弧柱轴心的距离相关联。

电焊机电源供给的电能是焊接电弧的热量来源，电源向电弧三个区域提供电能的公式可表示如下：

$$P_a = IU_a = I(U_A + U_K + U_P) \tag{5.29}$$

该能量在电弧中转变为热能、光能、磁能、机械能，其中转变为热能的比例最高。热能会以传导、对流、辐射等形式耗散给电弧周围的气体，以及阴极和阳极；光能主要是通过辐射的形式给予周围的气体和阴、阳极，且光能只占很小的比例；磁能对周围环境状态的作用则几乎可以忽略不计；机械能主要体现为粒子的运动以及等离子气流的表现，对电极有一定的影响。假设把热能当作电弧能量的主要转换形式，那么电弧的产热与散热以及热传导在整体上处于一种平衡状态。

式（5.29）中，弧柱区的产热量由弧柱压降 U_p 决定，其等效电能 P_p 为：

$$P_P = IU_P \tag{5.30}$$

在稳定的电弧中，在弧柱区域产生的热量会不断耗散到周围介质中。单位体积输出的功率，也就是常说的散热，是通过周围气体的热传导 P'_T、辐射 P'_S 以及对流 P'_K 这三种散热方式完成的。因此，处于稳定状态的电弧弧柱中的能量平衡可用以下等式来表示：

$$P_P = P'_T + P'_S + P'_K \tag{5.31}$$

（1）弧柱的传导散热

物体之间的温度差异使两物体之间或物体的两部分之间发生热的传递。在温度场中，具有相同温度的点连接起来所形成的线或面称为等温线或等温面。在同一等温面上，没有热量传递。当两等温面之间沿法线方向的距离 Δn 趋于零时，$\Delta T/\Delta n$ 的极限称为温度梯度的大小。温度梯度是向量，指向温度增加的方向。

在单位时间内，经由面积 A 传递的热量称为热流量 W。单位时间内单位面积上的热流量称为热流密度 q_i：

$$q_i = \frac{\mathrm{d}W}{\mathrm{d}A} \tag{5.32}$$

式中，q_i 为向量，它和温度梯度位于等温线同一法线上，但指向温度降低的方向，即与温度梯度方向相反。

在不均匀温度场中，由于传导散热所形成的某点的热流密度正比于同时刻该点的温度梯度，即：

$$q_i = -\lambda \nabla T = -\lambda \frac{\partial T}{\partial n} \tag{5.33}$$

在处于稳定状态的电弧中，传导散热有着不可缺少的重要作用。在不流动的稳定状态下，除电场力外并无其他力，当不考虑辐射等条件时，则单位时间内单位体积中输入弧柱的电能通过热传导而散出，其能量平衡方程可以表示为：

$$\nabla \cdot (\lambda \nabla T) + J \cdot E = 0 \tag{5.34}$$

式中，$J \cdot E$ 为输入单位体积弧柱的功率。

假设弧柱是圆柱形对称的，那么：

$$\frac{1}{r} \cdot \frac{\mathrm{d}}{\mathrm{d}r}\left(r\lambda \frac{\mathrm{d}T}{\mathrm{d}r}\right) + J \cdot E = 0 \tag{5.35}$$

进行一次积分，可得：

$$-2\pi r\lambda \frac{\mathrm{d}T}{\mathrm{d}r} = I_r E \tag{5.36}$$

式中，I_r 为流经半径为 r 的圆柱体的电流值，即：

$$I_r = 2\pi \int_0^r J r \,\mathrm{d}r = 2\pi E \int_0^r \sigma r \,\mathrm{d}r \tag{5.37}$$

如果已知温度在径向的分布情况以及电导率，就可以求出以半径和温度梯度为函数的热导率。

对于已经包括导电区域的圆柱体，EI_r 值为常数，且等于输入单位长度弧柱的电功率。所以，这个区域的热导率与温度梯度呈反比关系。

对于圆柱坐标系，对称于轴的径向热流可应用拉普拉斯微分方程进行计算：

$$\frac{\mathrm{d}^2 T}{\mathrm{d}r^2} + \frac{1}{r} \times \frac{\mathrm{d}T}{\mathrm{d}r} = 0 \tag{5.38}$$

上式的积分为：

$$T = C_1 \ln r + C_2 \tag{5.39}$$

应用给定的边界条件，在电弧半径 r 处的温度为 T，在距离电弧轴心为 r_0 处的温度等于 T_0（T_0 为周围没有经过受热的气体的温度）。由此可得：

$$C_1 = \frac{T_0 - T}{\ln \dfrac{r_0}{r}} \tag{5.40}$$

将式（5.39）微分，紧接着将得到的结果代入式（5.36）的左边，从而能够得到单位长度弧柱以热传导的方式散出的功率 P_T：

$$P_T = \frac{2\pi\lambda(T - T_0)}{\ln \dfrac{r_0}{r}} \tag{5.41}$$

由于电弧气体的热导率与温度有关，因此电弧的温度分布有着各种各样的形状。为了得到 P_T 的大概数值，一般会计算出平均热导率 λ_e 来替代变化的热导率，λ_e 可由下式求得：

$$\lambda_e = \frac{1}{T - T_0} \int_{T_0}^{T} \lambda \,\mathrm{d}T \tag{5.42}$$

式（5.41）中，r_0/r 应该是较大的，因为气体热导率很小，随着到电弧轴心距离的增加，温度在开始时下降很快，然后就大大地减慢了。某些计算指出，r_0/r 可取为 1000。

在空气中传导散热仅占输入功率的 15%。这意味着其余热量是由对流和辐射散出的。

（2）弧柱的辐射散热

对于空气中的小功率电弧，其从弧柱中通过辐射进行散热的比例很小，只占电弧总输入功率的百分之几。对于大功率电弧，尤其是在弧柱中有大量电极金属蒸气的电弧（如焊接电弧），辐射功率将是主要的散热方式。

单位体积弧柱的线辐射功率可以通过测得辐射功率来表达为温度和压力的函数。因此，线辐射功率可以表示为：

$$P'_{Se} = B' \frac{p}{T} e^{-\frac{E_m}{k_B T}} \tag{5.43}$$

式中，p 为气体压强；E_m 为受激原子的高能级平均值；B' 为常数，由实验决定。

辐射光谱（带状、线状或连续光谱）的强度和性质与多种因素有关，如气体的种类、气体的压强和温度以及电弧的电流密度等。

当气体压力以及电弧功率逐渐增加时，辐射光谱就会发生从线光谱到连续光谱的转变。在这种状况下，由于激励过程的作用，连续光谱的辐射会被加强。复合、电子间相互碰撞以及电子与离子发生碰撞时，对电子的制动以及辐射线的自吸收等过程是连续光谱受激励的主要来源。在复合和电子制动过程的作用之下，连续光谱强度与电子的浓度之间成正比关系。所以，连续光谱的体积辐射功率与温度之间的关系如下式：

$$P'_{SH} \approx p\, e^{-\frac{E_n}{k_B T}} \tag{5.44}$$

式（5.44）与式（5.43）的比值随温度的增大而增大（因为 $E_n > E_m$）：

$$\frac{P'_{SH}}{P'_{Se}} = CT e^{\left(-\frac{E_n - E_m}{k_B T}\right)} \tag{5.45}$$

式中，C 为常数。

（3）弧柱的对流散热

在自然界中普遍存在着对流换热的现象，它比导热现象更为复杂。流体将热量从空间的某一区域转移到另一区域的过程，或者由于物体温度较高部分与温度较低部分的相对运动而进行热量转移的过程，称为热对流。在不均匀温度场内，流体在对流过程中，总是和温度不相同的流体或固体接触，这就一定伴随发生导热过程。因此，热对流伴随有导热。这两者的综合过程称为对流换热。由此可见，对流换热与流体的流动、导热过程有关。

按照流体流动的动力来源，可将流体流动分为自然对流和强迫对流两种。前者是由于流体内部各处温度不同而引起内部密度不同所形成的浮升力，这种力使流体自然流动。在自然对流中，温度差是已知的，而速度是待定的。当流体运动的动力来自流体外界的机械力时，称为强迫对流。与自然对流和强迫对流相对应，各自的换热过程分别称为自然对流换热和强迫对流换热。

在电弧中，对流散热起着非常重要的作用，尤其是在开断电器的电弧中，对流散热占弧柱散出功率的极大部分。

在稳定状态下，对流的单位体积散出功率可以用下面的公式表达：

$$P'_k = \rho_a c \boldsymbol{v} \boldsymbol{\nabla} T \tag{5.46}$$

式中，ρ_a 为气体密度；c 为单位体积气体的热容系数；v 为运动速度。

电弧在垂直方向上自由燃烧时，在重力的影响下，电弧自身就可以产生对流。对于没有受到扰动的空气，由流体力学的运动方程可以得到如下的公式：

$$\rho_a \frac{d\boldsymbol{v}}{dt} = -\boldsymbol{\nabla} p + \rho_a \boldsymbol{g} = \boldsymbol{0} \tag{5.47}$$

式中，g 为重力加速度；∇p 为压强梯度。

由上式可得：

$$\boldsymbol{\nabla} p = \rho_a \boldsymbol{g} \tag{5.48}$$

电能输入之后，存在于电弧中的气体将会被加热，其密度下降到 ρ'_a。这个情况可近似地写为：

$$\rho'_a \frac{d\boldsymbol{v}}{dt} = -\rho_a \boldsymbol{g} + \rho'_a \boldsymbol{g} \tag{5.49}$$

或

$$\frac{d\boldsymbol{v}}{dt} = -\left(\frac{\rho_a - \rho'_a}{\rho'_a}\right)\boldsymbol{g} \tag{5.50}$$

也就是说在电弧中，气体有向上的加速度，从而有向上运动的趋势。但因电弧被限制在两静止电极之中，所以可以看作电弧被垂直的气流所吹动。

电弧在垂直方向上燃烧时，气流与等温线之间应存在一定的角度以保证散出对流的能量。在垂直方向上燃烧的电弧会发生膨胀扩大，此时对流气流有着散出能量壁的作用。电弧中间区域的气流与等温线之间的角度减小，导致对流的作用也减低。在弧柱导电区域对流并不起作用，电能只能以热传导的方式到外界区域。在外界区域，气流接受能量的同时也将带着能量流向上面。当电弧被电极限制时会发生垂直对流，此时，接近电极的电弧扩大部分温度降低得特别快，主要是因为此处的气流与温度梯度几乎是平行的。所以综上所述，电弧在电极附近会被压缩。上述两种现象的综合作用，决定了垂直燃烧的电弧的形状成为圆锥形。

因为数学计算上的困难，所以难以实现对其的定量分析，但是从已有的实验结果来看，实验结果与上述结论是符合的。图5.12体现了对流散出的功率和温度分布与到电弧轴心距离的关系。

如果在垂直于电弧轴线的方向让电弧受到气流的吹动，或者让水平放置的电弧受到上升力的作用，那么在电极附近，电弧将发生弯曲，之后将保持在新的弧形位置上。在凹形的一边，被气吹的电弧从温度曲线上看有显著下降，原因在于在这一边的速度方向与温度梯度的方向是一致的。因此种原因而导致的冷却应该重新被热流线的向下运动所均衡。而在电弧凸出的一边，则有着完全相反的情况：速度与温度梯度的方向彼此相

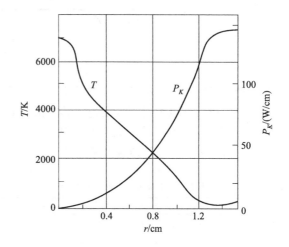

图5.12 碳弧中温度和对流散出功率的分布

对，因此在热流的作用下会发生加热，从而使温度曲线上升。温度从轴心处向凹形边和凸出边的下降速度是不同的：凹形的一边是急剧地下降，凸出的一边则是缓慢地下降。

5.2.4 弧柱温度及温度分布

温度的高低表示气体粒子作不规则运动时平均动能的大小。整个弧柱能量的来源是电源输入的电能。在弧柱中的电子以及正离子难免会受到电场的作用，不停地做无规则的运动，把势能转化为动能，彼此之间又相互碰撞，导致温度升高。正离子的运动速度远远低于电子的运动速度，所以电能转化成热能的过程，主要是靠电子运动完成的。电子和正离子在弧柱中运动难免会碰撞到中性粒子，中性粒子被碰撞的过程也是一个能量累积的过程。碰撞不断进行，中性粒子温度也就不断升高，各粒子相互之间也不断传递着能量，最后，电子、正离子以及中性粒子之间的温度差几乎可以忽略不计。也就是说，在气体放电的形成阶段，各种粒子的温度是互不相同的，其中电子的温度最高；但到气体放电时，弧柱所有成分的温度已基本相同。电弧的弧柱往往与外界有一个比较明显的边界，被称为弧柱边界，边界外的温度几乎与环境温度一样。

电子和正离子在弧柱区作无规则的运动，难免会发生移动到弧柱外围"冷"的区域的情况。当电子移动到外围区域时，会与"冷"的中性粒子发生碰撞，多次碰撞之后电子也逐渐变"冷"，最终的结果就是电子与中性粒子结合形成负离子。新生成的负离子会对弧柱中的正离子有吸引作用，使之向外围区域运动，最终两者在外围区域发生复合，复合也会释放部分能量。一般认为沿弧柱截面的电位分布如图5.13所示。不仅如此，外围区域"冷"的粒子也有可能进入弧柱中心区域，造成热量的损耗。复合会使正离子和电子的数目下降，所以需要弧柱中心区的热电离来产生新的正离子和电子。基于以上原因，需要电源输入功率的补偿来保持热平衡。

外界向弧柱吹风使之冷却，会增加弧柱的热损失，这时若想保持电流不变，电位梯度就需要增大；另一方面，弧柱会收缩其外表面以控制热量的流失，但收缩会导致弧柱电流密度增大，热电离增大，最后弧柱温度反而升高，这种现象被称为热收缩效应。这就是说，若从外部冷却电弧，反而会使电弧的温度升高。一个很明显的例子就是水稳电弧：让液体顺着管

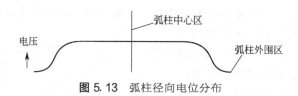

图 5. 13　弧柱径向电位分布

壁流动，管内中心轴线位置装有电弧，当沿轴线方向移动电弧时，顺管壁流动的水急剧蒸发，产生压力使电弧向轴线聚拢。其在弧柱直径为 2.3mm、电流为 1500A 时的弧柱电位梯度是 300V/cm，弧柱中心温度可以达到 50000K。

以氮气为例，气体压强和弧柱温度如表 5.2 所示。

☐ 表 5.2　气体压强和弧柱温度（以氮气为例）　　　　　　　　　　　　　　　　　　单位：K

气体压强/atm	电弧电流为 1A	电弧电流为 5A	电弧电流为 10A
1	5950	6250	6400
5	6400	6770	7050
10	6680	7160	7470
30	7230	7920	8320
100	—	—	8800
1000	—	—	10200

电弧温度具有连续性，在两极会表现出下降的趋势，这是因为电弧两极的温度会受到电极材料熔点的影响。对于一些高熔点的电极，电极表面的温度会稍稍低于电极材料的熔点；对于一些低熔点的电极，电极表面的温度一般会稍稍高于其熔点的温度。

一般所用的测量电弧温度的方法是分光测量法，此种方法受到局部热平衡条件的限制，所以电弧温度测量对象以惰性气体保护钨极为主。测得的温度分布如图 5.14 所示，电极正下方的轴线上具有最高的温度，等温曲线随着电弧截面形态的扩展渐渐分散，然后在接近阳极表面时受到阳极上通电通道拘束效应的影响而产生较小的收缩。电弧中电流分布及能量密度分布在电弧断面与温度具有类似的表现。

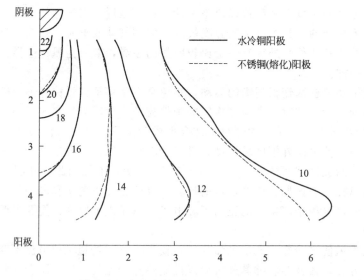

图 5. 14　氩气保护电弧温度分布测量结果

影响电弧温度及温度分布的因素主要有以下几种：

① 电弧电流：电弧电流影响着电弧所能达到的最大温度，当电流增加时，最高温度值也随之增加。但是对于钨极氩弧，钨极前端在电弧电流为400A时最大，此后即使继续增大电流，最高温度也不会发生太大的改变，原因就是温度的升高受到了氩气电导率的限制。

② 电弧长度：电弧的温度分布会随着电弧的伸长或者缩短而变得扩展或集中，具体如图 5.15 所示。

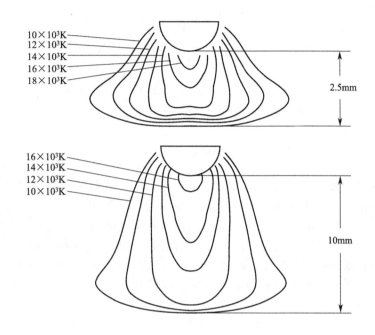

图 5.15 弧长对电弧温度分布的影响

③ 电极斑点：电极斑点分为阴极斑点和阳极斑点。在斑点存在的区域，温度会有明显升高。

④ 保护气成分：保护气的纯度会影响到电弧形态的扩展。

⑤ 环境条件：环境冷却条件、环境气压条件等条件的变化会影响到电弧温度和温度分布。

⑥ 阳极材料：当作为母材时，阳极表面附近的温度值将受到阳极材料和状态的影响。

对于其他种类的电弧，目前所做研究较少，即使是已进行较多研究的 TIG 电弧温度测量，其结果在最高温度值方面也互有差别。图 5.16 表示的是铝材料 GMA 焊接电弧（250A）的测定例，由于铝蒸气的存在，中心区域等温线拉长，其余表现与 TIG 电弧情况相似。

5.2.5 最小电压原理

能量越低，物质就越稳定，因此电弧在燃烧时也有保持最小能量消耗的特性。在给定的电流和边界条件下，当电弧处于稳定状态时，其弧柱直径或温度应使弧柱电场强度具有最小值，这就是最小电压原理。在电弧长度一定的情况下，电场强度的大小就体现了电弧产热的多少，所以能量消耗最小的时候也是电场强度最小的时候。也就是说，稳定燃烧的电弧会选择一个能量消耗最小的导电截面存在。

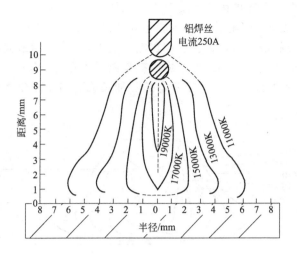

图 5.16 铝 GMA 焊接的电弧温度分布

弧柱区电场强度 E 的大小反映电弧导电的难易，$E(T)$ 是关于弧柱温度的函数。当电流及周围条件一定时，弧柱的截面会在保证 E 最小的情况下确定。不论是电弧截面大于确定的截面还是小于，都会造成 E 的增加，进而损失更多的能量。若电弧截面大于其确定的截面，则电弧与周围介质的接触面积就会增加，进而导致热量的损耗增加，这就需要电弧能够产生更多的能量来填补这些损耗，而电流一定，所以只能通过增加电场强度来产生更多的热量。此外，在电弧截面小于其确定的截面时，截面收缩，电弧与周围介质的接触面积变小，根据上述分析，热损失就小了。但是，在截面收缩的同时，电弧的电流密度也增加了；在较小断面里通过相同数量的带电粒子，电阻率增加；要维持同样的电流，也要求有更高的 E。综上所述，电弧只能确定一个能够使 E 为最小值的截面。

电弧过程中的一些现象也可以利用最小电压原理来解释。例如，当电弧被周围介质强烈冷却时，电弧会产生更多热量来补偿。外界"冷"的介质吹向电弧，电弧要自动缩小断面，减少散热；但是断面又不能收缩得过小，否则电流密度过大使 E 增加太多。最终的结果是电弧自动调整收缩的程度，以最小的 E 值的增加达到能量增加与散热量增大的平衡，即体现最小的能量附加消耗原则。

以上是改变周围条件时的情况，现在来考虑周围情况不变，在给定电弧电流 I 的情况下，如何确定弧柱的形状、温度以及电位梯度。现实中弧柱的径向温度并不是均匀分布的，但为了简化，可以假定弧柱半径 r 以内的温度是均匀分布的。把弧柱看作是一个半径为 r、温度为 T 的圆柱体。那么，当给定周围条件（氛围气体种类、气体压力）和电流 I 时，问题就是要求出表现电弧性质的半径、温度和电位梯度这三个未知参数。为此必须建立三个联立方程。

首先是电弧电流的方程。当弧柱导电时，使用电流密度方程可以得到电流为：

$$I_a = \pi r^2 J_e = \pi r^2 e n_e b_e E \qquad (5.51)$$

式中，$\pi e n_e b_e$ 为温度的复杂函数，用 $f_1(T)$ 来表示。则：

$$I_a = r^2 E f_1(T) \qquad (5.52)$$

因此，电弧电流是关于弧柱电位梯度、半径以及温度的函数。

其次是能量平衡方程。从能量平衡定律可以导出第二个方程。单位长度弧柱的输入电能应当等于电弧散出的能量，则单位长度电弧的输入功率可以表示为：

$$P = EI_a \tag{5.53}$$

电弧能量是通过散热方式散出的，因此，散出的功率可以表示为温度和半径的函数：

$$P_0 = \varphi(r) f_2(T) \tag{5.54}$$

在电弧稳定燃烧的状态下，电弧的输入功率应与散出功率相等，也就是：

$$P = P_0 \quad 或 \quad EI_e = \varphi(r) f_2(T) \tag{5.55}$$

在假定弧柱为均匀圆柱体时，上述两个关系式在定性上总是成立的。但是函数 $f_1(T)$ 和 $f_2(T)$ 很复杂，人们对它们的了解还不够，因此最好消除它们；而且要决定 r、E、T，仅有两个公式是不够的，还必须再有一个方程。此时就可以将最小电压原理作为一个条件引入。最小电压原理在数学上可以写成：

$$\frac{dE}{dT} = 0 \,(当\ r\ 为常数) \tag{5.56}$$

$$\frac{dE}{dr} = 0 \,(当\ T\ 为常数) \tag{5.57}$$

该式的意义是：如果只有前面的式（5.52）和式（5.55），则还不能决定 r、T、E。然而各种组合的 r、T、E 是应当能够得到的。但在这许多组合中，E 最小因而输入功率最小的这种组合才是正确解。这样就由最小电压原理建立了必需的第三个方程。

关于最小电压原理的正确与否，人们曾进行过许多讨论，但现在可以把它归纳到热力学一般定律，即"自然现象要向熵增加的方向进行，但又要保持其增加为最小"。至此便可以认为最小电压原理确实是正确的。

上述最小电压原理不仅对弧柱是成立的，当金属导体流过直流电流时也同样成立。简单来说就是：电流在流过导体时会尽量趋近于产生最小电损失的分布状态。又例如图 5.17 的电阻 R_1、R_2 并联回路中流过电流时，电流将以产生的电损失为最小的方式分流流过。当电流流过电阻时会有一定的电损失。在并联电路中，各电阻两端的电压是相等的，但由于并联的两电阻大小不同，所以流过两电阻的电流大小也是不同的。但流过各电阻的分路电流之和等于总电流，这就好像一条大河分流为几条小河。而且电路中电流的分流是趋向于使电流流过导体时的电损失最小的情形，这和最小电压原理的含义是一样的。同时，最小电压原理也决定着电弧阴极区和阳极区的电场强度 E、温度及导电断面的自行调节作用，以达到在一定条件下向外界散失热量最小的要求。

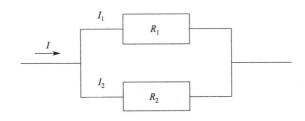

图 5.17 电阻的并联

5.2.6　电弧双极性扩散

电子在电场作用下被加速，失去位能而获得动能，在从阴极向阳极的运动途中，将与离子以及中性粒子等发生撞击。在低压放电条件下，发生碰撞的机会较少，电子在两次碰撞期间就被电场加速到很高的速度，但由于下一次碰撞，它的运动方向将发生不规则变化。电子运动的剧烈程度反映出电子气的温度，因此，被电场加速到很高速度的电子发生碰撞的结果是获得高温。另一方面，与电子碰撞的中性粒子也或多或少要获得一些能量，但由于其质量相差很大的缘故，该能量很小，故中性粒子温度上升也很少。因此，即使处于同一个放电空间却共存着两种温度完全不相同的粒子气体——高温电子气体和低温中性气体。

虽然同一空间共存着温度不同的气体，但是要知道电子是从电场获得能量的发热体，而中性气体粒子却是处于从电子那里索取热量的从属地位。同时，电弧弧柱通过周围冷空气或管壁还要失去一些热量。因此无论经过多少时间，中性气体也终究不能达到某一高温。众所周知，两物体之间的热传导完全取决于它们相互接触的状态，而电子与中性气体粒子虽然混合在同一空间，但在低压下，它们相互碰撞接触的机会很少，所以两者之间产生了温差。比如，在水银整流器和低压放电管等器件中的电弧，其中的电子温度即使达到很高，气体温度也比室温高不了多少。

正离子也要通过在电场中的移动获得动能而发热；在碰撞中性粒子时，与电子一样，将把热量传递给中性粒子。但是正离子的质量比电子大得多，电荷量却与电子相同，所以正离子的运动速度小，吸收和传递电源能量的作用比电子小得多。

以上所述是在低压放电的情形下。而大气中的电弧，由于粒子密度高，电子、离子、中性原子和分子互相接触紧密等原因，电子可以把它从电场获得的能量很好地传递给其他粒子。即电子首先通过静电碰撞将能量有效地传给正离子，使正离子温度升高。因温度升高的正离子与中性粒子的接触极好，故两者温度相差无几，其结果是大气中电弧的电子和气体离子的温度相差不大。图 5.18 为气体压力和电子温度 T_e、气体温度 T_g 的关系。

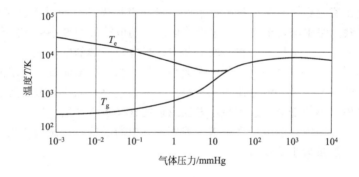

图 5.18 气体压力和电子温度、气体温度的关系

在存在电子或离子的气体中，电子碰撞中性粒子后的运动方向是不规则的、没有规律的，但是从宏观上看，电子的运动是沿电场力方向的。这里的沿电场方向运动并不是指沿着电场做直线运动，而是电子的运动位移整体上是沿电场力方向的，如图 5.19 所示。在同一个放电空间存在高温电子气体和低温中性气体，即使电子因某种原因正好在电场方向具有很高速度，但经几次碰撞之后它的方向就紊乱了，并转化为电子温度，因而电子温度在 10^{-10} 秒以内就达到平衡。同时，电子在与中性粒子碰撞时，如果将其拥有能量的 10^{-4} 传递给对方，那么中性粒子大概在 10^{-5} 秒左右也达到了热平衡。

由于离子周围聚集着中性粒子，其有效截面积和质量增大，所以离子扩散速度低于中性粒子。当带电粒子均带有同号电荷时，其产生的相互排斥作用促进其扩散。可是，对于电弧弧柱，其中电子和正离子的空间电荷密度相当高，而且二者密度相等，在这种情况下，正负电荷互相吸引，有以整体方式扩散的倾向。图 5.20 给出了沿电弧弧柱截面的电荷分布。初

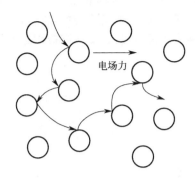

图 5.19　电子在与中性粒子的碰撞中，沿电场力方向移动

始分布如图 5.20（a）所示，正、负电荷密度相同。可是由于电子扩散速度比正离子的大，所以经过一段时间后，就变成图 5.20（b）所示的电荷分布状态。其结果是弧柱周边区电子变多，中心区正离子变多，两区之间产生吸引力，从而阻碍电子的扩散，促进正离子的扩散。一般把这种形式的扩散称为双极性扩散。

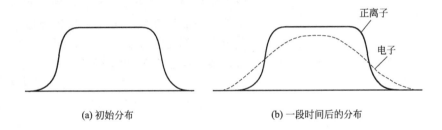

(a) 初始分布　　　　　　(b) 一段时间后的分布

图 5.20　电弧弧柱中正离子和电子的分布

在弧柱截面上的电位一般不会发生变化，而在弧柱外围区域里，可以认为有图 5.13 那样的变化。但是，只有在阴极和阳极之间的中心弧柱区才能实现这种恒电位，在靠近阴极和阳极的地方的电场分布可作如下描述。

图 5.21 所示为在碳极间燃烧的大电流电弧，现假定电弧电压为 70V，其中阴极压降为 10V，阳极压降为 30V（该值虽有些大，但不影响以下结论）。电极压降均产生在电极前 0.1mm 以内的区域，而在距离弧柱较远的地方，电位差应大致按空间距离的长度或线性分布，所以等电位面变成如图 5.21 所示的形状。

从图 5.21 中可知，在从弧柱外围区域指向中心线的方向上存在着电位差，所以存在径向电场，并且在阳极以及阴极前的区域内，该电场的方向相反。弧柱中心线周围的电子会作不停歇的热运动，并逐渐向弧柱的外围区域运动。但受到阴极附近低电位的影响，运动到外围区域的电子又会返回到中心去。接近阳极的弧柱区的情况则相反：阳极附近电位较高，导致电子在流向阳极的时候，还会流向弧柱外围。只

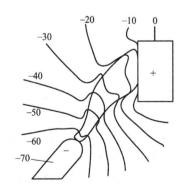

图 5.21　阳极和阴极附近的等电位面

要电子在运动，正离子也会通过双极性扩散而移动。这样一来，弧柱截面在阴极附近要收缩，在阳极附近却要扩展。与阴极和阳极相连接的弧柱区截面大小要受到阴极斑点和阳极斑点大小的影响。但阴极附近的弧柱截面一般总要比阳极附近的窄，前面所述的径向电场的作用正是其原因之一。

5.3 阴极现象

5.3.1 电弧阴极的物理特征

（1）阴极压降

在阴极附近，电子流和离子流的比例是相近的，几乎是各占 50%。但是因为相比于正离子的质量，电子的质量显得太小了，再加上电子运动速度要比正离子快很多，因此当两者电流占比相同时，正离子的分布密度实际上是要比电子大得多的，所以在阴极压降区形成正的电荷分布，从而会产生阴极压降。

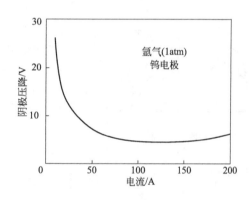

图 5.22 钨电极的阴极压降

阴极压降值介于氛围气体电离电位值和阴极材料蒸发电离电位值之间。在电流低于 40A 时，测得的阴极压降值随电流的增大而减小；但在大电流时，阴极压降值不仅比氛围气体的电离电位低，甚至也比激发电位低，且其值与气压无关，为一定值：6.5 ± 0.75V。图 5.22 所示是利用探针法测定的钨阴极与铜母材之间在 1 个大气压下的氩气电弧（TIG 电弧）的 U_C 值与电流的关系曲线。

一般将电弧的阴极压降看作常数，并以此作为电弧所处气体以及电极材料的特征。表 5.3 为不同电极材料的阴极压降数据。

表 5.3 不同电极材料的阴极压降

电极材料	气体	电流/A	阴极压降/V
铜	空气	1~20	8~9
铁	空气	10~300	8~12
碳	空气	2~20	9~11
汞	真空	1~1000	7~10
碳	氮	—	20

电弧阴极电压降区域的长度是难以测定的，在高气压电弧中一般不能肯定，只能作为上限值大约是 1mm 的很小部分。在热电子发射的电弧中，这个长度大约是比其他形式的电弧大些。按照理论上的看法，常认为在金属冷阴极电弧中，阴极电压降区域的长度与电子自由程长度是同一个数量级。由此得出结论：在 101kPa 及以上气压的情况下，阴极电压降区域长度大约为 10^{-3}cm 及以下。

（2）阴极温度

仅对于热电子发射时的电弧能得到近阴极区域温度的可靠的数据。对于碳弧，在小电流的时候，阴极温度为 3200K 左右；当电流从几安增加到 400A 时，阴极温度上升到碳的沸点温度 4000K。在钨阴极氩气电弧中，最高温度约为 3000K。配合测量，计算得到的阴极斑点电流密度为 40000A/cm² 。这些数据与在钨阴极上观察到的显著熔化痕迹是符合的。在汞弧中，不稳定的阴极斑点的温度约为 1000～2000K。在铜电极真空电弧中，当电流为 20A 时，阴极温度为 2400～3200K。

在有稳定阴极斑点的电弧中，因为可以直接靠近阴极上辐射密度较高的区域，所以有最高的温度。在无阴极斑点的电弧中，发现在近阴极有清楚的黑暗空间——阿斯顿暗区，因此，温度从阴极表面上的低值较慢地上升到弧柱处的高温。

在阴极斑点区域中，阴极温度、光强及热电子发射电流密度的分布如图 5.23 所示，图中横坐标轴为到斑点中心 O 的距离。远离斑点中心部分，温度缓慢地降低，而光强和电流密度迅速下降，这是因为辐射能正比于温度的 4 次幂，热电子发射电流密度是温度的指数函数。

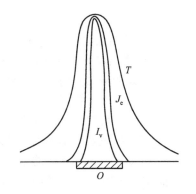

图 5.23　阴极斑点区域中阴极温度 T、光强 I_v 及热电子发射密度 J_e 的分布

5.3.2　阴极斑点

（1）阴极斑点及其电流密度

由于阴极材料的性质以及材料所处状态的差异，在某些场合下，电弧导电通道将主要集中在一个较小的区域，即所谓阴极斑点。该区域电流密度、温度、发光强度都远高于其他区域。阴极斑点在碳或钨极电弧中是固定不动的，但在铜、铁一类金属极电弧中并不固定，而是在阴极表面不规则地移动着，所以可以将阴极斑点分为固定型阴极斑点（亮点型）和移动型阴极斑点（无亮点型）两种。

对于阴极斑点形成过程，因具体条件不同，阴极区发射电子可能有如下情况：

① 当非熔化极材料作为阴极、惰性气体保护时，在电流值较小的情况下出现阴极斑点。出现该现象多数是由于电极直径较大、电极尖端角度接近于钝角、电极表面不平滑或存在污染物。阴极仅仅依靠热发射并不能够产生足够数目的电子，阴极及阴极区将辅助以电场发射或等离子型导电机构向弧柱区提供电子。因为后两种导电机构皆需要有一定的阴极压降，需要在阴极前面有较大密度的正离子的堆积。为了保证这个条件和减少向四周散热，电弧在阴极接触处要自动收缩断面，电子发射将集中在一个较小的区域内进行，从而形成阴极斑点。

② 当低熔点材料作为阴极时，也就是在冷阴极情况下，如果使用氧化性气氛作为保护气，则保护气对电弧有较强烈的冷却作用，电弧电场强度较高，从自身减小能量消耗的角度看，电弧更趋于集中，难以全面包围焊丝、熔化金属，电弧导电通道集中在熔滴下方较小的区域。另外电极材料本身的熔点温度远远满足不了电极热发射条件，电场发射是主要的电子发射形式，更容易形成阴极斑点。由于处于熔化状态下的熔滴不断运动着，电弧阴极斑点也随条件的变化而产生跳动，自动选择有利于发射电子的区域，使电弧通过该区域提供电子时阴极区消耗能量最小。

③ 在惰性气体保护下母材作为阴极时，受母材尺寸大、导热性很强等条件的影响，表面上容易形成阴极斑点。以铝合金为例：铝的发射电子能力弱，并且铝本身导热性能好，对电弧能量的消耗大，不利于熔池的形成，再加上表面氧化膜的存在（与纯金属相比，氧化物的电子逸出功相对来说要更低一点，发射电子的能力也更强一点），因此，电弧会更多集中于存在氧化膜的地方进行导电，这就导致了阴极斑点的形成。

因此，若要形成阴极斑点，首先需要具有发射电子的条件，比如场发射和热发射；其次电弧在通过该点的时候，弧柱能有最小的能量消耗。凡符合上面的条件的点都可以形成新的斑点。而如果一个点在某一瞬间突然失去上述的条件，那么即使该点存在过阴极斑点，那也不能改变斑点在这一瞬间消失的现实，由此可能形成阴极斑点的高速跳动或同时存在数个阴极斑点。

阴极斑点具有如下几个特点。

① 阴极表面上热发射性能强的物质有吸引电弧的作用，阴极斑点有自动跳向温度高、热发射性能强的物质上的性能。

② 可以消除氧化膜：假如金属表面有氧化膜存在，则阴极斑点有寻找氧化膜的趋势。铝合金焊接时去除氧化膜的作用，就是由阴极斑点的这种特性决定的。

③ 在直流正接熔化极焊接时，阻碍熔滴过渡。

④ 黏着特性：阴极斑点不能沿阴极表面自由移动的特性称为阴极斑点黏着特性。

测定阴极斑点的电流密度，一般使用如下两种方法：阴极斑点照相法和磁场驱动电弧。测试的原理是：根据电弧移动时留在阴极表面的斑点痕迹求出面积大小，再计算出电流密度。热电子发射是随温度升高以指数函数增大的，因此要准确确定斑点面积的大小是困难的。当阴极斑点作不规则移动时，斑点面积也瞬时变动且发生重叠，因此测定的面积比瞬时面积值要大，由此算出的电流密度可能偏低。

在 $1 \times 10^{-6} \sim 50 \times 10^{-6}$ s 内，对流过 200A 放电电流的铝、铜、钨等电极进行了电流密度的测定。在放电时间为 1×10^{-6} 秒时，铝、铜、钨电极阴极斑点电流密度分别为 $(0.16、0.78、1.6) \times 10^{6} A/cm^{2}$。当加长放电时间时，电流密度下降。当固定放电时间，改变放电电流大小时，因阴极斑点痕迹的面积是与电流成正比的，故电流密度并不变化。根据实验测定，小电流碳极电弧的阴极斑点电流密度是数百安培每平方厘米，电流密度随电流的增大而增大，当电流增大到 400A 时，电流密度上升到一极限值 5000A/cm²，此后尽管电流继续增加，电流密度并不上升。

当使用钨作阴极用于高压放电管时，可以明显观察到两种类型的阴极斑点：一类出现在电流大、阴极温度高的时候，其电流密度是 $1 \times 10^{8} \sim 3 \times 10^{8} A/cm^{2}$；另一类出现在电流减小的时候，其电流密度是 $3 \times 10^{4} \sim 7 \times 10^{4} A/cm^{2}$，其亮度显著升高（亮点固定型）。以上两类阴极斑点在阴极表面都是固定不动的，但是当电流进一步减小时，阴极斑点将作不规则移动（亮点移动型）。阴极斑点移动型金属极电弧（即除钨电极以外的所有金属板电弧）的电流密度一般维持在 $10^{4} \sim 10^{7} A/cm^{2}$ 之间。不同时期测得的金属阴极电流密度有很大差别，这是因为随着实验方法不断改进，能更精确地估计阴极斑点的大小，从而得到较大的电流密度。

（2）阴极斑点的迁移

对电弧的运动，阴极电子发射的转移起重要的作用，即阴极斑点的运动起主要的作用。阴极斑点可以提供金属蒸气以维持真空电弧的稳定性，与此同时，阴极斑点也为电子从阴极进入阳极提供了一个通道。阴极斑点的寿命决定了整个阴极弧的寿命。

阴极斑点在无磁场的情况下作无规则的运动。当存在外磁场时，弧柱和弧根受到力的作用，在垂直于电弧电流和磁场的方向运动，也就是在符合安培定律规定的方向运动，如图5.24 所示。凡是气压在 101kPa 及以上时，电弧都是在这个方向运动的，称为正向（或向前）运动。但是，在气体压强降低时，某些电弧就向相反方向运动，称为反向（或后退）运动。

当电弧在反向运动时，实际上弧柱并不出现反方向的运动趋势。反向运动的基点出现在阴极斑点或阴极电位降区域。在正常向前运动时，电弧也是主要受到阴极和非常靠近阴极斑

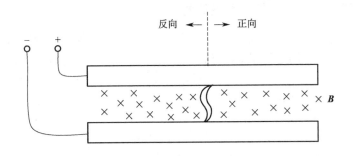

图 5.24 电弧在横向磁场中的运动方向

点的磁场作用，而非主要受到弧柱中磁场的作用。从整体上看，电弧运动既受到电极的作用，又受到弧柱的作用。电弧运动以复杂的方式受到许多因素的影响，如电弧电流、磁感应强度、电极间隙和几何形状、阴极材料和表面状态（如氧化层）、气体的种类和气压等。反向运动大多发生在低电流、高磁场、小电极间隙和低气压情况下。

应当指出，反向运动仅是具有阴极斑点的冷阴极电弧所固有的，在无阴极斑点的电弧中未曾观察到。

到目前为止，尚缺乏完整的电弧理论来说明在横向磁场中反向运动的现象。主要观点和理论基本上可分为两类：属于多数的一类认为，阴极斑点运动的主要原因是外界磁场引起的阴极区域带电粒子的偏向；另一类理论认为，阴极斑点的反向运动与阳极本身表面层的现象，即热磁效应和电磁效应有关。此外还有各种完全不同的假设，但都不能给出令人满意的解释。

阴极斑点的运动还可以起到清理氧化膜的作用。惰性气体气氛中，电弧在以金属板作阴极的时候，阴极斑点在金属板上扫动，可以去除金属板表面上的氧化膜，使金属板显露出光洁的金属表面，称作电弧阴极清理作用或氧化膜破碎作用。

清理作用只限于对阴极，并且是在不含氧化性气氛的高纯度惰性气氛中才存在。当采用冷阴极型阴极材料时该作用特别显著。在有色金属 TIG 焊中要利用交流电弧进行焊接，其原因就是要利用上述清理作用，其中以铝材料焊接最具代表性。

铝材料的表面存在致密的氧化膜，氧化膜（Al_2O_3）的熔化温度高达 2020℃，而铝母材金属的熔化温度只有 600℃ 左右，如果使用气体火焰等方法熔化母材金属，则氧化膜以固体形态存在并残留下来，从而造成融合不良。

然而，由于铝是典型的冷阴极材料，而冷阴极的特征是阴极压降 U_K 很高，正离子受阴极电场加速以很高的速度冲击阴极表面，撞击到表面的氧化物就可以使之破碎分离，并最终消失。另一原因是，一般情况下，相比于纯金属的功函数，氧化物的功函数要更低一些，并且阴极斑点不会一直停留在某一固定位置上，而是不停地运动，不停寻找新的氧化膜，不停产生新的阴极斑点。在惰性气氛中，一般情况下当氧化膜被去除后，在金属表面并不会产生新的氧化膜，所以到最后，对于氧化物的清理可以一直扩展到熔池周边的固体表面上。

阴极斑点的清理作用是由来自电弧空间的正离子对阴极表面的碰撞所造成的。即使同为惰性气体，因为与氦气相比，氩气本身的原子质量较大，所以它的清理效果也就更为显著。然而，即使在保护气中混入很少量的空气，也会在已清除氧化膜的部分再次生成新的氧化膜，因此，清理作用所涉及的区域被限定在保护气能够完全隔绝空气侵入的范围之内。

5.3.3 阴极前电子流与正离子流的比率

随着阴极表面电子发射变得困难，正离子流占总电流的比例将增大。正常情况下认为阴极前电子流占总电流的比例是处于 60%到 80%之间的，但是因为电弧种类不同，也会有高达 97.5%，或者低至接近零的情况出现。设电弧总电流为 I，电子流为 I_e，正离子流为 I_i，那么电子流占总电流的比例为：

$$f = \frac{I_e}{I} \tag{5.58}$$

当 I_e 从阴极表面流出时，若令阴极表面的功函数为 U_w，则 $I_e U_w$ 就是电子从阴极表面带走的能量，起着冷却的作用。另外，I_i 要流入阴极表面，带走的能量为：

$$I_i(U_K - U_\omega + U_i) \tag{5.59}$$

以图 5.25 的 AA 为阴极表面，BB 为阴极区和弧柱区的界面，阴极压降 U_K 作用在 A-B 区间上并假定 A-B 区间的长度比一个平均自由程短。

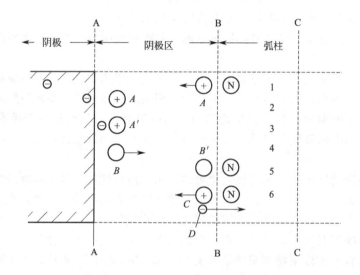

图 5.25　阴极区示意图

设想在 BB 面有一个初速度为零的正离子，假定它通过阴极区时不发生碰撞，那么，当它到达 AA 面上时就将拥有动能 U_K。这个正离子要从阴极内部取出一个电子中和，但是发射电子需要做功函数 U_w 大小的功。而中和后，又会释放相当于电离电位 U_i 的能量，所以最终中和后的中性粒子具有 $(U_K - U_w + U_i)$ 大小的能量。

中和后的中性粒子要以某一运动速度从 AA 面返回到 BB 面，故应带走一部分能量。现忽略这一点，假设 $(U_K - U_w + U_i)$ 的能量全部都以热的形式传给阴极表面，这样产生的热如果同电子流产生的冷却吸热相平衡的话，则有下式成立：

$$I_i(U_K - U_w + U_i) = I_e U_w \tag{5.60}$$

需要说明的是，该式是在以下假定条件下成立的，即阴极表面的辐射热损失和向电极内部传递的传导热损失正好同来自 BB 面的传导和辐射等热输入相抵消。这样可把上式改写为如下的形式：

$$f = \frac{U_K - U_w + U_i}{U_K + U_i} \tag{5.61}$$

另一方面，初速度为零的电子从阴极出发到达 BB 面时将获得动能 U_K，如果该能量起到使电子同中性粒子发生碰撞电离的作用，那么将有以下式子成立：

$$I_e(U_K-U_T)=I_i(U_T+U_i) \tag{5.62}$$

式中，U_T 相当于紧接 BB 面的弧柱温度的能量。上式左边是起电离作用的能量，右边是在阴极表面中和产生的粒子回到 BB 面时又被电离，电离产生的电子带着能量 U_T 移向弧柱，正离子则以初速度为零移向阴极时的能量。可以把上式改写如下：

$$f=\frac{U_T+U_i}{U_K+U_i} \tag{5.63}$$

阴极压降一般是 10V 左右，接近于阴极材料的电离电位值，所以从阴极发射的电子只要在 BB 面附近发生碰撞电离，该电子便已经不可能拥有超过原来的电离能力了。电子当中总有未实现碰撞电离的，因此：

$$\begin{cases} I_e>I_i \\ f>0.5 \end{cases} \tag{5.64}$$

式（5.60）是在假定 AA 面中和产生的粒子带回 BB 面的动能为零时导出的，如果考虑到它具有一些动能的话，那么实际的值比式（5.61）计算得到的值要小些。再考虑到向电极内部的热传导（焊条熔化），那么，f 会变得更小。另一方面，式（5.62）是假定从 AA 面出发的电子的能量全部起到在 BB 面发生碰撞电离的作用而成立的，所以实际的值要比式（5.63）计算得到的值大。

但是 $f>0.5$ 这一条件，是在假定 BB 面上产生的离子（电离）全靠电子流的碰撞而得到的前提下存在的。如果在 AA 面上中和的粒子高速返回到 BB 面将有助于电离的话，那么 $f>0.5$ 就不是必要条件。如下所述，即使：

$$f=0 \tag{5.65}$$

也是可以的。即在中和粒子所拥有的能量 $(U_K-U_w+U_i)$ 中假定只将 $(U_K-U_w-U_i)$ 给予阴极表面，那就将 (U_i+U_T) 的动能带回到 BB 面同中性粒子碰撞。若 U_i 用于电离，U_T 成为电离产生的电子向弧柱运动的动能，最终结果是将初速为零的正离子残留在 BB 面。参照图 5.25 中的 B、B'、C。这种新产生的正离子 C 一样要到达 AA 面，再重复发生上述相同的现象。这就是说，即使阴极的电子发射为零（$f=0$），仍发生着 BB 面以左的正离子（A、C）的移动和 BB 面以右的电子（D）的移动，从而维持电流流动，维持自持放电的进行。

根据以上所述，f 值的下限是 $f=0$。对于上限，可以从式（5.61）分析考虑。式（5.61）的假定条件是，阴极表面的热辐射和传导的热损失同来自 BB 面的热辐射和传导的热输入相抵消，所以实际值可能还要高一些。则 BB 面过剩的能量不是一部分，而是全部归还给 AA 面，那么也有可能 $f=1.00$。

5.3.4 阴极热平衡

阴极区通常由电子与正离子组成。在这两种带电粒子不断产生、运动并最终消失的过程中，也存在着能量的转变与传递。由于阴极区的长度很小，只有 $10^{-6} \sim 10^{-7}$mm，所以阴极区产热量直接影响焊丝的熔化或焊缝熔深。弧柱中只有 0.1% 的电流为正离子流，相对于整个电流来说，其数量是很少的，因此一般认为它对阴极区的产热影响较小。在阴极区可以产生所有能够影响阴极区能量状态的带电粒子，并且最终由阴极区供给足够数目的电子到弧柱，从而实现电弧放电。所以可以通过分析电子在阴极区的能量平衡过程，来计算阴极区的产热。阴极区可以提供与总电流相近的电子流，因此阴极区能量结构组成如下。

① 阴极在阴极压降的作用下发射电子，发射出的电子受到加速作用，获得数值大小为 IU_K 的总能量。在阴极区，这是电能转化为热能的主要方式。

② 电子若要从阴极表面发射出去，就必须克服阴极表面的束缚。电子为克服束缚而消耗的能量大小与逸出功有关，可以表示为 IU_w。这个能量是电子从阴极带走的能量，所以电子发射会降低阴极温度，有一定的冷却作用。

③ 电子流离开阴极区进入弧柱区时，它具有与弧柱温度相对应的热能。电子流离开阴极区时带走的这部分能量为 IU_T。

根据上述分析，电子流离开阴极区时阴极区获得的总能量为：

$$P_K = (U_K - U_w - U_T)I \tag{5.66}$$

式中，P_K 为阴极区的总能量；U_K 为阴极区压降；U_w 为逸出电压；U_T 为弧柱温度的等效电压。式（5.66）为阴极产热的表达式，阴极区产生的热量主要用于阴极的加热和阴极区的散热损失，焊接过程中直接加热、熔化焊丝或工件的热量主要由这部分能量提供。

上式是假定 $f=0$ 时的情况，即只有正离子流时，进入阴极的正离子只将 $(U_K - U_w - U_T)$ 的能量传递给阴极，而带回剩余的 $(U_i + U_T)$ 部分。

对于 $f \neq 0$ 的一般情况，上式仍然成立，这一点可以论证如下。

现设电弧电压为 U_a，则电弧功率：

$$P_a = U_a I = (U_K + U_A + U_P)I \tag{5.67}$$

式中，IU_P 为弧柱向外围耗散的能量。所以输入阴极和阳极的功率之和应等于上式减掉 IU_P，即：

$$P_A + P_K = (U_K + U_A)I \tag{5.68}$$

这样 P_K、P_A 二者之中知其一，就可算出另一个的值。另外，从阴极区本身的能量平衡考虑也可以得出同样的结论。

在 $f=0$ 时式（5.66）成立，现试对 $f=1$ 的情形作以下讨论。

$f=1$ 时，电子发射可能有单纯的热电子发射以及单纯的场致发射（阴极为绝对零度时）两种情况。

首先讨论单纯的热电子发射时的情形。阴极发射的热电子，就是图 4.18（b）中处于 A 能级的电子，这种电子是自由地从阴极向外逸出的。但是，当向外逸出 1 个处于 A 能级的电子时，对于阴极来说，为了填补 A 的空位，处于 B 能级的电子就要上升到 A 能级，结果阴极就要受到相当于 AB 间能级差 U_w 能量大小的冷却作用。

从阴极逸出的电子到达 BB 面（图 5.25）时，将拥有相当于阴极压降 U_K 大小的动能，但是再从 BB 面向右方的弧柱移动时却只能带去相当于 U_T 大小的能量，因此多余的能量 $(U_K - U_T)$ 将以某种方式归还给阴极。结果，阴极获得了大小为 $(U_K - U_w - U_T)$ 的能量。

下面讨论单纯的场致发射的情形。在这种情形下，阴极内部的电子处于图 4.18（a）中的 B 能级，不能靠其自身的热运动向外逸出，需要由电场来供给发射电子做功所需的能量。如图 5.25 所示，电子受到电场加速到达 BB 面时将拥有 $(U_K - U_w)$ 大小的动能。电子只把其中相当于 U_T 的能量带往弧柱，故残留在 BB 面的能量是 $(U_K - U_w - U_T)$，这部分能量将以某种方式归还给阴极。另一方面，在这种情形下，处于 B 能级的电子是在电场作用下从阴极逸出的，故阴极没有受到冷却。结果，阴极净获得相当于 $(U_K - U_w - U_T)$ 大小的能量。

以上所述是 $f=1$ 的情形，实际上无论是单纯的热电子发射还是单纯的场致发射，或介于以上两者之间，或 $f=0$ 的情形，阴极得到的能量都可以用式（5.66）表示。这说明式（5.66）对于任意的 f 值都是成立的。

5.3.5　阴极前的收缩区——正离子流理论

阴极斑点电流密度比弧柱的高得多，所以在阴极斑点附近的放电空间，会发生截面收缩现象。图 5.26 就是这一现象的示意图。

在阴极表面 XX 上有阴极斑点 AA，在 XX 及与之相距很近的 YY 之间加有电压降 U_K。ZZ 以右是正常弧柱区，其截面较大，所以在 YY 与 ZZ 之间产生了一个被称为"收缩区"的空间。YY 以左的正离子密度很高，具有正的空间电荷，而 YZ 之间的收缩区呈电中性。

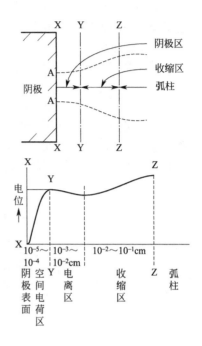

图 5.26　阴极前收缩现象的示意图

为什么阴极斑点会收缩呢？这个问题可以用最小电压原理来解释：收缩一发生，电流密度就升高，相应地正离子流密度也变大，由此形成的电场，就有可能发射电子。反之，如果不收缩，电场强度就变弱，势必造成电子发射不足，即维持放电都变得困难了。

这种收缩现象不仅在本节所述的放电形式中发生，它的基本原理对于已经叙述过的热场致发射的放电形式也同样成立。当 XY 区间的截面收缩得更小时，产生于 YZ 区间的高温不容易传导到阴极，因而 YZ 区间容易保持在高温状态。如前所述，被轰出阴极的正离子要带着一部分能量回到 YY 附近，这样产生的能量聚集将形成高温，便有可能发生热电离。只要 YZ 附近发生热电离，由此产生的电子和正离子将分别向弧柱和阴极移动，形成电流。这就是说，只要 YZ 附近能够保持高温，即使不从阴极发射电子，仍有可能维持放电。维持 YZ 附近高温以及进行热电离所需的能量均可以由前述轰击阴极的正离子（中和之后）带回的能量（以及阴极发射的电子到达 YY 面所获得的能量）来供给补充，同时 XY 区的收缩必减少 YZ 区流向阴极的热传导的损失，从而有助于维持高温。

收缩区发生热电离时，从 YY 面流向阴极的正离子流的最大值可以表示为：

$$I_i = -\frac{1}{4}en_i\bar{C}_i s \tag{5.69}$$

式中，n_i 为收缩区的正离子密度；$\bar{C}_i$ 为正离子的热运动速度的平均值；s 是 YY 的截面面积。当 s 减小时，当然可以想象得到，温度要升高，I_i 将随 n_i 增加而增大。但是，当 s 过小时，即使温度升高，但电离度已接近 100% 的极限值，故 n_i 的增加也很少，所以 s 减小起到使 I_i 变小的作用。故在适当的收缩率条件下，I_i 达到最大值，从最小电压原理考虑，在这种收缩状态下是可以发生放电的。

5.4　阳极现象

5.4.1　阳极区与阳极压降

电弧的阳极区域在某些方面与阴极区域相似。例如，从电极表面到一极小的距离间有一个电位降；阳极区和阴极区的长度都是电子自由程的数倍，都是极短的区域。但阳极区域与阴极区域有着本质上的差别：接收从弧柱过来的电子流是阳极最主要的作用，相比于阴极来说，阳极对电弧的影响较小。

正离子不能从阳极表面产生，所以阳极前面正离子很少。在靠近阳极的区域内电子流所占的比例可以看作是百分之百。正是由于这些电子流所形成的负空间电荷，所以产生了负的电压降——阳极压降。电子在阳极压降的加速作用下所具有的能量比它在弧柱区时还要高，因此电子撞击中性粒子时的电离能力增大。因此，阳极压降区的中性粒子将受到比在弧柱区更充分的电离，该区便起到向弧柱提供部分正离子（0.1%）的作用。

为便于讨论，将阳极压降区划分为如图 5.27 所示的 Ⅱ、Ⅲ、Ⅳ 三个区域。来自弧柱的电子束过加速区 Ⅲ 进入电离区 Ⅳ，就在该区撞击中性粒子使之电离。但是 Ⅳ 区长度比电子平均自由程还短，因此几乎所有电子都直接进入阳极，只有 0.1% 的电子成功地发生碰撞电离。这样产生的正离子在通过 Ⅲ 区和 Ⅱ 区获得动能的同时，要发生多次碰撞，故运动方向也和弧柱中的一样是不规则的，即正离子要将其动能转换为温度形式的能量进入弧柱区。

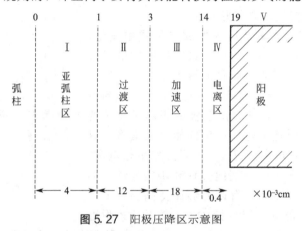

图 5.27 阳极压降区示意图

当电流增大以后，阳极压降区温度随之增大，中性粒子的动能也随之增大，所以中性粒子电离所需的电子动能减小。这时即使不通过电子碰撞，而仅通过中性粒子自身的相互碰撞也会产生充分的热电离，其结果是阳极压降 U_A 值近于 0。把被焊件作为阳极时，特别是在加大电弧电流的情况下，电弧的高温会使母材发生强烈的蒸发。蒸发出的金属原子比保护气成分具有更低的电离电压，将先于保护气粒子被电离，正离子被提供给电弧弧柱区。

所以在阳极区，电流值较小时电离形式主要为场致电离，电流值较大时为热电离。

由于缺少可靠的阳极压降测量数据，因此关于电弧阳极过程的知识尚有许多空白点。虽然可以直接利用探针法来测定阳极压降，但因为测量条件、电弧参数等的不同，所以测得的阳极压降各不相同。在小电流的纯碳阳极电弧中，阳极压降最可能的数值约为 35V。但如果阳极不是由纯碳制成而是含有金属盐，则电压降大为降低，如当电流从 10A 上升到 40A 时，电压降从 16V 下降到 10V。因为这种阳极有释放正离子的能力，所以也就不需要高的阳极压降。在小电流的金属或金属氧化物阳极电弧中，阳极压降一般是 3~12V，并且与相应的金属电离电位有关，阳极压降可以是金属电离电位的 1.2~2 倍。在氩气中，10A 的电弧铜阳极电位降为 5.1V。

当转变到大电流以及高气压时，阳极电位降通常就降低，这与阳极电位降区域从电场游离转变到热游离有关。图 5.28 是用探针法对铜电极进行测定的结果。用氮气做气体介质时，当电流从 50A 增加到 200A 时，如图 5.28（a）所示，U_A 从 17V 下降到 2V。在图 5.28

（b）用氩气做气体介质的情形下，阳极压降还与电弧的长度有关，它随着电弧的加长而增大。这是因为弧长 L 变短，阳极前的区域温度上升，U_A 就要下降。若把上述 U_A 与电流的关系，改写为 U_A 与温度 T 的函数关系，就得到图 5.29。由图 5.29 可见，当阳极前的温度从 16100K 上升到 20000K 时，阳极压降从 5V 下降到 1V。总之，电弧阳极电位降与阳极材料、阳极温度、气体压力有关，也与近阳极的等离子体的成分和温度有关。

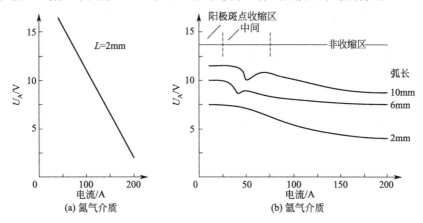

图 5.28　铜电极的阳极压降

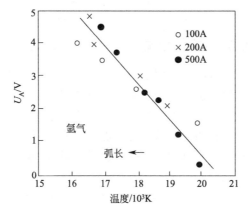

图 5.29　阳极前面的弧柱温度和阳极压降的关系

在小电流碳弧的情况下，用探针法测量得到阳极电位降区域的长度大致为小于 10^{-3}cm，即等于电子的自由行程长度。

5.4.2　阳极输入功率

阳极区的厚度在 0.5mm 以下，在此之间存在着数千摄氏度的温度差。流向阳极的电流只由电子流构成，电子在通过阳极压降 U_A 期间，将获得相当于 U_A 的动能，在它进入阳极后又将这一动能以热能形式传递给阳极。流入阳极的电子所携带的能量可以用 P_e 表示；另外，来自电弧等离子体的放射能表示为 P_{SA}；电弧等离子体以传导和对流形式提供的能量分别表示为 P_{TA} 和 P_{KA}，其中以电子携带的能量最为重要。所以对阳极的热输入能够近似表示为：

$$P_A = P_e + P_{SA} + P_{TA} + P_{KA} \approx P_e \tag{5.70}$$

$$P_e = (U_A + U_w + U_T)I \tag{5.71}$$

式中，P_A 为阳极热输入；I 为电弧电流；U_A 为阳极区压降，$U_A I$ 表示电子在阳极区被加速所获得的能量；U_w 为阳极材料的功函数，$U_w I$ 相当于电子气的凝固潜热；U_T 为电弧中的电子所含有的能量，即等价电压，可以用下式计算：

$$U_T = \frac{5 k_B T_e}{2e} \tag{5.72}$$

式中，k_B 为玻尔兹曼常数（$1.38 \times 10^{-23} \text{J/K}$）；$T_e$ 为电子温度，K；e 为元电荷（1.6×10^{-19}C）。

此外，阳极区的产热及对阳极的热输入量，还应包括产生于阳极表面的化学反应热、来自弧柱辐射和传导的热能、中性和受激励的原子撞击阳极所带来的能量，以及正离子与电子复合所释放的能量。

阳极的能量消耗有以下几部分：

① 金属原子的蒸发；

② 从阳极飞出的相当大的金属粒子；

③ 阳极表面上热斑点的辐射；

④ 加热阳极表面上的气体分子，使之分解；

⑤ 阳极的传导散热；

⑥ 阳极对周围气体的对流散热；

⑦ 离子发射。

5.4.3 阳极温度——阳极的熔化和蒸发

阳极输入功率已如上一小节所述，但这一功率不仅要损失于热的传导、辐射和对流，有时还要消耗于电极物质的熔化和蒸发。阳极表面通常都可达到阳极材料的熔化或蒸发温度，但在小电流范围内，阳极不熔化，所处温度很低。阳极本来的作用，就是作为来自弧柱电子流的终点，因此不同于阴极，它的温度即使是室温也未尝不可，例如把电解液作阳极照样也可以产生电弧。但是，通常所谓阳极达到熔化或蒸发温度，是因为输入功率大，为与之平衡，热损失必须增大的缘故。当然电极也要发生一定的熔化消耗或蒸发消耗，且消耗速率要随输入功率大小的变化而变化，以保持热平衡状态。从这个意义上反过来可以推断，大电流电弧中的阳极常常达到了熔化—蒸发温度。

对于碳电极，当只考虑碳极电弧的辐射热损失时，若令阳极温度为 T_A，电流密度为 j，则阳极的热平衡关系可以表示如下：

$$j(U_A + U_w + U_T) = 5.7 \times 10^{-12} \times e T_A^4 \text{ W/cm}^2 \tag{5.73}$$

碳极电弧的阳极温度实际为 $3900 \sim 4200$K，同碳的蒸发温度是一致的。大气中碳极电弧的阳极要形成一种被称作"洼坑"的塌陷，当达到 4000K 高温时发出强光。如果阴极温度为 3200K 左右，则碳极电弧 85% 的光均由阳极发出，弧柱发出的光却很微弱。实验还证实，即使把介质换成氮气、氢气、二氧化碳、氩气等气体，阳极温度也没有变化。反之，阴极温度却要随电流、弧长、电极直径等因素的变化而变化。

对于金属电极的温度，可参考表 5.4。无论哪一种金属极电弧的阳极温度，都比其对应的阴极温度高。再与表中各种金属的沸点比较可以看到，有的金属电极温度比它的沸点还高，这是因为金属在空气中生成了氧化膜的缘故。还有研究报告指出，氮气中 Al、Mg 等金属的电极温度很接近沸点。但是正如前面所述，在小电流范围内，电极温度还是较低的。

金属	C	W	Fe	Ni	Cu	Al	Zn
阴极/K	3500	3000	2400	2400	2200	3400	3000
阳极/K	4200	4200	2600	2400	2400	3400	3000
熔点/℃	—	3410	1537	1453	1083	660	420
沸点/℃	—	5930	2848	2730	2595	2450	906

5.4.4　阳极斑点

对于整个电弧来说，阳极的作用主要体现在接收从弧柱区过来的电子以及向弧柱区提供正离子来平衡阳极区电场的变化。由于阳极本身不能向阳极区和弧柱区发射正离子，因此需要在阳极区产生正离子，该部分正离子产生的惟一途径是中性离子的电离。阳极区中性粒子有两种来源：一种是保护气中的中性粒子；另一种是阳极材料过热蒸发来的金属原子。从粒子物理性能可知，相比于气体原子或分子，金属原子具有更低的电离能，更容易发生电离，所以在金属原子聚集的区域内，电荷更容易产生和流动，这就提供了阳极斑点形成的条件。

当电弧燃烧不能在阳极表面所覆盖的全面积上形成均匀的电流通道时，将在阳极上的某一局部区域形成主要的电流通道，大部分电子经过该通道进入阳极，即形成阳极斑点区。阳极斑点形成与变化的另一个条件是不使弧柱压降受到大的影响，要尽量减小弧柱能量的耗损。正常焊接时，阳极斑点对焊接过程没有大的不良影响。

阳极斑点一般在如下情况下产生：一是小电流焊接，母材作为阳极。如果母材上不能形成连续的熔化（比如电弧功率小、母材散热快等），将会在母材上电弧后面形成阳极斑点。其与阴极斑点的情况类似，也有后拖、黏着、跳动的现象。二是大电流焊接，母材作为阳极。虽然形成了较大的熔池，但由于熔池运动或表面波动频繁，也可能是熔池中各处蒸发情况的变迁，或由于合金元素的蒸发，将在熔池内部形成阳极斑点，并快速"扫动"，该情况下阳极斑点处的电流密度并不是很高。

（1）阳极斑点的温度

阳极斑点的温度一般高于或等于阴极斑点的温度。在小电流的均质或纯碳阳极电弧中，阳极温度为（4000±15）K，接近碳的熔点。在气压为0.1MPa的情况下，这个温度不会升高，它仅在高气压下会显著升高。由测量可知，在1MPa气压的空气中，小电流碳弧的阳极温度为5000K。在金属阳极电弧中，铜阳极斑点温度为2500～3300K。假定阳极上有均匀的热量分布，根据阳极斑点的能量平衡理论，则由计算可得到阳极斑点的温度。在表5.5中列出的大电流金属蒸气中电弧的阳极斑点温度，是理论计算和在不同实验条件下测量得到的数据。大部分材料的阳极斑点温度超过材料的沸点，因此汽化率就高，在阳极表面有很高的蒸气压强。近阳极的等离子体温度基本上取决于等离子体的电功率转换、热传导和辐射，因而与阳极附近弧柱收缩有很大关系。至于近阳极的等离子体温度的可靠数据则还未测得。

□ 表5.5　计算和实验测量得到的阳极斑点温度数据

方法	阳极直径/cm	电流幅值/kA	阳极材料 （及其沸点/K）	温度/K
按能量平衡计算	—	（8～50kA/cm^2）	Cu(2868)	2490～3040
			Al(2600)	2610～3320
			Ni(3180)	3040～3650
光学方法	2.5	30～35	Cu	2730～2800
1.5μm辐射测量	1.3	0.3	Cu	1400～1600

方法	阳极直径/cm	电流幅值/kA	阳极材料 （及其沸点/K）	温度/K
1.5～2.5μm 辐射测量	0.068	0.02～0.18	C	2750～3450
			Al	2000～2450
0.6～1.0μm 辐射测量	2.5	3.8	Ni	2790～2960

（2）阳极斑点的电流密度

对于均质或纯碳阳极的小电流碳弧，阳极斑点的面积是随电流的增大而增大的，所以电流密度一般等于 40A/cm²。在弱电流时有小的阳极斑点在阳极端表面上移动。在电流增加时，阳极斑点的直径逐渐增大，直到斑点占有阳极全部端表面时为止。这时电流密度保持不变，称为正常电流密度。当电流继续增加时，有两种可能：第一，阳极斑点可扩展到阳极的侧表面，而电流密度保持正常；第二，在阳极端表面可发生弧柱的收缩，因而增加电流密度，弧柱状态发生变化，变成了嘘声弧，其电流密度达 50000A/cm² 左右，阳极斑点发生剧烈蒸发并在阳极表面游动。

对于大电流金属蒸气（真空）电弧，阳极斑点形成的标志是局部出现强烈光亮的区域和在阳极上有熔化痕迹。形成阳极斑点的极限电流密度与电极材料有关，它按照阳极材料钨、钼、铜、银、铝、锡的次序而降低。这正好与阳极热特性的次序相同。由此可以认为阳极斑点的形成与阳极表面温度之间有密切的关系。

阳极斑点电流密度的大部分测定值都为 50～600A/cm²，参考表 5.6。阳极斑点的电流密度要比弧柱电流密度稍高一些。由于二者截面面积的确定存在着问题，故不作详细讨论，但是对于阳极斑点电流密度比弧柱的要高一些的现象可以作如下理解：阳极要产生金属蒸气，而相比于氛围气体的电离电位，金属蒸气的电离电位显得更低，所以电弧就容易产生和集中在这里。

⊡ 表 5.6　阳极斑点的电流密度

电极	气体	电流/A	电流密度/（A/cm²）
有芯碳电极	空气	4～20	30～50
碳电极	空气	<50	40
碳电极	空气	>100	50000
铜电极	在空气中移动电弧	700	55000
各种电极	在空气中移动电弧	50～200	2000～9000
铜电极	氩气	100～500	100～1000
铜电极	氮气	100～500	长弧～短弧　500～600

对于金属电极电流密度的测定，例子不是太多。但常常可以看到在空气或氧化性气体中，金属电极的阳极斑点收缩成较小的形状，且在阳极表面不规则地移动。当阳极表面产生金属蒸气时，因其电离电位比氛围气体的低，所以弧柱就集中在阳极斑点附近，阳极斑点的电流密度也增大到 10^3 A/cm² 数量级，结果发生局部蒸发，引起阳极斑点游动。

值得注意的是，当铜母材上有氧化膜存在时，阳极斑点便集中在这些地方，这些地方的电流密度也较大。即使是碳电极，当以金属盐作芯时，阳极斑点也要集中和收缩在芯部，它的电流密度要随电流的增大而增大，以致发生阳极蒸发。

（3）阳极斑点的不连续移动

当在在圆柱上绕成螺旋状的金属带和与之水平对置的碳电极之间引燃 40～400A 电弧，且以金属带作阳极，然后将圆柱一边旋转一边沿轴向移动时，可以观察到金属带上产生了不连续的阳极斑点痕迹，其电流密度为 $2000 \sim 13000 A/cm^2$。

图 5.30 是上述实验测得的电压和电流的电磁示波器图形，电压与电流随阳极斑点的不连续移动而进行上下波动。

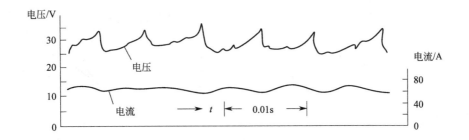

图 5.30　电压和电流的示波图

用高速摄影的方法观察这种电弧形态，则如图 5.31 所示。当新产生的阳极斑点固定不动时，就可以看到从斑点高速喷射出的发亮的蒸气流和微粒子流（参照图 5.32）。这种喷射现象是由阳极受到射入电子流的加热蒸发造成的。前面已经说过，金属蒸气比空气粒子的电离电位低，所以蒸发产生的金属原子容易被电离。即新的阳极斑点一形成，它的温度就上升。当产生金属蒸气时，弧柱电流就要流入新的（离移动阴极较近的）阳极斑点。这样新的阳极斑点温度要进一步升高，蒸发更趋剧烈，二者互为因果，互相促进，最终使电流集中于一点，即阳极斑点的电流密度升高。

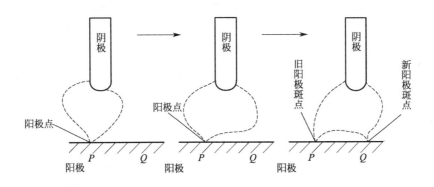

图 5.31　阳极斑点的移动

在电流为 100A、移动速度为 60cm/s 的条件下，大约 1s 内产生 160 个阳极斑点。仔细观察阳极斑点留下的痕迹，发现它是直径约 1.0mm 的圆，其中心区有一个高约 0.4mm 的凸起。这一现象是当阳极斑点熔化时，熔化金属由于某种原因而凸起，又在阳极斑点向前移动之际，凸起急剧冷却凝固，以致保留了原来的形状。阳极斑点的数量及大小是随电极移动速度及电流值而异的。其电流密度如图 5.33 所示。

在焊接过程中，当电流并不流入已经稳定的阳极斑点，而流入一个新的位置时，就会形成新的阳极斑点。由这种分流产生的新阳极斑点很快会消失，但随着焊接过程的进行，新的阳极斑点会比原来的阳极斑点更亮，直到最后新的阳极斑点形成，原来的阳极斑点消失。这种情况下的阳极斑点的移动是跳跃式的，而且位移不连续。新阳极斑点形成时，发出"吧吧"的爆裂声，可以认为这是由于电子流进阳极母材，母材物质被瞬间加热蒸发而爆发出的声音。这种呈不连续移动的阳极斑点，正是闪烁着发出亮光的点，所以能清楚地识别出它们的存在。

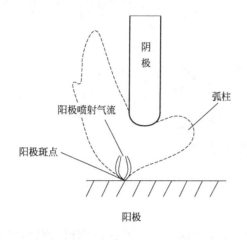

图 5.32　阳极斑点的喷射气流

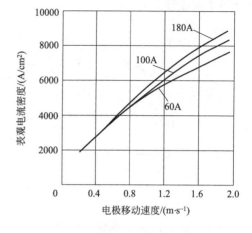

图 5.33　阳极斑点的电流密度

　　对于 TIG 小电流电弧，即使不移动电极，也可以看到阳极斑点的不连续移动，这是一个很有意思的现象。其产生原因可以解释如下：从起弧到 TIG 电弧的钨电极端部整个表面都成为热阴极期间，阴极斑点将在电极表面移动。以图 5.34 为例，阴极斑点形成位置若从 A 点移动到 B 点，弧柱状态将受到阴极斑点产生的等离子流的影响而发生变化。图 5.34（b）的电弧就相当于移动电极时的图 5.31 的第二步。在图 5.34（b）中，一部分电子流由于受到弧柱压降的作用，要从 R 流向 Q，这就有可能在 Q 点不连续地形成新的阳极斑点。

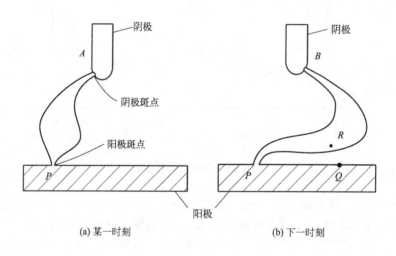

图 5.34　阳极斑点移动的示意图

　　当焊枪在母材上作匀速直线运动时可以拍到阳极斑点分布较为均匀。当焊枪移动速度快时可以看到阳极斑点的不连续移动，但在低速移动时，阳极斑点成为连续的了。可是这时留下的斑点痕迹很不规则，这说明阳极斑点不一定在正对电极的位置产生。容易产生阳极斑点的位置是随母材表面状况而异的，一般相比于有氧化膜的地方，阳极斑点总是选择那些显露出纯金属的点产生，也就是金属蒸气的发生位置。

（4）碳极电弧阳极斑点的收缩和嘘声弧的产生

在小电流范围内，纯碳电极的阳极电流密度是 $40A/cm^2$ 左右，但当阳极斑点覆盖电极表面之后再增大电流时，阳极斑点会急剧收缩，从而增大电流密度，最高可以达到 $50000A/cm^2$。此时，阳极斑点在阳极表面作不规则的高速（$3\times10^4 cm/s$）游动，电弧发出"嘘嘘"的响声，即形成了嘘声弧。同时，电弧电压将如图 5.35 那样发生跃变而突然下降 8～10V，并且仍发出"嘘嘘"声，并随电流的上升而加强，同时产生无线电干扰。在此情况下，阳极端表面覆盖着一层不均匀的发绿或淡蓝色光的碳蒸气，在电流继续升高时，此层逐渐转变成阳极火焰。

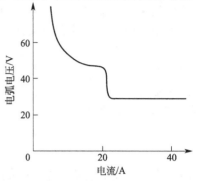

图 5.35　碳极电弧的伏安特性

这种嘘声弧的产生，历来被认为与电极表面的氧化有关，但事实上却是与在阳极端表面快速移动的阳极斑点的形成有关系。它是由阳极物质的急剧蒸发导致阳极斑点的高速游动所引起的。如果碳阳极含有金属盐的附加物，则在阳极附近就不发生弧柱的收缩。这是因为含有金属盐的阳极与纯碳阳极相反，能释放正离子。

"嘘嘘"声的频率与作为阳极的碳的种类有关，其值为 1000～2000Hz。随着"嘘嘘"声会发生电压振荡和电流振荡，这些振荡与阳极斑点内无规则跳动的微小斑点的形成有关系。微小斑点中电流密度达到 $50000A/cm^2$。

斑点的运动速度达 $3\times10^4 cm/s$，这与由于电流密度大而从阳极表面蒸发出蒸气有关。低频率"嘘嘘"声与阳极斑点沿阳极表面运动有关。利用快速摄影，在电极位置有一定角度时［图 5.36（a）］特别容易看出电弧有规律地从位置Ⅰ移动到位置Ⅱ，然后在位置Ⅰ又发生点燃。同时研究电、声和光的现象可以说明这一过程的细节。外界磁场增加电弧从位置Ⅰ到位置Ⅱ的移动速度，引起"嘘嘘"声频率的升高。在直接出现固有的"嘘嘘"声之前，会发生电流和电压的周期性振荡，其频率为 50～400Hz，这与在阳极端表面运动的弧根产生了收缩现象有关。

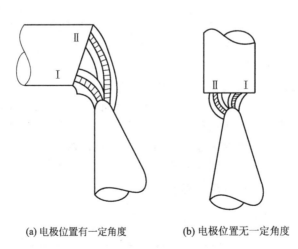

(a) 电极位置有一定角度　　　　　(b) 电极位置无一定角度

图 5.36　碳弧阳极端表面上弧根的运动

对于金属阳极电弧，按照外表现象可以明显将其区分为阳极附近弧柱收缩和弧柱不收缩两种情况。但迄今为止,对于弧柱收缩的原因还未有精确的研究。虽然在弧柱和阳极空间电荷地带之间可能存在一个收缩地带,但这种收缩一般不及阴极显著。在空气或其他氧化性气体中,金属电极的电弧一般形成强烈收缩的阳极斑点。阳极斑点常以高速在阳极表面移动,并分裂成许多单个基点。高熔点金属阳极和阳极表面的氧化层的微小凹凸促使斑点快速运动。斑点上电流密度相当高,因此常从阳极放出蒸气。在惰性气体和纯氮气中电弧仅在小电流(小于 30A)时在阳极处有收缩现象,这时,阳极上的电流密度是几百安每平方厘米。当电流大于 30A 时,不发生电弧收缩,而是在阳极附近形成一些均匀的扩散区。

5.5 电弧相关物理量测量方法

焊接过程是一个非常复杂的物理变化过程,焊接电弧中包含着大量有关焊接过程稳定性、焊接质量的信息。在焊接电弧燃烧过程中,其内部也在进行着各种各样复杂的能量和质量的输运过程。为了提高焊接效率、焊后质量和性能,以及减少焊接成本,就必须要对电弧内部的各种物理过程以及化学现象有较为全面的了解。

5.5.1 电弧温度分布和电子密度

电弧等离子体热力学温度和等离子内部电子密度分布是描述电弧等离子体热力学状态的两个最重要的参数,对这两个参数的诊断研究一直是等离子体诊断中一个重要的问题。可以通过对这两个参数的分析研究,来了解电弧内部的质量和能量运输过程以及等离子体内部的物理现象,这对分析实际焊接过程有重要的指导意义。

测量电弧热力学参数的方法多种多样,主要可以分为两大类:接触法和非接触法。以静电探针法为代表的接触法是一种比较常用的检测方法,但在检测过程中,人们逐渐发现这种方法有很多的不足。首先,因为需要将仪器的探头伸入电弧中,而电弧的温度又很高,所以会对探头有一定的烧损,导致探头的寿命很难保证,间接提高了测量的成本;其次,仪器探头伸入电弧中会破坏和干扰电弧的完整性与热力学平衡,导致测量出的结果会存在较大的误差;最后,时间分辨率和空间分辨率会难以到达要求。接触法由于其反应灵敏度的问题,不能及时、准确地反映电弧内部的各种变化过程。

非接触测量法又可以分为两类:主动的辐射测量以及被动的辐射测量。主动辐射测量主要是通过利用外部光源产生的辐射,再借助吸收、透射、散射和反射来测量;被动辐射测量主要是通过等离子体或等离子体所运载的粒子发射的辐射强度来进行测量。非接触法测量电弧温度的优点主要有:首先,非接触法测量时,不会有仪器探头干扰或破坏电弧的情况发生;其次,仪器探头不会直接接触到高温的电弧,相比于接触法,可以极大提高探头寿命,降低实验成本。各种诊断方法及特点如表 5.7 所示。

⊡ 表 5.7　等离子体诊断常用方法的比较

方法		特点
接触法	探针法	能正确测量空间某点温度;对电弧有扰动,探针寿命短
	激光全息干涉法	对光学装置稳定性要求较高,难以现场实时测试

方法		特点
非接触法	泰伯-莫尔法	装置简单,灵敏度调节方便,只需一次曝光,但需知待测温度场梯度分布趋向
	散斑照相法	实验装置简单,抗干扰能力强;两次曝光,难以做到实时处理
	激光散射法	时空分辨率较高;激光与电子作用影响温度测量,散射截面较小,测量困难
	光谱法	理论较成熟,适合焊接电弧诊断,应用最广

(1)探针法

静电探针法适用于诊断非局部热力学平衡态的等离子体。静电探针的结构较为简单,其装置和测量原理如图 5.37 所示。用一根细金属丝作探针,除了其顶端外,其余部分覆以陶瓷、玻璃等作为绝缘套。可变电压电源的两端分别与探针和电极相连接,即电弧或放电管的阴极或阳极。电流表和电压表用来测量探针的电流和电源电压。

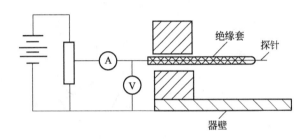

图 5.37 静电探针装置和测量原理图

当探针的前端插入等离子体时,在探针表面器壁附近将产生一等离子鞘层。由于电子速度远大于离子速度,所以进入探针表面的电子数大大超过离子数,使探针表面形成一个负电荷层(即在探针表面附近空间形成薄层正离子鞘,使探针的电位比鞘外等离子体空间电位低)。利用电源电路,逐渐改变探针的电位,可以测得探针的伏安特性曲线,见图 5.38。特性曲线可分成 3 个区域:AB 段 U 远远小于 $-U_f$;BE 段,$-U_f \leqslant U < 0$;EF 段,$U > 0$。在 A 点,其电流相应为正离子饱和电流。在 C 点,探针电流为零,即正离子电流和电子电流相等,此处电位 U_f 称为探针的悬浮电位。在 E 点,探针电流趋向于电子饱和电流。

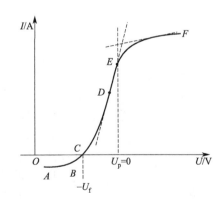

图 5.38 静电探针的电流—电压特性

因为探针表面的电位是负的,所以只有热运动速度比较大的电子具有的能量才足以使电子克服表面负电位,到达探针表面。这时的电流、电压和电子温度之间的关系:

$$I = I_0 e^{-\frac{eU}{k_B T_e}} \tag{5.74}$$

式中,I_0 为探针的饱和电子电流,$I_0 = AJ_e$(A 为探针的面积;J_e 为电子电流密度)。只要测得电流 I 和电压 U,就可计算出电子温度 T_e。

静电探针在气体放电测量中已广泛应用，其优点是：实验装置简单；能正确测定空间某点的数据；只通过探针数据就可以得到电弧的大量参量。其缺点是：探头的寿命低；直接接触法会对电弧产生扰动；时间分辨率和空间分辨率难以达到要求。

（2）**Thomson 散射诊断法**

Thomson 散射是一种主动且无干扰的对等离子体进行诊断的方法。利用这种方法能以较高的时间分辨率和空间分辨率测量等离子体的参数，如电子和离子的温度及密度，以及等离子体的膨胀速度、电离程度、热流等参数。当等离子体被一束入射电磁波照射时，在电磁场的作用下，带电粒子就会被加速，加速运动的带电粒子就会向各个方向辐射电磁波，这就是 Thomson 散射。其散射机制如图 5.39 所示。当一束平面电磁波入射到等离子体中的一群电子上时，这时的散射电磁波为各运动自由电子散射波的相干叠加，所以散射光的光谱和等离子体中电子的运动状态之间存在很大的关联。也正是由于有了这种关联，才能够利用 Thomson 散射去诊断等离子体的状态参数以及等离子体中的集体运动。

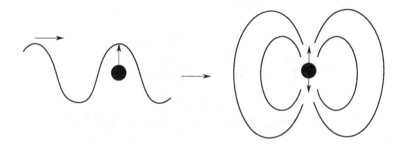

图 5.39 Thomson 散射机制

在激光等离子体中，当探针光束通过等离子体时，会被等离子体中的波散射。不同的电子散射电场相互干涉叠加，可以形成散射光的功率谱。功率谱的分布可以通过等离子体中电子的偶极辐射近似得到：

$$\frac{\mathrm{d}^2 p}{\mathrm{d}\omega \mathrm{d}\rho} = \frac{r_e^2 I_0}{2\pi} \mid s \times (s \times E_0) \mid^2 n_e v s(k,\omega) \tag{5.75}$$

式中，ω 为散射角频率；ρ 是接受立体角；I_0 为入射光强；s 为散射方向的单位矢量；E_0 为探针光偏振方向的单位矢量；v 为速度；$s(k,\omega)$ 为动力学形状因子。在探针光频率附近，散射波会有共振现象产生，在此范围的散射光谱集中了等离子体的大量信息，所以经常被用来分析和研究散射过程中各种各样的现象及特征。

激光 Thomson 散射诊断法发展到现在，其应用已经扩展到包括气体激光器、固体激光器、半导体激光器等在内的多种激光器。当电子密度大于 $10^{22}\,\mathrm{m}^{-3}$ 时，散射光谱线就由中心部位窄的离子分布以及周边区域宽而对称的电子分布所组成。对这些谱线进行分析，就能够获得重粒子温度、电子温度以及电子密度。利用 Thomson 散射激光器的外差检波，可以得到离子成分谱线，现已成功地用于确定低压情况下大电流的转移弧温度。用调谐窄带宽染料激光器作激光源，并且使用单色仪进行光谱分析，就能得到转移弧中高分辨率的谱线气体温度。

Thomson 散射可以用于测量局部温度，并且其测量的准确性不依赖局部热力学平衡态（LTE）而存在，再加上其具有光学探针的特征，所以在测量自由燃烧电弧和热等离子体的气体温度、电子温度以及电子密度等方面应用越来越广泛。相信随着激光技术的发展，激光探针诊断法也将更加准确、简便。典型实验电子的分布如图 5.40 所示。

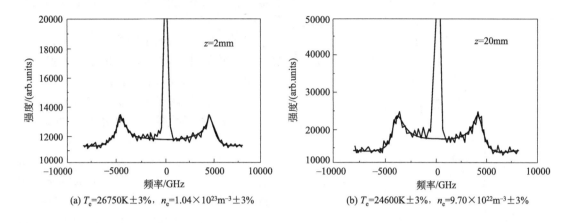

(a) $T_e=26750K\pm3\%$，$n_e=1.04\times10^{23}m^{-3}\pm3\%$　　(b) $T_e=24600K\pm3\%$，$n_e=9.70\times10^{22}m^{-3}\pm3\%$

图 5.40　典型实验电子分布

　　通过对得到的电子特征进行分析，就可以得到在常压下氩弧等离子体射流的电子温度和电子密度分布。最终的测量结果表明整个等离子体明显偏离了 LTE。在焊炬出口平面上测得的中心线电子最高温度超过了 20000K，而同一位置的气体温度只达到 12500K。另外，电子密度随着轴向距离的增大而出现明显下降趋势，而电子温度却保持不变。

　　图 5.41 给出了对应波长 532nm、355nm 的电子温度和电子密度图。从图 5.41 中可以看出：波长为 532nm 时，随着散射角在 0～80°范围内不断减小，电子温度呈现明显的上升趋势，电子密度基本上不受散射角的影响；而当波长为 355nm 时，电子温度或电子密度都未受到散射角的影响。所以可以得出结论：当激光波长为 532nm 时，散射角度对电子温度起着决定作用，在散射角小于 80°时，电子温度随散射角的减小而上升。

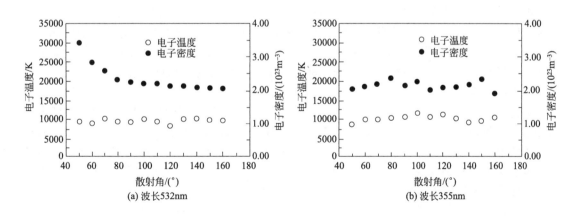

(a) 波长532nm　　　　　　　　　　　　　(b) 波长355nm

图 5.41　电子温度、密度与散射角的关系

（3）光谱法

　　电弧放电会发出强烈的光辐射，发射光谱中具有很强的连续谱和特征谱。电弧的光谱诊断法就是利用光谱仪直接收集图 5.42 所示的电弧等离子体发出的光谱辐射。电弧内部剧烈的热运动产生了能量较低的连续谱。受到电弧物理性质和环境的影响，电弧发射谱线会有一定的宽度与轮廓。图 5.42 中谱线强度就是表示光谱线能量的物理量，半高宽是指在谱带峰

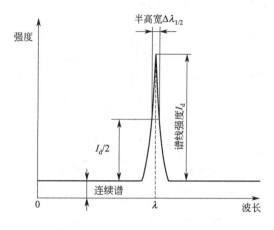

图 5.42 电弧光谱结构示意图

值高度一半时的峰宽，结合相关光谱理论，就能够得到反映电弧温度、电流密度的定量信息。

光谱诊断法一般用于测定 4000K 以上的温度。同其他计算测量方法相比，电弧等离子光谱诊断理论具有以下诸多优点：

① 获取的信息较为丰富。测得电弧在燃烧过程中辐射的谱线后，利用相应的理论，就可以得到等离子体的各种物理参数。

② 灵敏度高、选择性好。光谱诊断灵敏度高，能够进行时间上、空间上的测量；随着探头的移动，可以实现空间上的实时测量。

③ 可进行立体检测，本实验中用到的仪器有高精度光谱仪和高速相机，通过计算机控制能够对电弧进行立体扫描。

④ 无干扰性，不会破坏被测对象的完整性。光谱诊断法不像其他接触式测量方法，属于间接测量，与被测物体不发生任何联系，具有独立性，不会破坏电弧的完整性，同时测量的误差也相对较小。

电弧等离子体光谱诊断过程的相关理论较为丰富，同样，电弧光谱辐射信息的采集方式也较为多样化。在基于光谱仪的电弧辐射信息采集系统中，采用光学系统将电弧成像到成像屏上，再利用步进电机，对电弧进行分层扫描，获得电弧等离子空间二维辐射信息，最后通过 Abel 逆变化，得到电弧的三维发射系数。在基于 CCD 高速相机的焊接电弧图像采集系统中，通过 CCD 高速相机，加上相应的滤波片和减光片，得到电弧的二维辐射图像（灰度图），最后同样通过 Abel 逆变化，得到电弧的三维发射系数。

电弧等离子体的光谱诊断方法较为丰富，有谱线绝对强度法、标准温度法、谱线相对强度法（Boltzmann 作图法，又叫多线法，和双线法相对）、谱线和连续谱的相对强度法、谱线轮廓法（Stark 展宽法）、谱线吸收法和谱线反转法等众多方法。其中最主要的诊断方法包括谱线绝对强度法、谱线相对强度法、基于图像的标准温度法和谱线轮廓法（基于 Stark 展宽理论测量电子密度）。实验过程中，对于谱线的绝对强度（或者谱线绝对发射率）难以精确测量，并且测量精度也难以保证，误差较大；而电弧等离子体谱线相对强度法的诊断理论是基于电弧谱线的发射系数和温度的关系式，通过测得谱线的发射系数来间接确定电弧等离子体的温度。相比之下，谱线相对强度法、标准温度法和谱线轮廓法，只需知道谱线的相对强度和谱线轮廓展宽等数据，即可计算得到电弧等离子体的温度、电子密度等热力学参数。电弧等离子体中电子密度也可以利用 Saha 方程测量。

对于一般的焊接电弧等离子体，均满足 LTE 条件和"光学薄"性质，利用光谱诊断法原理，辐射强度 I 和温度 T、级分能量 N 的关系为：

$$I_{ma} = \frac{1}{4\pi\lambda_{mn}} hc A_{mn} \frac{N g_m}{Z} \exp(-E_m / k_B T) \tag{5.76}$$

式中，A_{mn} 为上能级 m 和下级 n 之间的跃迁概率；g_m 为能级 m 的统计权重；E_m 为能级 m 的能量；λ_{mn} 为跃迁波长；Z 为粒子的配分函数；k_B、h、c 分别为 Boltzmann 常数、Planck 常数和光速。对上式两边取对数，则有：

$$\ln\left[\frac{I_{mn}\lambda_{mn}}{A_{mn}g_m}\right]=-\frac{E_m}{k_BL}+\ln\left[\frac{hcN}{4\pi Z}\right] \tag{5.77}$$

由上式可知，若对弧柱某点同时测定多条谱线的发射强度，并计算得到斜率为$-1/k_BT$的直线，则可由此计算出电弧在该点的温度。用于确定温度的谱线列于表 5.8。

⊡ 表 5.8　用于计算温度的谱线参数

序号	种类	波长/nm	E_m/cm^{-1}	g_m	A_{mn}/(10^8s^{-1})
1	Ar(I)	425.94	118871	1	0.04150
2	Ar(I)	426.63	117184	2	0.00333
3	Ar(I)	427.22	117151	3	0.00840
4	Ar(I)	430.01	116999	4	0.00394
5	Ar(II)	433.12	158168	5	5600
6	Al(II)	390.07	85479	6	0.0048

根据 LTE 条件，各种粒子产生的辐射所反映的温度是相同的。由这些谱线的空间积分强度分别获得了距熔池 0.8mm、2.0mm、3.2mm 处三个截面的电弧轴向平均温度。实验条件为：电流 100A；弧长 4mm；氩气流量 600L/h。图 5.43 为在相同的实验条件下，不同的母材成分对电弧温度的影响。

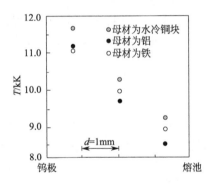

图 5.43　通过发射光谱测得的温度与到熔池距离的关系

用 Stark 展宽法测定电弧的电子密度，首先要用到中性原子谱线的半高全宽度（FWHH）$\Delta\lambda_{1/2}$ 和电子密度 n_e 的关系公式（单位为 10^{-10}m）：

$$\Delta\lambda_{1/2}=2W\left(\frac{n_e}{10^{16}}\right)+3.5A\left(\frac{n_e}{10^{16}}\right)^{5/4}\left(1-\frac{3}{4}N_D^{-1/3}\right)W \tag{5.78}$$

式中，等式右边第 1 项为电子的贡献；第 2 项为由于准静态离子加宽的影响而引入的修正项；W、A 分别表示线形展宽系数，随温度变化而缓慢变化；N_D 为 Debye 球内的粒子数。实验测量了 Ar（I）430.01nm 谱线的展宽（图 5.44），实际测得的展宽包含了 Doppler 展宽 $\Delta\lambda_D$ 和仪器展宽 $\Delta\lambda_1$ 的影响。用实验和计算的方法分别得到了实验条件下的 $\Delta\lambda_D=0.008$nm，$\Delta\lambda_1=0.04$nm。经上述各项修正，表 5.9 列出了对各截面的测定结果，并用不同的母材对结果进行了比较（图 5.45）。

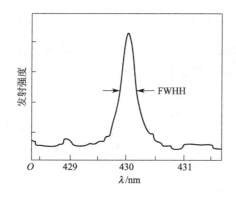

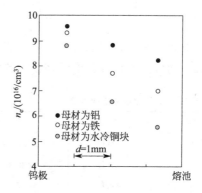

图 5.44 测得的 Ar（Ⅰ）430.01nm 谱线展宽　　**图 5.45** Ar（Ⅰ） 430.01nm 谱线展宽测得的电弧中不同位置处的电子密度

⊡ **表 5.9** Ar（Ⅰ） 430.01nm 谱线在电弧区不同位置展宽

位置	$\Delta\lambda / (10^{-1}nm)$ （观察的）	$\Delta\lambda / (10^{-1}nm)$ （真实的）	$W / (10^{-1})$	$A / (10^{-2})$	$n_e / (10^{16}cm^{-3})$
Ⅰ	2.44	1.96	0.895	6.05	8.31
Ⅱ	2.72	2.24	1.05	5.74	8.96
Ⅲ	2.99	2.57	1.08	5.60	9.66

在靠近钨极区的电弧上部，不同母材电弧的温度和电子密度分布差别不大，表明该区域电弧成分由保护气氛构成；在靠近母材区的电弧下部，电子密度分布区别较大，从大到小依次为：铝母材电弧、铁母材电弧、水冷铜母材电弧。导致这种现象的具体原因是各元素的电离能不同。

5.5.2　电流密度分布

焊接电弧电流密度分布是电弧物理最基本、最重要的问题之一，因为电流密度的分布直接决定了电弧热流密度、电弧压力等的分布，而电弧热流密度分布描述了电弧热传输给焊件的方式，电弧压力分布影响着熔池形态与焊缝成形。因此电弧热流密度、电弧压力的分布直接影响着熔池的几何形状、焊缝成形、焊接接头的冷却特性，并最终决定着焊接接头的质量。因此准确地描述电弧电流密度的分布，不仅能为研究弧焊机理、建立焊接过程数值模拟模型提供重要基础，而且对焊接过程中的焊接接头组织性能的预测，以及焊接质量的控制具有重要意义。

电弧电流密度分布的测量方法主要分为两大类：直接测量法和间接测量法。直接测量法主要是探针法，间接测量法主要包括分裂阳极法、烧蚀痕迹分析法和图像法等。

（1）分裂阳极法

分裂阳极法用来测量阳极板表面的电弧电流密度。通常的处理方法是在阳极板中间用很薄的绝缘带把阳极板分裂开，把流向其中一个阳极板的总的电流值作为电弧中心到与薄绝缘物质接触的该阳极板侧面距离的函数，通过求解该函数即可得出电弧电流密度。一般状况下，由于电弧受力不均，电弧横截面并不是一个完整的圆形，但在电弧受外界影响很小且受力均匀或者不受外力影响时，可以将电弧横截面假设为圆形。这种假设是利用分裂阳极法测量电弧电流密度时常用的处理方法。分裂阳极法操作简单、数据获取方式直观可靠，但存在因两个阳极区域存在温度差而产生的电弧偏移问题，与非分裂阳极条件下实际焊接电弧形态有异，且积分过程累积误差难以消除，影响测量准确性。图 5.46 为分裂阳极法的结构原理图。

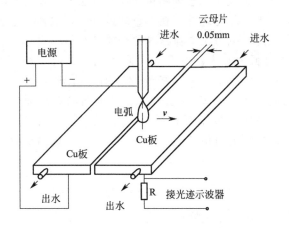

图 5.46 分裂阳极法结构原理图

使用分裂阳极法测试时，通常采用下面两种方法来处理电弧圆截面，以得到两个电流密度径向分布的表达式：

① 当电弧圆截面以电弧中心为圆心分为有限个同心圆时（也就是相当于电弧固定不动，阳极板间歇运动，或者阳极板固定不动，电弧间歇运动的情况），假设 y 轴位于阳极板表面且与各同心圆相切，J_j 为位于半径 $r=x_i$ 和 $r=x_j$ 之间的圆环的平均电流密度，I_j 是电弧中心到与薄绝缘物质接触的被测阳极板侧面的距离为 $x=x_j$ 时流过被测阳极板的电流值。位于 $x=x_i$ 和 $x=x_j$ 之间的圆环面积：

$$A_{i,j}=\frac{1}{2}\pi x_i^2-\left[x_j\left(x_i^2-x_j^2\right)^{\frac{1}{2}}+x_i^2\sin^{-1}\frac{x_j}{x_i}\right] \tag{5.79}$$

位于 $x=x_j$ 和 $x=x_{i-1}$ 之间的圆环面积即为 $A_{i-1,j}\sim A_{i,j}$，如图 5.47 所示。

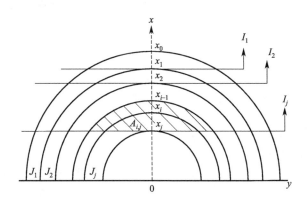

图 5.47 电弧电流密度分布简图

电流密度的值可表示如下：

$$J_n=\frac{1}{A_{n-1,n}}\left[I_n-\sum_{i=1}^{n-1}J_i\left(A_{i-1,n}-A_{i,n}\right)\right] \tag{5.80}$$

使用上述分裂阳极法测得的结果，基本可以反映阳极板表面电流密度的径向分布及其变化规律，但是该方法存在一定的缺陷：最开始测量和计算得到的结果会比较精确，越到后面测量和计算的结果的误差会越大，即这种测量和计算方法的误差是不断积累的，并且累积的误差随计算点的增多而增大。除此之外，在测量的过程中，电弧对电极板的"黏滞"现象导致电弧形态发生变化，据此可以得出电流密度的径向分布是不对称的。

② 当电弧圆截面以电弧中心为圆心分为无限个同心圆时（即相当于阳极板固定不动，电弧连续运动，或者电弧固定不动，阳极板连续运动的情况），$J(r)$ 为电弧垂直通过薄绝缘物质时电弧圆截面的电流密度分布，r 为电弧圆截面内的点到圆心的距离，x 为电弧中心到与薄绝缘物质接触的被测阳极板侧面的距离，R_m 为电弧圆截面的半径，$I(r)$ 为流过被测阳极板的总的电流值。根据电流值建立电弧垂直通过薄绝缘物质时电弧电流值与电弧电流密度的数学模型为：

$$I(x) = 2\int_x^{R_m} J(r)\arccos\left(\frac{x}{r}\right)r\,\mathrm{d}r \tag{5.81}$$

求解这个方程就可得到电弧电流密度。该方法就是①中所述方法通过无限细分后的积分形式，能反映出电弧截面内任何位置处电流密度的实际值，测试步骤简洁。但是在实际测量过程中，电弧形态也会发生改变。

下面利用分裂阳极法对直流等离子焊接（DC-PAW）和直流 TIG 焊接进行电流密度的测定分析。使用表面光滑的紫铜作为阳极，并在右阳极板的左侧面喷涂 0.10mm 厚的陶瓷，分裂阳极的间隙为 0.20mm（其中包括了陶瓷厚度 0.10mm），焊接速度设定在 8mm/min，冷却水温度保持在 18℃，冷却水流量为 10.6L/min，电流采样率为 10000，电弧力传输波特率为 4800。在上述焊接条件下进行直流等离子焊接实验和直流 TIG 焊接实验，在电弧经过分裂间隙的过程中同步采集电弧电流。

采用环形分割方法，对采集的数据进行处理和数值计算，求得在上述条件下等离子焊接和 TIG 焊接的电弧径向电流密度分布曲线，如图 5.48 所示。$x=0$ 处对应电弧中心。由图可见，在弧高为 4mm 时，等离子弧的电流密度分布主要集中在半径为 4mm 的圆周内，而 TIG 电弧的电流密度的分布主要集中在半径为 6mm 的圆周内，但是两者电流主要集中在半径为 2mm 的圆周内。与 TIG 电弧比较，等离子弧的电流密度更集中。

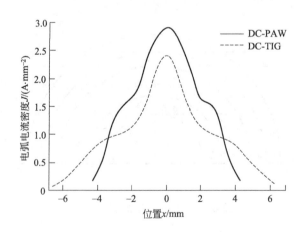

图 5.48 电弧电流密度分布曲线

（2）图像法

利用单光谱图像信息计算 GTAW 电弧电流密度空间分布的方法，是通过非侵入式的实时传感手段，对电弧区域的电流密度空间分布进行测量计算。利用图像信息可以计算

GTAW 电弧电流密度的空间分布。基于图像分析的 GTAW 电弧空间电流密度分布测量采用如下方法及原理进行：首先是利用视觉传感的方法获取特征光谱波长下的电弧空间光辐射相对强度；然后根据标准温度法计算电弧空间温度场分布，进而得到电导率分布；最后在电弧对称性假设与电势场边界条件的基础上，通过联立电荷守恒方程、电弧空间横截面电流积分量守恒方程并求解，得到 GTAW 电弧空间的电流密度分布。

　　GTAW 电弧的电流密度测量系统的组成如图 5.49 所示，焊接电源采用直流正接，钨极采用直径为 3.2mm 的钍钨电极，工件材料使用 Q235 碳钢。光路系统包括了窄带滤光片、8mm 定焦镜头及 CMOS 图像传感器，其中窄带滤光片的中心波长为 696.5nm、半带宽为10nm，CMOS 图像传感器的分辨率为 480×640。通过该光路系统可以采集到氩的特征谱线696.5nm 波长下的电弧发光图像，谱线对应的氩的物性参数如表 5.10 所示，试验中所采用的焊接参数如表 5.11 所示。

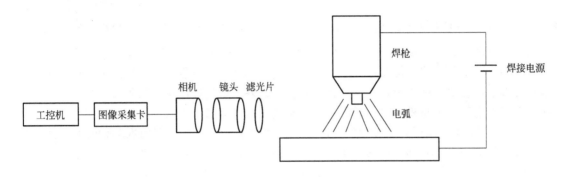

图 5.49　焊接试验系统示意图

⊡ **表 5.10　试验选用的谱线信息**

粒子种类	波长 λ/nm	低阶能级 E_i/eV	高阶能级 E_k/eV	跃迁概率 A_{ki}/s^{-1}
氩原子 Ar（Ⅰ）	696.5	11.54835	13.32786	$6.39×10^6$

⊡ **表 5.11　焊接工艺参数**

焊接试验	焊接电流 I/A	电弧电压 U/V	氩气流量 q/(L·s)	钨极距工件距离 d/mm
1	50	15.1	9	4
2	100	15.9	9	4
3	150	18.3	9	4

　　将最后的测量结果与用分裂阳极法测得的阳极表面电流分布进行比较，来验证试验的准确性。验证时，两种测量方法的焊接方法相同，都是氩气保护的 GTAW 焊，并且焊接参数与保护气体流量也都是相同的。最终两种方法测得的电流密度沿电弧根部横截面径向分布情况如图 5.50 所示；基于图像的电流密度计算方法与分裂阳极法实测所得结果在电流值、沿径向变化趋势上均具有较好的一致性。

　　表 5.11 所示试验 1、2 和 3 的阳极表面电流密度分布对比如图 5.51 所示。随着焊接电流的增大，电弧中心电流密度近似等比例增大；阳极表面电流密度分布仍为中心最高，沿径向往外逐渐降低。

　　（3）低扰动静电探针法

　　静电探针是最早应用于等离子体诊断的工具。该方法的最大优势在于通过探针测量的电压电流波形，可对弧柱空间带电粒子的空间密度、分布范围，甚至温度分布等物理参量进行分析，且不受轴对称条件的限制。

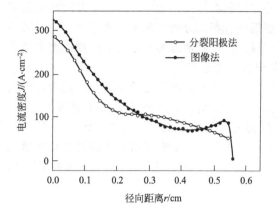 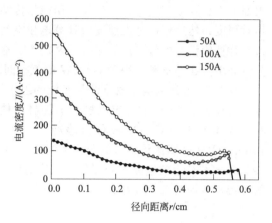

图 5.50　图像法计算结果与分裂阳极法测量数据的对比　　　图 5.51　电弧阳极表面电流密度分布对比

　　使用静电探针对 TIG 电弧诊断时，金属探针尖端裸露，其余部分覆套绝缘物，通过高速横向扫过电弧的方式，测量相关参数并防止过烧。然而，覆套的绝缘物的表面积大过探针本身许多倍，会对电弧造成较大的干扰，并引入误差。取消绝缘覆套物虽可减少干扰，但探针完全浸入电弧，测量得到的物理参量是沿穿过等离子体某一直线的平均值或积分值，必须经过 Abel 逆变换才能得到该参量的径向分布，大大增加了数据处理的难度。同时，完全裸露的探针将受到电弧不同区域的共同作用，有必要考虑其对测量结果产生的影响。

　　低扰动静电探针试验装置如图 5.52 所示，直径为 0.3mm 的铝丝由金属绕丝轮驱动，沿长度方向运动进入电弧。铝丝表面经阳极氧化处理，形成致密的 Al_2O_3 绝缘膜，氧化膜

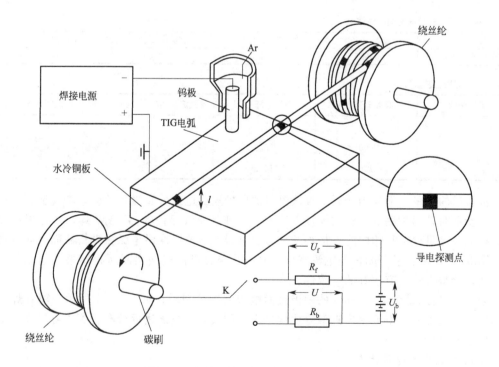

图 5.52　低扰动静电探针试验装置示意图

厚度仅为 0.016mm。去除铝丝表面局部的氧化膜之后，可获得若干间距相等的导电探测点，如图 5.53 所示，当导电探测点穿过电弧截面时，能够测量局部电弧参量的空间分布。需要注意的是，如图 5.53 所示，对于轴对称分布的物理参量，仅需使导电探测点沿截面直径穿过，即可得到该值的径向分布。改变铝丝与阳极之间的距离，可使探针在电弧轴向不同高度截面内进行测量。

导电探测点测量的信号由金属绕丝轮和碳刷导入采样回路，并使用数字示波器记录。采样回路如图 5.52 所示，调节换向开关 K 可将探针分别置于悬浮和偏置条件，从而对 TIG 电弧进行测量。当探针与阻值为 67kΩ 的电阻 R_f 串联时，得到的电压 V_f 为悬浮探针电位。当探针施加偏置电压 V_b，并与阻值为 4Ω 的采样电阻 R_b 串联时，通过 V/R_b 可得到偏置条件下的探针电流。

电弧在图 5.52 中的水冷铜板与钨极之间引燃。钨极为圆柱形，直径为 3mm，前端锥角为 50°；焊接电流为 30A，弧长为 5mm，保护气流量为 5L/min。采用低扰动静电探针在距离阳极表面 3mm 的电弧截面内测定悬浮探针电位。探针表面导电探测点沿电弧截面直径高速穿过时，测量的典型的悬浮探针电位由图 5.54 给出。从图中可知，由间距相等的导电探测

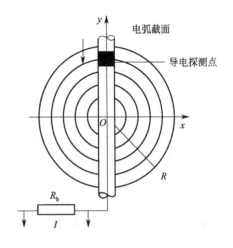

图 5.53　导电探测点测量示意图

点得到的悬浮探针电位波形具有周期性，相邻波形间的电位幅值接近，进一步说明探针表面的绝缘膜在高温电弧中能够有效屏蔽电位信号。

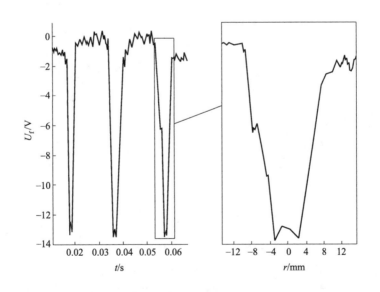

图 5.54　悬浮探针电位（$l=3$mm，焊接电流为 30A，弧长为 5mm）

选择其中一个波形进行分析。首先将横坐标转换为电弧截面径向位置。由于试验采用圆柱钨极，故电弧截面满足轴对称分布，可以令 $r=0$ 处为电弧截面中心。从图 5.54 中可以看出，悬浮探针电位相对于电弧截面中心呈对称分布，分布半径约为 12mm，电位幅值向截面

中心增加，并在中心处达到最大值；附近 $r=0mm$，在宽度约为12mm的区域内，悬浮探针电位幅值减小，电位波形凹陷。

改变探针与阳极表面的距离 l，采用上述方法在电弧轴向不同高度截面内测量的悬浮探针电位波形分布特征均与图5.54的电位波形相似，同样在电弧截面中心附近存在一个凹陷区域；同时，悬浮探针电位波形分布宽度与凹陷区宽度在阳极附近最大，沿电弧轴向向阴极减小。根据静电探针理论，电弧中的带电粒子作用于探针时，形成悬浮探针电位，可见电位波形宽度能够反映带电粒子的分布宽度。上述结果意味着沿电弧轴向，弧柱中带电粒子的分布宽度由阳极向阴极逐渐减小。

5.5.3 熔池表面温度分布

焊缝和热影响区的成分和组织决定着焊接接头的使用性能。焊接时不均匀加热和冷却所引起的焊接应力与变形是影响焊接构件使用性能的重要因素，而对成分、组织的模拟及预测和对焊接接头进行应力应变分析的前提是获得正确可靠的温度场、溶质分布场及热过程的时间历程参数等。若要测定焊接熔池表面的温度分布，可以使用红外热像法。

红外线是一种电磁波，波长处于 $0.78 \sim 1000 \mu m$ 之间。测量高温物体时采用 $3 \sim 5\mu m$ 的波段，测量室温和低温物体时采用 $8 \sim 14\mu m$ 波段。所有温度高于 0K 的物体都是红外辐射源。倘若材料的内部存在缺陷，将会影响到材料的热传导，从而使材料表面的温度分布发生改变。所以红外检测仪不仅可以测量表面的温度分布，还可以探测存在缺陷的位置。

利用红外线检测法测得的物体表面的温度分布的变化如图5.55所示。

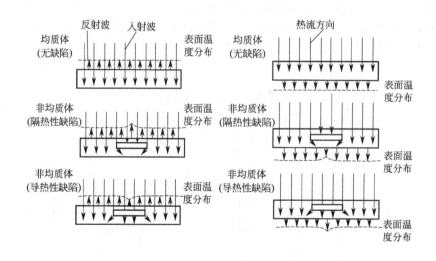

图5.55 红外检测物体表面温度变化示意图

从图5.55中可见，对于没有缺陷的物体，倘若热量注入是均匀的，那么不论是正面还是背面的温度场分布基本上都是均匀的；对于存在缺陷的物体，受缺陷的影响，温度分布将发生变化。对于隔热性的缺陷，在正面检测时，缺陷处因热量堆积呈"热点"，在背面检测时，缺陷处则是低温点；而对于导热性的缺陷，情况则完全相反，正面检测时，缺陷处的温度是低温点，背面检测时，缺陷处的温度是"热点"。由此可知，采用红外检测技术，可以非常形象地检测出材料表层与浅层的缺陷和范围。

红外热像仪的基本工作原理，可由下式的普朗克定律说明：

$$W(\lambda, T) = \frac{C_1}{\lambda^5} \times \frac{1}{e^{\frac{c_2}{\lambda T}} - 1}$$

(5.82)

式中，C_1 为第一辐射常数；C_2 为第二辐射常数；λ 为波长。在波长一定时，只要测出红外辐射能量 W，就可以得到温度值 T，通过与黑体基准参量比较，仪器处理器就可以计算出各测试点实际的温度值，最终用不同颜色的温标表示出检测面温度分布的变化。

下面具体介绍手工电弧焊焊接熔池表面温度场的测定。立向下焊时焊接溶池表面温度场的测定装置如图 5.56 所示。红外取像直接从焊件正面进行。红外接收是通过平整均匀的玻璃反射镜反射到摄像机，然后再经由 A/D 接口和图像卡将图像信息送入计算机，经过红外图像处理系统，得到伪彩色处理的温度场图像。由于是在近弧区进行红外摄像，为防止焊接飞溅对光学镜头的破坏，需在滤光器组前加石英玻璃。

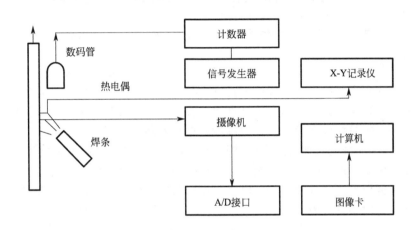

图 5.56 手工电弧焊立向下焊接的温度场红外测定

利用红外扫描器取得的图像信号经过 A/D 转换，并经由图像卡在计算机上进行取像、消音、均匀量比、伪彩色等处理后，便获得了所要求的试验结果。图 5.57 为移动热源立向下焊接熔池表面及热影响区温度场分布图。其中，图（a）为熔池表面及热影响区的二维温度场显示图，最高温度区域反映的是焊接熔池；图（b）为熔池表面的三维热场显示图；图（c）和图（d）分别为经过熔池中心的横截面和纵截面上的温度分布曲线。由二维温度分布图可看出，焊接熔池呈"上部大，下部小"的椭圆形，这正是由立向下焊接的操作造成的。

5.5.4　电弧压力分布

电弧压力是焊接过程中的一个重要参数。电弧不仅是个热源，还是个力源。电弧力作用于工件阳极上，以及外围空气喷射到工件表面时，均会使溶池发生变化。电弧压力与焊接过程中表现出来的熔池形态、熔深尺寸、熔滴过渡、焊缝成形等都有密切关系，也是形成不规则焊缝、产生成形缺陷、造成焊接飞溅的直接原因。

在测量电弧力时，很难区分出电弧力的种类。电弧力主要包括电弧静压力（电磁收缩力）、电弧动压力（等离子流力）、斑点力、爆破力以及熔滴冲击力等。因为没有熔滴过渡的干扰，所以非熔化极焊接的电弧力测定相对较容易，对其所做的测量也比较充足且研究较深入；但是，对于熔化极焊接电弧力的测定则要困难得多。

测量电弧压力的方法有采用气压计的静态测定法和采用传感器的连续测定法。气压计法是将电弧压力导入一个装有一定量水柱的 U 形玻璃管的一端，使得 U 形玻璃管的两端水柱

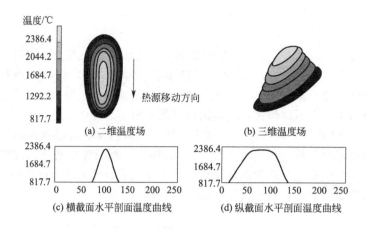

温度/℃

2386.4
2044.2
1684.7
1292.2
817.7

热源移动方向

(a) 二维温度场　　　　　　　　(b) 三维温度场

(c) 横截面水平剖面温度曲线　　　(d) 纵截面水平剖面温度曲线

图 5.57　移动热源立向下手弧焊焊接熔池表面及热影响区温度场

产生液面差，测量这个液面差就可以计算出电弧压力。这种方法试验装置简单，试验结果直观，缺点是只能测定静态的平均电弧压力、测量精度低、无法自动记录试验数据，早期研究电弧压力主要用这种方法。采用压力传感器的连续测定法具有测定速度较快、精度和灵敏度高、实验数据便于记录和处理等优点，但试验装置较复杂。

图 5.58 所示为一种电弧轴向压力测试装置，该装置可以利用压力传感器来测量等离子弧在阳极表面的电弧力的径向分布。装置由水冷铜阳极、精密滑架、压力传感器以及测量电路等组成。由于铜的导热系数较大，所以将其作为阳极来避免高温烧损。将水冷式铜阳极设计成两个相互独立的部分是为了当铜阳极压力传导孔被烧损后，能够比较容易地更换新的铜阳极。在铜阳极中心加工一个直径为 0.5mm 的传导孔，电弧穿过传导孔之后，可以作用到压力传感器上，由此来进行电弧压力的采集。水冷箱顶部连接铜阳极对其进行冷却，底部连接压力传感器对其进行冷却。冷却水从水冷箱一侧进入，从水冷箱的顶端流出，这样可以保证较好的冷却效果。水冷箱固定在水平二维运动精密滑架上，这样它可以测量电弧力和径向距离的关系。

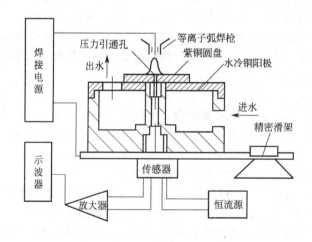

图 5.58　电弧轴向压力测试装置简图

测量电弧力时首先应确定电弧的中心位置：引燃电弧，在 X 方向上移动滑架，找到一个电弧压力的最大值点，再从这点开始在 Y 方向上移动滑架，找到一个压力最大值点，这个点就是电弧的中心位置。然后开始测量电弧力在阳极轴线方向上的分布：从电弧中心开始测量，每间隔 0.5mm 测量一个值，记录数值并计算出对应的电弧力的值。

测量以下焊接参数的阳极电弧力：焊接电流为 100A，等离子气流量为 4L/min，电弧长度（从喷嘴到阳极的距离）为 6mm，约束喷嘴孔径为 3mm，电极内缩量为 3mm。一般认为保护气流量对电弧力的影响不大。接下来研究焊接电流对阳极电弧力的影响，其他参数保持不变。

所测得的阳极电弧力径向分布和电流对其影响的规律如图 5.59 所示。阳极电弧力在电弧中心最大，随径向距离的增大而迅速减小。这是因为电弧中心的等离子流速最大，对阳极造成的冲击力也最大，电弧中心处由于电磁力而增大的压强也最大，结果使得电弧中心的电弧力最大。阳极电弧力在径向距离约为约束喷嘴孔半径处已经变得很小。

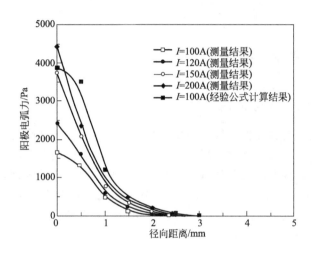

图 5.59 不同电流下的阳极电弧力分布

焊接电流对阳极电弧力有很大的影响：随焊接电流的增大，阳极电弧力也显著增大。但阳极电弧力的作用半径基本不随焊接电流变化。焊接电流增大，使得等离子流速增大，电磁作用力也增强，因而阳极电弧力也就增大。根据阳极电弧力经验公式计算离子气流量为 4L/min 时的阳极电弧力径向分布，结果如图 5.59 所示。阳极电弧力经验公式为：

$$P_p = P_{max} \exp(-\frac{3r^2}{r_p^2}) \tag{5.83}$$

可见，由经验公式计算得到的电弧力最大值与焊接电流为 150A 或 200A 时测得的最大值比较接近，但与电流为 100A 和 120A 时测得的最大值有较大差别。经验公式计算值与实验值在电弧力作用半径上差别也不大，但在径向距离为 0.5mm 处的经验公式计算值与实验测量结果有较大的差别。

第**6**章

焊接电弧特性

6.1 电弧静特性

6.1.1 不同类型电弧的静特性

在电弧长度、电极材料和保护气体介质都相同的条件下，电弧燃烧达到稳定状态时电弧电压与电弧电流之间的关系，就称为焊接电弧的静特性伏安曲线，简称电弧静特性或电弧伏安特性。其反映的是焊接电流随时间以一定形式变化时电弧电压的表现，可以用函数表示为 $U_f = F(I_f)$。焊接电弧作为导电体，与金属导体一样也具有电阻，但由于其几何结构不固定、组成成分不稳定以及导电结构与金属导体不相同，从而使得电弧的伏安特性不像金属导体一样呈简单的线性关系，而是随着电流变化呈非线性变化。

（1）非熔化极电弧静特性

碳极电弧最初被用作照明光源。1885 年碳极电弧被应用于焊接。以碳作阳极产生电弧，最早用在管道及容器焊接方面。从那时起人们就对电弧电压 U_a 与电弧电流 I 以及弧长 L 之间的关系进行了大量细致的研究，其中最著名的就是艾尔顿夫人的经验公式：

$$U_a = a + bL + (c + dL)/I \tag{6.1}$$

式中，a、b、c、d 为四个常数，其值随着电极材料、氛围气体等条件的不同而异。大气环境下，当电弧长度 $L < 1.6$cm、电流 $I < 30$A、电极直径为 10mm 时，$a = 38.9$，$b = 20$，$c = 16.6$，$d = 105$。通过实验测得铜、碳、铁等的艾尔顿常数，如表 6.1 所示。

⊡ 表 6.1 常用电极的艾尔顿常数

电极	气体	a	b	c	d
碳	大气	38.9	20	16.6	105
碳	Ar	24.8	9	10.2	0
碳	N_2	48.2	26	23.3	53
碳	CO_2	44.5	17	18.2	87
银	大气	19.0	114	14.2	36
铜	大气	16.2	107	21.4	30
铁	大气	15.0	94	15.7	25

图 6.1 所示的是艾尔顿夫人最早从实验得到的碳弧伏安特性曲线。根据艾尔顿夫人的经

验公式可知，当电弧长度和保护气体一定时，电弧电压随着电流增加而减小，其原因会在后面进行详细分析。总之，将这种电压随着电流增加而减小的特性称为下降特性或负特性。当用电位较低的材料做碳电极时，其静特性曲线较低，并且当电弧长度为 0.5mm 时，电弧电压在电流为 4A 时达到最小值，电流超过 4A 后电压随着电流的增加而逐渐增加。这是由于电流的增加致使电弧截面也增加，阳极斑点也在电极芯部扩展，因此电极在低电离电位的作用下逐渐被削弱，且与普通的电极相同。

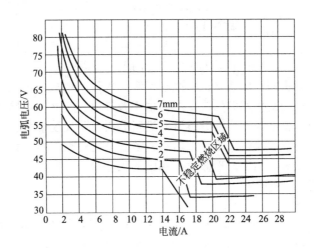

图 6.1 不同长度下小电流碳弧的伏安特性曲线

电弧下降的静伏安特性可由经验公式来表达：

$$U'_a = a + bL' + \frac{(c + dL')}{I'} \tag{6.2}$$

式中，a、b、c、d 为随电极材料、氛围气体等燃弧条件不同而异的常数。

此式是在小功率（几百伏电压和几十安电流）和短间隙（几毫米）情况下得到的，所以式中的常数对大功率和长间隙的电弧并不适用。对于比较长的电弧，若弧长在 50cm 以内，则在玻璃管内空气中大气压下稳定燃烧时的静伏安特性可用下列公式表达。

对于铁电极：

$$U_a = 62 + \left(11.4 + \frac{32.6}{I_a}\right)L \tag{6.3}$$

对于铜电极：

$$U_a = 60 + \left(12.8 + \frac{35.5}{I_a}\right)L \tag{6.4}$$

对于碳电极：

$$U_a = 80 + \left(12 + \frac{33.3}{I_a}\right)L \tag{6.5}$$

在大电流时，上述的静伏安特性可表达为：

$$U_a = c_1 I_a + \frac{c_2}{I_a} + c_3 I_a^2 \tag{6.6}$$

（2）TIG 焊电弧静特性

TIG 焊电弧是非线性负载，也就是说电弧两端的电压与通过电弧的电流之间不成正比例关系，当电弧电流在大范围内发生变化时，焊接电弧的静特性近似呈 U 形曲线，所以也

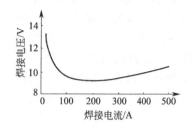

图 6.2 W 电极与 Cu 母材间的
TIG 焊电弧静特性曲线

被称为 U 形特征，如图 6.2 所示。U 形静特性曲线一般可以看成是由三个部分所组成的：

① 小电流阶段。这一阶段电弧电压随着电流增加而减小，因此称作下降特性区或负阻特性区。

② 中部电流阶段（100～300A）。这一阶段随着电流增加电压不发生明显变化，称为平特性区。

③ 大电流阶段。这一阶段电压随着电流增加而增加，称为上升特性区。

出现这种现象的原因是电弧自身形态、所处环境、电弧产热与散热平衡的不同，因此三个阶段呈现出不同的特点。

电弧是由三个导电机构，即阴极区、弧柱区和阳极区所构成。那么电弧的静特性变化肯定是由这三个导电机构的变化所共同决定的。由于各导电机构具有不同之处，因此，要分析电弧的伏安特性，需要将电弧三个部分拆分开进行分析。只要能够分析出阴极区、弧柱区和阳极区各自的电压随电流的变化关系，然后进行整合就能得出焊接电弧的伏安特性曲线，这在很大程度上简化了分析的难度。现假设阴极区的压降用 U_K 表示，阳极区的压降用 U_A 表示，弧柱区的压降用 U_P 表示。

（3）弧柱区电弧压降

如图 6.3 所示，曲线 U_P 表示电弧弧柱区电压与电流的变化关系。在 ab 段，即小电流阶段，呈下降特性；在 bc 段，呈平特性；在 cd 段，即大电流阶段，呈上升特性。对此现象可做如下解释：焊接电弧在燃烧时，弧柱区的物质组成在纵向上的分布趋于均匀，在不改变电流的情况下，为了简化模型，可将弧柱区视为一个均匀的导体。

在小电流区域时，假设此时电流大小为 I，则弧柱区的功率 $P = IU_P$。在第 5 章讲过弧柱区的产热与热耗散相平衡的理论将被引用以进行分析。调节焊接电源，使得焊接电流增加到原来的三倍，即 $3I$。假定弧柱区的电流密度保持不变，而单位时间内流过界面的电荷量增加到原来的三倍，则根据通量公式可知，此时的横截面积必然增加至原来的三倍。将弧柱视为规则的圆柱体，那么圆柱体的横截面半径增加一倍左右。弧柱区的热量耗散有对流、热传导、辐射三种形式，而对流与热传导约占总传热量的百分之九十。若进一步假定弧柱温度不随电流 I 而改变，那么由于弧柱半径增加了一倍，则与外界接触的面积也增加了一倍。忽略辐射传热

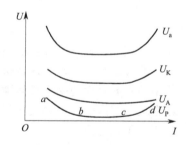

图 6.3 电弧各区域电压降与焊接电流的关系曲线

的影响，那么弧柱的能量耗散也大致要增加一倍左右。根据弧柱热量输入与耗散相平衡的原理，由于热量耗散增加到原来的两倍，而电流增加至原来的三倍，为了达到平衡，弧柱电压 U_P 就必须要减小。

以上的分析是在许多的假设以及简化情况下得出的，事实上弧柱内部温度在横向上并不是均匀分布的。当弧柱截面积增大时，弧柱中心的温度也会随之增加。随着温度的升高，粒子的运动速率和碰撞概率也必定增加，从而致使中心区域电离度增加，因此中心区域电导率升高。视弧柱为均匀导体，根据电阻公式：

$$R_P = \frac{l_P}{S_P \sigma_P} \tag{6.7}$$

又根据欧姆公式可得：

$$U_{\mathrm{P}}=IR_{\mathrm{P}}=I\frac{l_{\mathrm{P}}}{S_{\mathrm{P}}\sigma_{\mathrm{P}}}=j_{\mathrm{P}}\frac{l_{\mathrm{P}}}{\sigma_{\mathrm{P}}} \qquad (6.8)$$

式中，R_{P} 为弧柱等效电阻；l_{P} 为弧柱长度；S_{P} 为弧柱截面积；j_{P} 为电流密度；σ_{P} 为弧柱电导率。根据上面的分析，再结合公式可知弧柱的电压最终还是降低的。

在 bc 段，弧柱区电压基本不随电流增加而改变，而是呈一条水平直线。这是由于弧柱区的电离度随着电流的增加已经达到最大限度，因此弧柱内部带电粒子的密度基本保持不变，其结果是弧柱区的电导率保持不变。当电流增加时，为保证电流密度不变，弧柱的截面积将随着电流呈比例增加。根据上面的欧姆公式可知，U_{P} 近似等于一个常数，伏安特性曲线呈平特性。

在 cd 段，此时电流 I 已经非常大。弧柱区产热与散热以及带电粒子的产生与扩散关系，使得电弧横截面积不可能无限制地增加下去。当横截面积达到极限状态时便不再随着电流增加而增加，电流密度不会再发生变化，因此弧柱区的电压 U_{P} 随着电流 I 增加而逐渐增加，曲线呈上升特性。

以上就是 TIG 焊弧柱区电流与电压之间的变化关系，从中可发现电流对弧柱压降的影响主要是通过影响弧柱截面积和电离度来实现的，因此要充分理解它们之间的内在联系。

① 阴极区电弧压降。如图 6.3 所示，U_{K} 为阴极区电弧压降与电流之间的关系曲线。在小电流区域呈下降趋势，在中等电流区域呈现平特性，在大电流区域呈现出上升特性。对阴极伏安特性曲线可作如下分析。

在小电流阶段，电压随着电流增加而降低。对于这种现象的解释目前还没有确切的定论，但是可以利用最小电压原理对其进行很好的解释。阴极要以最高的效率来维持放电。当电流 I 增大时，若保持电流密度不变，阴极为了维持效率在最高状态，只需让阴极斑点的面积随着电流增加而不断地增加即可。如图 6.4 所示，阴极区的热量不仅会通过 AB 面和 CD 面以对流和热传导的方式向阴极以及弧柱区传递，而且还会通过 AD 面和 BC 面向外部环境耗散一部分。当电流较小时，阴极弧根的 AB 面和 CD 面的面积较小，在这种情况下从 AD 面和 BC 面向外界耗散的热量占阴极区总的热量损失的比例较高，因此不能忽视。为了弥补这部分能量的损失，阴极区就必须要增加压降以增加产热。当电流增加时，阴极弧根 AB 面和 CD 面的面积随之增加。而阴极区弧长，即 AD 和 BC 的长度不会随着电流增加而变化，因此从 AD 面和 BC 面向外界耗散的热量占阴极区总的热量损失的比例减小，此时电压就会逐渐降低，呈下降特性。图 6.5 所示为在氩气作保护气体、压强为 101kPa 的环境下，通过探极法所测得的 TIG 电弧阴极电压降。

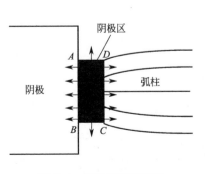

图 6.4 阴极区的热耗散

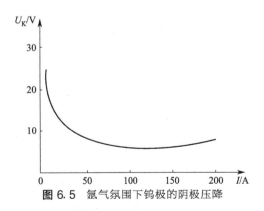

图 6.5 氩气氛围下钨极的阴极压降

在中等电流阶段，由于电流进一步增加，阴极弧根 AB 面和 CD 面的面积进一步增加，通过弧柱侧面向环境耗散的热量可以忽略不计，即通过这部分的热量损失并不会使电弧收缩。在这种情况下，阴极弧根面积将随着电流 I 成比例增加，因此电流密度基本不变，阴极的压降也基本保持不变，呈现平特性。

在大电流区，此时阴极弧根面积已经达到最大限度，即已经完全覆盖阴极端部表面。若再加大电流，弧根面积很难增加。这是因为弧根面积增加，电弧就一定会越过阴极端部到阴极侧面，直接增加了电弧的长度，电弧压降也会随之增加。

② 阳极区电弧压降。阳极区电压降与焊接电流的伏安特性曲线如图 6.3 中的 U_A 所示，在小电流区域呈下降特性，在中等电流与大电流阶段呈平特性，其原因可作如下解释。

阳极为电弧中 1‰正离子的供给源，而阳极区正离子的产生分为场致电离和热电离两种方式。在小电流情况下，阳极区温度较低，因此正离子主要由场致电离生成。此时阳极的电压降必须要大于气体电离电压才能发生电离，因此阳极压降较高。当电流增加时，阳极区的温度随之升高，这一区域粒子的动能和碰撞频率也随之升高。因此，通过碰撞生成正离子所需的电子动能减小，所需的阳极压降 U_A 可以减小一些。从另一方面进行分析，阳极区域的加速区和电离区的空间长度相比于电子平均自由程要长几倍以上，那么电子在受到阳极电压作用而加速的同时，其运动方向也会趋于紊乱，速度分布将呈现高斯分布规律。因此一定有少部分电子的能量要高于平均能量。本来就只需要极少部分的电子完成碰撞电离，又由于上述高能电子的存在，故可以认为所需的阳极压降降低一些也能满足电离需要。

当电流处于中等电流及以上时，阳极电弧的温度进一步升高，中性粒子与正离子的动能升高至可以发生碰撞电离。也就是说阳极电弧可以通过热电离来满足正离子的供给，当电流持续增加时，阳极电压降基本不发生变化。图 6.6 所示为采用探极法对 10.3kPa 条件下氩气 TIG 电弧铜阳极的电弧压降进行测量得到的曲线。将曲线进行叠加便得到了如图 6.3 所示的电弧静特性曲线 U_a。

氩气作保护气时，TIG 电弧一般有正常型和暗点型两种基本形态。暗点型电弧呈钟罩外形，阴极发出亮度很高的圆锥形绿色焰，阴极端部有很小的暗点，这种电弧形态只有在电流大于 150A 时才会出现。正常型电弧的外形呈斧状，在很大的电流范围内都可以出现。施加高频电压引燃的电弧都为暗点型电弧，调节电流值可以使其转换成为正常型电弧。一旦形成稳定型电弧，电弧就可以稳定燃烧，而且当电流在 10～200A 内变化时仍然能保持是稳定电弧。图 6.7 所示为钍钨极电弧的伏安特性曲线，在弧长一定的情况下，该稳定性电弧的曲线可以用数学公式表示成：

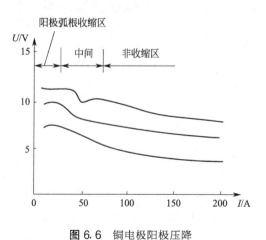

图 6.6　铜电极阳极压降　　　　图 6.7　钍钨极电弧的静特性曲线（$L=2mm$）

$$U_a = A + BI + C/I \qquad (6.9)$$

式中，A、B、C 都为常数，其大小如表 6.2 所示。

⊡ 表 6.2 A、B、C 参数值

弧长 L/mm	A	B	C	最小电压值 U_{min}/V	电流 I/A
1.00	7.2	0.007	170	9.30	156
2.00	6.7	0.010	175	9.40	132
4.00	9.3	0.006	180	11.40	178
16.00	14.0	0.007	160	16.10	151

（4）熔化极电弧静特性

① 大气中铁极电弧的静特性曲线　以铁作电极不同于碳或钨作电极的情况，在电流较大的情况下，铁会由于高温而熔化，这时弧长也会变化，因此给电弧特性研究带来了一定的麻烦。人们通过将软铁丝沿着垂直于母材的方向匀速提升的方法来测得电弧电流与电弧电压的关系曲线。其结果表明电弧电压随着电流升高而逐渐升高，呈现出正特性。但在小电流阶段时，情况则与此大不相同。电流小于 5A 时铁极电弧静特性曲线如图 6.8 所示，从中可以看出电弧电压随着电流升高而不断减小，呈现负特性。而且当电流值在 0.5～1A 之间时，电压有非常明显的降低。

② MIG 焊电弧静特性　在电弧长度不变的条件下，电弧电压与电流的关系，如图 6.9 所示。可以观察到电弧电压随着电流增加呈近似线性的增加，这也是 MIG 焊电弧最明显的特征，完全不同于 TIG 电弧的 U 形曲线。

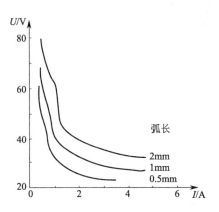

图 6.8　铁极电弧静特性曲线

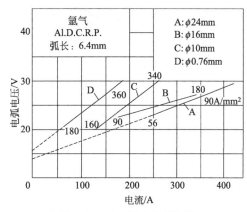

图 6.9　MIG 焊电弧静特性

MIG 电弧伏安特性曲线不是呈下降特性，而是呈上升特性。普遍认为弧柱区的电流密度升高是电压升高的原因。可以利用等离子流现象对其进行解释。首先计算电弧所耗的功率，当氩气流量为 26×10^{-2} g/s、电流为 225A 时，假定电弧温度为 15000K，根据温度与压降的关系式：

$$U_T = 1.29 \times 10^{-4} \times T \qquad (6.10)$$

将温度带入计算可得 $U_T = 1.93$V。在该温度下氩气分子的电离率为百分之五十，即当供给的氩气流量为一摩尔时，中性粒子占二分之一摩尔，电子和正离子各占二分之一摩尔。氩气分子的电离电位为 15.7V，则此时 1 摩尔氩气能量为：

$$1.93 \times \frac{3}{2} + 15.7 \times \frac{1}{2} \approx 10.7 (\text{V}) \qquad (6.11)$$

若把电位换算成焦耳，则约为 1.05×10^6J。这是一摩尔氩气所消耗的能量，但实际的

气体流量为 $2.6 \times 10^{-1}\,\mathrm{g/s}$，因此实际消耗的功率为 $7 \times 10^3\,\mathrm{W}$。由于此时的电流为 225A，因此所需的电压为：

$$U_\mathrm{a} = \frac{7 \times 10^3\,\mathrm{W}}{225\mathrm{A}} \approx 31\mathrm{V} \tag{6.12}$$

当电流较小时，例如电流为 100A，电弧中的氩气流量可以忽略不计。因此，当电流从 100A 增加到 225A 时，根据能量平衡关系，电弧电压就必须要升高 31V。虽然计算值比实测值要偏大一些，但可以确定的是电弧电压呈上升特性的原因与等离子流有关。

前苏联科学家维钦科推导出了铝电极氩气保护焊的电弧特征曲线：

$$U_\mathrm{a} = 14 + 0.01\sqrt{L}\left(0.8 + \frac{0.7}{8}\right) \times I \tag{6.13}$$

式中，L 为电弧长度。可以看出当电弧长度保持不变时，焊接电流与电压呈正比关系。MIG 焊实测的伏安特性曲线如图 6.10 所示，从图中可知电弧静特性是呈上升特性。在同一电流情况下，焊丝直径越小，电弧压降越大。图 6.11 中曲线的斜率表示弧柱的电极电位，电流为 210A 的曲线在短弧区有一定的弯曲。即使在大电流的情况下，短弧区也同样会出现这种弯曲现象。

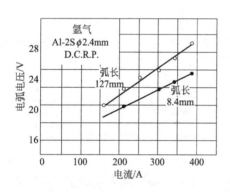

图 6.10　MIG 电弧静特性曲线

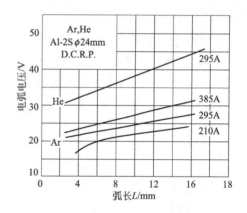

图 6.11　MIG 焊的静特性（不包括电极的电阻压降）

Nottingham 对此做过大量研究，并通过实验对这一现象作出如下解释。在电弧缩短的过程中，阳极区和阴极区的电弧状态基本保持不变，因此电弧缩短的长度就是弧柱区消失的长度。当电弧长度 L 大于一特定值 L_1 时，电压与电弧呈正比关系。这就是说，当 $L > L_1$ 时，弧柱中段的电位梯度恒定不变，此时单位弧长的热输入与弧柱向外界所耗散的热量相平衡。当 $L > L_1$ 时，电压保持不变就说明弧柱中部的热耗散是稳定、均匀的。当 $L < L_1$ 时，电弧电位梯度突然增加。而电弧电位梯度增加表明该区域热量散失也增加，这是因为电极温度比电弧温度低，因此热量要向电极进行传导。阴极和阳极由于高电流密度将会产生阴极焰和阳极焰，这会使电弧周围的低温气体流入电弧内，因此需要更多的热量对流入的气体进行加热至高温，所以电弧电阻增加，电位梯度增加。表 6.3 给出了部分电位梯度的数值。

◻ 表 6.3　不同条件下电弧的电位梯度

气体成分	焊丝	直径/mm	电流/A	电位梯度/(V/mm)
氩气	Al	2.4	210	4.0
氩气	Al	2.4	295	4.7
氩气	Al	2.4	385	6.7
氩气	Al	1.6	210	6.7

气体成分	焊丝	直径/mm	电流/A	电位梯度/（V/mm）
氩气	Al	1.6	295	6.7
氩气	2%Mn 钢	1.6	295	5.5
氩气	2%Mn 钢	1.6	385	6.0
氦气	Al	1.6	295	10
氦气	Al	2.4	295	10

6.1.2 影响电弧静特性的因素

（1）电弧长度

焊接电弧中，电弧电压（U_a）与电弧长度（L）的关系通常可以用下式作近似表示：

$$U_a = U_{a0} + EL \tag{6.14}$$

式中，U_{a0} 为在焊接电流、电极材料、保护气氛等条件相同的情况下，不随电弧长度变化的值，可看作是 U_K 和 U_A 之和；E 为弧柱单位长度上的电压降，称作弧柱电位梯度，主要是由保护气和环境条件等决定的。

阴极压降区、阳极压降区的长度非常小，与弧柱区长度相比可以忽略，所以可以近似认为电弧的长度等于弧柱的长度。因此式（6.14）就表示沿弧柱方向的电压在电弧中任意的位置都近似相等。当电弧长度增加或减小时，电弧静特性曲线随之上移或下移，在各电流数值上表现出的斜率变化也会有所改变，这主要是由散热量的非线性变化引起的。图6.12 所示为在钨电极与不锈钢之间产生电弧时，其电弧电压与电弧长度的关系。由图可知 U_a 值与 L 之间呈现良好的比例关系。

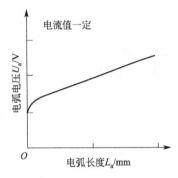

图 6.12 电弧长度对电弧电压的影响

（2）保护气成分

由图 6.13 可以知道，在保护气不同的情况下，即使弧长相等，电弧电压也会有明显的不同，这是由于保护气种类不同对电位梯度构成影响。表 6.4 表示的是不同保护气气氛中电弧电位梯度的比较。

表 6.4　各种气体气氛中电弧电位梯度值的比较

气体	氩气	空气	氮气	二氧化碳气	氧气	水蒸气	氢气
电位梯度比	0.5	1.0	1.1	1.5	2.0	4.0	10

电弧电位梯度受保护气差别的影响是多方面的：

① 不同成分的保护气的散热程度不相同。一般来说，保护气体原子质量越小，其电弧的电位梯度就越大。这是因为在高温状态下质量越小的气体粒子运动速度越快，因此这些气体粒子就越容易从弧柱内扩散到周边环境，随之带走了电弧的能量。扩散越快则电弧热损失就越快。为了弥补这部分热量的损失，电弧将自动提高其电位梯度从而增加产热。例如氦气和氩气分别作保护气时，由于氦原子的质量小于氩原子，其运动速度就大于氩原子的运动速度，从而导致氦气作保护气的电弧散热速度快，为了平衡这部分热损失，电弧将提高电位梯度以增加产热。因此氩气和氦气分别作保护气时，电弧的静特性曲线有差别。

② 多原子和单原子的气体分子的性质不相同。多原子气体分子在高温时容易分解成为单个的原子，而分解需要从电弧中吸收热量，因此弧柱必须提供一部分能量以满足多原子气

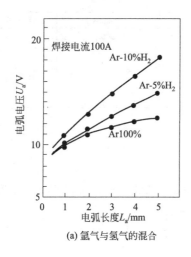

(a) 氩气与氢气的混合

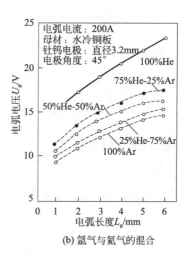

(b) 氩气与氦气的混合

图 6. 13　保护气成分对电弧电压的影响

体分解的需要。为了平衡这部分能量损失，电弧的电位梯度要有所提高。如表 6.4 中，氢气的弧柱电位梯度最高，就是因为氢气的分解电压最低，在高温下容易发生分解反应。氩气是单原子分子气体，没有这种分解热损失，所以电位梯度相对较小。

　　③ 不同保护气的电离能也不相同。保护气的电离能越大，其在电离过程中从电弧中吸收的能量也越多。相反，电离能越低的保护气在电离时吸收的能量越少。所以，当有低电离能的物质存在于电弧气氛中时，电弧电位会显著下降。

　　在焊接过程中，母材会熔化从而形成大量金属蒸气，又由于金属元素的电离能普遍低于气体介质的电离能，所以电弧电压会降低。当使用的焊条中含有有机物或焊条受潮时，会产生 H_2、CO_2 等气体，使电弧电压升高，如图 6.14 和图 6.15 所示。焊条药皮中含有 K、Na 等低电离电位的元素时，也会使电弧的电离电位降低。

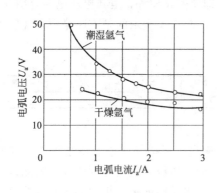

图 6.14　氩气中的电弧特性

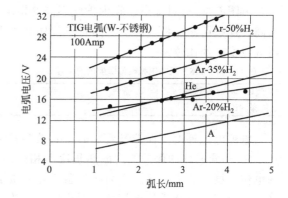

图 6.15　氢气加入氩气中对电弧特性的影响

（3）电极条件

　　电极对电弧静特性的影响主要通过以下几个方面实现：电极材料、电极直径、非熔化极电极形状、表面状态以及电极的接法。电极材料对电弧的阴极压降及阳极压降有直接影响，并对弧柱电位梯度产生间接影响。对于非熔化极，在钨极中加入稀土元素或氧化物会在一定程度上提高电极的电子发射能力，从而降低阴极区电位。若电极熔点较低，高温时容易蒸发，则也会产生影响。例如用碳作阳极时，在大电流下容易蒸发形成阳极焰，此时弧柱气的导电机构主要是碳离子。相反，由于钨极熔点高，不易蒸发，因此在 200A 的情况下，钨极电弧的中心温度可达 25000K，而碳电极的中心温度只有 12000K 左右。

对于熔化极电弧，电极材料在高温下蒸发进入弧柱，由于金属的电离电位普遍低于氛围气体的电离电位，所以金属蒸气容易发生电离，对弧柱导电带来一定影响；不同焊丝成分对其影响程度也不相同。同时，实芯焊丝与药芯焊丝的情况也不一样，药芯在高温下反应所生成的物质在一定程度上也会影响电弧的电位。此外，钨电极的形状、熔化电极或钨电极的直径都或多或少会影响电弧电压数值。

（4）周围气体介质压强的影响

气体的压强对电弧静特性也有一定的影响。在其他参数条件不变的情况下，当气体介质压强改变时，电弧特性也会改变。气体压强增加时，电弧电压也随之增大，这是由于周围的气体对电弧起到很大的冷却作用，增加气体压强就相当于在单位空间内存放更多的冷却气体，或者周围气体压强保持不变而换成温度更低或冷却作用更强的气体。增加气体压强使得电弧热量耗散更快，电弧电压也更高，同时还会导致弧柱截面收缩以及弧柱中心温度升高。气体压强对电弧静特性曲线影响的曲线图如图 6.16 所示。

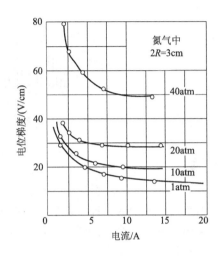

图 6.16 气体压强对电位梯度的影响

当气体压强小于标准大气压时，电子的温度与中性粒子的温度之差增大，从而使电弧偏离了理想热电离状态。也就是说，氛围气体与高温电子混合，会使其导热作用降低，从而使氛围气体的冷却作用减弱。即便是容器中的气体压强接近于真空状态，其电弧电压也只会下降至标准大气压下的一半。

（5）其他影响因素

焊接母材对电弧静特性也有一定的影响。首先，母材的材料种类不同，其熔点以及沸点也不相同。母材在高温下受热蒸发并混入电弧内部，与前面所讲的电极材料的情况一样，也会降低弧柱的电离电位。其次，母材的材料、厚度不同会直接影响母材的导热情况，而母材的导热速率越大，其对电弧的冷却作用就越大，从而使电弧电位梯度增加。最后，母材的表面状态也会产生间接影响。例如母材表面的水分或者油污等，在焊接过程中也会混入电弧中，从而消耗电弧能量。若母材表面有氧化膜，会很容易产生阴极斑点。

6.2　电弧动特性

6.2.1　直流电弧动特性

电弧动特性是指，在焊接电流随时间作周期性变化时，电压随电流的变化过程；反映焊接电流变化时，电弧导电性能对电流变化的响应速度。

这里的直流电并非指传统意义上的直流电，而是指以一定形式变动的直流电，例如脉冲直流、脉动直流、高频直流等。恒定直流不存在动特性的问题。电流形式是人们按照需要设计并通过电源输出实现的，包括低频脉冲电弧、中频脉冲电弧、高频脉冲电弧、其他电流形式的脉冲电弧等，如图 6.17 所示。直流电弧动特性就是描述在这种电流条件下进行焊接时的电流与电压的关系曲线，但必须指出的是直流电的变化频率必须足够高。

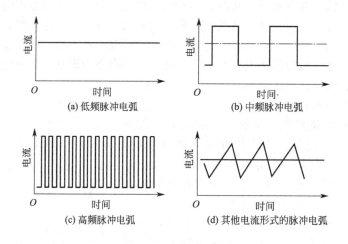

图 6.17　不同形式的电流

图 6.18 (a) 是在直流电上叠加的一个正弦波电流的焊接电流，电弧的瞬间电压与瞬间电流的关系曲线，即直流变动电弧特性曲线如图 6.18 (b) 所示。电弧动特性曲线在一个周期内形成了一个封闭环状（也称为电弧滞后环），即电流上升过程的电弧动特性曲线与电流下降过程的动特性曲线没有重合。下面就这一现象进行详细讨论。

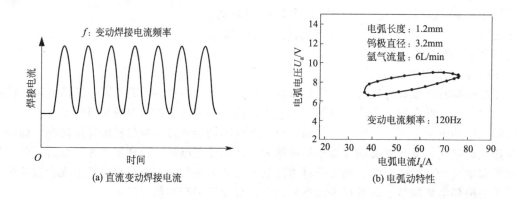

图 6.18　直流变动电流的特性

由于在一个直流的基础上叠加了一个正弦电流，因此焊接电弧一直可以在基值电流下保持燃弧状态。在焊接电流刚开始升高时，电弧还处于基值电流的较低温度状态，电弧电压也较低。可以将此时的电弧等效为一个电阻和感的串联，而电流可以视为通过一份一份的增加，在极短的时间 Δt 内增加了 ΔI。而焊接电弧内部各种粒子的电离度以及电弧的形态和电弧温度在时间 Δt 内还来不及进行调整，例如电弧温度不可能在极短时间内升高至响应温度。因此焊接电弧的等效电阻 R 可以视为保持初始状态不变，则根据 $\Delta U = \Delta I R$ 可知电弧电压会随之增加。当电弧通过自身电调节满足 $I + \Delta I$ 所需的状态时，电流又在极短的时间 Δt 内增加了 $\Delta I'$；与之前的分析过程相同，此时电弧的等效电阻还停留在 Δt 内的状态；同样根据欧姆定律可以求出电弧的电压增加 $\Delta U'$。以上是把电流用类似于微分的方法分解后进行的分析。若电流从基值增加到峰值所需的时间已经足够小，那么电流的整个增加过程就相当于上述的一个 Δt 过程。这就是电流增加时，电弧电压增加的原因。但上述分析是基于在电流增加的极短时间内，电弧状态保持不变的理想情况。而事实上，在电流增加的极短时间内，焊接电弧有一定的响应，只是其响应速度要慢于电流增加的速度，从而产生了滞后现象。

当电流达到峰值 I_{max} 后会逐渐下降，在电流下降的过程中依然作如下假设：电流变化时间非常短，即 $\Delta t \to 0$；在电流变化的一瞬间，电弧的状态保持不变。下面对电流下降的过程进行分析（同样可以认为电流从峰值 I_{max} 降到基值 I_{min} 是分为有限个 $\Delta t \to 0$ 的过程进行的）：当电流下降时，由于电弧的热惯性，电弧的内部状态（电离度、温度、截面面积等）来不及在极短时间内作出调节，因此当电流降到 $I_{max} - \Delta I$ 时，电弧依然保持着在峰值电流 I_{max} 时的状态。此时电弧由于热惯性，内部温度来不及下降，粒子电离度保持在最高状态，因此其等效电阻较低，根据欧姆定律可得此时电弧电压相对较低。当电弧通过调节达到相应状态时，电流再一次降低了 ΔI，变为 $I_{max} - 2\Delta I$，而此时电弧仍处于 $I_{max} - \Delta I$ 时的状态。其等效电阻与电流为 $I_{max} - 2\Delta I$ 时的电阻相比较低，因此电弧电压相对也较低。若电流从峰值 I_{max} 到基值 I_{min} 整个过程所需的时间非常短（$\Delta t \to 0$），那么整个过程就类似于上述的一个下降过程。

在上述分析过程中，是把电流的变化过程分成有限个部分并割裂开进行讨论的，这是对问题过程的一个简化。而现实中的电流变化过程都是连续进行的，但这并不影响分析的合理性。

如果电流变化的频率足够大，以至于在一个变化周期内，电弧都来不及进行任何调节，那么在这种情况下会出现什么情形？如果电流的一个变化周期远大于电弧等离子体消失和形成的时间常数，则此时电弧状态与电流相位无关，也就是说电弧能在这种变直流电情况下维持一定的稳定状态，呈现近似电阻特性。而低频电流的电弧不具备这个能力。另一方面，若电流变化周期与电弧等离子体变化的时间常数相等，此时电弧的特性曲线就与上一节所述的直流静特性曲线类似。

6.2.2　交流电弧动特性

交流电弧与变直流电弧最本质的差别在于交流电弧电流瞬时值每半个周期就会通过一次零点，也就是说交流电弧在燃烧过程中会经历熄弧和起伏的过程，而且电极每半个周期会变换一次极性。因此在分析交流电弧电流与电压的瞬时关系曲线时，也会参照变直流电弧的相关分析结论。

交流电弧的电流-电压波形如图 6.19（a）所示，如果以电流为横坐标、电压为纵坐标就得到图 6.19（b）所示曲线。从图 6.19 中可以看出，电流从零增加到最大值的过程中各处的电压要大于电流从最大值减小到零的过程中相对应的电压，可见在交流电弧中也同样出现了这种滞后现象。

下面就图 6.19（b）对交流电弧的滞后现象进行分析。首先需要一个较高的再引燃电压，这一电压大小为 P 点所对应电压 U_r。之所以 P 点电压值较高，是因为电流经过零点时电弧熄灭，电极和原电弧空间中的温度快速降低，空间中的带电离子也快速复合。当再引燃电弧时，由于电极和空间气体温度降低不利于发生热电离和热发射，也由于电极极性的转换，原电极周围的带电粒子受到反向的电场力向另一极运动，进一步加剧了电荷的复合作用，从而导致空间内电荷密度进一步降低，电导率下降，使得再引弧困难。因此只有提高电

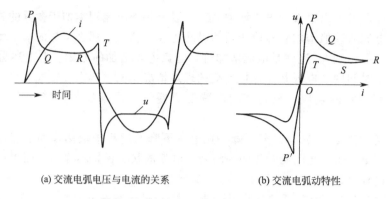

(a) 交流电弧电压与电流的关系　　　　　(b) 交流电弧动特性

图 6.19　交流电弧电流与电压的关系

压，增加场致发射和场致电离才能使电弧再次引燃。U_r 值越大说明再引弧越困难。当电弧引燃之后，随着电弧区域温度、电离度逐渐升高，焊接电流逐渐增加。此时电弧区域有足够的带电粒子以满足对应电流的需要，因此所需的电压降低。但是，由于电弧具有热容，其温度和电离度不能随着电流增大而瞬间增加，因此需要比直流电弧更高的电压来满足电弧导电的需要。当电流达到峰值后就要开始逐渐减小。由于电弧具有一定的热容，即电弧温度以及带电粒子浓度的变化需要一定的时间才能完成，因此在电流快速减小的过程中，电弧本身所具有的温度以及带电粒子浓度完全可以满足对应的导电需求，从而即便不依靠新的电离产生电子，电弧也同样可以稳定燃烧。所以电弧电压比直流电弧所对应的电压还要低。这就是电流增加过程（PQR）中电压的变化要大于电流减小过程（RST）电压的变化的原因。

　　以上讨论的是弧柱的滞后现象，而弧柱的热容量很小，可以在较短的时间里完成状态转变从而到达稳定状态。但是相对于弧柱，阴极和阳极的热惯性要大得多，像热阴极型的阴极温度和阴极压降随着电流的变化是比较缓慢的，因此可以认为这是电弧电压产生滞后效应的另一个原因。冷阴极的导热速度快，因此温度变化快，其滞后作用要明显小于热阴极的滞后作用。

　　图 6.20 为不同频率下的电弧动特性曲线（左、中、右三条曲线分别表示低频、中频、高频时的情况）。从图中可以看出，在高频交流电情况下，电弧弧柱的作用比较类似于金属导体。对于这种现象也可以用上一节的分析进行解释，即将电弧等效为一个电阻和电感串联，其中电阻表示电弧本身的电阻，而电感则表示电流增加时电弧的滞后效应。电流以极快速度变化，因此可以认为电流从零上升到最大值再到零这个过程中，电弧内部状态来不及发生任何改变，此时电感的作用可以忽略。由于电弧内部状态不变，因而等效电阻不变，由此呈现出类似于金属电阻的特性。

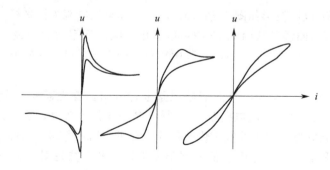

图 6.20　频率对电弧动特性的影响

6.2.3　电弧动特性的影响因素

影响电弧动特性的因素是多方面的，其主要因素有以下几个方面：电流形式、电极种类、保护气体成分、周围环境。

（1）电流形式

直流电和交流电对电弧动特性的影响在此不做更多的说明，下面主要讨论电流峰值与变化频率对电弧动特性的影响情况。相同电弧长度情况下，电流峰值越大，动特性回线越长；如图6.20所示，在相同电弧长度情况下，电流变化频率越快，回线所覆盖的面积越大，即电压偏离稳定状态越严重。电流变化速度越快，电弧的滞后越严重，即变化相同的电流值情况下，所需要的额外电压越大。

（2）电极条件

图6.21是直流电弧的电流急剧变化时电弧电流-电压变化的特性波形图。图6.21的（a）和（b）分别表示在一定弧长和电流情况下的碳极和钨极电弧中，当电流突然急剧增大又急剧减小时，其电弧电压的变化情况。从图中可以看出，当电流剧增时，电弧电压也几乎同时急剧升高，但是很快又逐渐降低至与48A相对应的一个稳定值；当电流突然减小时，电弧电压也同时出现急剧下降，但很快又回到与5A相对应的某一稳定电压值。

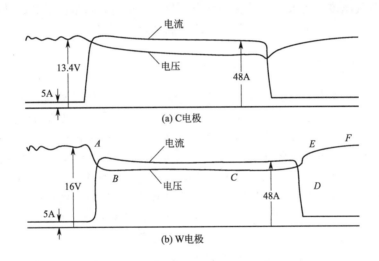

图6.21　电流突变引起的电压变化波形

碳极和钨极都属于热电子发射型电极。通过比较图6.21(a)和图6.21(b)可以看出，碳极电弧的滞后时间要明显长于钨极电弧，这是因为碳极的热导率小，在电流升高和降低过程中，电极温度升高或降低速度慢。而钨极的热导率高，因而温度变化快。热阴极发射电子的形式以热发射为主，因此电弧温度对其电子发射能力影响很大。一般认为当电弧特性变化如图一样极其缓慢时，造成滞后现象的主要原因就是阴极温度的变化。

对于铜或者铁一类的冷阴极型电极，由于电极一直在不断地熔化，因此很难观察到像热阴极一样保持电弧长度不变的电弧特性。冷阴极的阴极斑点小，且阴极的电子发射主要是以场致发射为主，与阴极温度关系不大。由于自身的熔化等原因，冷阴极的温度比热阴极温度低很多，所以其温度变化范围也较小。因此可以认为冷阴极型电极的温度对电弧的动特性影响较小。以碳电极与铝电极为例，在交流电源下测试得知：碳电极的再引弧电压较低，但会出现非常大的滞后环；铝电极的再引弧电压非常高，但是在引燃电弧后，其电流增加时和减小时的特性曲线几乎重合，即没有明显的滞后现象。这与上面的理论分析相吻合。

对于热阴极电弧，电极的直径对电弧动特性也有一定的影响。对于相同材料的电极，电极直径越大，则电极温度改变速率越小，因而在电流升高和降低过程中电弧的响应速度越慢，表现为热惯性越大。相反，电极直径越小，热惯性越小。电极的端部形状对电弧动特性曲线也有一定影响：电极端部角度越小，则尖端的冷却和加热速度越快，对电流变化的响应越快，因此热惯性越小。

（3）气体条件

保护气成分在一定程度上对动特性曲线也有影响，其主要是通过影响弧柱的特性实现的。气体分子热容越大，则等离子电弧对电流变化的响应速度越慢，因此弧柱的滞后现象越明显。对于单原子气体分子和多原子气体分子，由于多原子气体分子的解离也会吸收电弧热量，因此其冷却作用的增强使电弧截面收缩增加、热惯性减小。例如在氢气中燃烧的铜、铝一类的冷阴极电弧，其弧柱受到了强烈冷却作用而剧烈收缩，从而使得电弧热惯性变小，滞后环也变小。

（4）其他影响因素

环境的温度、湿度和压力对电弧动特性同样有一定的影响。环境温度越低，对电弧的冷却作用越强，从而如上面所述，电弧截面收缩率就越高，热惯性越小；空气湿度越大，则混入电弧中的水蒸气越多，而水分子受热分解会吸收部分热量，对电弧具有冷却作用；气体压力越大，相当于单位空间中分子量越多，因此电弧的热惯性越大。

6.2.4 交流电弧温度变化

有许多学者对交流电弧的温度进行了研究，如恩格尔和斯廷贝克通过 α 射线吸收法测得空气中交流电弧的温度随电流的变化情况。如图 6.22（a）所示，电弧的最高温度在 4700K 左右，最低温度在 3500K 左右。从图中 6.22（a）可以看出电弧温度最大值的相位总是滞后于电流最大值相位，相位差大约在 20°左右。但是电流所过零点与电弧温度最低点之间没有相位差，这是由以下几个方面原因造成的。从电弧能量平衡的角度出发，当电流从某个零值再到下一个零值的半周期的极短时间段内，电弧的热损失大于弧柱的热输入，且电弧有一定的热容，所以电弧温度达到最低值的相位会滞后于电流。从某种意义上说，这条曲线存在一定的问题。霍斯特等人通过光谱法测得弧柱的温度变化情况，如图 6.22（b）所示。图 6.22（b）表明，不论是最高温度还是最低温度都明显滞后于电流变化，这从侧面佐证了前面的动特性分析是合理的。

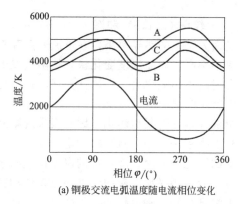

(a) 铜极交流电弧温度随电流相位变化

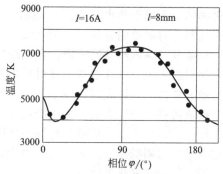

(b) 碳极电弧温度随电流相位变化

图 6.22 电弧温度在一个周期内的变化

由于电弧温度的变化会导致保护气体的膨胀或收缩，因此在弧柱径向上的热损失量也在不断变化。在靠近电极的电弧部分，热量要向温度相对较低的电极传递，所以在直流或者交流电流到达最大值时，电弧的轴向的温度分布如图 6.23(a) 所示。其中气体温度在弧柱区较高，在电极两侧则相对较低；电子温度则相反，在电极两侧的温度高，而在弧柱区的温度相对较低。在电流变为零的瞬间，由于电弧两端受电极的冷却作用，且电子在没有热输入的情况下会以极快的速度丧失掉能量（10^{-5} s），所以可以认为此时电子温度与气体的温度相等。电弧纵向温度分布如图 6.23(b) 所示。

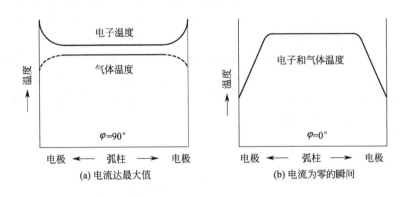

图 6.23 沿弧长的温度分布

6.2.5　交流电弧稳定性

（1）交流电弧再引弧现象

　　交流电弧的电流每半个周期会改变一次方向，电弧也会随之熄灭并改变方向后再度被引燃。在引弧的过程中，电极的极性会发生改变，之前的阴极会变成阳极，之后发射电子。但是阳极变为阴极后重新发射电子会存在许多问题，如果再引弧不成功就会导致电弧熄灭。维持交流电弧要比直流电弧难得多，主要原因就在于交流电弧再引弧困难。如果能保证每次都成功引燃电弧，那么电弧就能稳定地燃烧。交流电弧再引弧主要分为三种类型：热阴极型、冷阴极型、中间类型。

　　在上一章已经讲过，冷阴极主要是以场致发射结构来发射电子。在交流电弧的电流过零点时，电极极性也瞬间交换，由原来的阳极变成阴极的金属表面不能靠其自身热量进行热电子发射。而且，由于此时正离子还没来得及从原来的阴极处运动过来，因此此时阴极前端没有正离子形成空间电荷，从而不能形成场致发射。但是弧柱在这个过程中并没有完全冷却，仍然维持较高的电离度。所以新的阴极表面就好比伸入弧柱中的带有负电位的探极表面。此时阴极周围的电子受到排斥力远离，而另一端的正离子受到电场力被吸引过来，因此很快就又在阴极表面形成一层正离子层，施加于电极两点的电压此时大部分都在这一电离层上。当电压值达到一定大小时，一方面正离子被加速轰击阳极而产生 γ 作用，另一方面满足了场致发射的条件。因此电弧可以被重新引燃。

　　热阴极类型的电极主要以热发射为主。在一个电源周期内，电极的表面高温状态不会有特别大的变化。即使在交流电弧变极性的情况下，电极从阳极变为阴极后，由于表面温度依然很高，可以依靠本身温度获得热电子发射能力，再次开始电弧放电。因此，热阴极在再引弧时不需要特别高的电压。热阴极电弧再引弧过程非常重要，它不仅暗示了中间型电弧的再引弧过程，也是分析交流电弧稳定性的关键。

中间类型的电极是指那些不具有像 W、C 电极那样强大的热电子发射能力，但借助表面氧化膜作用，具备一定的热电子发射能力的电极。但其热发射电子无法满足焊接总电流的需求，而只有几安培的热电子发射能力，当电源回路中的电流值超过这一数值时，就需要其他放电机构来维持放电。因此其电子发射机构是由场致发射机构和热发射机构共同构成的，而且热发射机构在再引弧过程中发挥了重要作用。

（2）交流电弧稳定性

交流电弧燃烧时，熄弧时间越长，则表明电弧越不稳定。为了保证焊缝的质量就必须将电弧的熄弧时间减小，最理想的情况是将熄弧时间降至零，使交流电弧能够连续燃烧。为了能够在较低的电源电压下稳定地再引弧，就必须在电极变换极性以及电压重新加载到两电极之间的这段时间里满足以下条件：弧柱温度降低不多，且保持足够的电离度。新的阴极表面仍然存在电子发射能力。图 6.24 为简化的交流电弧供电原理图，其中 R 为电源系统的总电阻；L 为串联电感线圈；u_y 为按照正弦曲线变化的电源电压，且 $u_y = U_m \sin(\omega t + \varphi)$，其中 U_m 为弧焊电压最大值；u_f 为电弧电压。回路中的电源电压 u_y、电弧电流 i_f 和电弧电压 u_f 随时间的变化曲线如图 6.25 所示。

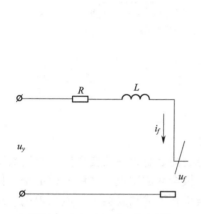

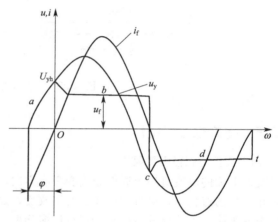

图 6.24　交流电弧供电原理简图　　　图 6.25　电源电压 u_y、电弧电压 u_f 和电弧电流 i_f 波形

从图 6.25 中可以看出，电流 i_f 滞后于电源电压 u_y 一定的相位，这是由于电路中存在电感 L。假设相差的相位角为 φ。要使电弧能够不间断地燃烧，不仅要保证电弧可以在每半波内能够顺利再引弧，而且要保证电弧在刚熄灭时立刻再引燃。这就要求在前半波电流降为零时，电源电压 u_y 已经到了后半波且升高至再引弧电压 U_{yh} 以上，即：

$$u_y = U_m \sin\varphi \geqslant U_{yh}（当 \ t = 0） \tag{6.15}$$

在电弧燃烧的过程中，电弧区域温度急剧升高，导电性能也提高，所以可近似将再引弧电压 U_{yh} 视为正常电弧电压 U_f。电弧被引燃后，电弧电流从零开始逐渐增加。当电源电压下降到电弧电压的时候，电弧电流停止增加，转而逐渐降低。于是回路中的电感产生自感电势 $-L(\mathrm{d}I_f/\mathrm{d}t)$ 以阻止电弧电流的减小，从而保证电弧能够继续燃烧。可以看出，电感 L 越大，电源电压过零点后电弧能够继续燃烧的时间越长，从这方面看似乎电感越大越好。

由此可见，电弧能够连续燃烧的条件就是电弧电流必须能够维持半个周期。这样电源电压就有足够的时间经过相位角 φ。当电弧电流降为零并将要改变电极的极性时，电源电压已经在下一半波中达到引弧电压。因此，电弧可以在下一半波被立即引燃，从而使电弧熄灭的时间为零。

根据上述分析可以看出，要使交流电弧连续燃烧，其各项参数必须满足一定的关系式。

其具体推导如下。

若忽略电源中的 R，则图 6.25 中的电流与电压的关系为：

$$U_m \sin(\omega t + \varphi) = U_f + \omega L \frac{\mathrm{d}i_f}{\mathrm{d}\omega t} \quad (6.16)$$

带入初始条件：当 $t=0$ 时，$i_f=0$。求解上式可得：

$$i_f = \frac{U_m}{X_L}[\cos\varphi - \cos(\omega t + \varphi)] - \frac{U_f}{X_L}\omega t \quad (6.17)$$

将交流电弧连续燃烧条件，即当 $\omega t = \pi$ 时，电弧的电流 i_f 刚好过零点（$i_f=0$），代入式(6.17)，从而得到：

$$\cos\varphi = \frac{\pi U_f}{2U_m} \quad (6.18)$$

再考虑交流电弧连续燃烧的第二个条件，即当 $\omega t = 0$ 时，弧焊电源电压 u_y 应该大于电弧再引燃电压 U_{yh}，即：

$$U_m \sin\varphi \geqslant U_{yh} \quad (6.19)$$

联立式(6.18)和式(6.19)可得：

$$\frac{U_0}{U_f} \geqslant \frac{1}{\sqrt{2}}\sqrt{\frac{U_{yh}^2}{U_f^2} + \frac{\pi^2}{4}} \quad (6.20)$$

式中，$U_0 = U_m/\sqrt{2}$，此式被称为电弧可连续燃烧条件方程式。它表明，为了保证交流电弧能够连续燃烧，电弧电压 U_f、电弧空载电压 U_0 和引燃电压 U_{yh} 之间必须满足这样一个关系。将该方程作在以 U_{yh}/U_f 为横坐标、U_0/U_f 为纵坐标的直角坐标系中，如图 6.26 所示。图中曲线右下方是电弧不连续燃烧区，左上方是电弧连续燃烧区。

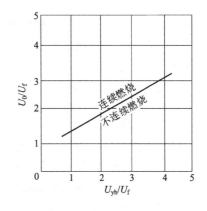

图 6.26　交流电弧连续燃烧的范围

（3）交流电弧稳定燃烧的影响因素

① 空载电压 U_0。空载电压 U_0 越高，在同等大小的引弧电压下，再引弧所需时间就越短，电弧熄灭的时间也越短，电弧越稳定。例如，在一般情况下，当 $U_{yh}/U_f = 1.3 \sim 1.5$ 时，相应的 $U_0/U_f \approx 1.5 \sim 2.4$，电弧才能够稳定燃烧。

② 引弧电压 U_{yh}。引弧电压 U_{yh} 对电弧的连续燃烧影响很大。一方面，U_{yh} 越高，在相同的空载电压条件下，电源电压与电流的相位角就越大，电弧熄灭的时间越长；另一方面，引弧电压 U_{yh} 越高，引弧越困难，电弧越不稳定。

③ 电路参数。主电路中的电感 L 和电阻 R 对电弧连续性的影响也较大。U_0/U_f 与 $\omega L/R$ 和 U_{yh}/U_f 之间的关系，如图 6.27(a) 所示。图中每一条曲线的右上部分区域都表示电弧可连续燃烧。当 $\omega L/R$ 的值较小时，增大 L 或减小 R，均可使电弧趋于稳定且连续地燃烧。

④ 电弧电流。电弧电流越大，则电弧放电时产热越多，从而使电弧空间温度越高。同时若电流变化率也越快，即电弧热惯性作用越显著，则再引弧电压 U_{yh} 越低，电弧的稳定性越高。

⑤ 电源频率 f。电源频率提高，则电弧周期减小，则电源电压从零升高至再引弧电压的时间减小，因此一个周期内电弧熄灭的时间也相应缩短，如图 6.27(b) 所示。且电源频率升高，电流变化速率增加，电弧的热惯性作用增强，从而提高电弧稳定性。

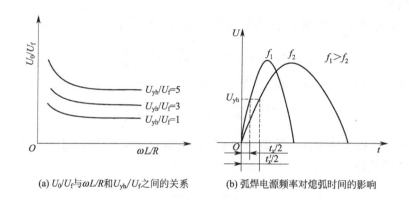

(a) U_0/U_f 与 $\omega L/R$ 和 U_{yh}/U_f 之间的关系 (b) 弧焊电源频率对熄弧时间的影响

图 6.27 电路参数及电源频率对熄弧时间的影响

⑥ 电极的热物理性能和尺寸。电极的热物理性能和尺寸对电弧的稳定燃烧具有一定的影响。电极若有较大的热容量和热导率，或者有较大的尺寸和低熔点，就会使电极散热较快、温度较低、U_{yh} 较大，电弧稳定性下降。

⑦ 电极的非对称配置。电极与母材之间的交流焊接电弧，由于电极与母材之间存在几何形状以及材质的不对称性，所以两者分别作阴极时，电弧电流流过的难易程度并不相同。下面以焊条电弧焊为例分析非对称配置对电弧稳定性的需要情况。通常情况下，以焊条作阴极时的电弧电压要低于其作阳极时的电弧电压。正负两个半周期的电弧电压不相等；正负两个半周期内的最大电压值不相等；正负两个半周期内的电流值大小不相等；甚至电弧的某些半周期完全缺损。

对于药皮焊条来讲，焊条作阴极时的再引弧电压较低可解释为由药皮成分产生稳弧作用所导致。另一方面，由于母材与焊条的几何形状差异较大，焊条尖端较细，其局部电场较大，放电较容易，这也是导致其再引弧电压低的原因。

用空载电压为 80V、电流为 120A 的交流焊机，在直径为 4mm 的裸焊条与母材间引燃。实测的数据表明，焊条做阴极时的电弧电压比母材做阴极时的电弧电压小 20V 左右。因此可以认为，交流电弧的熄弧现象一般只会发生在母材由阳极转变为阴极时再引弧的过程中。熔化极电弧焊与非熔化极电弧焊都存在这种非对称配置的情况，其原理也大致相同。

（4）提高电弧稳定性的措施

为了提高交流电弧燃弧的稳定性，在焊接电源方面可以采取以下措施。

① 提高弧焊电源频率。提高电源的频率可以有效地减少电弧熄弧时间，因此可以提高电弧的稳定性。有的国家曾经使用一种可持续调节频率的弧焊电源，但由于这种弧焊电源结构复杂、成本高，所以应用不广泛。近年来由于大功率电子元器件以及电子技术的蓬勃发展，焊接电源设备也得到了飞速发展，因此采用较高频率的交流弧焊电源已成为现实。

② 提高电源的空载电压。提高空载电压能提高交流电弧的稳定性。但是过高的空载电压会给操作工人的人身安全带来威胁，并且会增加设备的损耗、降低功率因数，所以提高电源空载电压具有一定的局限性。

③ 改善电弧电流的波形。如果电弧电流的波形为矩形波，则电弧电流过零点时将具有较大的增长速度，从而有减缓电弧熄灭的倾向。此外，还可采用小功率高压辅助电源，在交流矩形方波过零点处叠加一个高压窄矩形波。由于晶闸管技术的发展，如今已经出现多种形式的矩形波弧焊电源，其稳弧效果良好。这种电源甚至可用于不加稳弧装置的氩弧焊接，以

及代替直流弧焊电源用于碱性焊条的焊接等。

④ 叠加高电压。在钨极交流氩弧焊接铝板时，由于铝工件的热容量和热导率都很高、熔点低、几何尺寸相对电极更大，因而其为负极性的半周期再引弧困难。如果在以铝板为阴极的这个半周期上叠加一个高压脉冲或高频高压电，则可容易地再引弧变，使电弧可以稳定燃烧。

⑤ 串联适当的电感线圈。串联电感可以在电流减小时起到阻止的作用，可以延长电弧在前半周期的燃烧时间。但是电感也不能太大，这是因为在再引弧时，回路中的电流也会迅速增加，若电感太大就会阻止电流增加，反而会影响电弧的稳定性。因此串联的电感不能太大也不能过小。

⑥ 叠加直流电源。由于电极的非对称配置使得电极作阴极和阳极的两个半波时的焊接电流不相等，即存在一定的差值，因此可以在焊接电源回路中叠加一个同等大小的直流电以消除非对称配置所造成的影响，提高电弧的稳定性。

（5）交流电弧的功率和功率因数

① 交流电弧的功率　交流电弧的电压 u_f 和电流 i_f 时刻都在变化。所以，交流电弧的功率是指交流电弧在半个周期（π）内的平均功率，又称为有效功率，即：

$$P_f = \frac{1}{\pi}\int_0^\pi u_f i_f \mathrm{d}\omega_t \tag{6.21}$$

式中，P_f 为交流电弧的有功功率；u_f、i_f 分别为电弧电压和电弧电流的瞬时值。

由于电弧电阻是非线性的，所以电弧电压和电流的波形都不是正弦波。交流电弧的功率也就不能按由正弦函数推导出来的公式进行计算。实际上，由于弧焊回路的电感较大，在正常情况下电弧是连续燃烧的，同时，引弧电压不是很大，且存在的时间很短，因此电弧电压的波形可以简化成图 6.28 所示的矩形波。这就是说，每半个周期中电弧电压是不变的，它等于稳定燃烧的弧压 U_f，即 $u_f = U_f$，交流电弧有效功率为：

$$P_f = 0.905\frac{U_0^2 K}{X_L}\sqrt{1 - \frac{\pi^2}{8}K^2} \tag{6.22}$$

式中，$K = U_f/U_0$；$X_L = \omega L$。

根据式（6.22），可以作出 $P_f = f(K)$ 的曲线，如图 6.29 所示。由图 6.29 可知，取 U_0 为某一数值，最初 P_f 随着 K 值增加（实际上是弧长增大）而迅速增加。当 $K = 0.4$ 之后，P_f 的增加就逐步减缓。当功率 P_f 达到最大值后，K 值继续增加时 P_f 反而下降，这是因为随着弧长的增加，电核内的能量损失增加导致电弧不稳定，容易熄灭。在焊接中应设法使 P_f 不超过 m 点。

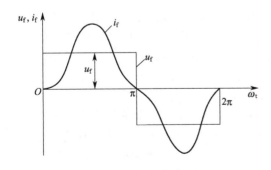

图 6.28　简化后的交流电弧的
电压电流波形图

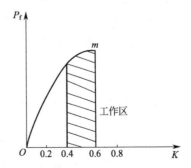

图 6.29　交流电弧有效功率
P_f 与 K 的关系图

在 $K<0.4$ 的一段上，当弧长稍有变化时 P_f 变化太大，对保证焊缝的质量不利，因而是不可取的。

在 P_f 取得最大值时，$K=0.637$。为了保持电弧的稳定燃烧和电弧功率的稳定，K 值最好取在 $0.4\sim0.637$ 之间，即要求：

$$2.5>\frac{U_0}{U_f}>1.57 \tag{6.23}$$

② 交流电弧的功率因数　交流电弧的功率因数 λ_f 是指交流电弧的有效功率 P_f 与电弧电压和电弧电流有效值乘积之比值，即：

$$\lambda_f=\frac{P_f}{U_f I_f} \tag{6.24}$$

由于电弧是电阻性负载，电弧电流与电压是同相位的，因此假如电弧电压和电流的波形都是正弦波，则电弧的有效功率就应该等于它的电压和电流有效值的乘积，即 $\lambda_f=1$。但实际上，正如上所述，交流电弧的电压和电流并非正弦波，其有效功率 $P_f \neq U_f I_f$，两者之间相差了 λ_f 倍。

由此可见，λ_f 表明了电弧电压与电弧电流波形畸变所带来的影响。当电弧燃烧的连续性差时，波形畸变就严重，λ_f 相应较小，电弧所提供的有效功率也就小。根据推导得到：

$$\lambda_f=0.905\sqrt{\frac{1-\frac{\pi^2}{8}K^2}{1-1.18K^2}} \tag{6.25}$$

在一般焊接中，$K=0.4\sim0.56$，所以 $\lambda_f=0.89\sim0.90$。可见 λ_f 总是小于 1 的。

6.3　GTAW 电弧稳定性

6.3.1　钨电极特性

为了保证引弧性能好、焊接过程稳定，要求电极具有较低的逸出功、较大的许用电流、较小的引燃电压。钨极作为氩弧焊的电极，对它的基本要求是：发射电子能力要强；耐高温而不易熔化烧损；有较大的许用电流。钨有熔点（$3410\pm20℃$）和沸点（$5900℃$）高、强度大（可达 $850\sim1100MPa$）、热导率小和高温挥发性小等特点，因此适合作不熔化电极。目前国内外主要使用的钨极有纯钨、钍钨、铈钨、镧钨等几种。

与其他钨电极相比，纯钨电极要发射出等量的电子，需要有较高的工作温度；在电弧中的消耗也较多，需要经常重新研磨；非自然消耗以外的消耗较大；一般在交流 TIG 焊中使用。交流电弧亦是很稳定的电弧，在正常使用状态下，前端在熔化状态下呈现较好的半球状，随后形状的保持比较容易。纯钨材料自身熔点最高，在交流负半波中更能抗烧损，因此，当电极不需要保持一定的前端角度形状时可以使用纯钨极。

钍钨电极是在钨材料中加入 $1\%\sim2\%$ 的 ThO_2。虽然 Th 的熔点不是很高（$1750℃$），但 ThO_2 的熔点为 $3390℃$，接近钨的熔点（$3410\pm20℃$）。由于加入氧化钍，其逸出功大大降低，电子发射能力显著增强，能够在较低的温度下发射出同等程度的电子，因此钍钨极较之纯钨极大大提高了载流能力，且容易引弧和稳定电弧，使用寿命也增长。同时电极前端的熔化、烧损也少于纯钨电极（直流正接），并且电弧容易引燃。由于加入了钍元素，电极的许用电流值增加，相同直径的电极可以流过较大的电流。一般用于 TIG 直流正接（DCSP）

焊接。但在直流反接（DCEP）或交流焊接中，钍钨电极效果不明显；在铝合金交流焊接中，会增加直流分量。钍钨极的缺点是，钍是一种放射性元素，具有微量的放射性，在使用钨钍电极焊接时一定要保持良好的通风环境，废弃的焊接头要妥善处理。

为解决钍放射性的问题而改用微放射性物质铈（Ce）来代替钍。铈钨电极是在纯钨材料中加入 1%～2% 微放射性稀土元素铈的氧化物（CeO_2）。铈钨电极与钍钨电极相比，在焊接中使用性能有如下优点：在相同规范下，弧束较细长，光亮带较窄，温度更集中；最大许用电流密度可增加 5%～8%；电极的烧损率下降，修磨次数减少，使用寿命延长；直流焊接时，阴极压降降低 10%，比钍钨电极更容易引弧，电弧稳定性也好。其缺点是铈钨电极并不适合于大电流条件下的应用：在这种条件下，氧化物会快速地移动到高热区，即电极焊接处的顶端，这将对氧化物的均匀度造成破坏，因而由于氧化物的均匀分布所带来的好处将不复存在。铈钨是我国首先试制并应用的，已取得国际标准化组织焊接材料分委员会承认，并在国际上推广应用。铈钨电极成为钍钨电极的首选替代品。

镧钨电极是欧洲国家所推出的替代钍钨电极的改良品种。镧是一种稀土元素，而且没有放射性。镧钨电极是在纯钨材料中加入元素镧的氧化物（La_2O_3），主要分类有含氧化镧 2%、1.5% 和 1% 等三种。氧化镧具有最低的电子逸出功，起弧最容易，尖端温度最低，这样有助于阻止晶粒长大，提升使用寿命。其导电性能最接近 2% 钍钨电极，耐用电流高而烧损率最小。通过测试含氧化镧 2% 的镧钨电极可知：如果无过载电流，其寿命比钍钨更长，在大多数使用中起弧更容易。镧钨电极主要用于直流焊，在交流焊接时也会有不错的效果。

（1）钨极引弧奇异性

钨电极是典型的热阴极，但是在一些情况下，钨极也可以作为冷阴极工作，例如在刚引弧后电极还未被完全加热的情况下。但是钨极以冷阴极工作却与铜等其他冷阴极有截然不同的效果，其主要差别就在于钨极不会产生金属蒸气。这一现象作为 TIG 电弧引弧的伴随现象，在实际应用中也非常重要。

钨作阳极时引弧要比作阴极时容易，只要引弧电流不过于小，都能够成功引弧。但是当用铜或者铁等金属代替钨作电极时，即便是作为阴极，引弧也比钨极容易，而且更快到达稳定状态。显然这里有其他因素影响引弧过程。铜和铁本就是冷阴极，阴极斑点会在阴极表面跳动，但钨极跳动尤为显著，电弧特别不稳定。一些人认为这是由于钨电极在引弧过程中没有产生金属蒸气，而铜和铁电极产生金属蒸气，从而使阴极现象更稳定。钨极在引弧过程中具有这种奇异性，因此也称之为超冷阴极。

（2）钨极电流容量

在 TIG 焊中，电流容量定义为：在电弧连续燃烧的情况下，钨极不发生烧穿或熔化成熔滴时所允许的电流最大值。影响钨电极电流容量的因素有：电流种类、极性、氛围气体的种类、电极种类以及电极的固有电阻。表 6.5 为不同直径的钨极的容许电流值。

◨ 表 6.5　钨电极直径与最大容许电流

电极直径/mm	交流电/A	直流正极性/A	直流反极性/A
0.5	15	20	—
1.0	60	80	—
1.6	120	150	20
2.5	160	250	30
3.2	210	400	40
4.0	275	500	55
6.5	490	1100	125

可以看出，在相同的电极直径的情况下，极性不同，则电极容许电流相差很大。这一点可以用阴极和阳极产热机制来分析：由于钨作阴极时是以热发射形式发射电子，热电子会从阴极带走一部分能量从而使阴极得到冷却。因此钨极可以容许较大的电流而不会熔化或烧穿；若钨极作阳极，则钨极要接受电子的能量，从而使钨极温度升高，所以钨极作阳极时不能承受较大的电流，否则会使钨极熔化。

采用正极性接法时，当电流超过容许电流值后，钨电极会产生熔断现象。但值得注意的是，其熔断位置位于与电极尖端有一定距离的部位。这说明造成电极熔断的主要原因并非电弧热以及阴极产热，因为如果是这部分热量所造成的，熔化部位应该位于电极端部。由此可以判断，造成电极熔断的热量来自于电极自身的电阻热。因此电极自身电阻越大，其容许电流就越小。

直流电与交流电之间也存在较大的差异，首先，交流电弧存在电流过零点的情况，电极并非像直流反接那样一直处于加热状态。但也不像直流正接一样被热电子冷却，因此其电流值介于两者之间。其次，在交流电的两个半波内，电极的极性不相同，作负极时被冷却，作正极时被加热，其温度也介于直流的两种接法之间。

在氩气或者氦气的气氛中，电极的容许电流也不相同。不同直径的电极在两种气体氛围下的容许电流如表 6.6 所示。可以看出，氩气的容许电流值要高于氦气，这是由于氩气作氛围气体时其电弧温度要高于氦气。

⊡ 表6.6　不同直径钨电极在 He 和 Ar 氛围下的容许电流

电极直径	He	Ar
1.6mm	125A	175A
2.4mm	225A	275A
3.2mm	275A	350A

（3）电极的异常损耗

焊接电流过大以至于钨极熔化脱落，将造成钨极的异常消耗。若保护气体纯度高且操作方法得当，则电极的消耗量并不大。电极消耗主要出现在稳定燃烧过程和引弧过程中，其中稳定燃烧过程的异常消耗与上面分析容许电流时所介绍的电极熔化类似。在焊接缺陷中有一类缺陷叫作焊缝夹钨，其主要是钨电极脱落至焊缝所致，这种现象在引弧时最为明显。TIG焊引弧初期，钨极会发生局部熔化而形成微粒飞散出去，而且其消耗量随着电流增加而增加。

引弧时电极异常消耗的机理可做如下分析：钨极作冷阴极时的电流密度和电压要高于电弧稳定状态，因此热量集中于局部而产生严重过热；同时钨极是通过烧结而成，存在于微粒间的气体受热膨胀，从而使钨极局部脱落。也可能是钨极本身蒸发效应所致。

6.3.2　电弧磁偏吹

（1）磁偏吹方向

原则上讲，电弧应当在电极与母材之间的最短距离上燃烧。但有时候会发现电弧偏离中间位置，例如在焊接异种材料或空间中存在外加非对称磁场时其表现尤为明显。讨论电弧磁偏吹其实就是在讨论电弧受电磁力的情况，若将电弧视作由无数根柔软度极高的金属丝构成，其中每一根金属丝上都有电流通过，则金属丝在磁场中就会受到电磁力作用。只需分析这些金属丝在空间磁场作用下的受力情况便可以知道电弧的磁偏吹方向。在分析金属丝受力方向时可以根据磁力线密度进行判断：当电流引起磁力线在空间中分布不均匀时，金属丝就会受到从磁力线密度高的区域指向密度低的区域的力。电弧由于柔韧性非常好，即便是在较小的磁场中也会受到影响。

在实际焊接过程中，造成电弧磁偏吹的原因有许多，一般在以下几种情况中表现出磁偏吹：

① 导线接线位置引起的磁偏吹。母材接电缆线的位置不当，以及电极与母材之间形成倾角是电弧产生偏吹的一项常见原因，如图 6.30 所示。电流通过电弧流入母材（工件）后，工件中的电流也会在空间中形成磁场，该磁场与电弧段中的电流所形成的磁场相互叠加，使电弧某一侧的自身磁场得到加强，从而在电弧周围形成不均匀磁力线，造成电弧磁偏吹。

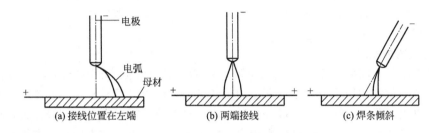

图 6.30　电源线接法对磁偏吹的影响

② 电弧附近的铁磁性物质引起的磁偏吹。当电弧某一侧存在强力铁磁性物体时，电弧磁场的磁力线将较多地集中到铁磁性物体中，电弧空间另一侧的磁力线密度相对增强，磁力线分布受到破坏，电弧将产生向铁磁性物体一侧的偏吹，看上去好像铁磁性物体吸引着电弧。

③ 电弧处于工件端部时产生的磁偏吹。对于钢材料焊接（铁磁性物体），当电弧移动到工件端部时，工件对电弧磁力线的吸引产生不对称，端部以外区域的磁力线密度相对增强，电弧被推向工件面积较大的一侧，如图 6.31 所示。特别是在坡口内部焊接时，工件一侧铁磁性物体所占体积较大，磁偏吹现象更为严重。

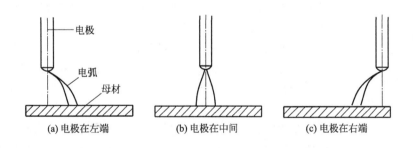

图 6.31　电弧在工件端部时产生的磁偏吹

④ 平行电弧间的磁偏吹。两个平行电弧，根据电流方向的不同，相互间可能产生吸引或排斥，这同样是由电弧空间磁力线相互增强或相互减弱造成的。

以上所讨论的都是直流电弧磁偏吹的方向，交流电弧也同样存在磁偏吹现象，且磁偏吹方向的分析与直流电弧相同。交流电流的方向随着时间而改变，但是电场产生的磁场也会随之而变，因此由电流和磁场所决定的力保持不变。但是，交流电弧的磁偏吹现象比直流电弧小得多。例如，直流电弧有在 150A 时的磁偏吹已经很大，但交流电弧在 300A 时也无明显的磁偏吹现象。交流电弧磁偏吹减弱的原因主要有以下几个方面：母材中产生的涡流对磁偏吹有抑制作用（涡流和感生涡流与焊接电流的关系类似于变压器的二次电流与一次电流的关系，一次焊接电流要被二次涡流电流抵消一部分，所以磁偏吹变弱）；涡流产生的位置靠近熔池附近的非磁性区，涡流要对电弧产生电磁力作用。

如上所述，交流电弧磁偏吹较弱的原因是涡流的影响，但并未考虑磁偏吹形成过程的时间因素，即交流电半周期内，电流从零开始增大时，最初的电弧在电极与母材的最短距离上燃烧。从理论上讲，随着时间增加，在磁偏吹力的作用下，电弧弧柱逐渐偏移中心位置最后形成最大磁偏吹。但由于半周期时间极短，在电弧还未达到最大磁偏吹时电流就已经降为零，因此在一定程度上减弱了电弧磁偏吹现象。由此可以推断，交流电弧抑制磁偏吹的因素并不止涡流一项。假若母材是分层的，能够抑制涡流的影响，即便是在这种情况下，交流电弧的磁偏吹现象也要小于直流电弧。

（2）磁偏吹的控制

电弧磁偏吹是空间磁场作用于电弧电流产生的，通过控制空间的磁场就可以控制磁偏吹。调整电源与母材的接线位置或者调整焊枪的倾斜角度可以控制磁偏吹的方向；在直流焊接时，采用电阻压降的办法，使一部分焊接电流经过焊缝下方且平行于焊缝流过，由这部分电流产生的磁场能够使电弧吹向已熔敷焊道方向，从而控制磁偏吹方向；电磁铁形成的磁场也可以用来控制磁偏吹，但由于产生磁场的极靴要占据较大空间，其应用受到很大的限制。

在使用交流电时，外加磁场必须与焊接电流同相位。例用极靴的方法时，若焊接电流相位与磁场相位不一致，反而会加重磁偏吹。为了满足相同的相位，就需要让极靴与焊接电流使用同一电源。通过外加磁场来控制磁偏吹的办法并不容易，这是因为连续均匀的母材上的磁效应也会不相同，由突然发生的干扰所造成的磁偏吹也很大。在电弧纵向施加一个磁场，在一定程度上能够减少磁偏吹。

（3）电弧偏吹回复力

电弧发生磁偏吹后，由于电流大小以及电弧在电极与工件之间的有效长度不变，因此可以认为电弧受到的电磁力没有减小，电弧会被进一步拉伸并最终熄灭。但在一般情况下，电弧并不会无限拉长，而是在一定磁偏吹状态下稳定燃烧。这就说明电弧中有一种能够抵抗外力的收缩力或回复力，使得电弧不能无限增长。

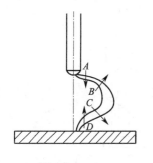

图 6.32　电弧偏吹的回复力

这种回复力是依靠怎样的机制产生的呢？从定性的角度可以作如下解释：由上一章讲过的最小电压原理可知，电弧在这种机制下时刻都有保持自身电压最小的趋势。当电弧因为某种原因发生横向偏吹时，电弧的电压随着电弧长度增加而上升。如图 6.32 所示，电弧在弯曲状态下，弧柱内侧电位比外侧要高，内侧区域的电离度升高，从而抑制电弧的无限伸长。另外，除了回复力以外，电弧还受到 A、B、C、D 四个力的作用，其中 B、C 加剧磁偏吹而 A、D 起到抑制磁偏吹作用。但它们之间到底谁占主导作用，应视具体条件而定。有的时候电弧一旦弯曲，B、C 值就会逐渐增大，直至电弧熄灭。

6.3.3　电弧其他现象

（1）电弧中的电磁压力

将电弧视为由许多通电导线所构成，那么导线之间因电磁力作用而相互吸引。如果是固态导体，电磁力与内部应力相平衡。但如果是流体，电磁力将会使其发生运动或变形。当电弧处于大电流时，电极附近将产生高速气流，产生的原因就是电磁收缩引起的压力差。弧柱在电磁力作用下，产生指向内部的力，其结果是使得内部气体收缩，压力升高。例如对 MIG 焊，实验测得焊丝端部的熔滴脱落时的加速度大小是重力加速度的 50 倍，只有电弧收缩力才能使得熔滴具有如此大的加速度。对于电磁收缩力在熔滴过渡方面的机理将在第七章详细叙述，下面就弧柱中的电磁压强做如下分析。

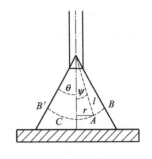

图 6.33 电磁压强示意图

电磁压强如图 6.33 所示且圆锥状电弧内部的电流均匀分布，那么弧柱任意位置（l，ψ）的电磁压强（单位为 $\mathrm{dyn/cm^2}$）可表示为：

$$p = \frac{2I^2}{\pi l^2 (1-\cos\theta)^2} \lg \frac{\cos(\psi/2)}{\cos(\theta/2)} \tag{6.26}$$

式中，θ 为圆锥半顶角；ψ 为考察母线与轴线的夹角；l 为考察点距顶点的距离。

电流 $I=200\mathrm{A}$、圆锥顶角为 $60°$、锥顶到水平母材距离为 $1\mathrm{cm}$ 时的电磁压强分布状态如图 6.34 所示。若假定焊接方式是铝的 MIG 焊，由图可以计算出正对电弧区域的压强可达 $475\mathrm{dyn/cm^2}$。若电弧下方的母材完全处于熔融状态，那么熔池在压力作用下会下凹。忽略表面张力的影响，并假设液体压力与电弧压力相平衡，那么可计算出熔池受电弧压力而下凹的深度为 d，则 d（单位为 cm）为：

$$d = \frac{475}{2.6 \times 980} = 0.185 \tag{6.27}$$

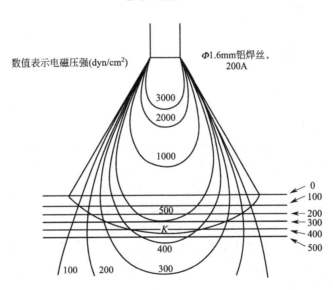

数值表示电磁压强(dyn/cm²)

Φ1.6mm铝焊丝，200A

图 6.34 弧柱中电磁压强的分布以及母材表面上的压强分布

对于大电流电弧，弧柱中心温度高，导电性好，所以中心区电流密度也高，电弧压强大。根据式(6.26)，弧柱中的电磁压强随着到锥顶距离的增加而降低，这一压强梯度在 $\psi=0$ 时的圆锥轴线上可表示为：

$$-\frac{\mathrm{d}p}{\mathrm{d}l}\Big|_{\psi=0} = \frac{4I^2}{\pi l^3 (1-\cos\theta)^2} \cdot \lg \frac{1}{\cos(\theta/2)} \tag{6.28}$$

（2）电弧挺度

电弧挺度是指在热收缩和磁收缩等效应的作用下，电弧沿电极轴向挺直的程度。当焊枪或焊条向母材倾斜时，电弧也随之倾斜，此时若电弧保持挺直的程度越高，则挺度越高。

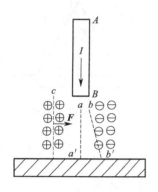

图 6.35　电弧所受电磁力

如图 6.35 所示，将 AB 视为电极部分。当电极与母材垂直时，由电极产生的磁场应该与电极同心。当电流经过 aa' 时，电流不受磁场的作用；如果电弧偏离了 aa'，例如像 bb' 那样流过，则电流就要受到如图所示的 F 作用力从而回到最初的位置。但电极直径越小，电流值越大，则 F 作用力越强。即采用小直径、大电流的焊接参数时，电弧挺度高。以上分析的磁力线仅由电极所产生，而通过弧柱的电流也同样会产生同心磁场，所以电弧具有集中于中心的性质。

当电流增大到一定值时，弧柱中心的温度超过 10000K，此时弧柱电导率升高到较大值，致使电弧集中于中心区域。因此，随着电流增加，电磁作用增强，弧柱收缩效应也急剧增强，所以可以看到电弧挺直的现象。CO_2 氛围气体的电弧挺度要比 Ar 和 He 作氛围气体时大，这是由于多原子分子解离吸收了一部分热量，使得电弧收缩加剧，从而提高了电弧的挺度。

值得注意的是，对于前面分析的电弧磁偏吹的现象，事实上在大电流情况下，由电极及弧柱自身所产生的磁场强度要大于外界的磁场。因此在电流较大且外加磁场不大的情况下，弧柱收缩占主导作用，从而使电弧可以沿电极延长方向伸出，表现出一定的挺度。

6.4　特殊电弧的特性

6.4.1　压缩电弧特性

（1）等离子体弧的产生

压缩电弧是指自由电弧通过机械压缩、热压缩和磁压缩后得到的电弧，其具有极高的温度、电离度和能量密度。自由电弧和压缩电弧如图 6.36 所示，可以看出自由电弧的电极伸出焊枪，而压缩电弧的电极收缩在焊枪内部，其电弧要被焊枪压缩之后才能喷出。压缩电弧目前被广泛应用于焊接和弧喷涂领域，作为焊接和喷涂热源的压缩电弧也被称为等离子弧。等离子弧的压缩电弧与钨极氩弧焊的电弧两者在本质上没有区别，其组成都是等离子体。只是电弧电离度不同，等离子弧电离度更高，因此电弧能量密度更高、温度更高。

机械压缩也称为壁压缩。当电流密度增大时，自由电弧的弧柱截面也将随之增大，因此其温度和能量密度没办法有很大的提高。如果使电弧通过一个喷嘴，电弧的直径就会受到喷嘴大小的限制，无法随意扩张，从而使流过喷嘴的电弧尺寸较小，以此来提高电弧的能量密度和温度。将这种利用喷嘴来限制电

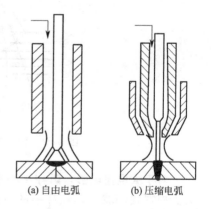

(a) 自由电弧　　　(b) 压缩电弧

图 6.36　自由电弧与压缩
电弧示意图

弧尺寸并以此来提高电弧能量密度的方法称为机械压缩。

通过对喷嘴进行水冷，使得与喷嘴接触的气体不易被电离，形成一个薄层。该层是由导热性和导电性均较差的中性气体组成的，使电弧的扩张受到限制。薄层温度较低使得电弧在径向上有很大的温度梯度，从而使带电粒子向电离度高的电弧中心运动，得到压缩电弧的效果。热压缩的另外一种方法是直接用水流对电弧进行压缩，压缩效果更好，可以获得具有极高能量密度和温度的等离子弧。将这种通过冷却电弧边缘气体而达到压缩电弧目的的方法称为热压缩。

图 6.37 是几种常见的等离子焊枪喷嘴。图 6.37(a) 是采用壁压缩的情况，这种压缩方法只能用少量的气体进行热能传送，主要应用于对能量密度要求不是特别高的场合。图 6.37(b) 是采用沿轴向上输送大气流量的情况：高速运动的气流进入喷嘴后沿喷嘴表面形成冷气层，使电弧得到压缩。图 6.37(c) 是循环水冷却压缩的情况：高速引入的水流在稳定室中形成漩涡，并通过喷嘴流向两边，流出的水流沿着壁面形成一层水膜，起到冷却和保护的双重效果。

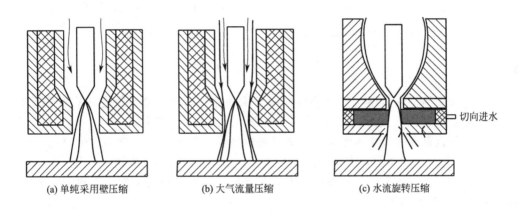

(a) 单纯采用壁压缩   (b) 大气流量压缩   (c) 水流旋转压缩

图 6.37 不同形式的等离子焊枪喷嘴

磁压缩是通过弧柱自身的磁场，使通过弧柱的电流受到电磁力作用从而被压缩。因此通过喷嘴的电流越大，压缩效应越强。在以上三种压缩中，机械压缩是前提，而热压缩起着非常重要的作用，磁压缩的效果相对较弱。

（2）等离子弧的分类

等离子弧可以根据电源供电形式的差异分为三类：非转移型等离子弧、转移型等离子弧、联合型等离子弧。

非转移型等离子弧的电弧在电极与喷嘴之间燃烧，焊件不接电源。流入喷嘴的气体被加热后喷出喷嘴，形成焰流。这种等离子弧的温度和能量密度都相对较低，常用作喷涂、焊接和切割金属的热源，或者对不导电材料进行加热。

转移型等离子弧的电弧在电极与工件之间燃烧。这种类型的电弧难以直接引燃，而是需要先引燃非转移型电弧后再将电弧过渡到工件上，从而得到转移型电弧。这种电弧的能量密度和温度较高，常用于中厚板焊接、切割和堆焊。

将上述的非转移型等离子弧和转移型等离子弧联合在一起工作的电弧称为联合型等离子弧。其中，非转移型等离子弧主要起到维持电弧温度的作用，因此也称为维弧；转移型等离子弧是主要热源，称为主弧。由于非转移型等离子弧的存在使得联合弧在很小的电流下依然可以保持稳定燃烧，因此联合弧常被用于微束等离子弧焊接和粉末堆焊。

（3）等离子弧的特性

等离子弧静特性是指在一定弧长下，等离子弧处于稳定工作状态时电弧电流 I_f 与电弧电压 U_f 之间的关系，也称为等离子弧的静伏安特性。与非熔化极电弧焊电弧类似，等离子电弧也是非线性负载，其静特性曲线呈 U 形，如图 6.38 所示。等离子电弧的静特性由下降特性、平特性和上升特性三部分组成。与一般的自由电弧相比，等离子电弧的静特性具有如下的一些特点：

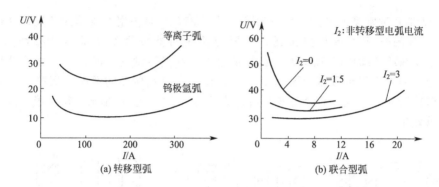

图 6.38　等离子电弧静特性

① 由于喷嘴的拘束作用，等离子弧的横截面积相对减小，弧柱部分的电场强度增加，因此电弧电压明显升高。静特性曲线的平特性段较自由电弧明显变短。

② 喷嘴的拘束孔的尺寸和形状对等离子弧静特性有明显影响，喷嘴孔道直径越小，静特性曲线的平特性段就越短，上升段的斜率越大，所以弧柱电场强度增大。

③ 通入的离子气体流量和种类不同也会显著影响弧柱的电场强度，等离子弧的电源电压按照离子气体种类而定。

④ 随着非转移型电弧电流增加，联合型等离子弧的电弧静特性曲线的下降特性段的斜率明显减小，这是因为非转移弧的存在为转移型等离子弧提供了导电通路，使得电弧电压下降。

与普通非熔化极电弧相比较，等离子弧的热源特性具有以下特点：

① 电弧温度和能量密度高。自由电弧的温度范围为 10000～24000K，能量密度小于 $10^4 W/cm^3$。等离子电弧由于受到强烈压缩，温度范围高达 24000～50000K，能量密度可达 $10^6 W/cm^3$。可以看出，被压缩后的等离子弧温度和能量密度都有大幅增加。

② 等离子弧由于受到压缩，从喷嘴喷出的电弧挺度提高。在电流为 200A、电压为 15V时，钨极氩弧焊的电弧扩散角为 45°；电流为 200A、电压为 30V、喷嘴孔径为 2.4mm 时，等离子体电弧扩散角为 5°。这是由等离子弧中带电质点运动速度提升所致，其与气体种类以及喷嘴形状有关。

③ 热组成不同。普通的非熔化极电弧加热工件的热量主要是来自弧柱热量辐射和扩散以及阳极斑点产热。在等离子弧中，最大压降区为弧柱区，弧柱区的高速等离子体通过辐射、传导对工件进行加热，而阳极产热作为辅助。因此弧柱区成为等离子弧的主要热源。

（4）双弧现象

正常的转移型等离子弧会在工件与钨极之间稳定地燃烧，有时等离子弧的这种稳定燃烧状态会被破坏。除了在工件与钨极之间存在一束等离子弧以外，在钨极—工件—喷嘴之间还存在另一束等离子弧，将这一电弧称为旁路电弧。所谓双弧现象就是主电弧与旁路电弧同时存在，见图 6.39。双弧的出现会分散主弧电流，导致主弧热量减小，从而使焊缝质量变差，严重时会直接将喷嘴烧毁。

对于双弧形成的原因做如下分析：等离子弧也满足最小电压原理，即在一定的外界条件和电流下，电弧力求寻找一条电压最小的路径。等离子弧在正常燃烧时，电弧与喷嘴内壁间隔着一层低温气体薄膜，这层薄膜可以使电弧与喷嘴隔绝，从而使电弧能稳定燃烧。此时等离子弧各部分压降之间满足如下关系

$$U_{AB} = U_{cW} + U_{Aa} + U_{ab} + U_{bB} + U_{aj}$$

（6.29）

式中，U_{AB} 为等离子弧电压；U_{Aa} 为 Aa 段压降；U_{cW} 为钨极上的阴极压降；U_{ab} 为弧柱 ab 段压降；U_{bB} 为弧柱 bB 段压降；U_{aj} 为工件上的压降。但试验表明，具有冷气隔离的喷嘴是带电的，通过试验测得：

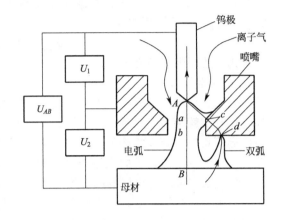

图 6.39　双弧现象

$$U_{AB} = U_1 + U_2 \tag{6.30}$$

式中，U_1 为钨极与喷嘴间的电压；U_2 为喷嘴与工件之间的电压。上式表明，即便是起隔离作用的冷气薄膜仍然有带电粒子。等离子弧的一部分电流穿过冷气薄膜到喷嘴然后流入工件，将这一部分电流称为喷嘴电流 I_d，如图 6.40 所示。显然等离子弧电流越大，气体薄膜就越薄，喷嘴电流也越大。当喷嘴电流增加到足够大时，冷气薄膜就会被彻底击穿，从而在钨极与喷嘴之间形成稳定电弧以及双弧现象。由图 6.39 可知，旁路电流由 Ac 和 dB 两段组成，其电弧静特性为 U 形曲线的前半段，根据主路电弧和旁路电弧各自的静特性曲线可得双弧的静特性曲线如图 6.41 所示。综上所述，有：

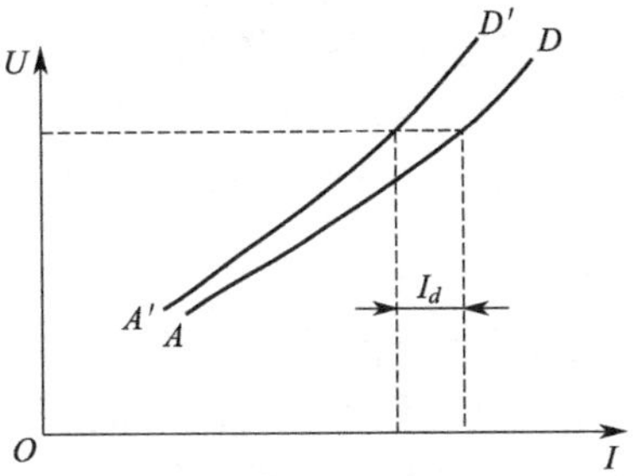

图 6.40　喷嘴电流对等离子弧静特性的影响

$$U'_{AB} = U_{cW} + U_{aCu} + U_{Ac} + U_{cCu} + U_{cd} + U_{dB} + U_{aj} \tag{6.31}$$

式中，U_{cW} 为钨极上的阴极压降；U_{Ac} 为 Ac 段电弧压降；U_{aCu} 为铜的阳极压降；U_{cd} 为喷嘴上 cd 段的压降；U_{cCu} 为铜的阳极压降；U_{dB} 为弧柱 dB 段的压降；U_{aj} 为工件上的阳极压降。只有当电弧彻底击穿冷气的隔离时才能形成双弧。设 U_T 为冷气薄膜的击穿电压，则

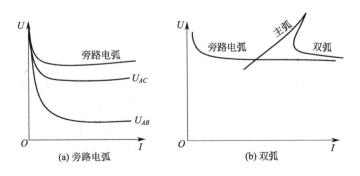

(a) 旁路电弧　　　　　　　　(b) 双弧

图 6.41　旁路电弧与主路电弧静特性

有 $U_{AB} \geqslant U'_{AB} + U_T$。假如主弧和旁路电弧的电场强度相同，而且满足 $U_{Aa} = U_{Ac}$ 以及 $U_{bB} = U_{dB}$，最后可以得到：

$$U_{AB} \geqslant U_{aCu} + U_{cCu} + U_T \tag{6.32}$$

上式为产生双弧的条件关系式。

（5）双弧的防止

喷嘴的结构对双弧的产生起到决定性作用：喷嘴的孔道越长、喷嘴孔径越小，等离子弧柱电压 U_{ab} 就越大，双弧倾向也越大。另外，当钨极与喷嘴不同心时，喷嘴内壁的冷气薄膜厚度会不均匀，局部的冷气薄膜厚度减小从而容易被击穿，因此也容易产生双弧现象。因此，可以通过设计合适的孔道长度与喷嘴孔径，使得弧柱电压在适当范围内；提高加工精度，使钨极与喷嘴有更好的同心度。

当喷嘴的结构一定时，增加电流，弧柱电压也随之升高，容易产生双弧。因此，在不产生双弧情况下，允许使用的电流有一个临界值，当焊接电流超过这一临界值时就会产生旁路电弧。为了保证电流一直处于极限值以下，可以使用恒流外特性电源来得到较大且不发生双弧的焊接电流。

工作气体流入等离子弧焊枪的方式会影响双弧的产生，其流入方式分为切向流入和径向流入两种。切向流入时，气体会在焊枪内形成漩涡，且外围气体密度大于中心区域，一方面使孔壁的冷气薄膜厚度增加，另一方面有利于提高中心区域电离度，降低外围区域温度。因此切向进气防止双弧产生的效果比径向进气要好。气体流量也会影响双弧的产生：气流量增加虽然会使弧柱电压有所升高，但同时会增加冷气薄膜厚度，因此也能降低产生双弧的可能性。

喷嘴的冷却效果，以及焊接时的飞溅附着在喷嘴内壁都会影响双弧的产生。

6.4.2 钨极氦弧焊电弧特性

焊接时，保护气体不仅仅是焊接区域的保护介质，也是产生电弧的气体介质。因此保护气的特性（如物理特性、化学特性等）不仅影响保护效果，也影响到电弧的引燃、焊接过程的稳定以及焊缝的成形与质量。用于钨极惰性气体保护焊的保护气体大致有三种：使用最广泛的是氩气，其次是氦（He）气，由于氦气比较稀缺，提炼困难，价格昂贵，所以国内用得极少；最后一种是混合气体，由两种不同成分的气体按一定的配比混合后使用。本节主要讲述钨极氦弧焊的相关内容。

（1）氦弧气体保护的特点

氦气是惰性气体，几乎不与任何金属产生化学反应，也不溶于金属中。氦气的性能见表 6.7。从表 6.7 可知，氦气的电离电位很高，故焊接时引弧较困难。氦气和氩气相比较，由于其电离电位高、热导率大，因此在相同的焊接电流和电弧长度下，氦弧的电弧电压比氩弧高（即电弧的电场强度大），使电弧有较大的功率。氦气的冷却效果好，使得电弧能量密度大，弧柱细而集中，焊缝有较大的熔透率。

⊡ 表 6.7 某些气体性能参数

气体	分子量	密度(273K, 0.1MPa) /kg·m^{-3}	电离电位 /V	比热容（273K） /[J/(g·K)]	热导率 (273K) /[W·(m·K)$^{-1}$]	5000K 时的解离程度
Ar	39.944	1.782	15.7	0.523	0.0158	不解离
He	4.003	0.178	24.5	5.230	0.1390	不解离
H$_2$	2.016	0.089	13.5	14.232	0.1976	0.96
N$_2$	28.016	1.250	14.5	1.038	0.0243	0.038
空气	29	1.293	—	1.005	0.0238	—

氦气的原子质量轻、密度小，要有效地保护焊接区域，其流量就要比氩气大得多。由于价格昂贵，其只在某些特殊场合下应用，如核反应堆的冷却棒、大厚度的铝合金等。

经实验证明，当氦气流量较大（约为41L/min）时，在电弧引燃前气体已经覆盖全部焊接区。当氦气流量减至21L/min时，引弧前气体甚至吹不到工件上，然而在焊接时有强烈的等离子流的存在，使气流也能覆盖住整个焊接区。当然，在小流量下，熄弧后等离子流的消失使灼热的钨极端部因得不到保护而很快烧损。为了防止这种现象，也为了引弧方便，可在引弧前和熄弧后都用一定量的氩气代替氦气。其工作次序如图6.42所示，其中$Q_\text{氩}$、$Q_\text{氦}$分别表示氩气和氦气的流量。

（2）氦弧形式

与氩气相比，氦气较轻、分子热运动速度快、对电弧的冷却作用强且其电离电位高（24.5V），故弧柱的电场强度大。氦气的这些特性决定了氦弧的特点。

比较氦弧和氩弧电弧形态的差异将有助于理解氦弧。采用焊接专用相机在相同位置拍摄不同电流和

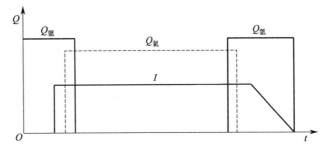

图6.42　氦弧焊时建议的气流次序

弧长条件下的电弧形态，观测不同电流和弧长下电弧形态的变化。

焊接电流为160A、电弧长度为4mm时钨极氦弧焊与钨极氩弧焊的电弧形态如图6.43所示。由图6.43可得，在相同焊接工艺参数条件下，钨极氦弧焊与钨极氩弧焊在电弧形态上存在明显差异。钨极氩弧焊电弧形态呈钟罩形，在阳极附近发生明显的发散现象。和氩弧相比，钨极氦弧焊电弧形态呈圆球形，在阳极附近发生明显的收缩现象。这是由于在相同条件下，当弧长较小时，由于氦原子质量小于空气中分子的平均质量，同时氦弧电弧电压大、热量较高，所以电弧中间段将会发生一定程度的扩张，以实现热量的平衡；另一方面，在阳极处，由于氦气热导率大，而较高的热导率使得氦气和外界热交换较为迅速，为保持热平衡，氦弧发生收缩以减小散热面积，因此氦弧在阳极附近的收缩较氩弧明显。

另外，在试验参数范围内，电流的变化对于氦弧和氩弧的电弧形态影响不大。随着电流的增加，氦弧和氩弧的电弧径向尺寸有所增加，但外形特征变化并不明显。这是因为当电弧弧长增加后，电弧散热面积增大，散热量增加。由最小电压原理可知，氦弧电弧电压增大带来的能量增加与氦弧散热面积增大导致的散热量增大维持平衡，电弧中间段将不会出现明显扩张。同时，电弧两端受到阴极和阳极的拘束作用，形态不会发生很大变化。电弧最终表现

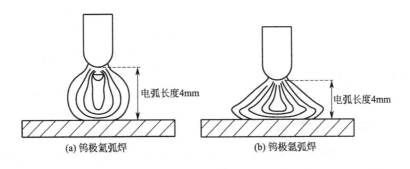

(a) 钨极氦弧焊　　　　　　　　　　(b) 钨极氩弧焊

图6.43　钨极氦弧焊和钨极氩弧焊的电弧形态

出梨形，有变化为圆柱状的趋势。在氦氩混合气体中燃烧的电弧，其弧态介于氩弧和氦弧之间。

　　为进一步对比氦氩电弧在不同弧长下的形态区别及其随弧长的变化而变化的规律区别，保持相机和电弧相对位置不变，160A 电流、不同弧长条件下氦氩电弧形态如图 6.44 和图 6.45 所示。随电弧长度的增大，氩弧径向尺寸略有增加，但整体仍然呈现钟罩形；相同条件下随弧长的增大，氦弧逐渐由特征化的球形形态转化为梨形形态，并逐渐趋近于柱状，形态特征发生较为明显的变化（而不是一直保持特征化的球形形态）。但是可以看出，在阳极附近氦弧仍然保持较为明显的收缩特性，对于降低焊缝熔宽有一定的促进作用。

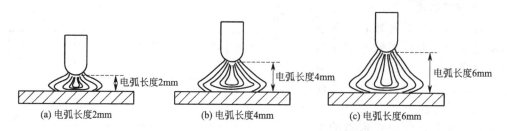

(a) 电弧长度2mm　　　　(b) 电弧长度4mm　　　　(c) 电弧长度6mm

图 6.44　不同电弧长度下钨极氩弧焊电弧形态

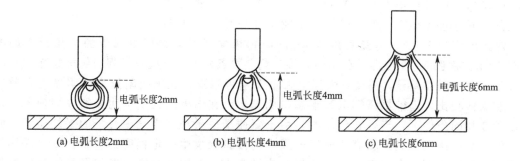

(a) 电弧长度2mm　　　　(b) 电弧长度4mm　　　　(c) 电弧长度6mm

图 6.45　不同电弧长度下钨极氦弧焊电弧形态

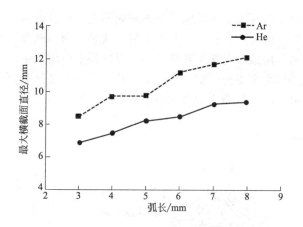

图 6.46　氦、氩电弧最大横截面直径随弧长的变化

　　利用电弧形态图片中的焊枪喷嘴直径对电弧特征尺寸进行标定，可以计算出在 160A 电流条件下氦弧和氩弧的电弧最大横截面直径，计算结果如图 6.46 所示。可以看出，在焊接电流相同时，随电弧长度的增加，电弧横向尺寸也增加，氦氩电弧最大截面直径均随电弧长度增加而增加。同时，在相同的电流和电弧长度条件下，氦弧电弧最大截面直径小于氩弧。

　　如图 6.46 所示，如果说氩弧的曲线较为稳定，则氦弧的曲线就有明显的摆动。氦弧处于低速旋转状态时，阳极斑点的移动清晰可见。为什么氦弧易摆动或旋转？这是由于氦弧的电场强度较大，最小电压原理的作用较为明显，氦弧不断飘向形成最小电压的通路，而氦气较轻，增强了球状弧柱的摆动性。

（3）电弧压力

在焊接过程中，焊缝由熔池凝固而成，电弧对熔池的影响主要体现在"热"和"力"两个方面。电弧对熔池的"热"和"力"的作用将直接影响焊缝组织和焊接接头形貌，对焊接接头质量有直接的影响。电弧压力对焊接接头形貌影响较大，因此需要对 He 弧和 Ar 弧的电弧压力特征进行对比分析，以深入了解电弧力对焊接接头形貌的影响规律。

在保持其他工艺参数不变的条件下，测量不同电流条件下的氦弧和氩弧电弧压强，结果如图 6.47 所示。可以看出，相同电流下 He 弧电弧压强明显小于 Ar 弧；在无垫板的焊接过程中使用 He 弧替代 Ar 弧，可以降低熔池下塌的程度。同时，试验结果表明，随着电流的增大，He 弧和 Ar 弧的电弧压强均有较为明显的增大，表现出相同的趋势。对于氦弧和氩弧电弧压强而言，焊接电流均为关键因素。

对于钨极氩弧焊而言，电弧力主要由电弧静压力和动压力组成，其中电弧静压力为电弧电磁收缩力，电弧动压力为电弧等离子流力。图 6.48 为焊接电弧模型示意图。

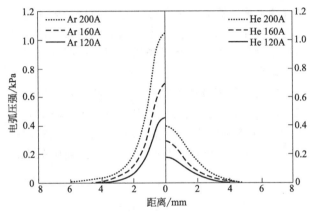

图 6.47　不同电流下氦弧和氩弧电弧压强

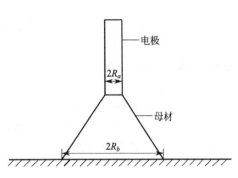

图 6.48　焊接电弧模型示意图

对于相同电流条件下的氦弧和氩弧，一方面，氦弧下端直径 $2R_b$ 将小于氩弧，导致氦弧的电弧静压力小于氩弧；另一方面，氦的较小的原子质量导致氦弧等离子流力小于氩弧。较小的动压力和较小的静压力，导致相同焊接参数下氦弧的电弧压力小于氩弧的电弧压力。当焊接电流增加时，电弧静压力将增加。同时，在较大的电流作用下，电弧等离子体流速增快，等离子体对阳极的冲击力增大，电弧动压力随之增加。因此，电流增大时，电弧压力随之增加，氦弧和氩弧表现出相同的趋势。

氦弧和氩弧热物理性能的不同，导致其焊接过程中对熔池的热和力作用不同。在相同工艺参数下，比较氦弧和氩弧在阳极处的界面直径可知，氦弧在阳极附近收缩较强，氦弧的阳极直径小于氩弧。当采用相同焊接电流时，在氦弧较小的阳极截面上通过和氩弧同等大小的电流，使得氦弧具有更大的阳极电流密度。另一方面，相对于氩弧而言，氦弧具有更高的电弧电压。两方面的综合作用，使得氦弧具有更高的能量和更为集中的阳极功率密度。

对比 He 弧和 Ar 弧电弧压力大小，在相同焊接参数下，He 弧电弧压力明显小于 Ar 弧。电弧压力的减小，将不利于热量向板厚方向的传递以及电弧对熔池的搅拌。但另一方面，氦弧更小的电弧压力，将导致熔池表面指向熔池四周方向的剪切力减小，而熔池表面剪切力的减小有助于增加熔池金属向中心对流的趋势，从而增加熔池熔深。在实际焊接过程中，电弧压力的减小，将有利于无垫板焊接过程中熔池的维持，使其不易塌陷。

（4）阳极热功率密度

电弧对熔池的热作用较难直接测量，对其热作用的定量分析较难实现。而"热"只是能量的一种宏观表现，电弧对熔池的热作用从其根本上而言是电弧对熔池的能量输入作用。

直流正接焊接过程中，电弧对焊接熔池的能量输入都要通过阳极表面进行传递，阳极表面能量输入密度分布可用来分析熔池热量输入密度分布。因此，定义阳极表面电流密度（i）与电弧电压（U）以及电弧热效率（η）的乘积为阳极表面功率密度 P（即 $P = \eta U i$），来表示阳极表面能量输入密度分布。分析 GTAW 焊接过程中阳极电流分布，将有助于对熔池能量输入的理解。

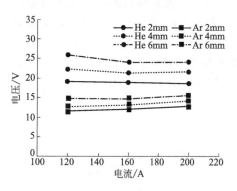

图 6.49 所示的是氦氩电弧在 $100 \sim 200A$ 区间内的电弧静特性。由图可以发现，在相同的电流和弧长条件下，氦弧电压要显著高于氩弧。在 $100 \sim 200A$ 区间内，氦弧和氩弧呈现平特性，两者的电弧电压都随弧长的增长而增加。相对于氩气而言，氦气的电离能高，因此氦弧的电场强度即电弧电压要高于氩弧。当电弧弧长增加后，电弧弧柱区电压降将会增加，因此，当弧长增加时，氦弧和氩弧的电压均增大。

图 6.49 氦、氩电弧不同弧长下电弧静特性

采用分裂阳极法可以测得氦弧和氩弧阳极电流密度。另外有研究表明，电流为 160A 左右时，氦弧和氩弧阳极热效率 η 分别为 68.5% 和 58.5%。这样就可以计算得到的氦弧和氩弧的阳极电流密度和阳极功率密度，如图 6.50 所示。可以看出，在相同焊接参数下，氦弧阳极电流分布较为集中，峰值电流密度大于氩弧。

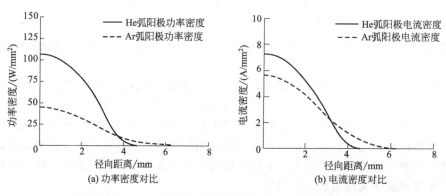

图 6.50 180A 时氦氩电弧阳极电流密度及功率密度分布

一方面，相对于氩弧而言，氦弧能量密度更为集中，能够增加焊缝深宽比，减小熔池体积，降低重力引起的熔池金属下塌倾向；另一方面，氦弧具有较小的电弧压力，使得熔池下塌驱动力进一步减小，在筒状件的无垫板对接焊接过程中有较大优势，对于黏度较低的铝合金悬空焊接尤为重要。

阳极能量密度的增大，有利于氦弧焊缝熔深的增加，实现较厚工件的焊接。然而，在焊接过程中，由于氦弧质量较小，容易出现电弧不稳的现象，因此使用纯氦作为保护气时，通常需要采用较大的气流量以保证电弧的挺度和稳定性。而氦气成本相对较高。综合来看，在氦气中适当添加氩气，使用混合气作为保护气以增加氦弧电弧挺度是一种较好的解决方案。另一方面，氦弧能量密度增加对熔池形态以及组织的影响还有待进一步研究。

第 2 篇

熔滴过渡

第 **7** 章

焊接过程熔化现象

7.1 焊条熔化分析

焊条的材料通常与工件的材料相同，并且焊条基本应用于手工电弧焊，焊条的焊芯在工作时产生的电弧热量使药芯熔化，并过渡到熔池。焊条的药皮是靠焊芯传导的热量熔化的。焊条的过渡特性以及焊条熔化的物理参数会对焊接过程带来很大的影响。

7.1.1 焊条的热源及熔化速度

（1）焊条的热源

在焊接热源的作用下，焊芯熔化时就会形成熔滴，药皮熔化之后就会形成熔渣，熔滴与熔渣会通过焊条的端部向熔池进行过渡，并且会在药皮熔化之前析出 CO_2、H_2、CO 等气体。通常情况下，在焊条电弧焊时，电阻热、化学反应热以及焊接电弧热给焊条端部加热和熔化焊条。

① 电阻热　焊芯中有焊接电流通过时会产生电阻热，电阻热与焊接时的电流密度、焊接时间以及电阻有关。在进行手工电弧焊时，在规范的焊接参数下电流对焊芯的预热作用较小，但是当电流的密度过大时，电阻热受到电流的影响而明显增大，从而使焊芯与药皮的温度升高，将会造成焊接不良的结果。最常见的结果是药皮开裂，丧失冶金作用，焊缝成形质量不好，电弧燃烧不稳定，甚至会产生气孔等焊接缺陷。所以当使用手工电弧焊时，要严格地限制焊芯的加热速度，尽可能控制药皮的加热速度。正常情况下，在焊接结束时，焊芯的温度不能超过 600～650℃。

② 电弧热　电弧热是用于加热焊条的能量，其热量用来熔化药皮与焊芯，使处在焊条端部的液体金属过热和蒸发。如图 7.1 所示，电弧热中用于焊条熔化的热量约占 30%，用于母材熔化的热量约占 10%，传递到母材未熔化区的热量约占 45%，在焊接中由于电弧热辐射与气体对流损失掉约 15%。

加热和熔化焊条的功率 q_e 只是所有能量中的一部分，即：

$$q_e = \eta_e UI \tag{7.1}$$

式中，U 为电弧电压；I 为焊接电流；η_e 为焊条加热有效系数。

手工电弧焊的 η_e 值约为 0.2～0.27。在进行焊接时，剩余的另一部分热功率会传递到焊芯的最深处，使焊芯与药皮的温度急剧升高。通过沿着焊芯轴线的方向测量药皮的表面温度，发现电弧加热形成的温度场范围很窄，主要集中在焊条端部10mm之内，这恰恰说明了焊条的熔化靠的主要是电弧热。测量得到的焊条长度方向的药皮表面温度的分布如图7.2所示。

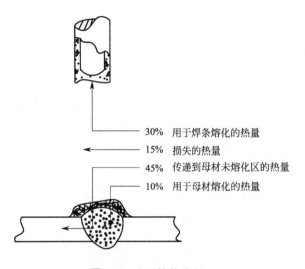

30%　用于焊条熔化的热量
15%　损失的热量
45%　传递到母材未熔化区的热量
10%　用于母材熔化的热量

图7.1　电弧热的分配

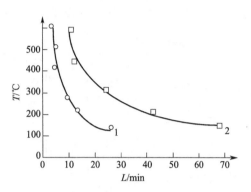

图7.2　药皮表面焊接温度沿着焊条长度方向的分布

③ 化学反应热　化学反应热指的是在药皮中部分化学物质在焊接中发生化学反应而产生的热量。例如药皮中的木屑与氧气在高温下反应产生了一定的热量，但这部分化学反应热通常仅占总热量的很小一部分，大约为1%～3%，基本可以忽略。

（2）焊条金属的熔化速度

单位时间内熔化的焊芯质量或长度称为焊条金属的平均熔化速度。大量的实验表明，当焊接工艺参数在正常的范围内时，焊条金属的平均熔化速度与焊接电流成正比，可以用数学公式表示为：

$$g_M = \frac{G}{t} = \alpha_p I \tag{7.2}$$

式中，g_M 为焊条金属的平均熔化速度，g/h；G 为熔化的焊芯质量，g；t 为电弧燃烧的时间，h；I 为焊接电流，A；α_p 为焊条的熔化系数，g/(A·h)。

通常把单位时间内进入到焊缝金属中的金属质量叫作平均熔敷速度，并且可用下列式子表示：

$$g_D = \frac{G_D}{t} = \alpha_H I \tag{7.3}$$

式中，g_D 为焊条的平均熔敷速度，g/h；G_D 为熔敷到焊缝中的金属质量，g；α_H 为焊条的熔敷系数，g/(A·h)。

在焊接过程中，将由于各种非人为因素损失的金属质量与熔化的焊芯质量之比称为损失系数，可用下列式子表示：

$$\psi = \frac{G - G_D}{G} = \frac{g_M - g_D}{g_M} = 1 - \frac{\alpha_H}{\alpha_p} \tag{7.4}$$

$$\alpha_H = (1 - \psi)\alpha_p \tag{7.5}$$

通过式(7.5)可以得出，焊接中真正反映焊接生产率的指标为熔敷系数，熔敷系数越高则生产率越高。

7.1.2 影响焊条熔化的因素

（1）药皮成分对熔化速度的影响

从表7.1中可以看出，由于药皮的成分不同，不同类型药皮的焊条熔化速度与熔化系数也是不同的。这种差异可以从以下方面进行解释。

⊡ 表7.1 不同类型药皮的焊条熔化速度和熔化系数（$\phi 4mm$，160A）

药皮类型	牌号	熔化速度/(mm/s)				熔化系数/[mg/(A·s)]				
		a S.P	b R.P	c A.C	c' $\frac{1}{0.9}$	a S.P	b R.P	c A.C	c' $\frac{1}{0.9}$	$\frac{a+b}{2c'}$
钛钙型 E4303	TB24	4.0	3.8	3.5	3.8	2.5	2.4	2.2	2.4	1.01
钛铁矿型 E4031	B17	5.3	4.3	4.5	5.0	3.4	2.7	2.8	3.1	0.98
纤维素型 E4311	HC24	4.8	4.0	4.0	4.4	3.0	2.5	2.5	2.8	1.00
氧化钛型 E4313	TB62	4.6	4.2	4.0	4.5	2.9	2.6	2.5	2.8	1.00
	RB26	5.1	4.2	4.2	4.6	3.2	2.6	2.6	2.9	1.00
氧化铁型 E4327	SB25	3.8	3.2	3.2	3.5	2.4	2.0	2.0	2.2	1.00
低氢型 E4316	LB26	3.2	3.4	3.0	3.3	2.0	2.1	1.9	2.1	1.00
气渣保护型	MF28	4.2	3.2	3.4	3.7	2.6	2.0	2.1	2.3	0.99
铁粉型	IB-0	3.4	3.2	3.1	3.4	2.1	2.0	1.9	2.1	0.97

药皮成分对电弧电压产生的影响。焊条药皮中含有低电离电位物质如 Na^+、K^+ 等金属离子，会影响焊接电弧。由于这些粒子的电离电位低，因此在电弧中很容易产生电离，导致电弧电压降低。保持其他条件不变，电弧电压下降导致电弧产热也随之减少，从而导致焊条的熔化速度与熔化系数也随之降低。而当焊条药皮中含有高电离电位物质，例如 F 元素时，由于其电离电位高，很难发生电离，所以电弧电压升高导致电弧产热也逐渐增多，同时提高了焊条的熔化速度。

药皮中加入的一些放热反应物。当在药皮中加入一些放热反应物质时，可以提升焊条的熔化速度。例如在 E4320 氧化铁型焊条药皮中加入大量的锰铁和赤铁矿的时候，锰产生的氧化反应放出的热量会加快焊条的熔化，增大了熔化系数。

药皮的成分与厚度的影响。焊条熔滴过渡状态会受到药皮的成分与厚度的影响。焊条中的碳在焊接时会发生氧化。碳的氧化可能发生在熔渣与熔滴的表面，也可能发生在熔渣的内部，还有可能发生在金属熔滴的内部。而碳氧化会产生一氧化碳气体，使熔滴爆破的程度加大；另外一氧化碳产生的强大气流会成为熔滴过渡的动力。药皮成分与厚度不同的焊条所含的碳量是不同的，通常情况下碳含量越大，焊条的熔滴过渡频率就越大，焊接电弧产生的热能的利用率也会越大，即提高了焊条的熔化速度与熔化系数。

焊芯电阻热和焊条药皮中加入铁粉的影响。不同钢种的焊芯会导致不同的电阻率，电阻率越大，产生的热量也就越小，因而使焊条的熔化速度和熔敷系数降低。当然，在焊条的药皮中加入的一定数量的铁粉可以去除熔池中的氧，充当一种造渣剂，在焊接时形成具有一定物化性能的熔渣覆盖于熔池的表面，从而提高焊条的熔化速度与熔敷系数。

（2）其他因素对焊条熔化的影响

① 焊条直径的影响。同一类型药皮焊条在不同焊条直径与焊接速度下的熔化速度如图7.3所示。从图中可以清晰地看出，对于同一类型的焊条，电流越大时，焊条的熔化速度也

就会越快。

② 极性的影响。从图 7.4 中可以看出 B-17（E4301）型的焊条在不同电流种类 [直流正极性（S.P）、交流（A.C）、直流反极性（R.P）] 时的熔化系数。在较大的电流值范围内熔化系数基本不变。

③ 电流密度的影响。由图 7.5 可以看出 $\phi 3.2mm \sim \phi 6mm$ 时 D4311 焊条的熔化系数与焊条直径和电流密度的关系。通常情况下，同一根焊条的熔化系数会随着电流密度的增加而增加，但当 D4311 焊条直径为 5mm 时，熔化系数会出现缓慢降低的情况；而当焊条直径为 6mm 时，其熔

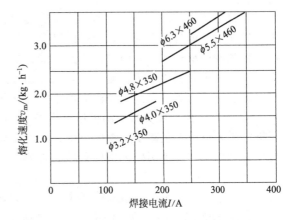

图 7.3　直流电源中 E6012（E4313）焊条的熔化速度

化系数会明显减小，其原因是焊条的直径过大，电流密度过小，所产生的热量较低，无法达到正常熔化焊条时所需的热量。

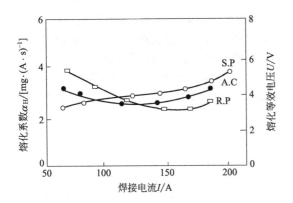

图 7.4　神钢 B-17$\phi 4mm$ 焊条的熔化系数

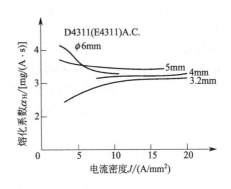

图 7.5　焊条直径与电流密度对熔化系数的影响

7.2　熔化极气保焊丝熔化分析

7.2.1　熔化极气保焊丝的熔化热源

熔化极电弧焊中的焊丝在焊接中充当电弧一极，同时也因电弧热而产生熔化的现象。熔化的部分通过熔滴过渡到熔池中，与熔化的母材金属混合在一起，共同形成焊缝金属。焊丝熔化时所需要的热量在很大程度上依靠阴极区（直流正接）或者阳极区（直流反接）所产生的热量以及焊丝自身所带的电阻热，弧柱区所产生的辐射热比较小。

（1）电弧热分析

非熔化极电弧填丝焊时，基本靠弧柱产生的热量来熔化焊丝。焊接电弧是具有极大能量的导电体，其能量来自焊接电源。在单位时间内焊接电源为焊接电弧提供的总能量 P 可以用下式表示：

$$P = IU_K + IU_P + IU_A \tag{7.6}$$

式中，IU_K 为阴极区所得到的能量；IU_P 为弧柱区所得到的能量；IU_A 为阳极区所得到的

能量。

焊接电源提供的能量（电能）会在焊接过程中被转化为光能、热能以及机械能等。热能占了转化后总能量的大部分，而热能又会以辐射、对流以及传导等形式传送到周围空气、阳极材料和阴极材料中；光能占转化后总能量的一小部分，以辐射的方式传送到周围空气、阳极材料和阴极材料中；机械能通过电弧力的方式表现出来，其能量无法与热能相比较。因此当电弧燃烧时，焊接电源所提供的能量主要转化为热能，并且向周围耗散。

① 阴极区的产热分析　阴极区的电流 I 是由电子与正离子这两种带电粒子组成的。在阴极区中，电子与正离子不断地产生、消失和运动，于是形成了能量的转变和传递的过程。可以得到单位时间内阴极区所得到的热能 P_K 为：

$$P_K = I(U_K - U_W - U_T) \tag{7.7}$$

式中，I 为焊接电流；U_K 为阴极压降；U_W 为逸出电压；U_T 为弧柱区温度的等效电压。

② 阳极区的产热分析　阳极区向弧柱区输送的正离子流只占总电流的 0.1% 左右。阳极区大部分都是由电子构成的，所以对于阳极区中的能量转换只需考虑阳极所接收的电子产生的能量转换。在单位时间内阳极区得到的热能 P_A 可以表示为：

$$P_A = I(U_A + U_W + U_T) \tag{7.8}$$

式中，I 为焊接电流；U_A 为阳极压降；U_W 为逸出电压；U_T 为弧柱区温度的等效电压。

③ 弧柱区的产热分析　在弧柱区内会发生激烈而复杂的粒子之间的碰撞、扩散、电离等过程，多种粒子都处于混乱的状态，这种状态导致弧柱区的能量交换变得极其复杂。但是也可以将弧柱区看成由 99.9% 的电子流和 0.1% 的正离子流组成，这会使问题得到简化。

电子在通过弧柱区时会由于弧柱压降 U_P 的作用被加速，在单位时间内获得 99.9% 的 IU_P。正离子流在穿过弧柱区时也会被加速，在单位时间内消耗 0.1% 的 IU_P。二者之和才是 IU_P。综上所述，单位时间内弧柱区所得到的热能为：

$$P_P = IU_P \tag{7.9}$$

弧柱区的热能通常是不能直接作用于母材或电极的，而是通过对流、辐射和传导散失在空气中。在电弧焊的过程中，通过对流损失的热能要占总损失的 80% 以上，辐射损失的热能大约为 10%，传导损失的热能占比是最小的。在电弧焊接的过程中，弧柱的热量只有一部分通过辐射传给焊丝和焊件。

普通电弧焊中，即使弧柱电子温度达到 6000K，U_T 值也在 1V 以下，并且在电流密度较大时，U_A 接近于 0V。因此，式 (7.7) 与式 (7.8) 可以分别化简为：

$$P_K = I(U_K - U_W) \tag{7.10}$$

$$P_A = IU_W \tag{7.11}$$

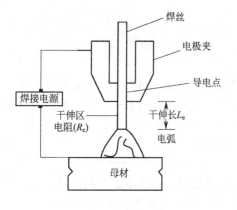

图 7.6　焊接原理结构图

（2）焊丝电阻产热分析

以上叙述了电弧中焊丝前端的产热问题。在实际焊接中，在焊丝通电点（导电夹和焊丝的接触点）与电弧端点之间有一些伸出部分，称为干伸区，如图 7.6 所示。对于电阻率大的焊丝，不能忽视流过干伸区的电流产生的电阻热，因其也是焊丝加热熔化的一部分热源。

设干伸区的等价电阻为 R_e，则干伸区的电阻产热量 P_R 用下式表示：

$$P_R = I^2 R_e \tag{7.12}$$

等价电阻：

$$R_e = \rho \frac{L_e}{S} \tag{7.13}$$

式中，ρ 为焊丝材料的电阻率；L_e 为焊丝干伸长；S 为焊丝截面积。

在熔化极气体保护焊中，通常情况下，焊丝干伸长 L_e 为 10～30mm。对于导电性比较好的铜、铝合金等焊丝，P_R 与 P_A 或 P_P 相比会很小，基本可以忽略。而对于钢材料及钛合金焊丝，由于自身电阻率高，所以在大电流焊接时，干伸长增大的同时，P_R 可以达到与 P_A 或 P_P 同数量级。

此外，有时也考虑到电弧弧柱区对焊丝的辐射、对流使焊丝增加的热量。如果忽略这部分热输入的话，用于焊丝熔化的总热量 P_m 就为 P_A 或 P_P 与 P_R 的总和，通常用下面的式子表示：

$$P_m = I(U_m + IR_e) \tag{7.14}$$

式中，U_m 是电弧热的熔化等价电压。

7.2.2 焊丝的熔化速度和比熔化量

焊丝端部熔化及熔滴过渡所携带的热量由焊丝端部产生，在电弧维持在相同长度时，连续送进焊丝端部的产热与散热保持平衡。

单位时间内脱落的金属所含有的热量 Q_m 由下式给出：

$$Q_m = W(CT_f + H)J \tag{7.15}$$

式中，W 为单位时间内金属熔化的质量；C 为金属比热；T_f 为脱落金属的平均温度；H 为潜热；J 为功当量。

如果设通过电弧产热和电阻产热在单位时间内向焊丝供给的热量为 P_m，且 $P_m = Q_m$，由式(7.14) 和式(7.15) 可知有下式成立：

$$I(U_m + IR_e) = W(CT_f + H)J \tag{7.16}$$

整理得到下式：

$$M_R = W/I = (U_m + IR_e)/[(CT_f + H)J] \tag{7.17}$$

式中，W/I 表示在单位时间、单位电流下脱落金属的质量，称为焊丝的比熔化量，单位为 mg/(A·s)，用 M_R 表示。

另一个评价焊丝熔化特性的参数是焊丝熔化速度。焊丝的熔化速度由电弧的热输入量及焊丝的电阻产热所决定：前者如式(7.16)、式(7.17) 所示，大致与电弧电流成比例；后者如式(7.18) 所示，与电流的平方成比例，此外还受到熔滴固有热量的支配。

到目前为止，针对焊丝熔化速度或者熔化量的研究有很多。许多实验表明，焊丝熔化速度与焊丝干伸长呈线性关系，其斜率要因电流值与材质而异。电阻热由干伸长决定，而且电阻率较大时其贡献量较大，比如对不锈钢及低碳钢焊丝，其贡献率在 50% 以上。以上实验考虑焊丝干伸长部分的电阻热效果，k_1 与 k_2 分别代表电弧热与电阻热的熔化系数，方程式如下：

$$v_f = k_1 I + k_2 L_e I^2 \tag{7.18}$$

式(7.18) 中忽略了焊丝电极夹的热传导损失。与热传导速度相比，由于焊丝的送进速度比较大，温度场几乎不在焊丝轴向上传导，焊丝上的温度分布急速下降。

图 7.7 体现了在纯氩保护下铝焊丝正接时，不同直径铝焊丝的熔化速度随焊接电流的变化。各直线表明焊丝的熔化速度与焊接电流有着良好的比例关系。

从图 7.7 中可以看出在用铝焊丝的情况下，电阻产热的效果不显著，而在用钢焊丝的情况下，电阻产热的影响较大。图 7.8 显示出不锈钢焊丝的熔化特性，焊丝为直径 1.2mm 的不锈钢焊丝。在这种情况下熔化特性曲线不再是直线，而是随电流值的增大，熔化特性曲线的斜率增大，而且干伸长越大，熔化速度也越大，显示出电阻产热的影响。图 7.9 体现了不锈钢焊丝干伸长与熔化速度的关系：由于等价电阻 R_e 与 L_e 成比例，熔化速度随 L_e 的增加而增加。

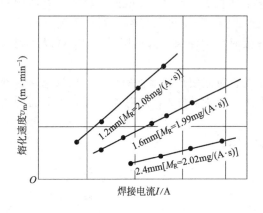

图 7.7 铝焊丝熔化速度与电流的关系

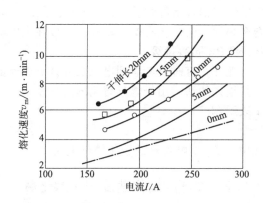

图 7.8 不锈钢焊丝熔化速度与电流的关系

　　焊丝的熔化从本质上讲是伴随熔滴脱落、过渡的非稳定现象。电弧的热输入作用于固体焊丝以及焊丝端部熔化金属表面的区域上，这一点也是很重要的。目前对电极表面上电流流入流出点、热量进入点即阴极区、阳极区现象，以及焊丝端部熔滴内的热传导机构还不清楚，有待于今后的实验及理论对其加以阐明。

7.2.3　影响焊丝熔化的因素

　　当材质一定时，焊丝熔化的速度主要是由电流、焊丝直径、干伸长决定。但是焊丝极性、保护气种类、可见弧长、熔滴过渡形态等对其也有很大影响。

　　（1）气体介质及焊丝极性的影响

　　图 7.10 说明了不同极性及保护气混合比对熔化速度的影响。当焊丝接电源正极时，焊丝熔化速度就与混合气种类无关，说明阳极的等价热输入 P_A 与气体的种类无关。

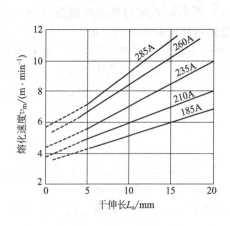

图 7.9　干伸长对不锈钢焊丝熔化速度的影响

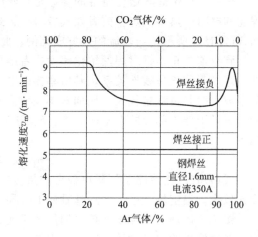

图 7.10　焊丝极性及保护气混合比对熔化速度的影响

（2）熔滴过渡形态的影响

图 7.11 说明了铝材料 MIG 焊熔滴过渡形态与熔化速度的关系。以喷射过渡和滴状过渡临界点处的临界电流作为分界线，熔化特性曲线的前后斜率发生变化。在熔滴呈细小颗粒状的喷射过渡区，熔化特性曲线的斜率较大，也就是比熔化量较小，这是因为从焊丝前端脱落的熔滴，其平均温度高于粗滴过渡区的熔滴平均温度，熔化等量的焊丝需要更多的热量输入。

通常情况下，熔化极电弧焊焊丝前端的熔滴受到电弧的强烈加热，其温度高于熔点温度，接近于蒸发温度而处于过热状态。比如铝焊丝达到 1400～1800℃，钢焊丝达到 1800～2200℃。在这种情况下，

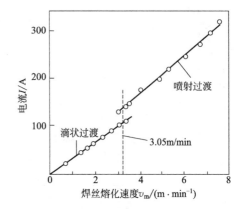

图 7.11　熔滴过渡形态对熔化速度的影响

熔滴越小，受到的加热就越剧烈，脱落的平均熔滴温度也越高，而比熔化量却是减小的。

（3）电弧电压的影响

在采取等速送丝熔化极气体保护焊时，焊丝的熔化速度与电弧电压和电流之间的关系如图 7.12 所示。图中的每一条曲线都表示一个送丝速度，曲线上的每一点的送丝速度与熔化速度都相等。当电弧电压较高时，曲线就会垂直于 x 轴，此时电弧电压对焊丝的熔化速度的影响就会特别小。这个时候熔化速度与送丝速度达到了平衡，熔化速度就取决于此时电流的大小，即 BC 段。电弧弧长处于 2～8mm 之间（即 AB 段）时，曲线向右倾斜，这时电弧电压降低，熔化一定数量的焊丝所需的电流也随之减小。这表示在等量焊接电流的情况下，熔化焊丝的数量会增加，即当电弧缩短时，熔化系数增加了。这是由于电弧缩短时，电弧的热量会集中，向外散失的热量会减少，从而增加了焊丝的熔化系数。

BC 段的熔化特性在电弧焊中是非常重要的。假设电流和送丝速度不变，在弧长比较短的时候，由于受外界因素的影响，弧长发生变化，此时焊丝的熔化系数也随之变化，导致熔化速度也增大或减小，之后弧长也会恢复原状，这被称为电弧的固有调节作用。铝焊丝电弧的固有调节作用非常强，而钢焊丝的就比较弱，如图 7.13 所示。当铝焊丝采用亚射流过渡进行焊接时，可以采用恒流特性电源进行等速送丝熔化气体保护焊。

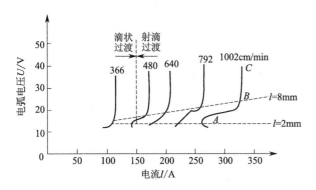

图 7.12　熔化极气体保护焊电弧的固有
调节作用（$\phi1.66mm$ 铝焊丝直流反接）

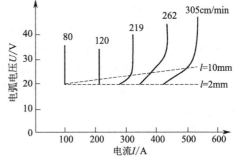

图 7.13　熔化极气体保护焊电弧的固有
调节作用（$\phi2.4mm$ 钢焊丝）

（4）焊丝直径的影响

从图 7.14 中可以看出，当电流恒定时，焊丝直径越小则电阻热越大，电流密度也随之

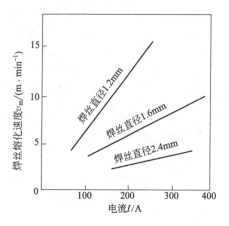

图 7.14　焊丝熔化速度与电流大小的关系

增大，从而使热输入变大，导致焊丝的熔化速度增大。

（5）焊丝材料的影响

焊丝材料的不同会导致电阻率的不同，因此电阻热也会不同，熔化速度也会随着电阻热的变化而改变。通常情况下，不锈钢的电阻率比较大，这会使焊丝的熔化速度比较大。当干伸长较大时，效果更加明显。当采用焊条焊接不锈钢时，如果电流过大、焊条较长，那么药皮会开裂，所以通常不锈钢焊条要比碳钢焊条短。材料不同还会导致焊丝的熔化系数不同。铝合金的电阻率比较小，焊丝熔化速度与电流大小呈线性关系。从图 7.14 中可以看出，焊丝越细，曲线的斜率就越大，这说明熔化系数会随着焊丝直径的减小而增大，与电流是没有关系的。

7.3　电弧稳定性分析及自调节

7.3.1　电弧自调节

（1）电弧稳定性分析

在电流与送丝速度一定的条件下，通过改变导电嘴与工件间的距离，会得到电弧的变化情况。焊丝的熔化速度主要受到焊接电流与焊丝的干伸长的影响。当电流一定时，即使电弧的长度发生变化，只要焊丝的干伸长确定，那么焊丝的熔化速度也就随之确定。此时焊丝的熔化速度 v_m 与焊丝的送进速度 v_f 保持平衡，即达到 $v_m = v_f$，电弧保持稳定燃烧，两者处于稳定平衡的状态。如果由于某种因素引起熔化速度或者送丝速度发生改变而破坏了这个平衡，那么电弧会很快恢复初始平衡状态或者达到一个新的平衡状态。

图 7.15 是一个熔化极电弧系统，图中 $L_e = L - L_a$（L_e 为焊丝向外伸出的长度；L_a 为电弧长度；L 为工件与导嘴之间的距离）。

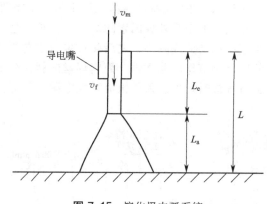

图 7.15　熔化极电弧系统

对于干伸长的变化有：

$$\frac{dL_e}{dt} = v_f - v_m \qquad (7.19)$$

式中，L_e 为干伸长的变化量；v_f 为送丝速度；t 为单位时间；v_m 为焊丝的熔化速度。

焊丝伸出长度是由焊丝的熔化速度与焊丝的送进速度决定的。当焊丝的熔化速度与焊丝的送进速度相等，即 $v_m = v_f$ 时，焊丝伸出长度保持不变，那么电弧长度就会保持不变，电弧保持稳定燃烧；当焊丝的熔化速度大于焊丝的送进速度时，焊丝伸出长度就会变短，电弧会被逐渐拉长，一直到熄灭；当焊丝的熔化速度小于焊丝的送进速度时，焊丝伸出长度就会变长，电弧长度会逐渐变短，焊丝最终会插入熔池中而熄灭。焊丝伸出长度的自身调节作用的物理本质就是该部分的电阻热对焊丝熔化的作用。当焊丝熔化速度与送丝速度没有达到平衡时，熔化焊丝的部分电阻热会随着焊丝伸出长度的增减而呈正比例增减，从而使焊丝的熔化速度得到改变，并与送丝速度重新达到平衡状态，电弧也会随之稳定。

（2）电弧固有的自身调节作用

电弧固有的自身调节作用是由熔化特性曲线在亚射流区急剧左拐造成的，因此分析每个部分的熔化特性曲线的走向，有助于得出电弧固有的自身调节作用的物理本质。

图 7.16 体现了铝合金 MIG 焊电弧长度与电弧电压之间的关系。L_a 表示焊丝前端与母材之间电弧长度的最短距离，也称为可见弧长，其中真正的电弧长度 L_s 为焊丝前端到母材上阴极斑点位置的电弧长度。从图中可以明显地看出，铝合金

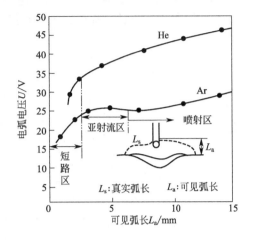

图 7.16 铝合金 MIG 焊电弧电压与弧长之间的关系

（焊丝直径为 1.6mm，电流 250A）

MIG 焊的弧长 L_a 的数值变化时，U_a 与 L_a 所形成的线性关系的斜率也会发生变化；二者之间的斜率也会随保护气体的种类不同而发生变化。在用氩气做保护气体时，选用 1.6mm 的焊丝与 250A 的焊接电流，当弧长 L_a 小于 4mm 的时候，电弧电压 U_a 会随弧长 L_a 的减小而急剧降低；当弧长 L_a 大于 10mm 的时候，电弧电压的斜率会随着弧长 L_a 的增加而增加；当弧长 L_a 处于 4mm 与 10mm 之间时，电弧电压几乎不会随弧长 L_a 的变化而变化，从图中可以发现，这个区域为亚射流过渡，在焊丝的熔化特性上会有特殊点。

图 7.17 显示出在纯氩气保护铝合金 MIG 焊中，当干伸长一定时，改变焊丝前端与母材表面的距离而测得的电流、电压特性。图中的每条曲线分别表示不同的送丝速度，电弧工作在该曲线上的每一点时，焊丝熔化速度都会与送进速度相等，因此该曲线也被称作等熔化速度曲线，曲线上的数字对应相应点处的可见弧长。

由图 7.17 中的曲线可以看到，当送丝速度一定时，在可见弧长小于 8mm 的时候，曲

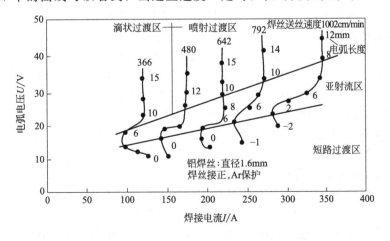

图 7.17 铝焊丝熔化速度与电流及电弧电压（电弧长度）的关系

线会向左下方弯曲，该区域（图中所指示的亚射流区）中比熔化量增加。由此可见弧长缩短后，熔滴的平均温度降低，使得焊丝的比熔化量增加。这种现象只在高纯度惰性气体保护MIG焊中才能看到，特别是在大电流条件下最为显著。在焊丝送进速度发生变动时，焊丝比熔化量随可见弧长的减小而增大的特性使电弧自身具有保持弧长稳定的能力，因此把这种熔化特性称为电弧固有的自身控制特性。

图7.18将该熔化特性曲线按照走向分为四个部分。其中 a 段是外观弧长在 8mm 以上的喷射电弧区。b 段是弧长从 8mm 到出现短路的喷射电弧区。c 段与 d 段都是短路过渡电弧区，只是走向有所不同。而整个 b 段和 c 段的上半部分是熔化极氩弧焊经常使用的亚喷射电弧区。

a 段的熔化特性曲线基本垂直于横轴，这也表明该段焊丝的熔化速度只与焊接电流相关。对焊接电弧进行仔细观察后发现，这时阳极斑点的尺寸与形貌基本不发生变化，且阳极斑点只在熔滴的下端产生。焊丝此时的热输入方式为通过集中的热表面输

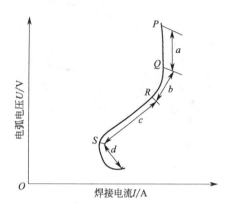

图 7.18　熔化特性曲线区段

入。这时的阳极压降只是一个常数，焊丝的熔化速度与电压没有关系。在这个区域内的熔滴过热情况最为严重，熔滴的温度都在 1800℃ 左右。当熔化速度一定时，这个区域需要相当大的电流。

b 段的熔化特性曲线在外观弧长约 8mm 处向左弯曲。从外观的形态上来分析，外观弧长减小时，锥状电弧的张开角度会逐渐变大，而阳极斑点也会随之向上扩展，这时焊丝的热输入面会由集中的热表面变成分散的热表面，熔滴的温度也会降低至 1200℃。当熔滴的温度降低时，熔化焊丝所需的能量就会减少，加热焊丝的阳极压降近似为常数（$6.8V \pm 0.5V$），熔化一定量的焊丝所需电流也会减小，此时就会产生熔化曲线向左拐的现象。

从开始出现少量短路的 R 点至电流极小的 S 点的区域为 c 段。经过多次测量可以得出 c 段的电流数值都会在 50A 以上，而且 c 段的电流范围约占整个熔化特性曲线电流区的 70%，因此此段可以说是非常重要。另外从斜率上来看，c 段的上半段基本上是最平的一部分，即非常小的电压都会使电流产生很大的波动，所以此段也是电弧固有的自身调节作用最为灵敏的一段。c 段属于短路过渡的形式。当把电弧放大 50 倍时，可以发现外观弧长逐渐减小，但外观弧长的变化非常小，大约为 1mm 到 2mm 左右。在微小的弧长变化下产生急剧的电流变化，足以表明此段具有最强的电弧固有的自身调节作用。

d 段是采用平特性电源时得到的。采用纯铝，$\phi = 1.6mm$，$v_f = 660cm/min$ 的焊接参数。d 段表示随着焊接电压的降低，焊接电流逐渐增大。由图 7.19 示波器计算的熔化曲线可以明显地看出，随着短路时间的增加，短路电流所占的比例也在逐渐地增加。

图 7.20 为熔化极电弧的等效电阻变化状况。从图中可以看出，当电弧电压逐渐降低时，电弧的电阻会先变大后变小，即图中的 a 段；然后再从小变到大，即图中的 b、c 段；最后再由大变到小，即图中的 d 段。

a 段电弧电阻先变大后变小是由弧柱变短，弧柱的电阻减小所导致的。b 段的电阻由小变大是由在 b 段随外观电弧的减小，弧柱的电阻依然减小引起的，并非弧柱的电阻影响；阴极区的尺寸形貌都没变化，这说明电阻也无变化。原因是阳极斑点向上扩散与阳极的温度下降，二者共同作用导致阳极区的电阻增加。c 段的电阻从小变到大可能有两方面的原因：一方面是阳极温度急剧下降，阳极的电阻依然增加，这是主要的原因；另一方面是短路造成熄

弧，阴极区与弧柱区的温度随之降低，这两个区域的电阻会增加，这是次要的原因。d 段的电弧电阻由大变到小，这是由于短路时间逐渐增加，短路电阻起到作用。b、c 段阳极区的电阻增加，阳极压降可能会变大，使熔化焊丝所需的热量增加，这也可能是熔化特性曲线向左弯曲的另一直接原因。

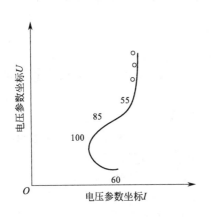

图 7.19 示波器计算的熔化曲线

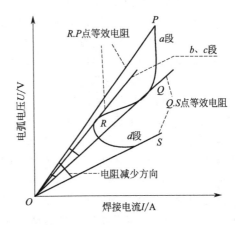

图 7.20 熔化极电弧的等效电阻变化

（3）熔化特性曲线的影响因素

① 保护区尺寸的影响 图 7.21 为在保护气体喷嘴直径分别为 16mm 和 30mm 时得出的熔化特性曲线。从图中可以看出，当保护区域比较大时，阴极清洁区的尺寸也比较大，这时电弧阳极斑点向上扩散的比较多，对应的熔化特性曲线会向左移动；反之，会向右移动。

② 电感值不同的影响 当采用平特性电源时，回路电感值对熔化特性曲线会有明显的影响。如图 7.22 所示，电感主要影响短路过渡区域的熔化特性曲线。在短路过渡区的前半段，由于液柱较大，短路过渡之后可以依靠表面张力和较小的电磁力完成过渡。电感对短路过渡基本没有影响。当接触型过渡的液柱长度较小时，只有当电磁力达到一定数值时才能符合短路过渡发生的条件。由此得出电感会对短路电流的增长产生影响；回路电感越大，短路持续的时间也就越长；因为短路电流占的比例增大，所以电感大时熔化特性曲线会提前向右拐；电感越小，短路过渡产生的最高频率会越大，曲线向左拐的也越多，反之亦可。

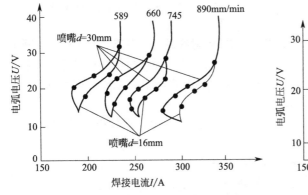

图 7.21 不同喷嘴直径对熔化特性曲线的影响
（Alϕ1.6mm，纯 Ar，CC 电源）

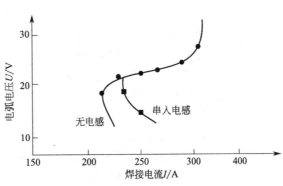

图 7.22 电感对熔化特性曲线的影响

③ 不同外特性电源的影响　分别用垂降特性电源（CC电源）、平特性电源（CV电源）与等电弧电流电源（CAC电源）测试熔化特性曲线。平特性电源测得的熔化特性曲线最完整；垂降特性电源只能测得熔化特性曲线的大部分，d 段是无法测出的；而等电弧电流电源只能测出 a、b 两段，不能很完整地测出 c、d 两段。

④ 不同材料的影响　焊丝的材料种类会影响焊丝的熔化特性曲线。采用纯铝焊丝、铝镁合金焊丝以及硬铝焊丝进行测试。结果如图 7.23 所示，硬铝焊丝与纯铝焊丝的熔化特性曲线基本相似，而铝镁合金焊丝与纯铝焊丝的相差较大。这种差别有可能是因为不同材料会影响到阳极压降的大小，并且不同材料的熔化潜热都是不同的。

⑤ 电弧固有特性与电源的自调节　当铝合金 MIG 焊的亚射流过渡区会存在以上的焊丝熔化特点时，可以使用等速送丝机构结合恒流特性电源进行焊接。焊接时的弧长自身调节过程如图 7.24 所示：曲线 1 代表焊接电源的外特性，而曲线 2 代表在恒定送丝速度下的等熔化速度曲线；l_0 代表在稳定弧长下的电弧静特性曲线，Q_0 为电弧稳定工作的初始点。假设出现某种因素的影响，使电弧长度从 l_0 变到了 l_1，由于电源为恒流外特性的电源，所以焊接电流不会发生变化，但是电弧的工作点会从 Q_0 变成 Q_1，电弧的弧长从 l_0 变到 l_1 是增加的，因而焊丝的熔化系数会减小，焊丝的熔化速度也会随之减小，电弧就会逐渐变短，电弧的工作点就会从 Q_0 沿着电源的外特性曲线变到 Q_1 点。Q_0 点的电弧是稳定的，焊丝的熔化速度又会与送丝速度达到平衡，电弧在 l_0 的长度上燃烧。反之，假设干扰因素使电弧长度从 l_0 变到 l_2，又会通过上述的调节过程，使弧长恢复到最初的数值，电弧又会稳定燃烧。

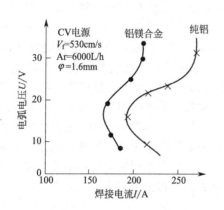

图 7.23　不同材料对熔化曲线的影响

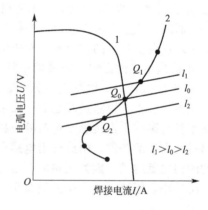

图 7.24　亚射流电弧固有的自身调节

铝合金 MIG 焊亚射流过渡电弧固有的自身调节与 MIG 焊射滴过渡和射流过渡相比，共同点是都通过调节焊丝熔化速度来控制焊接中弧长的稳定，不同点是前者固有的自身调节可以依靠焊丝熔化系数来改变焊丝熔化速度，后者的自身调节是通过调节焊接电流来改变焊丝熔化速度。

采用亚射流过渡方式来焊接铝合金会有以下优点：

① 若使用恒流特性电源焊接，当焊接过程中的弧长发生改变时，焊接电流的大小不会发生改变，因此电弧比较稳定，焊缝成形比较好。

② 可以避免形状不规则的熔深出现，焊缝的断面形状会更好。

③ 电弧的长度变小，这样抵抗外界环境影响的能力就会变强。

采用亚射流过渡方式时需要对焊丝送进速度与电源的外特性进行合理的匹配。在电源外特性上有等熔化速度曲线出现、熔化系数随弧长产生极快变化的部分，假设等熔化速度曲线位于电源外特性的左侧，那么送丝速度就会变慢，容易使焊丝回烧；如果等熔化速度曲线位于电源外特性的右侧或相交的区段，那么会引起焊丝的速度过快，造成短路。因此要根据不同焊丝直径的合适规范区间，设计出铝合金亚射流 MIG 焊焊机，实现对焊接电流与送丝速度的一元化调节。

7.3.2 电弧反应速度

（1）外观弧长恢复灵敏度

弧长自身调节作用是通过弧长发生变化后引起焊接电流的变化，从而使熔化速度 v_m 发生变化来实现的。因此电弧自身调节作用的灵敏度就可以用单位电流产生的弧长恢复速度 b 来表示，可以得到：

$$b = \frac{\partial v_m}{\partial I} = -\frac{\Delta v_m}{\Delta I} \quad (7.20)$$

图 7.25 体现了熔化速度与电流之间的关系。电弧自身调节作用的灵敏度 b 为图中曲线的斜率。在 8mm 以上的喷射电弧区，在 Ar 的保护下 $\phi1.6mm$ 纯铝焊丝的灵敏度为 5mm/(A·s)。

电弧固有自身调节作用为电流不变时的自调节作用，也可以理解为由电压变化引起的弧长恢复作用。因此，弧长固有自调节作用灵敏度可以用 $\partial V_m/\partial U$ 表示。图 7.26 体现了焊丝熔

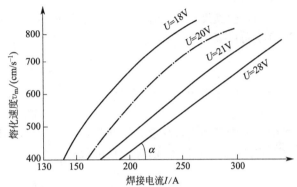

图 7.25 熔化速度与电流的关系

化速度与电弧电压的关系。图中每个点的斜率表示该点的电弧固有自身调节作用的灵敏度。通过对曲线的分析可以得到图 7.27，该图表示电弧固有自身调节的灵敏度与焊接电压的关系。在长弧的喷射区，a 段弧长的恢复灵敏度是很小的，可以近似为零；在亚射区 b 和 c 段，会出现最大的负值（负值表示弧长变小时，焊丝的熔化速度变大）；在 d 段，即短路区的后半段，弧长恢复灵敏度为正值，这表示在该区域内电弧长度不会恢复。

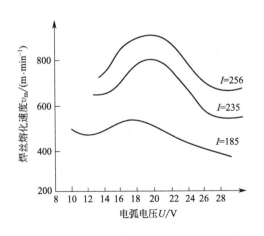

图 7.26 焊丝熔化速度与电弧电压的关系

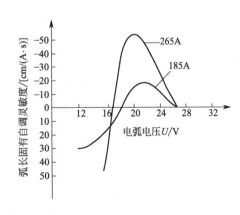

图 7.27 弧长固有自调灵敏度与电弧电压的关系

通过试验得出了亚射区电弧固有自身调节作用的灵敏度平均值 P。在亚射区小电流（150～220A）处 $P=5mm/(A·s)$，在大电流（220A 以上）时 $P=10mm/(A·s)$，弧长恢

复速度的公式为：

$$\frac{\mathrm{d}L}{\mathrm{d}t} = P\Delta U \tag{7.21}$$

（2）外观弧长恢复公式与恢复时间常数

① 电弧固有自身调节作用是电流不变时电弧的自调节作用，这是 b、c 两段特有的，相当于垂直下降特性在亚射区时的情况。近似将电弧的静特性曲线看成与电流无关的水平线，将亚射区的熔化特性曲线看成等距平行线，那么送丝速度 V_m 可以用下式表示：

$$V_m = bI - PU + C \tag{7.22}$$

式中，b 为电弧自身调节灵敏度；P 为电弧固有自身调节灵敏度的平均值；C 为与焊丝直径有关的常数。

当送丝速度为 V_m 时，稳定工作点为零点，如果有偶然弧长波动 Δd，那么弧长的恢复速度就可以表示为：

$$\frac{\mathrm{d}L}{\mathrm{d}t} = bI_a - PU_a - V_m + C \tag{7.23}$$

电弧电压是由这两部分组成的：

$$U = U_0 + EL \tag{7.24}$$

式中，E 为等效电位梯度，可当作常数；U_0 为阴极压降与阳极压降的和，也可当作常数。

将式(7.24) 代入式(7.23) 中可得：

$$\frac{\mathrm{d}L}{\mathrm{d}t} + EPL = bI_a - PU_0 - V_m + C \tag{7.25}$$

$$L_0 = \frac{bI_a - PU_0 - V_m + C}{EP} \tag{7.26}$$

解此方程可以得出：

$$L = L_0 + \Delta L\,\mathrm{e}^{-t/\tau_1} \tag{7.27}$$

$$\tau_1 = \frac{I}{EP} \tag{7.28}$$

式(7.27) 为弧长恢复公式；式(7.28) 为弧长恢复时间常数公式。

② 平特性电源在弧长为 8mm 以上时可建立方程：

$$\frac{\mathrm{d}L}{\mathrm{d}t} + \frac{Eb}{R}L = b\,\frac{U_{空} - U_0}{R} - V_m + C \tag{7.29}$$

式中，R 为外特性曲线斜率；$U_{空}$ 为电源的空载电压。解此方程可得：

$$L = L_0 + \Delta L\,\mathrm{e}^{-t/\tau_2} \tag{7.30}$$

$$\tau_2 = \frac{R}{EP} \tag{7.31}$$

式(7.30) 为弧长恢复公式；式(7.31) 为电弧自身调节作用时间常数公式。

③ 当两种自身调节作用同时发生时，类似于下降外特性电源在亚射区焊接，可以建立下列方程：

$$\frac{\mathrm{d}L}{\mathrm{d}t} + E\left(\frac{b}{R} + P\right)L = b\,\frac{U_{空}}{R} - \left(\frac{b}{R} - P\right)U_0 - V_f + C \tag{7.32}$$

解此方程可以得到：

$$L = L_0 + \Delta L\,\mathrm{e}^{-t/\tau_3} \tag{7.33}$$

$$\tau_3 = \frac{R}{E(b + PR)} \tag{7.34}$$

7.3.3　含焊机的焊接过程稳定性分析

含焊机的焊接过程可以用以下运动方程来进行描述：

$$U_p = (R_u + k_1 l) k_0 \qquad (7.35)$$

式中，R_u 为焊接电源电压给定参考量；k_0 为焊接电源放大系数；k_1 为电流反馈系数。

在等速送丝电弧焊系统中控制系统通过结合熔化方程与稳定性方程可以得到传递函数，并且传递函数可以表示为：

$$\frac{L_\partial(s)}{R_u(s)} = \frac{k_0 k_m}{L s^2 + (R + k_p - k_1 k_0) s + k_\partial k_m} \qquad (7.36)$$

式中，$L_\partial(s)$ 为弧长；k_∂、k_p 为电弧参数；k_m 为焊丝熔化系数；k_1 为电源外特性斜率。

k_1 的大小会决定电源外特性。当 k_1 的值大于 0 时，电源外特性为上升外特性；当 k_1 的值小于 0 时，电源的特性为下降特性，控制装置示意图如图 7.28 所示。

当 k_1 的值等于 0 时，电源的外特性为平特性，控制系统示意图如图 7.29 所示。

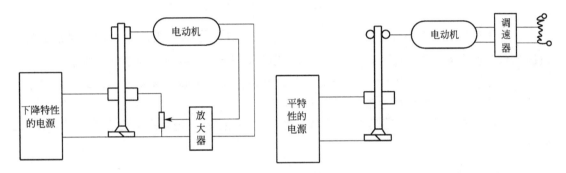

图 7.28　下降特性电源控制装置示意图　　　图 7.29　平特性电源控制装置示意图

要想判断等速送丝电弧焊系统的稳定性，可以令 $k_1 k_0 = k$。此时 k 值代表焊机的正反馈强度，即外特性上升斜率的大小，因而可以得到下列方程：

$$\frac{L_\partial(s)}{R_u(s)} = \frac{k_0 k_m}{L s^2 + (R + k_p - k) s + k_\partial k_m} \qquad (7.37)$$

式中，当 k 的值大于 $(R + k_p)$ 的值时，系统处于不稳定的状态，此时电流和弧长是没有稳态值的；当 k 的值等于 $(R + k_p)$ 的值时，电弧处于不确定状态，系统会处于临界稳定的状态；当 k 的值小于 $(R + k_p)$ 的值时，电弧可以稳定燃烧，系统处于稳定状态。

等速送丝电弧控制系统利用拉氏变换的方法得到的程序图，如图 7.30 所示。

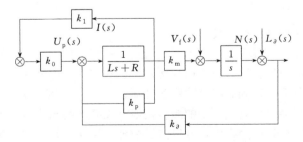

图 7.30　等速送丝电弧控制系统程序图

阻尼系统的动态品质参数包括阻尼比 ζ、无阻尼自振频率 ω_n、阻尼振荡频率 ω_d 与衰减系数 σ，这些参数可以用下列公式来表示。

阻尼比：

$$\zeta = \frac{R + k_p - k}{2\sqrt{Lk_\partial k_m}} \tag{7.38}$$

无阻尼自振频率：

$$\omega_n = \sqrt{\frac{k_\partial k_m}{L}} \tag{7.39}$$

阻尼振荡频率：

$$\omega_d = \sqrt{\frac{4Lk_\partial k_m - (R + k_p - k)^2}{2L}} \tag{7.40}$$

衰减系数：

$$\sigma = \zeta \omega_n = \frac{R + k_p - k}{2L} \tag{7.41}$$

接下来对阻尼系统进行分析：当 $k < R + k_p - 2\sqrt{Lk_\partial k_m}$ 时，阻尼比 $\zeta > 1$，系统会处于过阻尼状态；当 $k = R + k_p - 2\sqrt{Lk_\partial k_m}$ 时，阻尼比 $\zeta = 1$，系统会处于临界阻尼状态；当 $R + k_p - 2\sqrt{Lk_\partial k_m} < k < R + k_p$ 时，$0 < \zeta < 1$，系统会处于欠阻尼的状态。目前在生产中应用的等速送丝电弧控制系统通常处于过阻尼的状态。

在实际等速送丝电弧控制系统中的第一类焊接电弧控制系统瞬态响应有关参量如表 7.2 所示。

⊡ 表 7.2　第一类焊接电弧控制系统瞬态响应有关参量

序号	材料	焊丝直径/mm	k_m	ζ	σ	ω_n	$\sqrt{\zeta^2 - 1}$
1	铝	1.2	0.680	1.16	115	99	0.59
2	铝	1.6	0.366	1.58	115	72.7	0.70
3	铝	2.4	0.165	2.35	115	48.8	2.13
4	钢	1.6	0.250	1.85	115	62.1	1.56
5	不锈钢	1.2	0.490	1.36	115	83.3	0.92

7.4　焊接飞溅及烟尘

7.4.1　焊接飞溅

（1）熔敷效率、熔敷系数和飞溅率

熔敷效率是指：过渡到焊缝中的金属质量与使用的焊丝或焊条金属质量之比。为了评价焊接过程中焊丝金属的损失程度，还常用到熔敷系数和损失率的概念。熔敷系数是指在单位时间、单位电流的情况下熔敷到焊缝中的焊丝金属的质量。飞溅率表示焊接飞溅量的大小，代表飞溅损失的金属与熔化焊丝或焊条的质量比值。飞溅率会与焊接参数、所采取的熔滴过渡形式有密切的联系。在焊接过程中，可以通过两种方法测出焊接的飞溅率：一种方法是通过焊后收集飞溅颗粒，但是在实际中是很难将飞溅颗粒全部收集起来的，所以这种方法实施起来是比较困难的；另一种方法是测量焊丝损失系数 Ψ_s，用它来代替焊接飞溅率 Ψ。焊丝

损失系数表示飞溅的损失与氧化等。焊丝损失系数的表达公式如下：

$$\Psi_s = \frac{a_m - a_y}{a_m} \tag{7.42}$$

式中，a_y 为熔敷系数，即在单位时间与单位电流的情况下，熔敷到焊缝中的焊丝金属质量；a_m 为熔化系数，即在单位时间与单位电流的情况下所熔化的焊丝金属的质量。

在焊接过程中的金属蒸发量是比较小的，焊后在没有去除掉焊缝表面的渣壳时，用损失系数来表示飞溅率 Ψ；如果去除了焊缝表面的渣壳，所测得的值就是损失系数 Ψ_s。

熔化极电弧焊所产生的焊接飞溅大小会与所采取的焊接方法有关。由于焊接方法的不同，熔化极电弧焊的飞溅率会有很大的差别。MIG 焊在适宜的焊接参数与较好的焊接工艺配合下，飞溅率有可能降低到 1% 以下，甚至不产生飞溅。焊接飞溅情况最为严重的是焊条电弧焊与 CO_2 电弧焊。这与所采用的电源特性以及焊接参数有直接的关系。这两种焊接方法在焊接参数控制得较好时的焊接飞溅率可以降低到 1%～2%；在正常的情况下，焊接飞溅率要达到 3%～5%；在操控得不好时，焊接飞溅率可达 20% 以上。

（2）焊接飞溅的类型

在熔滴过渡时，会有一部分炽热的金属在未来得及进入熔池时，就从熔滴中飞散，通常把这种现象称为飞溅。在目前已知的焊接方法中，CO_2 气体保护焊的飞溅现象最为严重，目前还没有特别好的办法来解决。

① 短路过渡飞溅　短路过渡过程中的飞溅大小是衡量电弧稳定性的最直观的标志。在短路过渡过程中，熔滴与熔池接触时将形成缩颈。随着短路电流增大，缩颈变细，缩颈内的电流密度大大增加，使缩颈金属迅速加热，最后导致缩颈金属汽化爆破，产生大量细颗粒状液滴。气体爆炸引起飞溅的主要原因是熔滴内部的气体急剧膨胀，这种现象在 CO_2 气体保护焊中表现特别明显。CO_2 气体保护焊中飞溅总是发生在短路液桥破断的瞬间。关于产生飞溅的原因，目前的看法是认为飞溅是短路液桥电爆炸的结果。当熔滴与熔池接触时，熔滴成为焊丝与熔池的连接桥梁，所以称为液体小桥，并通过液桥使电路短路。短路之后电流逐渐增加，液桥处的液体金属在电磁收缩力的作用下急剧收缩，形成很细的缩颈。随着电流的增加和缩颈的减小，液桥处的电流密度很快增加，对液桥急剧加热，造成过剩能量的积聚，最后导致液桥发生汽化爆破，同时引起金属飞溅。飞溅的多少与爆破能量有关，即与此时的短路电流值有关。此时的电流称为短路峰值电流。该电流值越大，爆破能量越大，飞溅越严重。所以减少飞溅的重要途径是改善电源的动特性，使之限制短路峰值电流。

另外，缩颈位置对飞溅的影响很大。如果缩颈出现在熔滴与熔池之间，则缩颈爆炸力阻碍熔滴向熔池过渡，此时形成大量飞溅。如果缩颈位置出现在焊丝与熔滴之间，则缩颈爆炸力将促使熔滴向熔池过渡，飞溅较少。为此必须控制短路电流上升速度，使熔滴与熔池在接触的瞬间不能形成缩颈。在表面张力和重力作用下，熔滴向熔池过渡，最后在焊丝与熔滴之间形成缩颈，减少金属飞溅。

② 滴状过渡飞溅　当 CO_2 电弧焊或 CO_2 含量大于 30% 的混合气体保护焊大滴过渡时，因 CO_2 气体在高温分解吸热时对电弧有冷却作用，所以使电弧电场强度提高，电弧收缩，集中于熔滴顶部，弧根面积小于熔滴直径。此时形成的电磁收缩力阻碍熔滴过渡，易形成大滴飞溅，见图 7.31(a)。另外，熔滴在焊丝端头停留时间较长，严重过热，此时在熔滴内部发生强烈的冶金反应，析出的气体使熔滴爆炸而形成大量金属飞溅 [见图 7.31(b)]，导致焊缝成形很差，故不宜采用。

细滴过渡时，飞溅较少，主要产生于熔滴与焊丝之间的缩颈处。这是因为该处电流密度较大，使金属过热而爆断，形成颗粒细小的飞溅，见图 7.31(c)。但是，如果焊丝或工件清理不良，或焊丝含 C 量较大，在熔化金属内部将生成 CO 气体，当这些气体从熔化金属中析出时，将造成小滴金属飞溅，见图 7.31(d)。

酸性焊条焊接一般为细滴过渡。当电流较大，渣与金属生成的气体较多时，气体膨胀将造成渣和液体金属爆炸，形成大量金属飞溅，见图 7.31(e)。

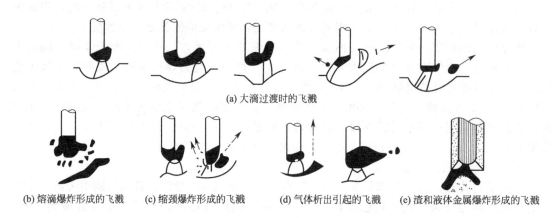

(a) 大滴过渡时的飞溅

(b) 熔滴爆炸形成的飞溅　(c) 缩颈爆炸形成的飞溅　(d) 气体析出引起的飞溅　(e) 渣和液体金属爆炸形成的飞溅

图 7.31　滴状过渡的金属飞溅特点

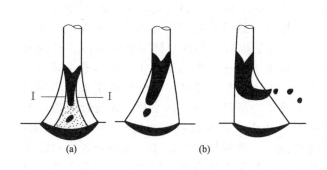

图 7.32　旋转射流过渡示意图

③ 射流过渡飞溅　在进行富氩气体保护电弧焊接时，熔滴沿焊丝轴线方向以细滴状过渡。对于钢焊丝的射流过渡，焊丝端头呈"铅笔尖"状，被圆锥形电弧所笼罩，如图 7.32(a)所示。在细颈断面 I-I 处，焊接电流不但从液态金属细颈流过，同时还从电弧流过。电弧的分流作用减弱了细颈处的电磁收缩力与爆破力，不存在液桥过热问题；促使细颈破断和熔滴过渡的主要原因是受等离子流力影响，所以飞溅极少。在正常射流过渡的情况下，飞溅率在 1% 以下。在焊接参数不合理的情况下，如电流过高或焊丝伸出长度过大时，焊丝端头熔化部分将变长，而其又被电弧包围，焊丝端部液体表面能够产生金属蒸气。当受到某一扰动后，液柱发生弯曲，在金属蒸气的反作用推动下旋转，形成旋转射流过渡，此时熔滴可能会横向抛出成为飞溅，如图 7.32(b)所示。

7.4.2　预防焊接飞溅的措施

（1）焊接材料方面

材料方面产生焊接飞溅的原因主要有两个：一是焊接过程中所采用的保护气体中混有氧化锌；二是所选取的焊丝含有 C 元素。如果焊丝中的 C 元素在熔滴的表面被氧化，那么其在电弧空间内会以气体的形式散失。当 Fe 原子被氧化后，部分会进入熔滴的内部与 C 元素进行反应，两者反应会生成 CO 气体。由于 CO 在液体中不溶而形成气泡，当这些气泡的尺寸变得足够大时，气泡在熔滴内部会受到高温作用而急剧膨胀，最终导致熔滴炸裂，产生飞溅。

在焊接材料方面所能采取的措施就是在焊接之前，尽可能在保证焊接质量的情况下限制焊丝的含 C 量；焊接时应选择含有较多脱氧元素的焊丝；另外还可以采用混合气体保护的方法进行焊接，如选用 $CO_2 + Ar$（各选取 50%）的混合气体。这样就可以使电弧的氧化性降低，减少 Fe 原子被氧化的数量。

（2）焊接工艺和规范方面

从自由过渡的方面来分析，当焊接参数的选择不合适的时候，熔滴呈现大滴过渡或排斥过渡，这种过渡方式将产生更多的焊接飞溅。所以在焊接工艺和规范方面，需要采取以下措施。

① 选择合适的焊接电流，之后再选择与焊接电流匹配的电压，尽量不要采取大滴过渡或排斥过渡的形式。通常在小电流短路规范区和大电流细颗粒过渡规范区的飞溅量较小，而在细丝中等规范区产生的飞溅量较大。

② 在焊接时，焊枪的倾角要小于 20°。焊枪在焊接时垂直放置产生的飞溅最小。

③ 焊接时要保证送丝的速度均匀。

④ 要确保焊丝的干伸长在一个合理的范围内。

⑤ 选用电源直流反接的方法所产生的焊接飞溅比较小。

在 CO_2 中加入 Ar 作为混合保护气体，从工艺的角度来解释也可以降低焊接飞溅。这是因为 Ar 会减弱电弧对熔滴的排斥作用，从而减少大颗粒的飞溅。

（3）电源方面

在稳定的短路过渡过程中，焊丝端头和液柱之间会形成短路液桥。如果短路液桥形成在液柱与和熔池之间则会有一个转变的时间。短路电流上升的速度过快，或者短路峰值电流过大，这些因素都会使液柱在没有明显形成缩颈时就发生爆断，而发生爆断处的飞溅会急剧增加。

可以通过回路电感让短路过渡焊接中的电流上升速率与短路峰值电流各取得一个合适的数值，这是短路过渡焊接中减少焊接飞溅的重要措施。

7.4.3 焊接烟尘

（1）焊接烟尘的形成机理

焊接烟尘形成的基础是物质高温蒸发，焊接烟尘产生的过程包括过热—蒸发—冷凝—氧化—聚结。具体来说，如图 7.33 所示，金属物质和非金属物质由于过热蒸发产生了高温蒸气，蒸气会在空气中冷凝并被氧化形成一次烟尘粒子，粒子会向电弧的外围扩散，周围的环境温度也会降低；之后由于布朗运动的影响，一次烟尘粒子会通过碰撞而聚集在一起，形成二次粒子。

① 形核机制　焊接烟尘的形核机制包括：均质形核与非均质形核。通过对焊接烟尘的成分分析可以得出，焊接气溶胶的 $0.01\mu m$ 粒子主要为 Fe_3O_4 晶体，它是通过蒸汽—粒子转变的均质形核方式产生的。通过对市场销售的焊条产生的焊接烟尘进行分析，发现焊接烟尘中存在非均质形核机制，其中 $0.1\mu m$ 量级粒子可以分为氟化物型与尖晶石型。$1\mu m$ 及其以上的粒子是通过气泡—粒子转变机制形成的。

② 粒子的生长　焊后粒子的主要生长方式以凝并为主，凝并主要包括聚集型与熔合型。当电弧区产生焊接烟尘后，在烟尘分散到空气的过程中会发生不同程度的凝并与聚集。对烟尘粒子进行采样电镜观测可以得出，烟尘粒子主要通过两种方式生长：一种为熔合过程，即

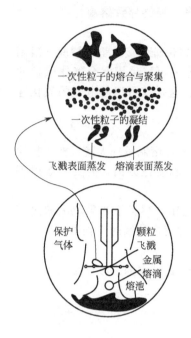

图 7.33　焊接烟尘的形成机理

由几个焊接烟尘的一次粒子逐渐熔合为一个大粒子的过程，一次粒子之间没有明显的边界，这种方式的特点就是一次粒子表面积之和要大于大粒子表面积；另一种为聚集过程，即由许多一次粒子粘连在一起形成葡萄状的大粒子，一次粒子之间有明显的边界，但是这些一次粒子聚集在一起后会失去运动的独立性而作为一个整体运动。无论是粒子的聚集还是熔合，都会引起焊接烟尘中粒子的大小和浓度的变化。

（2）焊接烟尘的成分

首先收集 GMAW 焊接中的烟尘进行分析。在 GMAW 焊接的过程中，焊丝作电极并起导电的作用，焊接开始后充当填充金属过渡到母材中。而金属蒸发主要来源于三个方面：首先是焊丝端部会形成电流密度非常高的斑点，由于斑点处的温度非常高，金属会产生强烈的蒸发；其次是母材中的熔池表面温度较高，产生一些金属蒸发；最后是熔滴通过弧柱区向母材进行过渡而受热蒸发。GMAW 焊接过程中由于采取的熔滴过渡方式不同，所产生的焊接烟尘的大小也是不同的，当熔滴进行射流过渡的时候，产生的焊接烟尘比较大。

通过扫描电子显微镜可以清楚地观察到焊接烟尘的形貌，另外采用 X 射线衍射对焊接烟尘颗粒进行成分的检测。图 7.34 表明通过扫描电子显微镜可以清晰地看出放大 250 倍的焊接烟尘的形貌：有的烟尘粒子附着在金属飞溅上，有的烟尘粒子凝结成一个小块，有的烟尘粒子附着在一起形成各种形状。

通过 X 射线衍射，从图 7.35 中可以直观地看出焊接烟尘的成分，焊接烟尘中含有 O、Si、Fe、Mn、Ni 等元素，其中 O、Si、Fe、Mn 成分的含量比较高，其他成分含量比较少，通过表 7.3 也可以看出。由于 Si 和 Mn 的沸点是比 Fe 低的，所以这两种元素更容易蒸发。通过对焊接烟尘进行点扫分析，发现 Fe 的含量明显降低，O 的含量明显增加，Si 和 Mn 的含量也是明显增加的。这说明了在金属蒸发时，焊丝中大部分的 Si 和 Mn 及其他合金元素都被带走了。Si 和 Mn 的作用是脱氧，金属蒸发还带走了其他合金元素，这些都会影响到焊缝中 O 的含量，从而影响到焊缝的性能。另外，焊接过程中随着电弧的搅拌，从空气中吸收的 O 含量增加，会烧损钢中部分有益元素；当熔滴中 O 含量增加时，O 还会与 C 元素发生化学反应生成 CO，CO 气体受热还会膨胀，进而使熔滴发生爆炸，使焊接飞溅增多。

图 7.34　放大 250 倍的焊接烟尘形貌

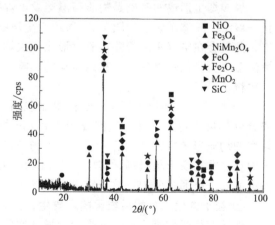

图 7.35　焊接烟尘颗粒的成分检测

⊡ 表7.3 焊接烟尘中的化学成分及其百分比

组别	元素	质量分数/%(质量)	原子百分比/%(原子)
1	O	38. 57	62. 88
2	Si	17. 97	16. 69
3	Cr	00. 86	00. 43
4	Mn	17. 30	08. 21
5	Fe	24. 24	11. 32
6	Ni	01. 06	00. 47

Fe_2O_3 和 MnO_2 是焊接材料中最常见的高价氧化物，在焊接过程中会逐级分解成低价氧化物和大量的氧。采用 X 射线衍射对焊接烟尘的颗粒进行成分检测，目的是分析其中可能存在的一些物相。通过与 PDF 卡片中的峰值进行对比分析，可以确定飞溅中主要的物相为 Fe_3O_4、Fe_2O_3、MnO_2、$NiMn_2O_4$、FeO、SiC、NiO。在焊接的过程中主要发生的反应有式(7.43) 与式(7.44)。

$$3Fe + 2O_2 = Fe_3O_4 \tag{7.43}$$
$$2Fe_3O_4 = 6FeO + O_2 \tag{7.44}$$

（3）焊接烟尘的影响因素

焊接烟尘的影响因素主要有两个方面：一方面是焊接材料，包括焊条药皮成分、保护气体的成分等；另一方面是焊接工艺，包括焊接时选择的焊接方法与焊接参数等。

① 焊接材料的影响   药皮的成分决定焊条的发尘量。药皮是由多种物质成分组成的，各种成分的含量都会对焊接的发尘量产生影响。

萤石与水玻璃是在低氢焊条药皮中起发尘作用的主要成分，焊接时其反应产物产生的烟尘占到总烟尘量的一半以上，主要含有 K 和 Na 的物质，例如云母长石和苏打都会加大发尘量。而镁粉与硅钙合金是有降尘作用的。

② 焊接工艺的影响   所采取的焊接方法不同，产生的烟尘量也就不同。当选择熔化极电弧焊时，会产生大量的焊接烟尘；保持焊接的条件不变，换成非熔化极电弧焊，产生的焊接烟尘比较少。采用埋弧焊的方法进行焊接时基本不产生焊接烟尘。在选择焊接参数的时候，随着焊接电流与焊接电压的增加，焊条的发尘量也会随之增加；采取交流焊接的方式比直流焊接产生的烟尘要多；在其他条件不变的情况下，随着焊条速度的增大，焊条电弧焊的发尘量会相应地降低；焊件的位置对焊接烟尘会有很大的影响，当焊条干燥且倾斜时的发尘量是最小的，平焊时的发尘量最大，立焊时的发尘量会比平焊时小一些；正常情况下，随着焊条直径的增加，产生的烟尘量也会增加；在施焊的过程中，较小的焊条倾斜角产生的烟尘量也相对较低。

（4）焊接烟尘的危害

① 焊接烟尘颗粒对人体的危害   通过表 7.4 可以看出：焊接烟尘颗粒的大小（直径）主要集中在 $10\mu m \sim 90\mu m$；主要成分是 Fe 和 Mn 的氧化物；烟尘颗粒分布概率最高的是 $10\mu m \sim 60\mu m$。不同大小的颗粒物会直接进入到人体中不同的位置，对人体的影响也就不同：直径越小的颗粒物，能到达的人体呼吸道的位置越深，直径 $10\mu m$ 的颗粒会进入到人体的上呼吸道，直径 $5\mu m$ 的颗粒就可以进入到呼吸道的深处，$2\mu m$ 以下的颗粒如果进入到人体中，就可以深入到支气管和气泡中。而 $10\mu m \sim 60\mu m$ 颗粒的危害是最大的，因为颗粒中含有 Fe、Mn、Cr 的氧化物：Fe 的氧化物会在肺中沉积，造成 Fe 质沉积病；Mn 的氧化物会损害神经系统；Cr 的氧化物对眼膜的刺激非常大，对呼吸系统可致癌。

· 表 7.4　焊接烟尘颗粒的大小

粒子名称	纳米颗粒	亚微米颗粒	微粒、微粉	细粒、细粉	粗粒
粒度范围	$1 \sim 100nm$	$0.1 \sim 1\mu m$	$1 \sim 100\mu m$	$100 \sim 1000\mu m$	$>1mm$
是否可吸入	不可吸入	可吸入	可吸入	不可吸入	不可吸入
主要成分	不确定	Fe、Mn 的氧化物	Fe、Mn 的氧化物	不确定	不确定

② 有害气体对人体的危害　在焊接电弧产生的高温与强紫外线的作用下，电弧区周围会产生大量的有害气体，例如臭氧与一氧化碳。二者都属于无色的气体，并且一氧化碳还无味、无刺激性，往往都会对身体存在一定的潜在影响。焊接产生的有害气体也严重地威胁了焊工的身心健康，表 7.5 就列举出了各种有害气体的成分、来源与危害。

· 表 7.5　有害气体的成分、来源与危害

有害气体成分	有害气体的来源	有害气体的危害
臭氧（O_3）	电弧产生的紫外线与空气中的氧气作用	头痛、肺充血、疲倦
氮氧化物（NO、NO_2）	电弧产生的紫外线作用于空气中的氮气	刺激鼻后呼吸道、严重肺损伤
一氧化碳（CO）	焊剂或者保护气二氧化碳燃烧分解	头痛、头晕、窒息
光气（$COCl_2$）	含氯化物溶剂、表面涂层等分解	刺激眼、鼻、喉，肺充血
氟化氢（HF）	焊条药皮和焊剂	导致骨骼改变

（5）预防焊接烟尘危害的措施

为了净化焊接的工作环境，保护焊接操作人员的身体健康，必须要做好防护措施。可以从以下几方面入手，将焊接时产生的有害物质降到容许的浓度范围之内。

① 工艺措施：

a. 在焊接时，应该多选用无烟尘或者烟尘较少的焊接方法。电阻焊、埋弧焊、摩擦焊等都是高效、少烟尘或者无烟尘的焊接方法。而在 20 世纪 90 年代发明的搅拌摩擦焊是属于新型固态连接的技术，这种焊接方法非常有利于工作环境的改善。

b. 研发并使用低尘低毒的焊接材料。使用结构钢低尘低毒焊条可以极大地降低焊接烟尘的毒性；在使用新研发的气体保护药芯焊丝时，焊接烟尘量会减少 20%～75%。

c. 焊前选择合适的焊接参数进行施焊。焊前要对焊接电流、电压、焊接速度等参数对焊接烟尘的影响进行综合考虑，在不影响焊接质量的前提下选取烟尘量最少的焊接参数。

② 设备措施　积极研发先进的焊接设备，降低焊接时的发尘量。林肯公司目前生产的焊接设备可以精确地检测熔滴过渡行为，具有非常高的精度与灵敏度；能够在短时间内使焊接电流与电压发生周期性变化，实现表面张力过渡。采用表面张力过渡的方式，可以降低电弧的辐射，减少焊接飞溅，更能明显地降低焊接时的发尘量。

③ 通风措施　采取通风措施是去除焊接烟尘的有力措施。可以选择局部通风排烟或整体通风排烟的方式。二者的不同是：局部通风排烟针对焊接的工作点，目的是排除焊接作业产生的有害气体、烟尘颗粒等；整体通风排烟则是服务于整个工作期间，范围比较大。其共同点是都在焊接烟尘产生的同时就将其排走。目前市场上有强力吸气风机、可移动筒式过渡烟尘净化器、静电式烟尘净化器等，其最高的净化效率可以达到 99.9%。

④ 自身防护措施　在焊接的过程中，在通风设施不能很好地保护身体健康的时候，就应该采取一些自身防护措施，比如佩戴过滤防尘口罩、通风除尘口罩等。呼吸保护设施只能保护佩戴者，无法保护其他人。

熔滴过渡

8.1 熔滴过渡概论

8.1.1 熔滴上的作用力

焊接电弧中熔化的金属会以各种形态向母材进行过渡，从而到达熔池。如图8.1所示，其中焊丝端部的熔滴所受的力分别是重力、表面张力、电磁力与等离子流力。

熔滴上的各种作用力是影响熔滴过渡的主要因素。熔滴上的作用力主要包括：重力、表面张力、电弧力、熔滴爆破力以及电弧的气体吹力等。

（1）重力的影响

焊缝在空间中所处的位置决定了重力 F_g 对熔滴的影响程度。重力对熔滴有利也有弊。在平焊时，重力会促进熔滴脱离焊丝末端，如图8.2中的（a）图所示；在仰焊和立焊时，重力则会阻碍熔滴脱离焊丝末端。重力的公式表示为：

$$F_g = mg = 4\pi r^3 \rho g / 3 \tag{8.1}$$

式中，ρ 为熔滴密度；g 为重力加速度；m 为熔滴的质量；r 为熔滴半径。

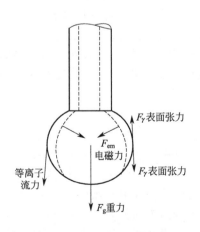

图 8.1　熔滴上的作用力

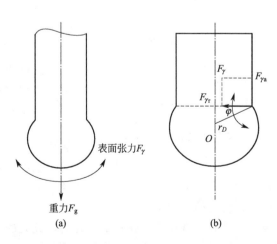

图 8.2　重力与表面张力对熔滴的影响

（2）表面张力的影响

表面张力 F_γ 主要使焊丝端部的熔滴保持球形状态，如图 8.2(a) 所示。表面张力 F_γ 作用于焊丝末端和熔滴相交的那条圆周线上，并且会与熔滴的表面相切，这从图 8.2(b) 中可以看出。表面张力 F_γ 在熔滴上可以分解为两种力，分别是径向力 $F_{\gamma r}$ 和轴向力 $F_{\gamma a}$。在径向分力的作用下，熔滴在焊丝的末端产生缩颈现象；轴向分力会把熔滴固定到焊丝的末端，阻碍熔滴的过渡。

设焊丝的半径为 R，熔滴的半径为 r，那么焊丝和熔滴之间的表面张力 F_γ 就可以用下面的公式表示：

$$F_\gamma = 2\pi R\sigma \qquad (8.2)$$

式中，γ 为表面张力系数，其大小与材料、温度等因素有关。

表 8.1 列出了一些金属的表面张力系数，在分析时应该考虑到熔滴的温度、表面的状态以及熔滴的化学成分的影响。

⊡ 表 8.1　一些金属的表面张力系数

金属	Mg	Zn	Al	Cu	Fe	Ti	Mo	W
$\sigma/(10^3\,\mathrm{N\cdot m^{-1}})$	650	770	900	1150	1220	1510	2250	2680

另外，只有当表面张力 F_γ 小于其他作用力的合力时，熔滴才会顺利地脱离焊丝从而过渡到熔池中。所以正常情况下表面张力 F_γ 是阻碍熔滴过渡的力。但是当采用仰焊、立焊以及横焊时，表面张力 F_γ 就成为有利于熔滴过渡的作用力。一种原因是表面张力 F_γ 会在熔滴与熔池接触时将熔滴拉入到熔池中，另一种原因是表面张力 F_γ 会使熔滴不易扩散。

从式（8.2）中可以看出，在平焊时，减小焊丝直径以及表面张力系数对熔滴过渡是有利的。可以通过向熔滴中加入少量活性物质（O_2 和 S）的方法来降低表面张力系数，这会有利于形成细颗粒的熔滴过渡。

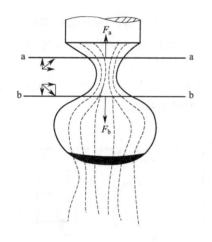

图 8.3　电磁力作用
在熔滴上时的影响

（3）电弧力的影响

电弧力包括电磁收缩力、等离子流力以及斑点压力，这三种作用力对熔滴过渡都会产生不同的影响。重力与表面张力是在电流较小时对熔滴过渡起主要的作用；电弧力是在电流较大时对熔滴过渡起主要的作用。

① 电磁收缩力。电磁收缩力主要是通过熔滴的电流与自身的磁场相互作用产生的。当电磁力作用在熔滴上时，可以分解为轴向与径向两个力。电磁力的计算可以用下式来表示：

$$\boldsymbol{F}_{em} = \boldsymbol{J} \times \boldsymbol{B} \qquad (8.3)$$

式中，$\boldsymbol{J}$ 为电流密度；$\boldsymbol{B}$ 为磁场强度。

如图 8.3 所示，其中电磁力轴向分力 $\boldsymbol{F}_a$ 在 a—a 面上的方向是向上的；电磁力轴向分力 $\boldsymbol{F}_b$ 在 b—b 面上的方向是向下的。电磁力轴向分力方向的不同将促使熔滴断开。电磁力的方向由熔滴的端部与弧柱间导电的弧根区域面积的大小决定：当熔滴的直径大于弧根的直径时，此处的电磁力的合力方向就向上，此时电磁力就会阻碍熔滴的过渡；相反的话，当弧根面积覆盖整个熔滴时，此处的电磁力合力的方向就向下，此时电磁力就会促进熔滴的过渡。

② 等离子流力。等离子流力始终有利于熔滴过渡，等离子流力是通过等离子气流从焊丝末端切入，并且冲向熔池中的，有利于熔滴脱离焊丝末端，并且使熔滴迅速通过电弧空间进入到熔池中。焊丝直径和焊接电流的大小会影响等离子流力的大小：通常所用的焊丝直径越大、电流越大，那么产生的等离子流力也就越大，从而对熔滴的推力也就越大。等离子流力会在大电流焊接时明显地影响熔滴过渡特性。

③ 斑点压力。斑点压力是指电子和正离子对熔滴的撞击力、电极材料在蒸发时所产生的反作用力和弧根面积特别小时对熔滴的电磁收缩力。通常情况下，斑点压力不利于金属熔滴过渡。

（4）爆破力的影响

爆破力在通常情况下会促进熔滴过渡。爆破力是指由于熔滴内部产生了气体或者含有易挥发的金属，在电弧高温作用下气体膨胀造成内力增大，从而使熔滴发生了爆破。在 CO_2 气体保护焊中，采用短路过渡的形式，在表面张力以及电磁收缩力的作用下熔滴形成缩颈现象，液态小桥会在电流作用下急剧升温，从而爆破形成熔滴过渡。同时这也是焊接飞溅产生的原因之一。

（5）电弧气体吹力的影响

在焊条电弧焊中，焊芯要比焊条药皮熔化得快，导致焊条的端部形成套筒，如图 8.4 所示。药皮中的造气剂在高温下分解成的 CO_2、CO、O_2、H_2 等气体会急剧膨胀，从而将金属液滴推向熔池。这种作用力无论对于哪种焊接位置，都是有利于熔滴过渡的。

除了重力和表面张力之外，电弧力和爆破力等的存在与电弧的形态是相关的，并且焊接位置、焊接工艺都会影响其对于熔滴过渡的作用模式。例如表面张力在长弧焊时总是阻碍熔滴的脱离，不利于过渡；但在短弧焊时，熔滴与熔池形成短路从而形成了液态金属过桥，如图 8.5 所示。

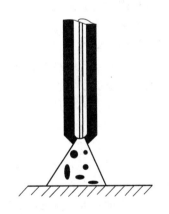

图 8.4　焊条药皮套筒的示意图

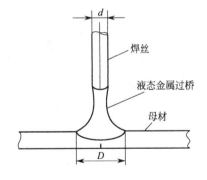

图 8.5　表面张力在形成液桥时的作用

熔滴与熔池的接触面积是很大的，因此向下的表面张力会大于焊丝端向上的表面张力，从而使金属液桥被表面张力拉到熔池中去，有利于熔滴过渡。电磁收缩力也会有类似的情况：如图 8.6 所示，当熔滴短路时的电流呈发散性时，电磁收缩力的轴向分力 F_{cx} 会有利于熔滴过渡。

8.1.2　作用力效果分析

图 8.7 为一个最简单的熔滴脱落模型：假设将水管中的阀门逐渐打开，使水滴慢慢脱

落，这时积蓄在管口处的水滴会慢慢地变大，假设管口处的外半径为 R，在水管出口的四周存在的表面张力使水滴不能快速脱落。

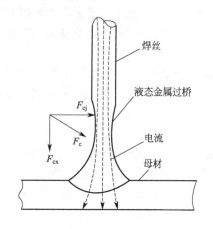

图 8.6　电磁力对熔滴过渡的作用

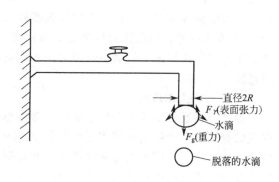

图 8.7　水滴脱落模型

于是可以得到下列公式：

$$F_\gamma = 2\pi R\gamma \tag{8.4}$$

当水滴逐渐变大之后，作用在水滴上的重力为：

$$F_g = V\rho g \tag{8.5}$$

式中，V 为水滴的体积；ρ 为水滴的密度；g 为重力加速度。

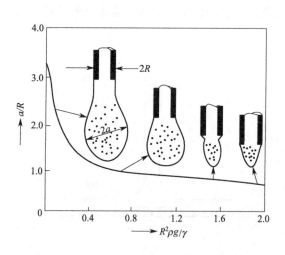

图 8.8　水滴脱落前的形状与毛细管常数的关系

当重力 F_g 大于表面张力 F_γ 时，水滴就会从管口脱落。当在焊接电弧中存在小电流流经大直径焊丝时，就会产生与上述相似的过程，被称为重力过渡。对于金属熔滴的情况，直径相同的焊丝也会存在不同的表面张力系数 γ 与密度 ρ，熔滴脱离前的形状也是不相同的，比值 ρ/γ 越大的金属越容易形成小颗粒过渡，如图 8.8 所示（其中 a 为熔滴半径；R 为焊丝半径；ρ 为密度；γ 为表面张力系数；g 为重力加速度）。

图 8.7 与图 8.8 是相似的实验。当水滴保持在管口处时，让水杯的水面接近水滴的正下方；当水滴的底部接触到水面的时候，就会产生图 8.9（b）的情况，即液柱首先产生颈缩，之后就会被水面吸收掉。液柱产生颈缩的原因是当液柱的长度大于液柱的直径时，作用在液柱上的表面张力 F_γ 会对液柱产生拘束的作用。

水滴以短路方式向水面进行过渡的现象与焊接电弧中熔滴与熔池之间发生的短路过渡现象基本是一致的。作用在熔滴上的表面张力通常会阻止熔滴脱落，而在上述情况下会转变为促进熔滴过渡的力。上面介绍的熔滴过渡形态也有可能在其他焊接过程中出现，例如在埋弧焊中，熔滴与熔渣接触产生的渣壁过渡现象与表面张力的作用密不可分。

以上只考虑到了重力与表面张力的影响，而在较大的电流作用下，电磁力对熔滴过渡的影响也是非常大的。

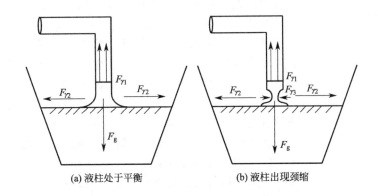

(a) 液柱处于平衡　　　　　　(b) 液柱出现颈缩

图 8.9　与液面短路的液滴模型

电磁力是矢量，既有大小又有方向。设作用在单位体积上的电磁力为：

$$F_m = J \times B \tag{8.6}$$

式中，J 为电流密度，A/m^2；B 为磁力线密度，Wb/m^2。

　　在现实中要弄清导体内的电流是如何流动时，由于含有熔滴的焊丝端部是电流到电弧的流入流出部位，所以要确定电流流经路线是非常困难的。另外，在熔化金属及等离子体作为导体的时候，其具有的流动性和形状的变化会使问题更加复杂。目前是通过各种假设构造模型，来显示出电磁力的作用。

　　有时电磁力对熔滴过渡会产生阻碍作用，而有时又会产生促进作用。电磁力促进熔滴过渡见图 8.10(a) 所示的短路过渡情况。这与水滴的情况是相似的，即较小的熔滴与液面短路时会容易形成稳定的液柱。当液柱中流过比较大的电流时，液柱受到电磁收缩力的作用会发生颈缩的现象，电流通道会变窄，收缩区的中心压力会变大，这时会产生沿轴向上的压力梯度，使液体从颈缩部位向膨胀的部位流动，从而促进熔滴向熔池进行过渡。

　　在电弧比较长、熔滴没有与熔池液面接触时，焊丝端部熔滴的底部会形成如图 8.10(b) 所示的电弧，熔滴中流过的电流会出现向下方扩展型分布，此时电磁力的方向不仅指向内侧，还会指向下方。其中方向向下的分力使熔滴受到向下的作用力，促进熔滴脱离焊丝。由于电磁收缩力与电流的平方成正比，当电流越大时，电磁收缩力的数值也就越大，而且会远大于重力的数值。正因为如此，在实际的焊接中，在采用仰焊的时候，尽管重力作用在熔滴

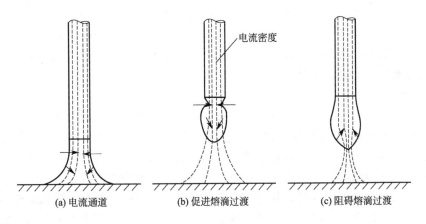

(a) 电流通道　　　　(b) 促进熔滴过渡　　　　(c) 阻碍熔滴过渡

图 8.10　作用在液柱或熔滴上的电磁收缩力

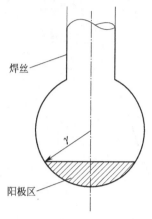

焊丝

γ

阳极区

图 8.11 焊丝端部熔滴模型

过渡的反方向,但由于电磁收缩力的作用,也是可以实现小颗粒过渡的。

当使用二氧化碳以及氢气电弧焊时,由于弧柱电位的梯度较大,收缩的电弧大多数都是在熔滴底部的一个窄小的区域内集中,如图8.10(c)所示。当电磁力向上作用时,会阻碍熔滴进行过渡,电流值增加时,比较容易形成较大的熔滴,要想实现射流过渡是非常困难的。

在流体形状以及电流流通路线确定的场合中,作用在该流体上的电磁力是可以计算的。采用如图8.11所示的熔滴模型来探究作用在熔滴内部的电流均匀分布流动时的电磁力。

电流从焊丝端部熔滴的下端流到电弧,假设电流密度是一定的,可以得到下列公式:

$$F_m = 10^{-7} \times I_a^2 \left[\ln \frac{a\sin\theta}{b} + \frac{1}{2} \left\{ \frac{1}{3}\sin^2\left(\frac{\theta}{2}\right) + \frac{1}{4}\sin^4\left(\frac{\theta}{2}\right) + \frac{1}{5}\sin^6\left(\frac{\theta}{2}\right) + \cdots \right\} \right]$$

式中,F_m 为作用于熔滴上方向向下的电磁力;a 为熔滴的半径;b 为焊丝的半径;$a\sin\theta$ 为阳极的半径。

当阳极区的直径大于焊丝直径的时候,F_m 是正值,表示电磁力起促进熔滴过渡的作用。当阳极区的直径小于焊丝直径时,F_m 是负值,此时电磁力会阻碍熔滴过渡。

此外,熔滴从焊丝端部过渡的促进力与电弧空间产生的等离子气流的作用会对熔滴产生摩擦力。等离子气流来源于电弧弧柱中的电磁压力的差值,也可以看作电磁力中的一部分。

8.1.3　熔滴过渡的主要形式

焊丝末端在电弧热的作用下熔化形成熔滴,并且在力的作用下脱离焊丝进入熔池中的过程被称为熔滴过渡。根据外表形态以及熔滴的大小等特征,熔滴过渡基本分为三种类型,即:自由过渡(Free Flight)、接触过渡(Contacting)、渣壁过渡(Slag Guiding Transfer)。

自由过渡是指熔滴脱离焊丝前不能与熔池发生接触,是熔滴经过电弧空间自由飞行落入到熔池中的一种过渡形式;根据熔滴的尺寸与形态可以分为大滴过渡、排斥过渡与细颗粒过渡。而接触过渡是指让焊丝末端的熔滴与熔池直接发生接触,可以分为短路过渡与搭桥过渡两种方式,其中短路过渡通常出现在 CO_2 电弧焊中,在铝合金 MIG 焊的亚射流过渡中也有短路过渡,而搭桥过渡通常指非熔化极焊接填丝的熔滴过渡情况。渣壁过渡是通过渣保护的一种形式,常见于埋弧焊、焊条电弧焊,其中埋弧焊是熔滴沿熔渣壳过渡,而焊条电弧焊是熔滴沿着药皮套筒壁过渡。除了以上几种熔滴过渡的形式,由于焊接方法与工艺的差异,又可以将熔滴过渡进一步分为多种形式。对几种经典的熔滴过渡形式的分析见表8.2。

(1)接触过渡

接触过渡包括短路过渡与搭桥过渡两种过渡方式,其中短路过渡方式应用更加广泛。短路过渡主要用于细丝 CO_2 气体保护焊,或者采用低电压、小电流焊接工艺的电弧焊。短路过渡是指由于采用的电压的焊接参数不当,导致焊接电弧相对较短,在熔滴还尚未长大时就与熔池接触而形成短路液桥,在熔池的各种力的作用下金属熔滴过渡到熔池中。这种过渡形式的好处就是当焊接参数适宜时,其焊接电弧相对稳定,产生的焊接飞溅相对较小,熔滴的过渡频率可达几十甚至几百次每秒;当焊接参数不适宜时,飞溅相应较多,电弧的稳定性也会变差。短路过渡形式主要应用于全位置焊接以及各种薄板结构。

熔滴过渡类型			形态	焊接条件
自由过渡	滴状过渡	粗滴过渡		高电压、小电流 MIG 焊
		排斥过渡		高电压、小电流 CO_2 焊
		细滴过渡		中电压、大电流 CO_2 焊
	喷射过渡	射滴过渡		铝焊丝 MIG 焊及脉冲焊
		射流过渡		钢 MIG 焊
		旋转射流过渡		大电流 MIG 焊
	爆炸过渡			气体爆炸产生的过渡形式
接触过渡	短路过渡			CO_2 气体保护焊
	搭桥过渡			非熔化极填丝
渣壁过渡	沿渣壳过渡			埋弧焊
	沿套筒过渡			焊条电弧焊

　　正常的短路过程要包括熔滴的形成——→长大的熔滴与熔池接触形成短路熄弧——→液桥缩颈的过渡——→电弧的再引燃这四个阶段。图 8.12 为短路过渡过程中的电弧电压与电流动态的波形图。

　　由图 8.12 可知，电弧被引燃后，焊丝端已经熔化形成熔滴。由于电流特别小，熔滴无法快速长大。随着熔滴逐渐生长，电弧传递给焊丝的热量会减少。焊丝由于受到热量的影响，熔化的速度也会相应降低，在熔滴未长大的时候就会与熔池接触形成短路。此时电弧会瞬间熄灭，电压会急剧下降，电流会急剧地升高。当电流升高时，在重力与表面张力作用下熔滴与焊丝之间形成液桥缩颈，并且液桥缩颈慢慢变细。短路电流增加到一定数值时，液桥缩颈也会断开，电压恢复到空载电压，电弧会被重新点燃。之后周而复始，重复上述过程。

　　① 短路过渡方式的特点

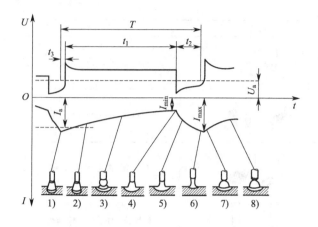

图 8.12 短路过渡过程中的电弧电压与
电流动态的波形图

t_1—燃弧时间；t_2—短路熄弧时间；t_3—拉断熔滴后的
电压恢复时间；T—短路周期，$T=t_1+t_2+t_3$；
I_{max}—最大电流；I_{min}—最小电流；I_a—平均焊接电流；
U_a—平均电弧电压

a. 短路过渡属于燃弧与短路的交替进行。电弧在燃烧时开始对焊件进行加热，在短路时电弧会熄灭，由于电弧熄灭导致熔池的温度降低。可以通过调节熄弧和燃弧的时间来控制对焊件的热输入。

b. 短路过渡的焊接电流比较小，但是短路时的峰值电流是平均电流的好几倍，在进行薄板焊接时可以避免被焊穿，对于薄板焊接来说是十分有利的。

c. 短路过渡通常采用细焊丝，焊接的时候速度快，电流密度也大，对焊件的热输入相应来说也比较低。短路过渡的电弧比较短，热输入比较集中。这种方式可以减少焊件的变形。

短路过渡也有一些缺点，就是当焊接参数或者焊接电源动特性选择得不好时，焊接过程将伴随着大量的飞溅，会极大地影响焊接质量，造成焊接材料的浪费。

② 短路过渡过程的稳定性　短路过渡实际上可以看做短路——→燃弧进行周期性变化的过程。短路过渡的稳定性可以通过这种周期性过程的均匀程度与焊接过程中飞溅的大小来测量。

短路过渡的周期 T 是由燃弧时间和熄弧时间来组成的。如果想调节过渡周期就可以调节燃弧与熄弧的时间。通常认为短路过渡中每秒内熔滴过渡的次数越多，在一定的送丝速度的条件下，焊丝所形成的熔滴尺寸就越小，熔滴对电弧的影响也就越小，焊接熔滴的过渡过程就会越稳定，同时也可以减小焊接过程中产生的飞溅，提高焊接生产质量。

燃弧的时间主要取决于焊接电流与电弧电压或焊丝的送进速度。要想使燃弧的时间增长，就需要增大电弧的电压、减小电流或者焊丝的送丝速度。这样熔滴的尺寸就会变得较大，同时导致电弧的稳定性降低、焊接过程的飞溅增大。相反，减小燃弧的时间，就会提高电弧的稳定性。当电弧的电压过低时，熔滴还未脱离焊丝而插入到熔池造成短路，使飞溅急剧增大。

③ 短路过渡的频率特性分析　短路过渡频率是指短路过渡时熔滴每秒内过渡的次数，用 f 来表示。如果用 v_f 表示送丝速度、v_m 表示焊丝熔化速度，稳定焊接时 $v_f=v_m$，那么熔滴过渡时消耗的焊丝的平均长度 $L_d=f/V_f$。在焊接的送丝速度一定时，短路过渡频率越大，消耗的焊丝平均长度就会越小，那么熔滴的尺寸就会越小，短路的过程就会越稳定。

图 8.13、图 8.14 、图 8.15 分别表示焊接电弧电压、焊丝的送丝速度以及焊接回路直流电感各自和短路过渡频率的关系。图 8.16 为搭桥过渡的示意图。图 8.14 中空载电压为 22V，焊丝直径为 1.1mm，气体为 CO_2，电感为 $180\mu H$；图 8.15 中空载电压为 220V，干伸长为 10mm，焊丝直径 ϕ 为 1.0mm，气体为 CO_2。其中，焊丝的直径越小，可以达到的最高频率也就越大，其对应的焊接电流最佳值也就越小；电弧的电压值对焊丝直径影响较小。短路过渡频率 f、短路电流峰值 I_{max} 与短路时间都会影响短路过渡的稳定性。各点连线的频率 f 可以反映出熔滴过渡时的熔滴体积：斜率越大，对应的熔滴的体积就会越小。

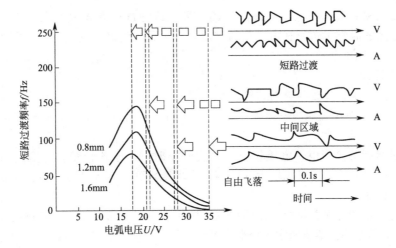

图 8.13 短路过渡的频率与电弧电压之间的关系

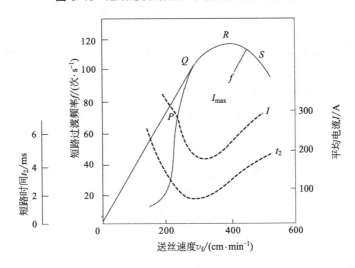

图 8.14 送丝速度和短路的过渡频率、短路的时间与短路电流峰值之间的关系

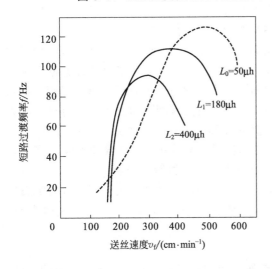

图 8.15 回路直流电感 L 对短路过渡频率 f 的影响

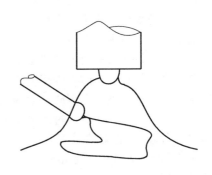

图 8.16 搭桥过渡的示意图

搭桥过渡（图 8.16）也属于接触过渡的一种，这种过渡方式常出现于非熔化极填丝电弧焊中。在过渡的时候，焊丝在电弧热的作用下会熔化成熔滴，在重力、表面张力以及电弧力的作用下进入溶池。

（2）自由过渡

自由过渡分为滴状过渡与喷射过渡两种方式。

① 滴状过渡　焊接过程的电弧电压是比较高的。根据焊接参数的差异可以将滴状过渡分为大滴过渡及小滴过渡。

a. 大滴过渡指的是当电弧电压较高而电流较小时，由于弧长较长，熔滴与熔池不会发生短路，于是焊丝末端会形成比较大的熔滴。当熔滴大到一定程度时，便会受到重力和表面张力的作用而脱落。

b. 小滴过渡指的是随着焊接电流的增加，熔滴表面张力随之减小，使过渡频率增加，熔滴的尺寸也会显著减小。熔滴通常不会沿着焊丝的轴向过渡，而是以偏离轴向的方式过渡。

② 喷射过渡　通常在用氩气作保护气体焊接时，在特定的焊接工艺下会出现喷射过渡。喷射过渡通常可以分为以下四种：射滴过渡、射流过渡、亚射流过渡、旋转射流过渡。

射滴过渡是介于射流过渡和滴状过渡之间的一种过渡模式。射滴过渡的电流较大，电弧包围着熔滴并通过熔滴进行扩展，绝大部分呈钟罩形。它的射滴模式的熔滴直径与焊丝直径是相近的，并沿着焊丝进行轴向过渡。熔滴过渡的射滴过渡模式的电弧比较平稳，焊接烟尘小，焊接生产质量高。通常应用于铝合金 MIG 焊接。

喷射过渡中最具有代表性的过渡方式为射流过渡。射流过渡必须采用纯氩或者富氩作保护气体，采取直流反接。

亚射流过渡是介于短路过渡与射滴过渡的一种过渡方式。它与射流过渡相比，弧长较短，主要应用于铝、镁合金的气体保护焊中。其过渡过程既有短路过渡，又有射滴过渡。焊接的过程十分平稳，焊接质量高，焊接飞溅较少。

旋转射流过渡是指在焊丝的干伸长较大的情况下，当焊接电流大于射流过渡的临界电流时，熔滴会被金属端头甩向四周。这种过渡形式的焊接电弧不稳定，造成的焊接飞溅过大，焊接质量不佳。

当熔化极气体保护焊的弧长较长而电流较小时，焊丝末端所形成的熔滴就较大，它所受到的电磁收缩力就较小，熔滴受到重力作用形成大滴过渡。随着熔滴尺寸的减小，电磁收缩力会缓慢地增大。随着焊接电流逐渐增大，熔滴与焊丝接触处的液态金属电流密度变大，使其表面产生了许多金属蒸气。在这些条件下，就会产生阴极斑点，熔滴也会从液滴的根部转移到细颈的根部，形成跳弧现象。电弧形态会发生显著的变化，电磁收缩力在此基础上进一步扩大，金属蒸发现象也会变得严重，产生了等离子流力。此时由于受到金属蒸气的反作用力和等离子流力，球形熔滴被压成扁状或者尖状；液柱此时的表面张力较小，在等离子流力的冲击下熔滴会以较快的速度冲向熔池。射流过渡的临界电流是产生跳弧现象的最小电流。当临界电流高于焊接电流时，焊接电流增大只会使熔滴的尺寸减小，过渡频率基本不变。当焊接电流缓慢地达到临界电流时，熔滴的尺寸还会减小，但是熔滴的过渡频率会急剧增加。继续增大焊接电流时，熔滴的过渡频率就基本不会变化。钢焊丝在富氩状态下焊接时熔滴的过渡频率和体积与电流的关系如图 8.17 所示，其中钢焊丝直径为 1.6mm，气体为 Ar (99%)+O_2(1%)，弧长为 6mm。

射流过渡临界电流 I_c 的影响因素如下。

① 焊丝的成分。焊丝成分不同，将会引起金属的熔点以及电阻率的差异。不同焊丝成分下的临界电流如图 8.18 所示。

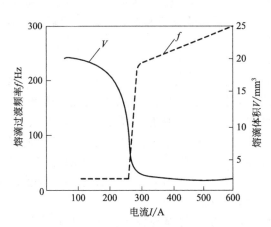

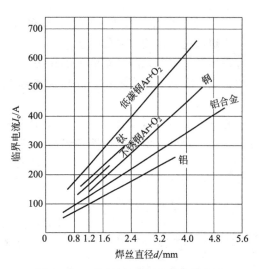

图 8.17　熔滴过渡频率、体积和电流的关系　　　　图 8.18　不同材质下焊丝的临界电流

②　焊丝的直径。焊丝的直径不同，其临界电流大小也就不同。由图 8.19 也可以看出，焊丝的直径增大，临界电流就会大幅度增加。这是由于焊丝直径大，其电流密度小，熔化焊丝的热输入也需要增加，因而射流过渡的临界电流会增大。

③　焊丝的干伸长。焊丝的干伸长越大，电阻热的作用越大，热输入越大，因而焊丝熔化得越快，就会使射流过渡的临界电流值变小。材质的电阻率越大，这种现象越明显。

④　气体介质。气体介质不同，电弧的电场强度也会有所不同。在 Ar 气保护下容易形成射流过渡，因为弧柱的电场强度较低，临界的大电流值较低。如果在 Ar 气中加入 CO_2 气体，随着后者的含量增大，临界的电流值也会增大。若 CO_2 气体的比例超过了 30%，CO_2 气体会解离吸热从而增大对电弧的冷却作用，电场强度也会增大，电弧不易扩展，进而不能形成射流过渡。在 Ar 中添加 O_2 时，当 O_2 的比例降到 5% 左右，由于 O_2 可以使熔滴的表面张力减小，临界电流也会随之减小。但是 O_2 的比例如果过大，其就会如同 CO_2 气体一样，解离吸热使弧柱的电场强度增大，临界电流的值也会增大，如图 8.20 所示。

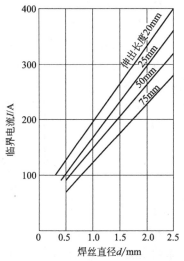

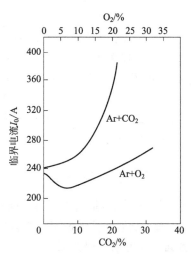

图 8.19　焊丝直径和伸出长度与临界电流之间的关系　　图 8.20　气体介质的成分（体积分数）
［采用低碳钢 Ar（99%）＋O_2（1%），直流反接，弧长为 6mm］　　　　对临界电流的影响

⑤ 电源的极性。直流正接时，焊丝作为阴极，熔滴上有的阴极斑点受到的压力过大，会阻止熔滴过渡，使临界的电流过大，电弧极其不稳定，射流过渡模式不易实现。但是可以通过采用活化焊丝来减小熔滴上的压力，实现射流过渡。直流反接时，焊丝作为阳极，熔滴上的斑点所受到的压力较小，极易实现射流过渡。

（3）渣壁过渡

渣壁过渡是埋弧焊及焊条电弧焊中常见的一种熔滴过渡的形式。在使用焊条进行焊接时，焊接过程可能出现以下四种过渡形式：短路过渡、细滴过渡、大滴过渡以及渣壁过渡。焊条的药皮成分以及厚度、焊接的电流大小、电流极性等都会影响过渡形式。当选择用厚药皮的焊条进行焊接时，由于焊芯先熔化，焊条端部就会形成一种药皮套筒，熔化的液态金属就会沿套筒掉落在熔池中形成渣壁过渡。

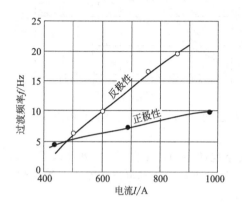

图 8.21 在埋弧焊中电流对过渡频率的影响

埋弧焊的渣壁过渡与焊接电流、焊接参数以及电弧电压有很大的关系。当采用直流反接时，如果电弧电压过低，焊接端部将会形成较小的熔滴，这种熔滴过渡模式的频率比较高，每秒可以过渡几十滴左右。当采用直流正接时，焊丝的端头熔滴尺寸比较大，这种熔滴过渡频率仅在十滴每秒左右。熔滴频率主要受电流的影响，随着电流的增加而增加。直流反接中这种现象最为明显，如图 8.21 所示。

8.2 熔滴过渡模型

熔滴过渡模型主要包括静态力学平衡模型、收缩不平衡模型以及动态熔滴分离模型。其中静态力学平衡模型研究的是在力学平衡的基础上熔滴过渡过程中所受到的不同力的变化，如在熔化极气体保护焊自由过渡中，会存在表面张力、重力以及电磁力等，当熔滴受到的合力方向向下时，熔滴就会脱落；收缩不平衡模型是指由于圆柱状液态金属的表面能量比球体的大，并且圆柱状液态金属的波动频率与波长有关，因此圆柱状液态金属如果受到一定波长干扰，那么其表面就有分裂成若干个液滴的倾向。动态熔滴分离模型是将焊接端部的熔滴想象成质量-弹簧系统，其原理就是假设弹簧的一端连着金属熔滴，另一端连着固体焊丝，将熔滴受到的表面张力想象成弹簧力，并且把熔滴的生长和脱离过程运用质量与弹簧系数都变化的质量-弹簧系统表示。

8.2.1 静态力学平衡模型

静态力学平衡模型是基于静力平衡理论进行建模，用于分析即将脱离焊丝的熔滴的受力情况。静力平衡理论主要用于研究以下两个方面：一方面，焊接质量与焊接速度是由输入熔池的热量和熔滴脱落的体积决定的；另一方面，焊接过程的随机性由熔滴过渡的随机性确定。因此可以知道静力平衡理论是研究熔

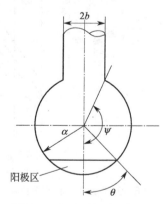

图 8.22 焊丝端部熔滴的形态

滴如何离开焊丝而进入到熔池的过程的,适用于射流过渡。图8.22为焊丝端部熔滴的形态。

静力平衡理论认为焊丝端部的熔滴主要受到以下四种力的作用:重力 F_g、电磁收缩力 F_{em}、等离子流力 F_d 以及表面张力 F_σ。正如式(8.7)所示,在这四种作用力中,除了表面张力阻碍熔滴过渡,其余三种作用力都有利于熔滴过渡。而且当重力与电磁收缩力以及等离子流力的合力大于表面张力的时候,熔滴会从焊丝端部脱离进入熔池,从而完成熔滴过渡。

$$F_\sigma = F_g + F_{em} + F_d \tag{8.7}$$

静力平衡理论的物理意义十分清晰,但它也有缺点:仅考虑了熔滴轴向受力的情况,忽视了电磁力水平分量对熔滴产生的影响,还忽略了焊丝伸出的部分所产生的电阻热的影响,所以在大电流的情况下,所得出的熔滴尺寸与实验结果相差较大。

8.2.2 收缩不平衡模型

收缩不平衡模型是由液柱不稳定模型而来的。收缩不平衡模型基于不稳定收缩理论。该理论根据柱形熔化金属假设,通过促使液柱收缩形成熔滴的临界波长来得出熔滴的尺寸。球体的自由能相比于圆柱体来说更低一些,因此液柱会不断收缩成小熔滴从而使表面发生波动。当液柱上两点的压力差不断增大而达到一个临界值时,柱体就会变为球体。焊接电流会影响液柱的稳定性:当焊接电流增大时,临界扰动波长与液柱半径减小,液柱的稳定性也会减弱;反之,焊接电流减小,液柱的稳定性增强。

不稳定收缩理论认为电磁收缩力作用在柱形液体上是引起熔滴发生不稳定收缩临界波长的根本原因。接下来将用方程推导电磁收缩力作用在柱形液体上时,液柱发生的一系列变化。

当磁场与柱体的中心轴互相垂直时,在任意半径 r 的柱体内的磁力大小 F_B 可以表示为:

$$F_B = |J \times B| = \frac{\mu_0 J^2 r}{2} \tag{8.8}$$

该力作用于中心轴,通过沿相反方向作用的流体中的径向压强梯度 $\dfrac{\partial p}{\partial r}$ 可表示为:

$$\frac{\partial p}{\partial r} + \frac{\mu_0 J^2 r}{2} = 0 \tag{8.9}$$

整理可得:

$$p = -\frac{\mu_0 J^2 r^2}{4} + \Delta \tag{8.10}$$

式中,Δ 为常数。在 $r=R$ 的表面上,电磁力消失,并且压力等于环境压强 p,由于表面张力系数 γ 在液柱内等于 γ/R。因此总压强为:

$$p = p_0 + \frac{\gamma}{R} + \frac{\mu_0 J^2}{4}(R^2 - r^2) \tag{8.11}$$

沿轴 $r=0$:

$$p = p_0 + \frac{\gamma}{R} + \frac{\mu_0 I^2}{4\pi^2 R^2} \tag{8.12}$$

为了确定磁力可能产生的收缩不稳定性的情况,需要考虑由气体包围的圆柱状液体,寻求不存在电流时不稳定的标准。当圆柱体的半径为 R、表面张力系数为 γ 时,假设圆柱表面受到干扰,因此其轮廓(图8.23)可由下式表达:

$$r = R + \varepsilon \cos\left(\frac{2\pi}{\lambda}\right)z \tag{8.13}$$

式中，ε 为干扰程度；λ 为波长；z 为纵向轴距。

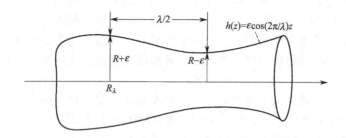

图 8.23 液柱内的流动分析图

假设忽略环境的压力，只考虑表面张力的影响，那么 γ 就会与 $\gamma(1/R_1 + 2/R_2)$ 相等，其中 R_1 与 R_2 为表面的曲率半径。当 R_1 等于 R，R_2 趋近于无穷时，压强是均匀稳定的，与 γ/R 的大小相等。假如液柱受到了外力的干扰，那么其受到的压强就不会是均匀稳定的了。凸起最高的地方的压强可以表示为：

$$p_b = \gamma\left(\frac{1}{R+\varepsilon} + \frac{1}{R_\lambda}\right) \tag{8.14}$$

在这种情况下 R_λ 为 $r = R + \varepsilon$ 的纵向曲率半径：

$$\frac{1}{R_\lambda} = \left(\frac{\partial^2 r}{\partial z^2}\right)_{z=\lambda} = \left(\frac{2\pi}{\lambda}\right)^2\varepsilon \tag{8.15}$$

在凸起的区域内的压强可表示为：

$$p_b = \gamma\left[\frac{1}{R+\varepsilon} + \left(\frac{2\pi}{\lambda}\right)^2\varepsilon\right] \tag{8.16}$$

同时，在受压的区域内：

$$p_p = \gamma\left[\frac{1}{R-\varepsilon} - \left(\frac{2\pi}{\lambda}\right)^2\varepsilon\right] \tag{8.17}$$

如果凸起区域中的压力大于收缩区域中的压力，则液体将流入收缩区域并趋于恢复圆柱形，即此时的系统是稳定的。如果压力处于相反方向，则系统不稳定，液柱会破裂成液滴。当 ε 趋近于 0 时，系统对于稳定性的要求可以表示为：

$$\frac{\mathrm{d}}{\mathrm{d}\varepsilon}(p_b - p_p) > 0 \tag{8.18}$$

将式(8.16) 和式(8.17) 联立可得：

$$\gamma\left\{\left[-\frac{1}{(R+\varepsilon)^2} + \left(\frac{2\pi}{\lambda}\right)^2\right] - \left[\frac{1}{(R-\varepsilon)^2} - \left(\frac{2\pi}{\lambda}\right)^2\right]\right\} > 0 \tag{8.19}$$

为了达到稳定，应使：

$$\lambda < 2\pi R \tag{8.20}$$

当能量达到平衡时，平衡的方程可以表示为：

$$\lambda_c = 2\pi R \tag{8.21}$$

式中，λ_c 为临界波长。当 λ 的波长大于临界波长时，液柱就会变成熔滴，此时的 λ_c 与 γ 值是没有关系的。

在存在电流的情况下，只要忽略电场和磁场分布的影响，就可以应用相同的原理。现在有一个轴向电磁感应力的存在，可以得到下式：

$$p_p - p_b = \gamma \left[\frac{1}{R-\varepsilon} - \left(\frac{2\pi}{\lambda}\right)^2 \varepsilon \right] + \frac{\mu_0 I^2}{4\pi^2 (R-\varepsilon)^2} - \gamma \left[\frac{1}{R+\varepsilon} + \left(\frac{2\pi}{\lambda}\right)^2 \varepsilon \right] - \frac{\mu_0 I^2}{4\pi^2 (R+\varepsilon)^2} \qquad (8.22)$$

因此可得收缩不稳定的方程为：

$$\frac{R^2+\varepsilon^2}{(R^2-\varepsilon^2)^2} + \frac{\mu_0 I^2 R(R^2+3\varepsilon^2)}{2\pi^2 \gamma (R^2-\varepsilon^2)^3} > \left(\frac{2\pi}{\lambda}\right)^2 \qquad (8.23)$$

对于理想的液柱来说，可以得到下列方程：

$$\lambda_c = \frac{2\pi R_x}{\left(1 + \dfrac{\mu_m I^2}{2\pi \gamma R_x}\right)^2} \qquad (8.24)$$

式中，λ_c 为液柱收缩不稳定的临界波长；γ 为表面张力系数；μ_m 为自由空间的磁导率；I 为流过液柱的电流；R_x 为无限长液柱的界面半径。

不稳定收缩理论将熔滴看作一个无限长的液柱，电磁收缩力的作用会使熔滴脱离焊丝进入到熔池中。但是无限长的液柱只是一个假设，不能代表实际焊接中熔滴的情况。不稳定收缩理论只能适用于焊接电流较大的情况，不能适用于小电流的情况。在焊接过程中，径向收缩和扭结不稳定性都可能在焊接中出现。图 8.24(a) 为在无磁场的情况下，液柱收缩不稳定的示意图，而图 8.24(b) 则表示在加纵向磁场的情况下，液柱出现扭结不稳定性的情况。

图 8.24　不同条件下液柱的变化情况

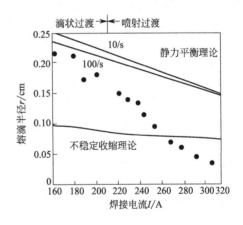

图 8.25　熔滴尺寸理论计算值与试验结果的比较

由图 8.25 可以看出，在滴状过渡的范围内，用静力平衡理论来计算熔滴大小时，实验结果与计算结果的数值大小以及变化的趋势基本一致，而在喷射过渡的范围内结果相差还是较大。引起这种差别的原因是采用不同的过渡方法，焊丝的末端形状也会出现不同变化。可以用不稳定收缩理论来解释在射流过渡中出现的液柱不稳定现象。在滴状过渡的过程中，可以通过高速摄影来观测金属熔化形成的液态熔滴，但其形状为球形。由于球形液态金属的自由能比圆柱形液态金属的自由能低，所以球形的熔滴更加稳定，即不稳定收缩理论不适用于圆柱形液态熔滴的情况。不稳定收缩理论没有办法避免熔滴过渡与焊丝干伸长的影响。静力平衡理论与不稳定收缩理论的优点是对熔滴尺寸的计算在一定条件下会取得较好的结果；缺点是使用的范围有限，存在一定的局限性。

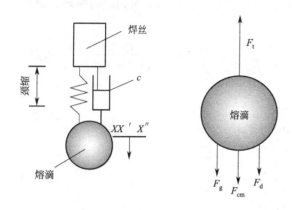

图 8.26 熔滴受力示意图

8.2.3 动态熔滴分离模型的分析

由焊接过程中的熔滴过渡所展现的特点和规律，基于质量-弹簧理论来建立动态熔滴分离模型。如图 8.26 所示，假设弹簧一端连着液态金属小球，另一端连着固态焊丝，为了方便计算和分析建模过程，首先要做一些假设：

① 液态金属的物性参数恒定不变；

② 焊丝的熔化速度是恒定的；

③ 在垂直于焊丝方向上的液态金属熔滴的速度是可以忽略的；

④ 系统要以焊丝为轴形成轴对称。

在上述假设的基础上，熔滴的生长过程和脱落过程均会采用质量、阻尼系数以及弹簧系数来表示"质量-弹簧"系统：

$$m_D \frac{d^2x}{dt^2} + kx + b\frac{dx}{dt} = F_T \tag{8.25}$$

$$\frac{dm_D}{dt} = V_m \tag{8.26}$$

式中，m_D 为熔滴质量；x 为熔滴运动过程中的弹性位移；t 为时间；b 为阻尼系数；k 为弹簧系数；V_m 为熔滴的质量随时间线性变化的速率；F_T 表示熔滴所受到的外部作用力。

熔滴的质量会随着时间的增长而增加。熔滴在不断的振荡下，位移会发生变化。假设弹性力近似为熔滴的表面张力，当时间不断增加时，位移会不断变化。当熔滴的位移达到一个峰值 X_c 时，熔滴的质量会瞬间减小，导致熔滴收缩并脱离焊丝端部。焊丝端部的残余熔滴还会按照式（8.25）继续振荡，同时熔滴的质量也会按照式（8.26）继续增大。

熔滴所受到的作用力 F_T 也可以表示为：

$$F_T = F_g + F_{em} + F_d \tag{8.27}$$

式中，F_g 为熔滴所受到的重力；F_{em} 为熔滴所受到的电磁力；F_d 为熔滴所受到的等离子流力。

所以，式（8.27）中熔滴的动态力学平衡的方程可以表示为：

$$F_T - f_i - f_k - f_b = 0 \tag{8.28}$$

式中，f_i 为熔滴所受到的惯性力；f_k 为弹性力，$f_k = kx$，k 为弹性系数；f_b 为阻尼力，$f_b = b\frac{dx}{dt}$；b 为阻尼系数。

熔滴的生长与脱落是一个连续的过程。当熔滴的位移达到临界值时，设熔滴的临界质量为 M_c、熔滴脱离质量为 ΔM，二者关系可以通过以下三个公式来表示：

$$\Delta M = l_1 M_c \tag{8.29}$$

$$\Delta M = l_2 V_c \tag{8.30}$$

$$\Delta M = l_3 M_c V_c \tag{8.31}$$

式中，l_1、l_2 以及 l_3 均为待定系数；V_c 为焊丝末端熔滴临界的振荡速度。

由于熔滴上的作用力与惯性动量使熔滴脱落，因此式（8.29）与式（8.30）的描述都存在不足。而式（8.31）结合了上述两个公式，综合地考虑了熔滴的振荡速度与临界质量的影响，因此在理论计算中往往会采用式(8.31)。

图 8.27 为熔滴的脱离示意图，图中半径较大的圆球表示脱离的熔滴，半径较小的圆球表示残留的熔滴。

设系统质量中心点的临界位移为 x_c，则在熔滴脱离后所剩下的残留熔滴的初始位移为：

$$x_0 = x_c - r \frac{\Delta M}{M_c} \tag{8.32}$$

$$r = \left(\frac{3\Delta M}{4\pi\rho}\right)^{\frac{1}{3}} \tag{8.33}$$

式中，ρ 为熔滴的密度；r 为熔滴的半径。

（1）模型的数值计算

对微分方程的求解，采用四阶 R-K（Runge-Kutta，龙格-库塔）方法进行计算。该数值方法具有四阶精度，计算精度是比较高的。公式推导如下：

$$m_D \frac{d^2 x}{dt^2} + kx + b \frac{dx}{dt} = F_T \tag{8.34}$$

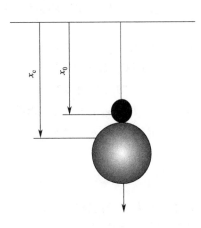

图 8.27　熔滴的脱离示意图

设：

$$\begin{cases} y_1(t) = x(t) & \text{(8.35)} \\[2mm] \dfrac{dy_1}{dt} = y_2 & \text{(8.36)} \\[2mm] \dfrac{dy_2}{dt} = \dfrac{d^2 y_1}{dt^2} = \dfrac{d^2 x}{dt^2} & \text{(8.37)} \end{cases}$$

由此可以得出：

$$\frac{dy_1}{dt} = y_2 \tag{8.38}$$

$$\frac{dy_2}{dt} = \frac{F_T - b \dfrac{dy_1}{dt} - ky_1(t)}{m_D(t)} \tag{8.39}$$

使用四阶 R-K 的方法计算，推导可以得到求解公式：

$$y_{1k+1} = y_{1k} + \frac{\Delta t}{6}[K_{11} + 2K_{12} + 2K_{13} + K_{14}] \tag{8.40}$$

$$y_{2k+1} = y_{2k} + \frac{\Delta t}{6}[K_{21} + 2K_{22} + 2K_{23} + K_{24}] \tag{8.41}$$

$$K_{11} = y_{2k} \tag{8.42}$$

$$K_{21} = f(t_k, y_{1k}, y_{2k}) \tag{8.43}$$

$$K_{12} = y_{2k} + \frac{\Delta t}{2}K_{21} \tag{8.44}$$

$$K_{22} = f\left(t_k + \frac{\Delta t}{2}, y_{1k} + \frac{\Delta t}{2}K_{11}, y_{2k} + \frac{\Delta t}{2}K_{21}\right) \tag{8.45}$$

$$K_{13} = y_{2k} + \frac{\Delta t}{2}K_{22} \tag{8.46}$$

$$K_{23} = f\left(t_k + \frac{\Delta t}{2}, y_{1k} + \frac{\Delta t}{2}K_{12}, y_{2k} + \frac{\Delta t}{2}K_{22}\right) \tag{8.47}$$

$$K_{14} = y_{2k} + \Delta t K_{23} \tag{8.48}$$

$$K_{24} = f(t_k + \Delta t, y_{1k} + \Delta t K_{13}, y_{2k} + \Delta t K_{23}) \tag{8.49}$$

式中，Δt 为时间步长。

设定时间步和初始的条件，选取适合的时间步长，利用上述的方法对熔滴长大和脱离过程进行计算。在计算的过程中要对物性参数进行调整，要反复计算直到结果收敛。熔滴的质量会随着时间呈线性增加的趋势。

（2）熔滴质量的计算

由上面的分析可以得知，熔滴的质量与焊丝的熔化速度成正比，焊丝的熔化速度 v_m 与焊接电流 I 和伸出长度 L_e 相关。因此可以在计算中将熔滴的质量变化看成焊接电流与焊丝干伸长的函数，可以表示为：

$$\frac{\mathrm{d}m}{\mathrm{d}t} = \rho A_w v_m \tag{8.50}$$

$$v_m = \tau_1 I + \tau_2 L_e I^2 \tag{8.51}$$

式中，ρ 为焊丝的密度；A_w 为焊丝的横截面积；v_m 为焊丝的熔化速度；τ_1 和 τ_2 分别为电弧与焦耳热的焊丝熔化常数。

计算所用的焊丝熔化常数如表 8.3 所示。

▫ **表 8.3　焊丝的熔化常数**

L_e/mm	τ_1/[mm/(A·s)]	τ_2/[mm/(A·s)]
26	0.1347	1.413×10^{-5}
36	0.1342	1.4266×10^{-5}

在计算过程中，假设电流与焊丝干伸长不会发生改变，焊丝的熔化速度是恒定的，那么就会有：

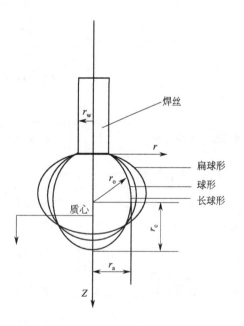

图 8.28　熔滴的几何形状

$$\frac{\mathrm{d}m_D}{\mathrm{d}t} = \rho A_w S_m = V_M \tag{8.52}$$

（3）弹性系数 k 的确定

熔滴过渡中弹性系数 k 是最为关键的物性系数，决定着模型预测结果的准确性与可行性。弹性系数可以用基于液态金属的表面张力与表面所具有的表面势能来进行描述。可用公式表示为：

$$\mathrm{d}U_d = \gamma \mathrm{d}S = F_s \mathrm{d}z \tag{8.53}$$

$$k = \mathrm{d}F_s / \mathrm{d}z \tag{8.54}$$

式中，U_d 为表面势能；F_s 为弹性力；S 为熔滴的表面积；z 为熔滴质点的位移；γ 表示表面张力系数。熔滴的几何形状如图 8.28 所示。

根据热力学理论，熔滴表面具有的表面势能可通过沿整个表面进行的积分来描述。熔滴表面的微元 $\mathrm{d}S$ 所具有的表面势能可以表示为：

$$\mathrm{d}U_d = \gamma \mathrm{d}S \tag{8.55}$$

那么整个熔滴所具有的表面势能就可以用下式表示出来：

$$U_d = \oint_S \gamma dS \tag{8.56}$$

在熔滴振荡过程中，熔滴是被外力拉长的，熔滴的表面积可以用下列公式表达：

$$S = \pi r_a \left[r_a + \alpha_d \arcsin\left(\frac{r_c}{\alpha_d}\right) + \frac{\beta_d}{\alpha_d}\sqrt{\alpha_d^2 - \beta_d^2} + \alpha_d \arcsin\left(\frac{\beta_d}{\alpha_d}\right) \right] \tag{8.57}$$

$$\alpha_d = r_c^2/(r_c^2 - r_d^2)^{1/2}, \quad \beta_d = (r_c/r_a)(r_a^2 - R^2)^{1/2} \tag{8.58}$$

式中，r_a 与 r_c 分别为两个椭圆形熔滴的半径；R 为焊丝的半径，并且 $r_w = r_e$。

当熔滴的形状由圆形逐渐变为椭圆形时，熔滴的体积是不发生改变的。在忽略熔滴质点位移变化的前提下，熔滴的半径用泰勒公式展开能够得到：

$$r_0^3 \approx r_c r_a^2 \tag{8.59}$$

式中，r_0 为球形熔滴的理想半径。而椭球形的质点位置可以表示为：

$$Z_G = (V_U Z_U + V_L Z_L)/(V_U + V_L) \tag{8.60}$$

式中，Z_G 为质点的位置；V_U 与 Z_U 分别为椭球上半部分的体积与质点位置；V_L 与 Z_L 则分别为椭球形下半部分的体积和质点位置。

r_c 可以用下式表示：

$$r_c = 1.355 Z_G - 1.957(r_e^2/r_0^3)Z_G^2 + 5.19(r_e^4/r_0^6)Z_G^3 \tag{8.61}$$

将式(8.59)与式(8.61)代入式(8.57)可得到：

$$F_s = \gamma \frac{dS}{dz} = \pi \gamma p_1 z + \pi \gamma r_0 p_1 \left(p_2 - \frac{z_0}{r_0} \right) \tag{8.62}$$

式中，z_0 为球形熔滴的质心位置。式(8.62)中：

$$p_1 = 219.5 - 1242.2(r_e/r_0) + 2345.9(r_e/r_0)^2 - 1443.5(r_e/r_0)^3 \tag{8.63}$$

$$p_2 = 1.06 - 0.26(r_e/r_0) \tag{8.64}$$

对于弹簧力可以根据式(8.62)求得。式中的第二项相对于第一项来说可以适当忽略，那么就可以得到球形熔滴弹簧系数 k 的求解公式：

$$k = \pi \gamma p_1 \tag{8.65}$$

在熔滴长大与脱离的过程中，弹性系数会随着熔滴质量的增加而降低。将弹性系数看作熔滴质量的函数，用下列公式表达：

$$k = C_1 - C_2 m(t) \tag{8.66}$$

式中，C_1 与 C_2 都为待定系数，取决于熔滴过渡时的初始条件与临界位移；$m(t)$ 为熔滴的质量，会随时间变化。

在同一电流的情况下，熔滴的弹性系数变化比较微小时，可以通过参数优化，将弹性系数当作常数。通过调整弹性系数 k 值的大小，使模拟结果趋近于实际。

（4）阻尼系数 b 的取值

阻尼系数可以用下列公式表示：

$$b = 3\mu_n \frac{V_D}{x^2} \tag{8.67}$$

式中，μ_n 为黏滞系数；V_D 为熔滴的体积；x 为熔滴的位移。

在利用模型进行计算的过程中，由于阻尼系数的数量级是比较小的，可以参考熔滴的物性参数的大小来进行合理的假设。

在建立的模型中，熔滴的临界尺寸与脱离尺寸将会分开单独计算，并且要分析临界位移随电流的变化。熔滴的临界位移可以根据静力平衡理论得出。熔滴进入脱离阶段就意味着达到了临界位移，此时的半径就为熔滴临界半径。熔滴在达到某临界位移时，其质量会突然减小，之后过渡到熔池里去。静力平衡理论一方面没有考虑振荡速度对熔滴过渡的影响，另一方面没有考虑熔滴形成缩颈后质量的突然减小。

（5）分析方法以及材料物性参数的确定

要想对熔滴过渡的动态行为进行模拟，首先要对熔滴进行受力分析，要确定熔滴的初始位移和初始速度。在计算开始后，熔滴的质量会随时间的增加而增大，弹性系数也会随着熔滴脱离质量的变化而变化。在各种外力的作用下熔滴逐渐达到动态平衡，在其中要加入振荡速度的影响。弹性位移会随着熔滴质量的增大而增大，并且当熔滴达到一个临界尺寸时，将会达到动态平衡，熔滴会失稳形成过渡。

采取四阶 R-K 法进行计算时，弹性系数是影响熔滴过渡最关键的参数。在确定模型时，可以对弹性系数进行稍微调整，需要通过模拟值与实验结果的分析与比较确定最合适的弹性系数。计算熔滴过渡的程序框图如图 8.29 所示。

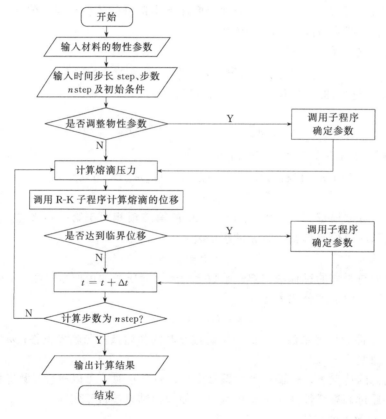

图 8.29 计算熔滴过渡的程序框图

材料的热物理性能参数的选取会直接影响计算结果的准确性。利用模型计算三种熔滴尺寸及位移变化时，模型涉及到的参数取值如表 8.4 所示。

▫ 表 8.4 参数取值

物理性质	参数值	参数符号
自由空间磁导率/(H/m)	1.256×10^{-6}	μ_m
等离子流拉力系数	0.44	C_d
气流密度/(kg/m³)	0.06	ρ_f

物理性质	参数值	参数符号
焊丝密度/(kg/m³)	7800	ρ
重力加速度/(m/s²)	9.807	g
气体流速/(m/s)	100	v_f
电弧半锥角/(°)	150	θ_d
表面张力系数/(N/m)	1.22	γ
阻尼系数/(N·s/m)	0.0028	b

利用所建立的上述模型对低碳钢的 GMAW 焊接进行数值模拟。所采取的焊接参数为：低碳钢的直径为 1.6mm，保护气体选择为 95％Ar＋5％CO₂，焊丝的伸出长度为 26mm，焊接电流是从 180A 变化到 320A。

（6）在不同焊接电流条件下熔滴的振荡和脱离

利用所建立的质量-弹簧模型来预测熔滴的振荡与脱离：假设弹簧能达到某临界长度，这表示此时熔滴能达到临界位移，熔滴的质量在此刻也会突然减小，并且熔滴会脱离焊丝进入熔池，而熔滴剩余的部分会在焊丝末端产生振荡，在时间的增加下逐渐脱离。图 8.30 为在不同焊接电流下，熔滴的振荡过程中位移随时间的变化情况。图中线条竖直的部分表示熔滴的脱离。从图 8.30（a）中可以看出，当焊接电流为 200A 时，熔滴过渡周期比较长，为滴状过渡；在滴状过渡之内，每个熔滴的过渡周期基本相似。图 8.30（b）为焊接电流为 260A 时的曲线，与图 8.30（a）相比，熔滴的振幅都随时间不断地变小，熔滴的临界位移较小，时间间隔变化较大。图 8.30（c）为焊接电流为 270A 时的曲线，此时的熔滴过渡方式主要为射滴过渡，同时伴随着一些滴状过渡；与前两个图相比，在时间间隔相同的情况下，熔滴的过渡个数显著增加。图 8.30（d）为焊接电流为 320A 时的曲线，此时熔滴的长大与脱离过程趋于稳定，振荡的过程不是特别明显，过渡方式为射流过渡。

图 8.30 中模拟的结果显示：当焊接电流增加时，熔滴过渡方式不会由滴状过渡直接转

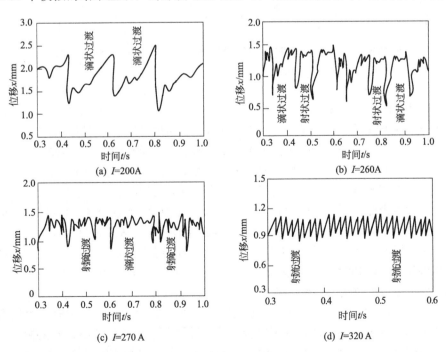

图 8.30 熔滴的振荡与脱离

变为喷射过渡，而是需要先达到临界电流值，此时熔滴过渡周期也会变得不规则，会存在两种过渡方式同时存在的情况。在临界电流附近，熔滴过渡方式通常为一个滴状过渡带着几个射滴过渡；射滴过渡方式会随着电流的增加而逐渐增强，最终会完全形成射流过渡。

（7）熔滴过渡动态过程的分析

上述建立的模型将熔滴的振荡速度当作熔滴尺寸的重要参量，并对熔滴的脱离尺寸进行调控。图 8.31 表示在不同焊接电流下熔滴位移、振荡速度与电磁力随时间的变化。

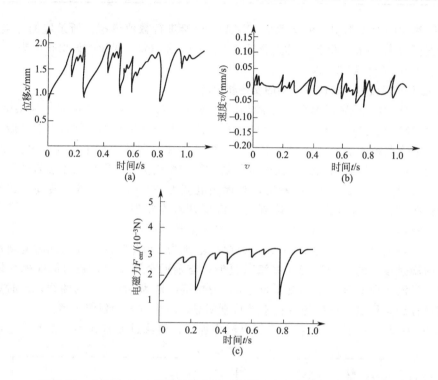

图 8.31　电流为 220A 时熔滴的位移、振荡速度与电磁力随时间的变化

图 8.31 显示的是焊接电流为 220A 时的曲线图。在计算的过程中，将弹性系数 k 的值定为 2.2N/m。此时熔滴长大与脱离的过渡时间间隔比较大，过渡方式为滴状过渡。图 8.31（a）表示熔滴位移随时间的变化，图 8.31（b）表示熔滴振荡速度随时间的变化。从图中可以得出，在滴状过渡的时候，由于阻尼的作用，熔滴的振荡速度会不断地减小，在熔滴脱离的时刻基本不产生振荡，因此此时熔滴的脱离惯性比较小。在图 8.31（c）中熔滴的振荡速度在脱离时刻是极其小的，此时熔滴在临界位移时刻可以看作在各种力的作用下达到静态平衡。

从熔滴所受的电磁力的公式可以看出：在其他条件相同时，熔滴半径与焊接电流会决定电磁力的大小。假设电流不变，那么电磁力的大小由熔滴半径决定。从图 8.31（c）中可以发现，电磁力达到最大临界值后会迅速降低。这是因为电磁力会在熔滴脱离后仍然留在残余熔滴内，在起始时刻的熔滴较小，对应的电磁力也比较小。残留熔滴的初始半径会决定电磁力起始时的大小。

图 8.32 为焊接电流为 280A 时的曲线图，此时弹性系数 k 的大小为 4.6N/m。通过图 8.32（a）熔滴位移随时间的变化曲线可以发现，当熔滴的过渡频率增加时，熔滴会在短时间内过渡到熔池。从图 8.32（b）中可以看出，熔滴振荡速度变化较小，熔滴振荡的过程是稳定的。从图 8.32（c）中可以看出，熔滴到达临界位移时的电磁力为 4.56×10^{-3} N，此时电磁力为熔滴过渡的主要动力，此时的过渡方式为喷射过渡。

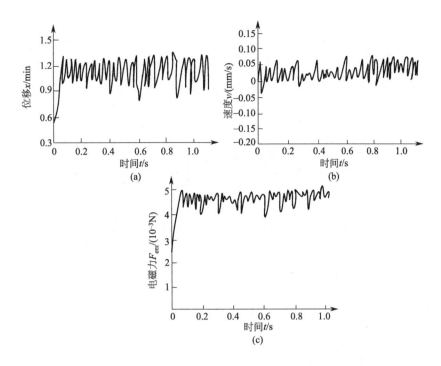

(a)
(b)
(c)

图 8.32 电流为 280A 时熔滴的位移、振荡速度与电磁力随时间的变化

图 8.33 为在熔滴脱离时电磁力随电流变化的曲线图。从图中可以看出：随着电流的增大，熔滴所受的电磁力也会变大；当电流达到 280A 时，电磁力大小会趋于稳定，熔滴的过渡方式为射滴过渡。

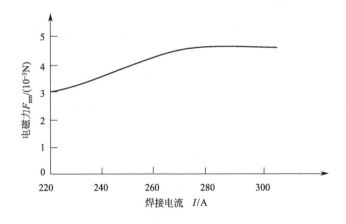

图 8.33 电磁力随焊接电流的变化

图 8.34 为熔滴脱离时重力随电流的变化曲线。从图中可以发现：熔滴的重力会随着焊接电流的增大而变小；熔滴的质量在电流值为 250A 时减小的幅度变小；重力的变化会在电流值为 280A 时趋于稳定，此时熔滴的过渡方式为喷射过渡。

图 8.35 为熔滴脱离时的等离子流力随电流的变化曲线，此时的等离子流速取 100m/s，等离子流力会随着电流的增大而减小。

通过对熔滴进行受力分析可以得出：当焊接电流不变时，电磁力在熔滴长大与脱离的过程中会不断地变化，电磁力在熔滴过渡中起着非常重要的作用。在焊接电流较小的情况下，

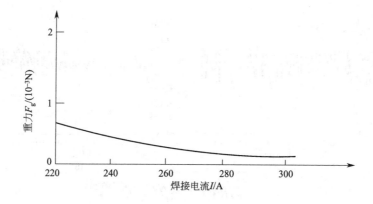

图 8.34 熔滴脱离时重力随焊接电流的变化曲线

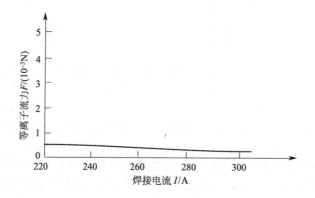

图 8.35 等离子流力随焊接电流变化的曲线

重力对熔滴过渡也有较小的影响；在电流较大的情况下，熔滴的尺寸较小，电磁力是促进熔滴过渡最主要的力。

利用所建立的上述模型对熔滴的临界半径与脱离半径进行计算，结果如图 8.36 所示，即在电流相同的条件下，熔滴的脱离半径要小于熔滴的临界半径。因为在对熔滴的脱离尺寸进行分析时，需要考虑振荡速度产生的惯性动量对熔滴过渡的影响。

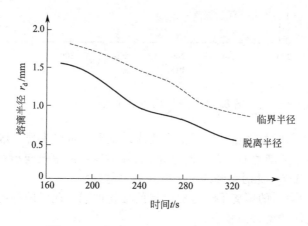

图 8.36 熔滴临界半径与脱离半径的比较

（8）计算值与实验的结果比较

熔滴脱离半径的计算值与实验结果之间的比较如图 8.37 所示。从图中可以看出：熔滴的尺寸会随着电流的增大而减小；在电流为 250A 时预测精度是比较高的；总体上熔滴尺寸的变化趋势与实验结果是相符的。

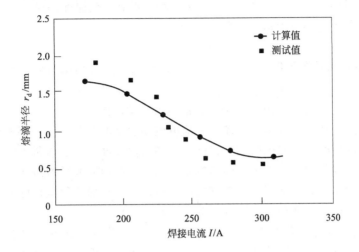

图 8.37　熔滴半径的理论值与实验结果的比较

图 8.38 为熔滴过渡频率的计算值与实验值之间的比较。从图中可以看出：在滴状过渡的区域内，计算的结果与实验结果是相符的；而在临界电流之上，预测的过渡频率比实验结果要低一些。

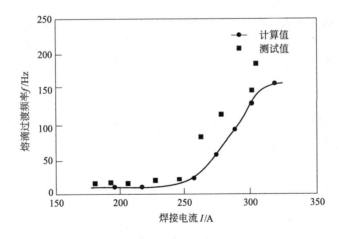

图 8.38　熔滴理论预测的过渡频率与实验结果的比较

8.3　熔滴过渡控制

8.3.1　一脉一滴

随着脉冲 MIG 焊的不断发展，对于其熔滴过渡的研究已经逐渐加深。通常一个脉冲周期产生一个熔滴是脉冲 MIG 焊较好的熔滴过渡方式，这种过渡方式的优点包括焊接质量高、焊接过程平稳、无飞溅等，并且实现一脉一滴的过渡方式只需要保证峰值电流 I_p 与峰值时间 T_p 满足一定的匹配关系即可。但这种控制方式不能使熔滴的体积保持不变，相反，熔滴体积会随着干伸长或者焊接速度产生变化。因此采取一种送丝速度前馈与峰值弧压反馈的控制方式，对峰值时间 T_p 与基值时间 T_b 进行预置和调节，在保证一脉一滴的同时还能使熔滴的体积不会随着干伸长或者送丝速度产生变化。

（1）控制方式

① 送丝速度前馈预置峰值时间 T_p 与基值时间 T_b 通过选定基值电流、峰值电流与峰值时间，由送丝速度决定基值时间的方法来实现一脉一滴的控制方式中，熔滴的体积会随着送丝速度的变化而发生改变。当送丝速度非常小的时候，熔滴的体积也会明显变大。为了保证熔滴的体积不发生变化，在基值电流与峰值电流不发生改变的时候，要根据送丝速度的变化来适当地调整峰值时间与基值时间，以便于维持单位脉冲中的总能量不发生改变。采取改变送丝速度来预置峰值时间与基值时间的控制方式，使峰值时间随着送丝速度的增加而增加（反之亦可），会使基值时间随着送丝速度的增大而减小，从而使得单位脉冲内的总能量不发生改变，熔滴的体积不会随着送丝速度的变化而发生变化。

② 峰值弧压反馈调节峰值时间 T_p 与基值时间 T_b 当保持脉冲参数不发生变化时，为了实现一脉一滴的方式，熔滴的体积就要随着干伸长的增大而增大。因此为了保证熔滴的体积不发生变化，就要调节脉冲参数来配合干伸长的改变。当干伸长增加时，应该减小单位脉冲内的能量来减小由于干伸长增加而增大的电阻热；当干伸长减小时，应该增大单位脉冲内的能量来弥补由于干伸长减小而减小的电阻热。调节的过程如下：保持峰值电流与基值电流不变，当干伸长增加时，焊丝的熔化速度会随之增加，此时电弧的长度也会增加，峰值弧压也会增大；通过峰值弧压与给定弧压的对比，采用一定的控制算法减小峰值时间，与此同时要增大基值时间，这样才能保证脉冲的周期不变；这样单位脉冲内的总能量就会减小，焊丝熔化速度也会减小，电弧的长度逐渐减小，最后二者都会恢复原值。这种控制方式采用峰值弧压来调节峰值时间与基值时间，避免了干伸长变化对熔滴体积产生影响，从而使熔滴的体积不发生改变。

（2）控制算法

① 预置峰值时间与基值时间 在保证一脉一滴的前提下，单位时间内的送丝量与单位时间内焊丝的熔化量应该相等，用公式表示为：

$$S v_f = V/T \tag{8.68}$$

$$T = \frac{V/S}{v_f} \tag{8.69}$$

式中，v_f 为送丝速度；V 为熔滴体积；S 为焊丝截面积；T 为脉冲周期。

令 $K = V/S$（K 为与熔滴体积和焊丝直径有关的常数，叫作熔滴体积系数），这时就会得到下面的公式：

$$T = K/v_f \tag{8.70}$$

保持干伸长一定时，要使熔滴体积不随着送丝速度而发生改变，单位内脉冲的总能量应保持不变。用 Q 代表脉冲内的总能量，可以得到下面的公式：

$$Q = I_p T_p + I_b T_b \tag{8.71}$$

式中，I_p 为峰值电流；T_p 为峰值时间；I_b 为基值电流；T_b 为基值时间。

将 $T = T_p + T_b$ 代入式（8.70）中，并且与式（8.71）联立后求解可得到下列公式：

$$T_p = \frac{QV_f - KI_b}{(I_p - I_b)V_f} \tag{8.72}$$

$$T_b = \frac{KI_p - QV_f}{(I_p - I_b)V_f} \tag{8.73}$$

在式（8.72）与式（8.73）中，K 与 Q 的数值要通过试验才能选定。通过上述公式可以得知，在峰值电流与基值电流固定的情况下，保证一脉一滴且熔滴体积不发生变化的峰值时间与基值时间是由送丝速度决定的。

② 调节峰值时间与基值时间　这里将采取数字 PI（即比例—积分）调节的方式来实现峰值弧压反馈调节峰值时间与基值时间，其增量的表达式如下：

$$\Delta T_p(i) = -AE(i-1) + BE(i) \tag{8.74}$$

$$T_p(i) = T_p(i-1) + \Delta T_p(i) \tag{8.75}$$

$$T_b(i) = T - T_p(i) \tag{8.76}$$

式中，A、B 分别为比例参数与积分参数；$E(i-1)$、$E(i)$ 分别为第 $i-1$ 次与第 i 次峰值弧压给定值与采样值的偏差；$\Delta T_p(i)$ 为第 i 次峰值时间相对于第 $i-1$ 次的增量；$T_p(i)$ 与 $T_p(i-1)$ 分别为第 i 次与第 $i-1$ 次的峰值时间；T 与 $T_b(i)$ 分别为脉冲周期与第 i 次的基值时间。

由于该控制器的作用对象为脉冲电弧，传递函数暂时无法求出，因而比例参数 A 与积分参数 B 不能通过参数优化设计，只能通过试验来得出。

（3）试验结果

用如图 8.39 所示的焊接控制系统，在低碳钢板件上进行堆焊的试验。图中微机控制系

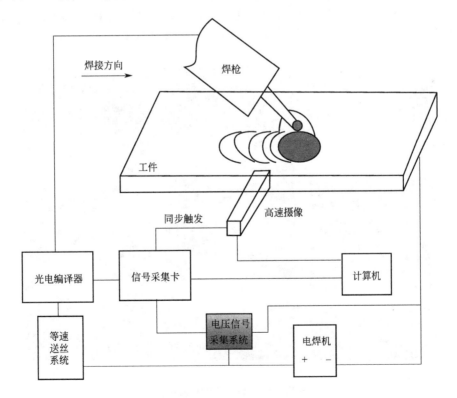

图 8.39　焊接控制系统

统主要的作用就是对送丝速度信号与峰值弧压信号进行处理，之后提供相应的脉冲参数；等速送丝控制系统、光电编译器用来检测送丝的速度；反馈单元用来检测峰值电弧电压。在焊接过程中用高速摄影机记录熔滴过渡的过程。

保持导电嘴的高度不变，将送丝速度分别调为 1.5m/min、3.5m/min、5.5m/min 进行焊接，最后测出的熔滴直径如图 8.40 所示。从图中可以得出：熔滴直径在不同的送丝速度下基本相同，即保持了熔滴的体积不发生变化。

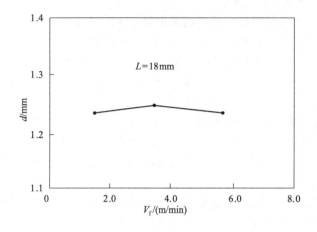

图 8.40　送丝速度对熔滴直径的影响

当采用脉冲电流为 200A，电压为 22V 进行焊接时，通过图 8.41 的高速摄影图观测到：熔滴过渡频率在任意送丝速度下都与脉冲频率相等，基本实现了一脉一滴的方式。

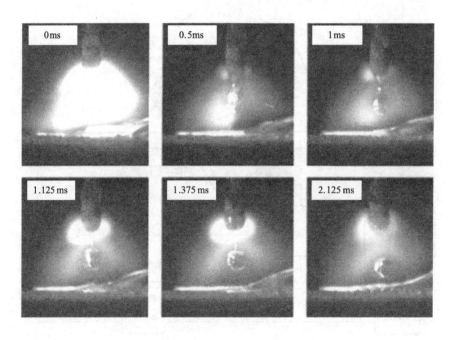

图 8.41　一脉一滴的过渡图像

保持送丝速度不变，将导电嘴高度分别调为 12mm、18mm、24mm 进行焊接，最后测出的熔滴直径如图 8.42 所示。从图中可以得出：熔滴直径在不同的干伸长变化下基本相同，即保持了熔滴的体积不发生变化，基本实现了一脉一滴的方式。

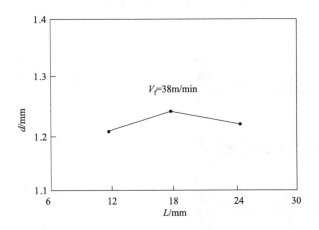

图 8.42　干伸长对熔滴直径的影响

8.3.2　STT（表面张力过渡技术）

采用短路过渡方式的 CO_2 气体保护焊广泛应用于全位置焊接的领域。短路过渡方式具有热输入小、燃弧率低、成形易于控制等特点，但是该方法的缺点也同样很明显，即焊接时的飞溅较大。

20 世纪 90 年代，美国的林肯电气公司开发出了表面张力过渡技术（Surface Tension Transfer，STT），这是一种 MIG/MAG 焊熔滴过渡控制的技术。它与其他的焊接方法相比具有以下特点：

① 可以减少重要部位根部焊缝的变形及热影响区的面积，热输入较小；

② 与普通的 MIG/MAG 焊的方法相比减少了约 90％的焊接飞溅，减少了约 50％～70％的焊接烟尘；

③ 对焊工的技术要求降低了许多，正反面焊缝成形均匀，边缘熔合较好，可以对 0.6mm 厚的板材进行仰焊；

④ 在薄板焊接与根部打底焊接方面，可以代替 TIG 焊，极大地提高焊接生产效率；

⑤ 适用的范围非常广，例如适合焊接各种低合金钢、高合金钢、非合金钢等；

⑥ 可以使用的保护气体非常多，例如氩气、氦气与二氧化碳气体等。

STT 是与短路过渡相似的一种过渡方式。与常见的气体保护焊设备不同的是，STT 的焊接电源会精准地在整个焊接周期内控制焊接电流，响应的时间以微秒计，如图 8.43 所示。STT 非常重要的一个特点是送丝速度无法影响它的焊接电流，这样的好处就是可以更加精确地控制热输入，可以消除传统焊接方法产生的冷搭接现象。

（1）**STT 的工艺原理与特点**

图 8.44 为 STT 的理论电流、电压波形图。在 CO_2 短路过渡焊接中，当熔滴与熔池接触时，熔滴成为焊丝与熔池相连的液态小桥，通过该小桥可以让电弧短路。电流在短路后会增大，这样小桥附近的电流密度会迅速增大，造成小桥发生汽化爆炸，从而产生金属飞溅。爆破能量的大小会影响焊接飞溅的多少。爆破能量是在小桥未完全破坏前的 $100\sim150\mu s$ 内

聚积的，是由短路峰值电流和小桥的直径共同决定的。从理论上讲，预防小桥能量的聚积就能阻止焊接飞溅的产生。STT理论就是从电弧中熔滴过渡的物理过程入手。在熔滴过渡的过程中，电流波形会根据电弧瞬时能量的变化而发生变化。

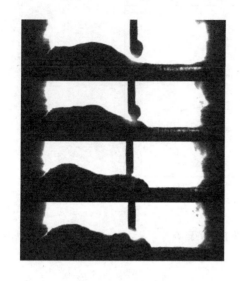

图 8.43　STT 熔滴过渡图像　　　　　　图 8.44　STT 的理论电流、电压波形图

表面张力过渡理论将熔滴的过渡周期分为以下几个阶段。

① t_0-t_1 燃弧阶段。在这个阶段里，焊接电流熔化焊丝，在焊丝的末端会形成球状的熔滴，并且会控制熔滴的直径；为了预防熔滴直径过小导致电弧不稳定、熔滴直径过大而产生飞溅的情况，此时电流会维持电弧继续燃烧。

② t_1-t_2 过渡阶段。这时随着熔滴的变大与焊丝的送进，熔滴慢慢接触到了熔池，从而进入过渡的阶段。这个阶段的电源使焊接电流下降到一个较低的数值，重力与表面张力共同作用在熔滴上，使熔滴从焊丝向熔池进行过渡，最终形成液体小桥。

③ t_2-t_3 压缩阶段。在形成液体小桥后，熔滴开始进入熔池。此时的电源使电流上升到较大值，这个大电流会产生一个向里的轴向压力作用在小桥上，小桥此时产生颈缩的现象。

④ t_3-t_4 断裂阶段。颈缩减小了电流经过的截面，增大了小桥的电阻，此时电源会随时检测反映电阻变化的电压的变化率。在小桥断裂时会存在临界变化率，当电源检测出临界变化率时，它会将电流在极短的时间里降到较小的数值。表面张力会吸引发生断裂的熔滴进入熔池，从而实现没有飞溅的过渡。

⑤ t_4-t_7 再燃弧阶段。当焊丝脱离熔池时，为了实现快速再燃弧，电流会再上升到一个较高的数值。同时大电流产生的等离子流力会推动刚刚脱离的熔滴快速进入到熔池中，并且使熔池下凹，以此来保证合适的弧长和合适的燃弧时间，从而保证能得到所要求的熔滴尺寸；另一方面也可以保证所需的熔深。之后，电流会缓慢下降到基值电流，再进入到下一个燃弧的周期。在整个过渡周期内，电流会根据电弧瞬时热量的要求而发生变化，减少了过剩热量的集聚，也减少了焊接飞溅的产生。

（2）STT 的实际应用

在 STT 设备的方面，美国的林肯电气公司相继开发了用于 MIG 或者 MAG 焊的 STT 焊接电源。其原理就是通过连续比较实际测得的电压值与程序设定值，及时地改变焊接参数。在电源的内部有被称为"detector"的电路用来区别不同短路过渡方式的结束时间。STT 电源既不是恒流源（CC），也不是恒压源（CV）。它的送丝速度与焊接电流的控制是相互独立的。

目前 STT 技术在国内应用的范围有限，处于起步的阶段。在国外应用得比较广泛，例如已经可以应用于电厂部件的修复：美国的某电厂利用 STT 技术修复了烟气除硫装置上吸收器壳内的不锈钢衬板。而衬板的厚度仅为 1.6mm 和 3.2mm，吸收器壳内衬层每隔 7～9 年就要更换一批。本例中该电厂运用 STT 技术一次焊接了全部的衬板。由于 STT 的焊接热输入较小，仅为 GMAW 的 1/4 左右，所以焊接时很少会产生烧穿、咬边的情况，焊缝的合格率在 99% 以上，并且焊后还不需要清理，节省了一大笔费用，经济效益非常显著。

STT 技术不仅可用于火电厂部件的焊接，还可应用于除尘器的壳体、叶片的补焊，汽缸的补焊修复等场合。所以这一新型的焊接技术将会在电力、化工、机械等行业得到广泛的应用。

8.3.3 CMT（冷金属过渡技术）

（1）CMT 技术的原理

由于传统的 GMAW 方法缺点非常突出，在焊接中存在热输入过大、焊后变形严重、飞溅比较大的问题，因此在某些领域内无法运用这种焊接方法，尤其对于 1mm 及以下的薄板，更是应用的"禁区"。鉴于这种情况，国外开发出了一种新型的 GMAW 技术：冷金属过渡（Cold Metal Transfer，CMT）技术。它是基于短路过渡开发而成的。通常短路过渡的过程是：焊丝受热熔化成熔滴，熔滴与熔池发生短路，液桥发生爆断，同时伴有飞溅。而 CMT 过渡的方式与其相反：在熔滴进行过渡的时候，电源输出的电流基本为 0，同时利用焊丝的回抽运动来帮助熔滴更好地脱落，从根源上消除了飞溅。图 8.45 为 CMT 熔滴过渡的图像。

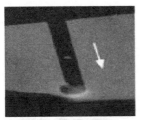
(a) 焊丝送给,电弧燃烧

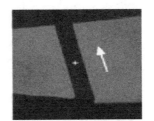
(b) 电流短路,焊丝回抽

(c) 电弧再燃,熔滴过渡

(d) 焊丝送给,循环往复

图 8.45 CMT 熔滴过渡的图像

CMT 技术与 MIG/MAG 焊短路过渡的不同是：

① CMT 技术最先将焊丝运动与熔滴过渡的方式结合起来。运用 CMT 工艺，焊丝的回抽动作会影响到焊接过程。送丝运动的变化会控制熔滴的过渡过程，焊丝的前送—回抽的频

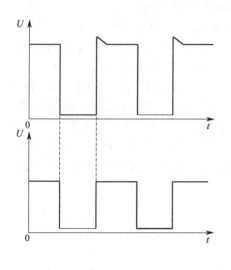

图 8.46 CMT 过渡电弧电压

率可以达到 70 次/s。另外整个焊接系统的运行都是闭环控制的，而普通的 MIG/MAG 焊的送丝机构是相对独立的。

② CMT 技术在熔滴过渡时焊接电压与电流基本为零。CMT 系统是由数字化控制运行的，可以自动监控熔滴过渡过程，焊丝短路时，电源自动将电流降为近乎零。熔滴过渡过程基本就是高频率的"热—冷—热"循环的过程，如图 8.46 所示。应用 CMT 技术可以有效地控制热输入。

③ CMT 技术的焊丝的回抽运动有助于熔滴脱离。由于熔滴过渡时的电流是非常低的，熔滴的温度也会迅速变低。焊丝循环的回抽运动促进了熔滴的正常脱离，同时也避免了运用普通短路过渡的方式造成的焊接飞溅。

（2）CMT 技术的特点

① 在小电流状态下能够以短路过渡的方式焊接薄板和超薄板，由于热输入较小，焊后变形也较小。如图 8.47 所示，母材为 $AlMg_3$，焊丝直径为 1.2mm，材质为 $AlSi_5$。使用 CMT 技术进行焊接产生的飞溅量是较小的，并且与薄板的 TIG 焊相比来说，其焊接速度非常快，生产效率较高，经济效益明显。例如在使用 CMT 技术对接焊 1mm 铝合金时的焊接速度可以达到 250cm/min，对钢板进行钎焊的速度可以达到 150cm/min。

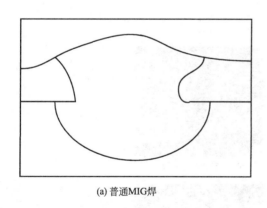

(a) 普通MIG焊　　　　　　　　　　　(b) 采用CMT技术焊接

图 8.47　焊接热输入的比较

② 通过对弧长精准控制，使电弧比较稳定。普通 GMAW 的弧长是以电压反馈的方式进行调节的，这种调节方式容易受到工件平整度与焊接速度的影响，干扰的因素比较多。CMT 技术通过检测电弧长度来闭环控制电弧的稳定性，弧长控制是属于机械式的。即使干伸长与速度发生改变，但是电弧的长度也始终保持不变。这种调节方式增强了电弧的稳定性。

③ 在普通 GMAW 焊的过程中，焊接电流会随着焊丝的干伸长变化而发生改变。在 CMT 技术中，当焊丝干伸长发生了变化，送丝速度会随之变化，并不会导致焊接电流发生改变，从而保证熔深与焊缝成形的均匀一致。而且 CMT 技术对装配间隙的要求比较低，1mm 板的搭接接头的间隙允许达到 1.5mm。

（3）CMT 的应用

CMT 是基于数字化焊接电源，加入 DSP（数字信号处理技术）芯片控制的换向送丝系统。其最早由奥地利弗尼斯（Fronius）公司开发，在工业中的应用主要包括：

① 薄板以及超薄板（0.3～3mm）的焊接。

② 电镀锌板和热镀锌板的电弧钎焊。

③ 钢与铝的异种金属的焊接。之前只能采用激光或电子束焊接铝和钢，现在可以采用冷金属过渡技术焊接。

④ 在焊接不等厚板时，由于在焊缝厚度方向的过渡区只有一小部分的热传导，因此可以实现均匀过渡。

8.4 高效焊接技术

8.4.1 双丝 MIG/MAG 焊

在 MIG/MAG 焊中采用两根以及两根以上的焊丝可以明显地提高焊接的效率，并且可以有效地改善焊缝成形。

（1）基本原理

双丝气体保护焊是在单丝 MIG/MAG 焊的基础上发展起来的。最早的双丝焊是从一个导电嘴中送丝的，在进行高速焊接时保持稳定的焊接过程是非常困难的，有时想得到一组稳定合适的焊接参数要进行多次工艺性实验。现在进行的改良是采用两根焊丝作电极以及填充金属，其由两个相互独立绝缘的导电嘴在同一保护气体环境下送出后在其与工件之间形成两个电弧，之后形成一个熔池。这样的优势是每个电极都可以独立地调节弧长和熔滴过渡，从而能在高速焊的情况下保持电弧的稳定，获得好的焊接质量。图 8.48 为双丝焊的熔滴过渡图像。

(a) 120Hz　　　　　　　　　(b) 180Hz　　　　　　　　　(c) 240Hz

图 8.48　双丝 MIG 焊熔滴过渡图像

在图 8.49 中，双丝 MIG/MAG 焊的两根焊丝分别由各自的送丝机构和两个绝缘的导电嘴给送，两根焊丝由两个电源分别供电。为了充分发挥双丝焊的优势，可以分别调整两根焊丝的送丝速度：通常前置焊丝要选较高的送丝速度与较大的焊接电流，电弧电压要选小一点，这样就能使其产生比较大的熔深；而后置的焊丝要选择较小的送丝速度和较大的电弧电压，使其产生相对平坦的焊缝外形。

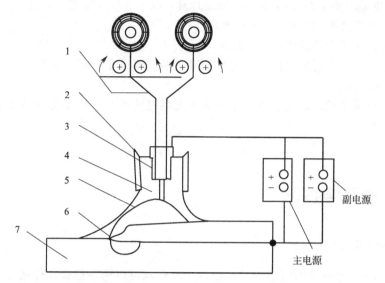

图 8.49　同一导嘴双丝 MIG/MAG 焊的示意图
1—焊丝；2—气体喷嘴；3—导电嘴；4—保护气体；5—电弧；6—熔池；7—工件

　　如图 8.50 所示，这种焊丝前后排列 MAG 焊就是 TANDEM 双丝焊。TANDEM 双丝焊是由两个电源同时供电的，焊接时会形成两个电弧，并且每个电弧都有独立的送丝机构。使用直流反接和脉冲电源，使两个电弧的相位差达到 180°，可以避免电弧相互吸引而破坏电弧的稳定性。

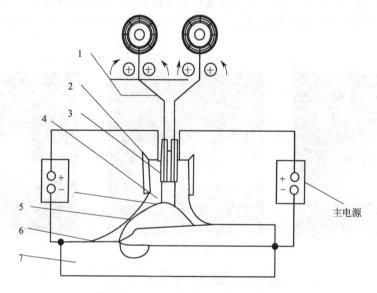

图 8.50　双电源双丝串列电弧示意图
1—焊丝；2—气体喷嘴；3—导电嘴；4—保护气体；5—电弧；6—熔池；7—工件

　　因此在两个供电电源中间加一个协同装置，这样会得到图 8.51 所示的脉冲波形。这样可以保证电源的参数调节相互不会影响，可以大范围地调节参数。

（2） **TANDEM 双丝焊的特点**

TANDEM 双丝焊所形成的熔池与单丝焊的不同。由于双丝焊改变了电弧的加热方式，使之前后串列成两个电弧，能获得椭圆形的熔池；另外两根焊丝交替燃弧可以对熔池起搅拌的作用，这会使熔池的温度分布得更加均匀，从而防止咬边的出现，在高速焊中这是非常必要的。

另一个特点是为了形成一个熔池，两根焊丝的距离要控制在 5～7mm，并且要保证二者的相位差维持在 180°，通过交替导通两个电弧来保证焊接电弧的稳定。其焊接工艺特点有以下几方面。

① 焊接速度大　双丝焊改变了焊接熔池的热量分布，并且能保持较短的电弧，这对高速焊的实现是非常有利的。双丝焊与单丝焊的焊接速度的比较如表 8.5 所示。在表中可以看出，不论是 MIG 焊接铝合金，

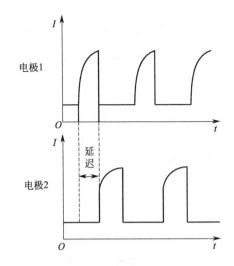

图 8.51　TANDEM 焊两个电源焊接波形的相位关系

还是 MAG 焊接碳钢及合金钢，双丝焊比单丝焊的焊接速度要快。另外，双丝焊不仅焊接速度快，焊丝的熔敷效率也提高了许多。

▫ **表 8.5　双丝焊与单丝 MIG/MAG 焊的焊接速度比较**

焊缝类型	角焊缝				周向焊缝		搭接焊缝	
被焊金属	碳钢及合金钢		碳钢		铝合金	碳钢	铝合金	
焊缝尺寸	A3	A4	A5	A6	厚度 2mm	厚度 3mm	厚度 2mm	厚度 3mm
MAG 焊	70	60	40	30	90	—	100	—
MIG 焊	—	—	—	—	—	80	—	70
双丝焊	150	140	120	100	300	170	200	200

② 焊接热输入低　双丝焊的总功率虽然比较高，但是焊接速度有较大的提高，于是焊接线能量较低。正因为热输入减少，所以双丝焊减少了焊接变形，同时细化了焊缝区的组织并且提高了接头的性能。

③ 减少焊接缺陷　双丝焊的主要特点是能在高速焊时不产生咬边的缺陷。在双丝焊接时，两根焊丝都是射滴过渡的方式，这保证了在焊接过程中几乎不会产生飞溅，整个焊接过程非常平稳，焊后焊缝质量非常好，合金元素烧损较少，十分适合铝合金的焊接。

④ 自动焊或者机器人焊接　由于双丝焊接时的焊接速度非常快，因此不宜手工操作，一般都采取机器人焊接或者自动焊的方法；同时对焊前准备以及焊缝跟踪的要求较高。

⑤ 双丝焊的工业运用　双丝焊主要应用在造船、汽车、工程机械、能源装备等行业。焊接接头的形式包括搭接焊缝以及对接焊缝等。双丝焊的焊接工艺参数如下：

在汽车铝合金轮毂搭接双丝环焊缝焊时，选用的焊丝直径为 1.2mm、焊接速度为 1.8m/min、双丝的总电流为 560A、送丝速度为 33m/min。

对于热水器双丝环缝对接焊，当热水器的壁厚为 3mm 时，选用的双丝的总电流为 340A、焊接速度为 1.8m/min、送丝速度为 33m/min。

对于低碳钢双丝对接焊，当低碳钢的板厚为 4mm 时，选用的焊丝直径为 1.2mm、混合气体的组成为 82%Ar＋18%CO_2、双丝的总电流为 440A、焊接速度为 1.6m/min。

8.4.2 双丝（或多丝）埋弧焊

采用双丝或者多丝埋弧焊的方式是高级焊接技术的发展方向。目前双丝或者多丝埋弧焊技术在生产上的应用越来越广泛，比如海洋工程管线钢管、螺旋管线钢等的生产制造均采用多丝埋弧焊的技术。

按照多丝埋弧焊的焊丝排列方式以及电源的连接方式可将其分为三种：多电源串列双（多）丝埋弧焊、单电源串列双（多）丝埋弧焊、单电源并列双（多）丝埋弧焊。多丝埋弧焊的分类依据主要是各路焊丝的位置。当焊丝之间的距离过近时，电弧之间产生的磁场就会相互干扰，使焊接过程变得极不稳定，而焊丝距离过近可以提高热源的能量密度，增大焊接热输入的利用率。

下面介绍多电源串列双（多）丝埋弧焊。

双电源串列双丝埋弧焊中的两根焊丝是由两个电源分别供电的。根据焊丝间距的不同，可以将其分为单熔池与双熔池两种。其中单熔池方式比较适合合金堆焊或者焊接合金钢；而双熔池能够起到前弧预热、后弧填丝的作用，优点在于可以达到堆焊合金不出现裂纹的目的。

图 8.52 为双电源串列双丝埋弧焊的示意图。此时焊丝的三种接法分别为：一根为直流，另一根为交流；两根都为直流；两根都为交流。当两根焊丝都接直流电源的正极时，就会获得最大的熔深，焊接速度也需要较快；但是此时两根焊丝产生的电弧可能会产生电磁干扰，电弧可能不稳定，因此这种接法从原理上来讲是不合理的。目前常用的组合就是一根前导的直流焊丝与一根跟踪的交流焊丝，或者两根都是交流焊丝。

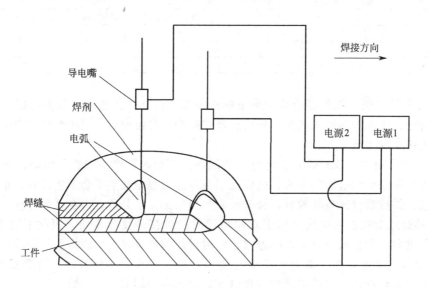

图 8.52 双电源串列双丝埋弧焊示意图

直流/交流系统可以利用大电流和小电压之间的配合来获得较大的熔深，从而提供较高的焊接速度。在小电流与大电压之间配合的交流电弧，可以改善焊缝的外表，使之平滑。交流电弧对电弧磁偏吹的敏感性较低，在两种及以上的交流电弧区域内，能够影响电弧之间的相位差并且引起电弧偏转。

双丝（或者多丝）埋弧焊的焊丝间距会对熔池的形态有很大影响。如图 8.53（a）所示，当两根焊丝的间距过小时，两根焊丝会同时在一个弧坑和熔池中，这时电弧互相影响，从而导致电弧不稳定。当两根焊丝的间距适中时，如图 8.53（b）所示，两根焊丝依然出现在同一个熔池与弧坑中，但此时电弧稳定性增强，焊缝成形良好。通常双丝埋弧焊会采取这种方式，两根焊丝的间距要控制在 15～20mm。这种双丝埋弧焊的工艺方法已经在国外的压力容器等行业得到非常广泛的应用。当双丝之间的距离再次增大的时候，两根焊丝处在两个弧坑中，但还在一个熔池内，如图 8.53（c）所示。此时电弧吹力的作用使熔池的中间凸起，这对焊接电弧产生了不利的影响。当双丝的间距增大到形成两个熔池时，如图 8.53（d）所示，双丝埋弧焊的交互作用无法体现，由于间距过大而形成两个独立的焊道。

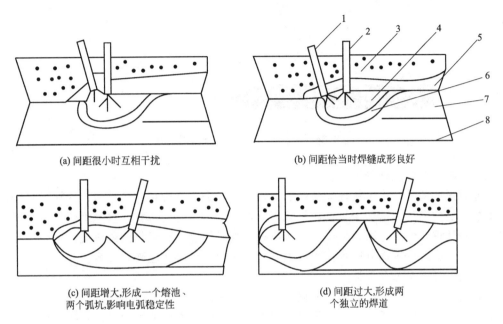

(a) 间距很小时互相干扰

(b) 间距恰当时焊缝成形良好

(c) 间距增大,形成一个熔池、两个弧坑,影响电弧稳定性

(d) 间距过大,形成两个独立的焊道

图 8.53 焊丝间距对熔池形态的影响

1,2—焊丝；3—焊剂；4—电弧空腔；5—渣壳；6—熔池；7—焊缝；8—母材

8.4.3　三丝 GMAW 技术

三丝埋弧焊是采用独立电源供电的。其电源极性如图 8.54 所示，采用直流反接＋交流＋交流组合。这种组合的优势是可以避免直流＋直流带来的电弧磁偏吹现象，很大程度上减少了气孔与焊偏等缺陷；同时也避免了交流＋交流组合对焊剂碱度的限制，更有利于焊接电弧的稳定，极大地提高了焊接接头的性能。

在三丝埋弧焊中，如果三根焊丝都采用直流，就非常容易产生磁偏吹现象；若选用交流组合，又会对焊剂碱度的变化比较敏感，电弧的稳定性也比较差。要想使焊后焊缝成形较好，需要降低焊剂碱度；但焊剂的碱度过低又会造成焊缝抗裂性变差、焊缝的韧性下降，从而不适合焊接高强钢。

在三丝埋弧焊中，前导焊丝一般会采用大电流、低电压的组合来保证较好的熔深；对于跟踪焊丝，则采用小电流、大电压的组合以得到干净的焊缝表面；中间焊丝的参数可以在二者之间选取。而焊丝一般呈纵列布置，并且采用单熔池，原因有以下几点：

① 电弧的扩展面积比较大。这有助于消除坡口边缘处的未熔合，同时也会减少焊缝根部热裂纹的敏感性，使焊缝在外观上看起来更加光洁。

② 借助多电弧作用于同一个熔池时带来的搅拌作用，会使冶金反应得更加充分，极大

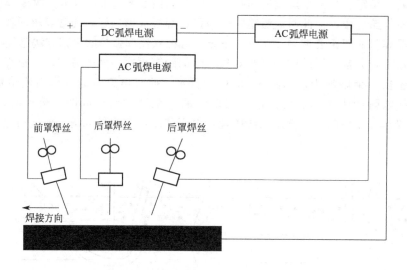

图 8.54 三丝埋弧焊电源与极性的选择

地降低了焊缝中产生气孔的因素。

另外应强调的是，由于三丝埋弧焊的热输入比较大，在焊接时应该考虑热输入对母材组织的影响。三丝埋弧焊适用于韧性较好或者对热输入不敏感的母材。多丝埋弧焊现在已成为造船业的一种重要焊接方法，可以应用于拼板焊缝的焊接。埋弧焊的焊缝质量良好，目前我国各大造船厂已经在平面分段焊流水线上采用了三丝或者多丝埋弧焊技术。

（1）单电源串列双丝埋弧焊

在单电源串列双丝埋弧焊中，两根焊丝分别接电源的正、负极，母材不接电。由于两根焊丝是串联的，焊接电弧会在两根焊丝之间产生，双丝可横向或纵向排列；两根焊丝之间的夹角为 45°。焊接电流与焊丝到工件的距离是控制焊缝质量的重要因素：焊接电流越大，熔深也就越大；增大焊丝到工件之间的距离可以减小热输入并获得较小的熔深。

单电源串列双丝埋弧焊工艺的熔敷速度大约是普通单丝埋弧焊的 2.5 倍，并且其对母材的热输入较低。熔敷金属的稀释率要低于 10%，最低可以达到 1.5%（普通单丝埋弧焊稀释率最小为 20%），因此非常适合在耐磨耐蚀表面堆焊不锈钢等材料。

（2）单电源并列双（多）丝埋弧焊

这种焊接工艺实际上是用两根或者多根较细的焊丝取代较粗的焊丝。首先将两根焊丝平行并且垂直于母材放置；对于焊接方向，焊丝可以放置成任意角度。焊丝共用一个导电嘴，并且以相同的速度送丝。这些焊丝的直径可以不相同，焊丝的化学成分也可以不相同。不过焊丝的排列方式和焊丝之间的距离要取决于焊接参数。

单电源并列双（多）丝埋弧焊的优点有以下几方面：

a. 能获得质量更高的焊缝。因为双（多）丝的电弧对母材的加热区变宽，所以焊缝金属的过热倾向减小。

b. 焊接速度要比单丝埋弧焊提高 150%。焊接速度提高后热输入会减少，这必须要求限制热输入来控制焊缝组织。

c. 焊接设备比较简单。这种焊接工艺的焊接速度与熔敷效率与串列双丝埋弧焊相似，但是设备的费用仅为串列双丝埋弧焊的一半。

d. 导电嘴一般为三丝或双丝共用，通常也可以用多丝。焊丝沿着焊接方向可以呈任意角度。常用的焊丝排列方式如图 8.55 所示。

e. 与单丝埋弧焊相比，在同等条件下，并列双（多）丝埋弧焊的熔敷率会提高很多，熔敷率的大小会与焊丝数目成线性关系。在不同焊丝数目与极性下，焊接电流与熔敷率之间的关系如图 8.56 所示。由于两丝的距离比较近，焊丝的电弧会形成一个熔池，两电弧也会互相影响。在单电源并列双丝埋弧焊中可以使用直流电源或者交流电源，但是直流反接能够得到最好的结果。

8.4.4　TIG-MIG 复合焊

（1）复合焊的特征

① 复合焊是由两种不同的焊接方法构成的，即存在两种不同性质和不同能量传输机制的热源。虽然目前有部分焊接方法也有双热源，但是热源的性质是相同的，比如双钨极 TIG 焊、双丝埋弧焊等，都不属于复合焊。

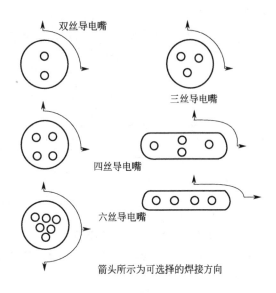

图 8.55　导电嘴焊丝的排列方式

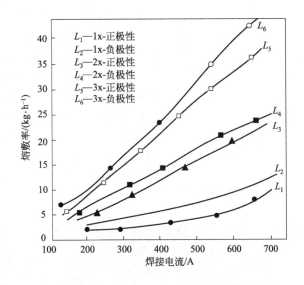

图 8.56　焊丝数目与极性对熔敷率的影响

② 构成复合焊的两种电源要同时作用于一处，因为只有这样才能产生热源的复合效应。如图 8.57 所示，其中图（a）为复合焊；而图（b）不是复合焊，因为此时电弧主要对激光焊焊缝起加热、熔化与填充金属的作用。

③ 构成复合焊的两种热源之间会发生复杂的复合效应，并且会产生许多新的性能。比如在进行激光-MIG 复合焊的时候，激光与电弧会叠加在一起，此时电弧形态与熔滴过渡受激光影响会发生很大的变化，导致焊接速度、焊接质量等都会受到很大的影响。

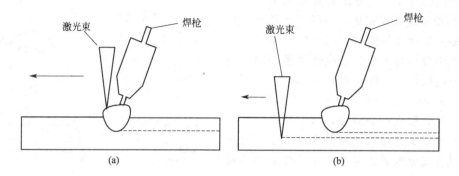

图 8.57 两组热源作用位置的比较

（2）TIG-MIG 复合焊的原理

TIG-MIG 复合焊如图 8.58 所示。TIG 焊与 MIG 焊同样使用两个独立的电源；TIG 焊采取直流正接的方法，MIG 焊采取直流反接的方法。其中需要注意的是两个焊枪轴线需要成一定角度，保护气体是氩气。采取 TIG 电弧在前，MIG 电弧在后的方法。焊接前要先引燃 TIG 弧，当焊件表面被熔化时，再引燃 MIG 弧，二者在焊件上形成一个熔池。

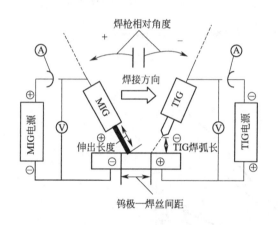

图 8.58 TIG-MIG 复合焊示意图

在焊接过程中 TIG 电弧的存在使 MIG 焊的阴极斑点趋于稳定，同时也能有效地维持 MIG 电弧。因而在纯 Ar 中 MIG 电弧也可以稳定地燃烧，从而可以减少飞溅。TIG 弧也会对焊件与 MIG 焊丝起到预热的作用，这会使焊件的熔化速度变快、熔深增加，使 MIG 焊的焊丝熔化速度加快，如图 8.59 所示。这样做可以提高焊接速度，增大焊接效率。另外保护气体是 Ar 气，这会避免焊缝金属被氧化，降低产生焊接缺陷的可能性。

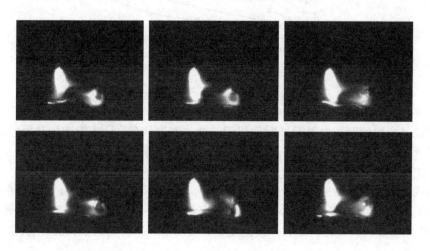

图 8.59 TIG-MIG 复合焊熔滴过渡过程

（3）**TIG-MIG 复合焊的特点**

① 焊缝质量好。采用 TIG-MIG 复合焊可以得到 TIG 填丝焊的焊缝质量，焊缝成形均匀，同时不会有氧化色彩的出现。

② 焊接效率高。在焊接时加上 TIG 电弧的预热作用，会使焊丝熔化速度变快，因而会极大地提高焊接速度。

③ 适于焊接中厚板。TIG-MIG 复合焊不仅适合焊接薄板，而且当 TIG 弧的电流大于 MIG 弧的电流时，焊接熔深会随着 TIG 弧电流的增加而增加，因此可以焊接适宜的中厚板。

8.4.5 激光-TIG 复合焊

（1）**激光-TIG 复合焊的原理**

激光-TIG 复合焊属于最早被研究的一种复合焊，它是由激光焊与 TIG 焊复合而成的一种焊接方法，其原理如图 8.60 所示。激光-TIG 复合焊采用的是旁轴式的复合方式，在焊接时采取激光在前、TIG 电弧在后的方式，二者成一定角度。TIG 电弧采取的是直流正接的方式。TIG 电弧首先将母材熔化，紧接着激光束就会从电弧外侧穿入，到达焊件表面。在这两种电源的作用下形成了一个熔池。

研究表明两个热源复合以后会发生非常复杂的反应，在激光-TIG 复合焊中会发生以下反应过程：

① 激光对 TIG 电弧有引导和聚焦的作用：在激光束的辐射下，焊件金属会产生汽化、电离成光致等离子体的情况。而光致等离子体为电弧提供了一个导电通道。在这个

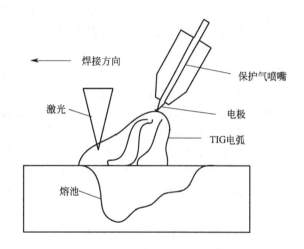

图 8.60　激光-TIG 复合焊示意图

通道内电阻是最小的，因此电弧会被这个等离子通道吸引，电弧沿径向被压缩，电流密度会增加，从而形成聚焦的作用。激光束辐射会在焊件上产生小孔，小孔周围形成光致等离子体。其能为 TIG 电弧提供稳定的阳极斑点，使电弧沿着等离子体运动的方向放电，随着小孔的移动，就形成了引导的作用。

激光对 TIG 电弧产生的引导和聚焦效应有助于提升 TIG 电弧的稳定性，并且会使焊缝的熔深增大。

② 电弧对激光束有促进焊件吸收其能量的作用：金属材料对激光的吸收能力是随着温度的增加而增强的。当加入 TIG 电弧时，它会对焊件产生预热的作用，这就促进了金属材料对激光的吸收能力，提高了激光的能量利用率。

电弧能降低光致等离子体对激光的吸收能力。激光辐射到焊件上的等离子体会存在以下性质：能够吸收和散射激光；激光被吸收的量会与光致等离子体的正负离子浓度的乘积呈线性关系。由于这个原因，当采用单独的激光焊接时，大部分激光都无法到达焊件的表面，而在激光束周围加入 TIG 电弧之后就会产生不同的变化：TIG 电弧的温度和电离程度对光致等离子体来说还是比较低的，其会对光致等离子体产生一个稀释的作用，因此大部分激光能量会被焊件吸收。图 8.61 为激光-TIG 复合焊熔滴过渡的图像。

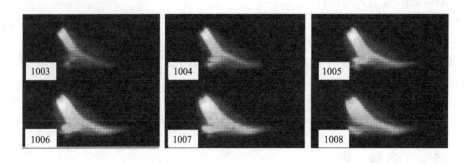

图 8.61　激光-TIG 复合焊熔滴过渡图像

（2）激光-TIG 复合焊的特点

① 可以提高热源的利用率：激光与 TIG 电弧复合可以增强激光的利用率，在焊接同样厚的板材时可以用小功率的激光器代替大功率的激光器，在很大程度上节省了能源。

② 可以增大焊接熔深：由于激光对 TIG 弧有引导聚焦的作用，并且电弧会促进金属吸收激光能量，因此焊接的熔深会明显地增加。

③ 可以提高焊接速度：激光束可以使电弧在焊件上产生的阳极斑点更加稳定，从而可以极大地提高焊接速度。通常来说，TIG 焊的焊接速度是比较低的，而激光焊的焊接速度是比较高的，把二者结合起来之后，焊接速度会比单纯的激光焊还要快。当激光-TIG 复合焊采用长电弧、低电流的组合时，焊接速度可以达到激光焊的两倍以上。

④ 可以改善焊缝的质量：激光-TIG 复合焊产生的小孔直径慢慢变大，这有利于熔池中气体的逸出，因此焊缝中的气孔会变少，有助于焊缝质量的提高。

⑤ 适合薄板焊接：TIG 焊中钨极承受的电流是有限的，当电流过大时会烧灼钨极。而且熔池金属的汽化也会使钨极污染更加严重，并且会导致电弧不够稳定。这些性质就决定了激光-TIG 焊适于焊接薄板。

8.4.6　激光 MIG/MAG 复合焊

（1）激光 MIG/MAG 复合焊的原理

激光 MIG/MAG 复合焊是由激光与 MIG/MAG 焊通过同轴或旁轴方式复合形成的一种焊接方法。图 8.62 是激光 MIG/MAG 复合焊的示意图。其中 MIG/MAG 焊采用的是直流反接。激光束在前，MIG/MAG 电弧在后，焊丝沿着恰当的角度送到焊接区。焊接开始时先引燃 MIG/MAG 的电弧，之后再照射激光束。激光从电弧外侧穿入，到达金属的表面。焊丝熔化后会形成轴向熔滴过渡，之后进入到母材中共同形成熔池。当激光束的照度达到金属材料汽化的临界照度时，就会产生小孔效应。

在焊接的过程中，激光束和 MIG/MAG 电弧之间的作用跟激光-TIG 复合焊的作用非常相似。电弧会促进激光能量被焊件吸收，同时激光也会对 MIG/MAG 电弧起到聚焦和引导的作用。但与激光-TIG 焊不一样的是，激光 MIG/MAG 复合焊有填充焊丝的过程，在这里会存在焊丝熔化和熔滴过渡的问题。通过对激光 MIG/MAG 复合焊接铝合金产生的熔滴过渡行为的分析可得：与 MIG 焊相比，复合焊中产生的光致金属等离子体对熔滴的热辐射能够促进熔滴过渡。如图 8.63 所示，上述两个方面相互影响最终改变了熔滴的过渡方式。采取激光 MIG/MAG 复合焊焊接铝合金，能够促使熔滴过渡频率增加，熔滴过渡会慢慢转变为射滴过渡，这会使电弧趋于稳定，提高了焊接效率。

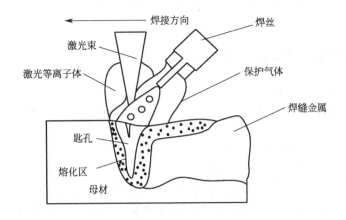

图 8.62 激光 MIG/MAG 复合焊示意图

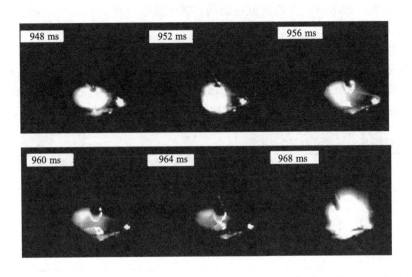

图 8.63 激光 MIG/MAG 复合焊熔滴过渡图像

（2）激光 MIG/MAG 复合焊的特点

① 焊缝的桥接能力强：对于普通的激光焊来说，焊件的装配间隙通常不能大于板厚的 1/10，而错边不得大于板厚的 1/6，不然就会发生咬边、未熔合等缺陷，严重时甚至无法进行正常的焊接。当采用激光 MIG/MAG 复合焊之后，MIG/MAG 的电弧会增加焊件表面熔化区的宽度和熔敷率，使坡口间隙桥接能力极大增加，从而可以降低焊件的装配精度。

② 可以获得比较大的熔深：单纯的激光焊所获得的熔深是有限的，采用激光 MIG/MAG 复合焊之后，由于激光对 MIG/MAG 电弧产生聚焦作用，再加上电弧气体的吹力，因而能获得更大的熔深。

③ 可以提高焊接速度：单纯的 MIG/MAG 焊会在高速焊时发生弧根漂移的情况，这会造成焊缝成形不好，产生大量焊接飞溅。在采用激光 MIG/MAG 复合焊后，激光具有的稳定电弧的作用会使焊接过程更加稳定，能够改善焊缝，使焊接飞溅减少，因此可以采取更高的焊接速度。

④ 可以调整焊缝的化学成分：与激光-TIG 焊相比，激光 MIG/MAG 复合焊能够添加

焊丝，这有益于调整焊缝的化学成分。可以通过焊丝向焊缝添加所需的元素，来改善焊缝的性能。

8.4.7 多元气体保护焊——TIME 焊接

（1）TIME 焊接工艺的原理

20 世纪 80 年代，TIME（Transfer Ionized Molten Energy Process）焊接方法首先应用在日本与加拿大。TIME 焊接工艺属于 MAG 焊，但与普通 MAG 焊稍有不同：一方面是所用的保护气体为 Ar(65%)＋He(26.5%)＋CO_2(8%)＋O_2(0.5%)；另一方面采用大干伸长，从而能够在高速焊接的情况下实现稳定焊接，突破了普通 MAG 焊的电流极限。

另外，四元混合气体起到了优势互补的作用：Ar 的电离能是比较低的，因而能够保证电弧稳定地燃烧，起到维持电弧的作用；He 的电离能比较高，能够起到提高电弧能量、使焊后熔深变大的作用；CO_2 在焊接时会分解成 CO 与自由氧，能够提高电弧的电压，并且使电弧冷却；而少量 O_2 有利于电弧的稳定，能降低熔池的表面张力。这四种混合气体综合起来能够起到增大电弧电压、提高射流过渡的临界电流值、得到稳定的熔滴过渡方式、保证焊缝成形较好的作用。

采取以上所述的四元保护气体，再配上合适的干伸长（可以达到 35～40mm），能够极大地提高焊丝熔化速度。而且 TIME 焊接会采用直径为 1.2 或 1.6mm 的细焊丝，当采用大电流焊接时，送丝速度会突破传统 MAG 焊最高速度（16m/min）的约束，最高可以达到 50m/min，可以达到传统 MAG 焊熔敷率的 3 倍。TIME 焊与传统 MAG 焊的一些焊接参数的比较见表 8.6。

⊡ 表 8.6　TIME 焊与传统 MAG 焊的焊接参数比较

焊接工艺	保护气体	焊丝直径/mm	焊丝干伸长/mm	送丝速度/(m·min⁻¹)	最大电流/A	最大送丝速度/(m·min⁻¹)	最大熔敷率/(g·min⁻¹)
传统 MAG 焊	Ar、CO_2、O_2	1.2	10～15	2～16	400	16	144
TIME 焊	65%Ar 26.5%He 8%CO_2 0.5%O_2	1.2	20～35	2～50	700	50	450

（2）高熔敷率的 TIME 焊接的优点

① 极大地提高了焊丝的熔敷率：传统的 MAG 焊在焊接时的最大许用电流为 400A，最高的送丝速度为 16m/min，而最大熔敷率为 144g/min。在焊丝直径相同的情况下，TIME 焊的许用电流可以达到 700A，在传统 MAG 焊的基础上提高了 75%；最高焊丝速度达到 50m/min，在传统 MAG 焊的基础上提高了 3.1 倍；而熔敷效率最大可达到 450g/min，为传统 MAG 焊的 3 倍左右。

② 能够大幅度改善焊接接头的质量：熔滴在保护良好的弧柱内进行射流过渡，会避免熔敷金属受到污染。TIME 焊熔敷金属中磷的含量可以达到普通 MAG 焊的 60%～70%，而硫的含量占到普通 MAG 焊的 65%～80%，因此焊缝的低温韧性会得到显著的改善。

③ 焊接工艺性能比较好：TIME 焊接过程中熔滴能进行短距离的射流过渡，并且可以不受重力的作用进行全位置的焊接。

④ 焊缝整洁，飞溅比较小，焊缝成形好：当采取逆变式 TIME 电源进行焊接时，熔滴的直径大约在 0.05～0.4mm 的范围内。熔滴会呈轴向射流过渡，过程非常平稳，焊接飞溅大幅度降低；而且熔滴非常细小，因此不会粘在焊件上，省去了清理飞溅物的过程。焊接飞溅减小后，过渡到焊缝中的熔敷金属就会大幅度增加，这会节省大量焊丝。采用四元保护气

体进行焊接降低了熔池的表面张力，焊缝成形好，焊缝余高减小。

（3）TIME焊的熔滴过渡方式

TIME焊［Ar（65%）＋He（26.5%）＋CO_2（8%）＋O_2（0.5%）］有三种熔滴过渡方式：当送丝速度小于6m/min时，采取短路过渡的方式；当送丝速度在9～25 m/min时，采取喷射过渡的方式；当送丝速度大于25m/min时，采取旋转喷射过渡的方式。TIME焊接可用于焊接不同板厚的工件。

通过对高熔敷率的MAG焊熔滴过渡的研究可以发现，在任意两种电弧之间都会存在如图8.64所示的过渡区，在这个区域内的电弧不稳定。短路过渡与喷射过渡之间的过渡区（6～8m/min）的电弧，由于熔滴过渡不稳定会产生

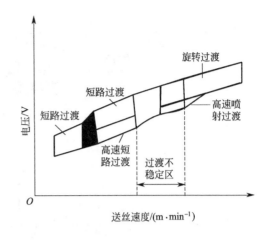

图8.64　高速MAG焊电弧稳定区与不稳定区

大量的焊接飞溅，在实际焊接时应该避开此区域。送丝速度在20～30m/min之间，在喷射过渡与旋转喷射过渡以及高速喷射过渡之间都可能存在过渡区。过渡区的熔滴过渡形态还将不断变化，导致焊缝截面形状不同。

8.5　熔滴过渡的观察与测量

8.5.1　熔滴过渡的观察

目前高速摄影是非常先进的熔滴过渡拍摄方法，其能将一个高速运动的熔滴清楚地记录下来。由于熔滴过渡的频率高，实验过程中无法清晰地用肉眼观测熔滴的过渡现象。高速摄影技术作为记录高速瞬变过程的一种方法，其适用于焊接过程中对熔滴过渡的观测。

日本Photron公司生产的FASTCAM-Super 10KC型高速摄像机目前应用得较为广泛。该型号的摄像机以CCD器件的电子扫描技术为核心。在记录焊接熔滴过渡的过程中，将显示器与高速摄像机相连就能实时获得拍摄的内容，在拍摄之后可以进行选择性的储存。但需要注意的是，当拍摄速度过高时，图片的清晰度就会下降。为了准确清晰地观测熔滴的过渡情况，可以将拍摄频率选为2kHz，图片的采集时间大约为2s。当拍摄结束时，可通过自带的软件将拍摄的图片传到相应的计算机内进行分析。

在焊接的过程中，电弧产生的亮度会高出周围环境很多，甚至可能超出图像传感器的动态范围。为了清晰地观测到熔滴过渡过程中的变化，需要采取背光技术，即电弧本身的弧光强度要低于高速摄影镜头处的光强，这样才能获得清晰的图片。

通常背光光源分为两种：一种为点光背光光源，另一种为平行光背光光源。图8.65为焊接电弧高速摄像示意图。其中图8.65（a）属于点光背光光源中的氙气灯的摄影装置，而图8.65（b）属于平行背光光源的激光的摄影装置。

8.5.2　熔滴过渡的测量

（1）短路过渡过程

图8.66为采用高速摄影技术拍摄的CO_2气体保护焊短路过渡时的图片。当送丝速度较

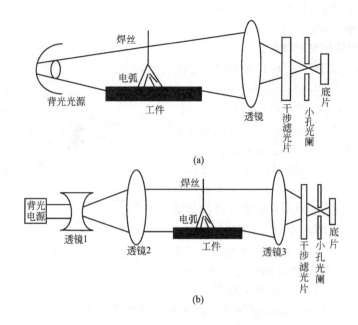

(a)

(b)

图 8.65　高速摄影光路示意图

小时，熔滴过渡的频率较低，将会产生少量的焊接飞溅；当送丝速度较大时，短路过渡的频率将会急剧增加，将会产生大量的焊接飞溅。

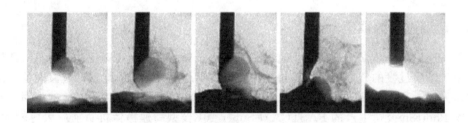

图 8.66　短路过渡高速摄影图片

（2）射滴过渡过程

图 8.67 是采用铝合金 MIG 焊方法所得到的射滴过渡的图像，所用的焊接电流为 250A、焊接电压为 25V、干伸长为 14mm、焊接速度为 27m/h。从图中可以清晰地看出熔滴从焊丝前端脱落的过程，且熔滴有时一滴，有时多滴。

（3）射流过渡过程

图 8.68 是采用铝合金 MIG 焊的方法所得到的射流过渡的图像，采用的焊接电流为 300A、焊接电压为 37V、干伸长为 14mm，焊接速度为 27m/h。从图片中可以看出电弧呈圆锥形，焊丝呈铅笔尖状，即形成了射流过渡。

（4）渣壁过渡过程

图 8.69 是埋弧焊中渣壁过渡的图像，采用的焊接电流为 500A、焊接电压为 30V。从图中可以看出熔滴的形状非常不规则，呈非轴向排斥过渡，表现出非常明显的渣壁过渡的特点。

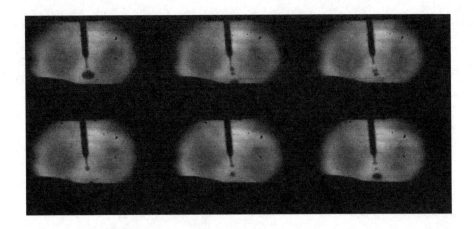

图 8.67 铝合金 MIG 焊的射滴过渡的图像

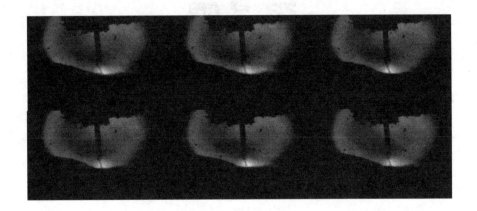

图 8.68 铝合金 MIG 焊中射流过渡图像

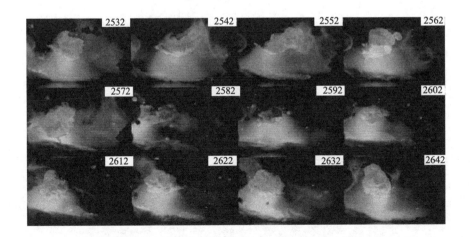

图 8.69 埋弧焊中渣壁过渡的图像

第 3 篇

焊接熔池

第9章

焊接热过程

9.1 焊接热过程概论

焊接热过程，是指母材金属在热源的作用下熔化形成熔池，在热源离开后逐渐冷却形成焊缝的过程。焊接热过程在焊接过程中一直存在，也是影响焊接区域物理化学性质以及焊接接头力学性能的重要因素。焊接质量和焊接效率也受焊接热过程的影响。

9.1.1 焊接热过程的基本特点

① 焊接热源的局部集中性：焊接热源的加热范围相对于母材金属来说是非常小的，但热源的功率密度又很大（表9.1所示为不同焊接热源的主要特征），所以焊接热源的分布具有极其不均匀性和局部集中性。这主要表现为焊接温度区的温度梯度很大，熔池的温度特别高。

▫ 表 9.1　不同焊接热源的主要特征

热源种类	最小加热面积/cm²	最大功率密度/(W·cm⁻²)	正常焊接温度/K
金属极电弧	10^{-3}	10^4	6000
钨极氩弧（TIG）	10^{-3}	1.5×10^4	8000
埋弧焊	10^{-3}	2×10^4	6400
电渣焊	10^{-2}	10^4	2300
熔化极氩弧（MIG）	10^{-4}	$10^4 \sim 10^5$	—
CO_2 气体保护焊	10^{-4}	$10^4 \sim 10^5$	—
等离子弧	10^{-5}	1.5×10^5	18000～24000
激光	10^{-8}	$10^7 \sim 10^9$	—

② 焊接热过程的瞬时性：焊件金属在热源高度集中的情况下，在极短的时间内就能熔化。集中的热源能在极短的时间内就将大量热量传给焊件，完成焊接过程。

③ 焊接热源的运动性：焊接过程就是焊件相对于热源不断移动，热源下的金属不断熔化随后冷却凝固成焊缝的过程。热源与焊件的位置是相对移动的，焊件被加热的区域也是逐渐变化的。因此，焊接的热过程是不稳定的。

9.1.2 焊接热过程的热效率

焊接过程中热源产生的热量只有一部分被利用，其他热量被焊接时周围的介质或其他物质吸收，所以在焊接过程中存在着热效率。

（1）电弧焊的热效率

电弧功率由式（9.1）表示：

$$P_0 = UI \tag{9.1}$$

式中，U 为电弧电压，V；I 为焊接电流，A；P_0 为电弧功率（也可表示为单位时间内电弧发出的能量，$J \cdot s^{-1}$）。

电弧发出的能量没有完全被焊件吸收，因此真正用于加热焊件的功率可用式（9.2）表示：

$$P = \eta P_0 = \eta UI \tag{9.2}$$

式中，η 为加热功率的有效系数，即热效率。

热效率 η 在一定的焊接条件下为常数，一般由焊接的方式、焊接规范以及焊接材料决定。η 值可由式（9.3）计算：

$$\eta = \frac{Q_1}{Q} \times 100\% \tag{9.3}$$

式中，Q_1 为用于加热焊件的有效热量；Q 为焊接热源提供的热量。不同焊接条件下，η 值如表 9.2 所示。

⊡ 表 9.2　不同焊接条件下的 η 值

焊接方法	碳弧焊	埋弧焊	厚皮焊条电弧焊	钨极氩弧焊		熔化极氩弧焊	
				交流	直流	钢	铝
η	0.5～0.65	0.77～0.99	0.77～0.87	0.68～0.85	0.78～0.85	0.66～0.69	0.70～0.85

对于电弧焊或埋弧焊来说，焊条药皮或焊剂的成分不同，η 值也会有一定的差别；焊接电流的变化对 η 值也有一定的影响，这主要与药皮或焊剂的物理特性有关，如药皮的电离度，焊剂的熔点、导热性、热焓等。此外，电流的种类、焊接速度对热效率也有影响，但并不显著，可以忽略不计。

（2）电渣焊的热效率

电渣焊所需的热量来自液态焊剂的电阻热。电渣焊适用于连接两块较大的焊件，渣池位于两大焊件的中间，热量损失相对较小（其主要的热量损失为焊缝周围强迫成型的冷却滑块带走的热量）。其焊件越厚，热量的损失就越小，热效率越高。

电渣焊的速度较慢，在焊接金属熔化的同时有大量的热量流向附近的固态金属。这降低了焊接热能的利用率，焊接的热影响区也随之加宽，从而使晶粒过大，影响焊接接头的性能。

（3）电子束焊的热效率

电子束焊主要有焊接热能相对集中、密度高、传热时间较短等特点；可以在较短的时间内完成焊接过程，而且加热的面积相对较小；一般适用于焊接接头极小的焊件之间的焊接。

电子束焊需在真空条件下完成。它的热量损失小，热效率也相对较高。电子束焊的热效率可达 90% 以上，大部分的热能是由电子的动能转化而来。

（4）激光焊的热效率

在激光焊接过程中，照射在工件表面的光，一部分加热焊件而被吸收，另一部分通过工件表面的反射散失在周围的介质中。因此，激光焊接的热效率较低，且其热效率受工件材料以及工件表面状况的影响。在一般情况下，工件表面越光滑，反射能力越强，则热效率越低。

9.2 焊接热源模型

从焊接热过程的特性可知，焊接热源具有集中性的特点，可以利用这一特点来建立焊接热源模型：

① 焊接热源尺寸在相同量级的范围内，其热流密度对焊接温度场有显著影响；

② 若分散的热源由作用于面积中心或体积中心的集中热源来代替，则远离热源处的温度场将不发生明显的变化；

③ 热流密度分布在靠近热源的区域决定焊接温度场；在离热源较远的区域内，其焊接温度场由焊件的几何尺寸起决定作用。

9.2.1 点、线、面三种热源模型

对于焊接热源模型，可以按热源空间属性简单地分为点热源、线热源、面热源。

（1）点热源模型

点热源模型是一种集中热源模型。点热源模型是将焊接电弧的热量输出看成一个点向工件输入。点热源模型一般与半无限几何模型配合使用：点热源作用于半无限体的表面，热量沿半无限体的 x、y、z 三个方向传播。厚板表面的堆焊过程可用点热源模型来模拟。图 9.1 为点热源作用于半无限体的示意图。

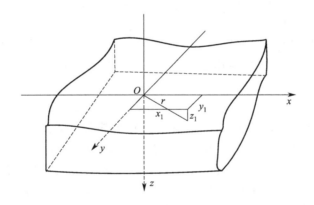

图 9.1 点热源作用于半无限体

（2）线热源模型

线热源模型也是集中热源模型。线热源模型将热源看作沿板厚方向的一条线。沿板厚方向，热能均匀分布，并垂直作用于半平面。无限大薄板几何模型一般适用于线热源模型，其热量在二维方向传播。一次熔透的薄板对接焊可以用线热源模型模拟。图 9.2 为线热源作用于无限大板的示意图。

（3）面热源模型

面热源模型同前两个模型一样，也是集中热源模型。无限长杆几何模型一般与面热源模型配合使用。面热源模型假设沿杆件截面方向上热量是均匀分布的，并作用在杆的横截面上，此时热量的传递仅沿一个方向，是一维传热。电极端面的加热过程可用面热源模型模拟。

当用集中热源模型计算远离热源的温度场时，相对误差较小；当计算点靠近热源区域时会出现较大的偏差。集中热源模型会使热源中心的温度升高到无限大，但在焊接的实际操作

中不会出现这种情形。根据实际操作经验，采用分布热源模型来模拟电弧、火焰焊接和束流计算温度场时结果较为准确。

图 9.3 为以上热源作用于不同的对象时热源中心的温度下降曲线。由图可知：温度梯度减小越明显，热流空间受到的限制就越多。

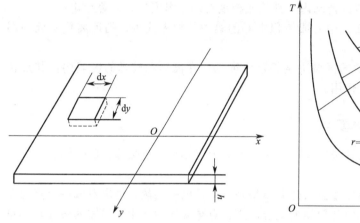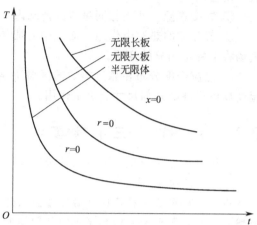

图 9.2　线热源作用于无限大板　　　图 9.3　点、线、面热源中心处温度变化的比较

9.2.2　高斯热源模型

高斯热源模型是一种分布热源模型，其热源分布呈正态曲线形式，因此又称为正态分布热源模型。在这一模型中，被电弧作用的焊件表面区域内的热流密度 q^* 分布可用高斯正态分布函数表示：

$$q^* = q_{max}^* \exp(-kr^2) \tag{9.4}$$

式中，q_{max}^* 为最大热流密度，$J/(mm^2 \cdot s)$；k 为体现热源集中程度的系数，称为热源集中系数，$1/mm^2$；r 为电弧覆盖区域内某点到中心热源的距离，mm。

若工件表面的比热流量按某种规律 $q^*(r)$ 分布，则要确定工件表面面积为 A 的热源的全部热功率，需将面积 A 分为微元面积 dA，将微元面积 $dA = 2\pi r dr$ 上的热量 $q^*(r) \times 2\pi r dr$ 总计起来，即在面积 A 上进行积分，如图 9.4 所示。r 的取值范围为 $(0, \infty)$，则热源的热功率可用式(9.5) 表示：

$$q = \int_A q^*(r) dA = \int_0^\infty q_{max}^* \exp(-kr^2) \times 2\pi r dr \tag{9.5}$$

求解上式，可得 $q = \dfrac{\pi}{k} q_{max}^*$，因此最大热流密度 q_{max}^* 为：

$$q_{max}^* = \frac{\pi}{k} q \tag{9.6}$$

因为电弧覆盖的范围有限，所以其大小可通过实验测得。根据实验得知，当 q_{max}^* 相同时，热流密度的集中程度随 k 值的不同而不同，如图 9.5 所示，k 值增加时热源集中程度增加。因此，电子束、激光焊的热源的 k 值最大，电弧焊居中，气体火焰的 k 值最小。

若将多把焊枪排成一列同时对焊件进行加热，可用带状热源模型来模拟计算焊接温度场。所谓带状热源，就是将高斯热源沿一个方向拉长的结果。高斯热源和带状热源如图 9.6 所示。

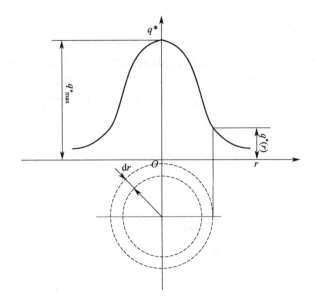

图 9.4　加热表面的环形微元 $2\pi r \mathrm{d}r$ 上的热量总计

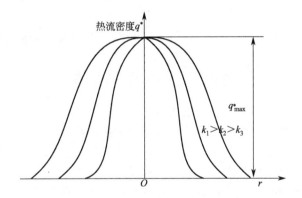

图 9.5　具有相同最大热流和不同集中系数的热流密度与距离的关系

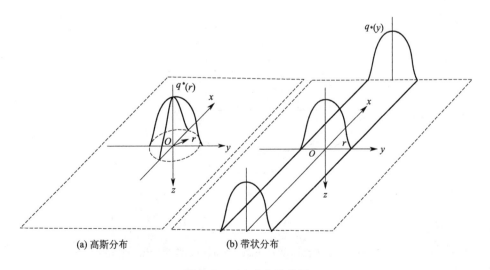

(a) 高斯分布　　　(b) 带状分布

图 9.6　正态分布的热源

9.2.3　双椭球热源模型

在高斯分布热源模型中，将电弧热流看作是围绕加热斑点中心对称分布的，从而只需一个参数（r_H、K 或 σ_q）来描述热流的具体分布。实际上，由于电弧沿焊接方向运动，电弧热流围绕加热斑点中心是不对称分布的。由于焊接速度的影响，电弧前方的加热区域要比电弧后方的小；加热斑点不是圆形的，而是椭圆形的，并且电弧前、后的椭圆曲率也不相同，如图 9.7 所示。

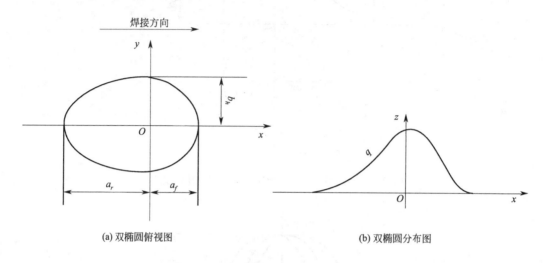

(a) 双椭圆俯视图　　　　　　　　　(b) 双椭圆分布图

图 9.7　双椭圆分布热源示意图

在电弧挺度较小、电弧对熔池的冲击力较小或进行薄板熔透焊接的情况下，高斯热源模型的模拟可以获得比较精确的结果。但使用高能束焊接厚板时，高斯热源模型的计算不是很精确。对于高能束焊接厚板这种情形来说，采用一个近似于熔池形状和尺寸的半卵形分布的体积热源来描述深熔表面堆焊和对接焊缝时的移动热源模型。这一模型是以电弧中心所在的位置为分界，将焊件分为前后两个部分，而这两个部分可用两个四分之一的椭球来描述，因此该模型又称为双椭球热源模型（如图 9.8 所示）。

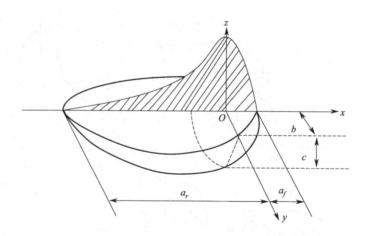

图 9.8　体积热流密度 q 正态分布的运动双椭球热源模型

对于双椭球热源模型，在卵形面内，若其热流密度按高斯函数正态分布，则卵形中心的热流密度为最大值，从卵形中心向四周方向呈指数趋势下降。卵形尺寸比熔池小10%，总功率为焊接过程的有效功率。双椭球模型的热量分布在半椭球内部，因此它是一种体热源模型。双椭球模型前后部分的表达式有所不同，热源在前半椭球内分布的表达式可用式(9.7)表示：

$$q(x,y,z)=\frac{6\sqrt{3}\,f_1\mathbf{Q}}{\pi a_1bc\sqrt{\pi}}\exp\left(-3\,\frac{x^2}{a_1^2}\right)\exp\left(-3\,\frac{y^2}{b^2}\right)\exp\left(-3\,\frac{z^2}{c^2}\right) \tag{9.7}$$

热源在后半球内的表达式可用式(9.8)表示：

$$q(x,y,z)=\frac{6\sqrt{3}\,f_2\mathbf{Q}}{\pi a_2bc\sqrt{\pi}}\exp\left(-3\,\frac{x^2}{a_2^2}\right)\exp\left(-3\,\frac{y^2}{b^2}\right)\exp\left(-3\,\frac{z^2}{c^2}\right) \tag{9.8}$$

式中，$Q=\eta UI$（U 为焊接电压，V；I 为焊接电流，A）；a（a_1、a_2）、b、c 为椭球半轴长参数；f_1、f_2 为椭球热量分布函数，$f_1+f_2=2$。

9.2.4　广义双椭球热源模型

上述热源模型没有考虑到电弧轴线相对工件表面旋转的情况，而是将电弧轴线均看作是与工件垂直的。在实际焊接操作中，电弧轴线与工件不一定垂直。热流的分布会因电弧偏转而发生变化，在这种情况下，热源模型的参数也随之发生变化。假设在笛卡尔三维坐标系中，焊件表面与 xOy 平面重合；x 方向为焊接方向，y 方向为焊缝熔宽方向，z 方向为熔深方向。在正常焊接时，电弧轴线与熔深方向重合。若电弧轴线在焊接表面发生偏转且偏转角度为 θ、偏转方向为顺时针方向，则其也可看作焊件逆时针偏转 θ 角，如图9.9所示。

则三维高斯热量分布密度可用式(9.9)表示：

$$q(x,y,z)=q(0)\exp(-Ax^2-Bx^2-Cx^2) \tag{9.9}$$

对上式在整个空间区域内积分，则能量关系可用式(9.10)表示：

$$2Q=\iiint q(x,y,z)\mathrm{d}x\mathrm{d}y\mathrm{d}z=q(0)\,\frac{\pi\sqrt{\pi}}{\sqrt{ABC}} \tag{9.10}$$

因此 $q(0)$ 的表达式为：

$$q(0)=\frac{2Q\sqrt{ABC}}{\pi\sqrt{\pi}} \tag{9.11}$$

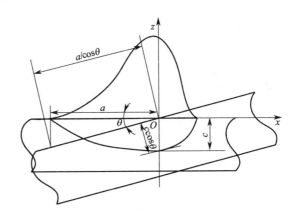

图9.9　电弧轴线偏转的双椭球热源模型示意图

若电弧未发生偏转，当热流密度下降到 $0.05q(0)$ 时，距离热源中心的坐标为 (a,b,c)。若电弧发生偏转，则 x、z 方向在热流密度降为 $0.05q(0)$ 时的距离变为 $a/\cos\theta$ 和 $c\cos\theta$；y 轴未发生偏转，距离仍为 b。偏转后的热流密度可用式(9.12)表示：

$$\begin{cases} q\left(\dfrac{a}{\cos\theta},0,0\right)=q(0)\exp\left[-A\left(\dfrac{a}{\cos\theta}\right)^2\right]=0.05q(0) \\ q(0,b,0)=q(0)\exp[-B(b)^2]=0.05(q) \\ q(0,0,c\cos\theta)=q(0)\exp[-C(c\cos\theta)^2]=0.05(q) \end{cases} \tag{9.12}$$

求解式(9.12)，可得：

$$A = \frac{\ln 20}{(a/\cos\theta)^2} \approx \frac{3}{(a/\cos\theta)^2}$$

$$B = \frac{\ln 20}{b^2} \approx \frac{3}{b^2}$$

$$C = \frac{\ln 20}{(c\cos\theta)^2} \approx \frac{3}{(c\cos\theta)^2}$$

将所求 A、B、C 的值代入式(9.11)，可得热源公式为：

$$q = \frac{6\sqrt{3}\,Q}{\pi abc\sqrt{\pi}} \exp\left[-\frac{3x^2}{(a/\cos\theta)^2} - \frac{3y^2}{b^2} - \frac{3z^2}{(c\cos\theta)^2} \right] \tag{9.13}$$

引入热量分布函数 f_1 和 f_2，且 $f_1 + f_2 = 2$，最后考虑电弧偏转方向的表达式：

前半椭球热量为：

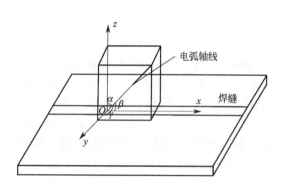

$$q = \frac{6\sqrt{3}\,Qf_1}{\pi a_1 bc\sqrt{\pi}} \exp\left[-\frac{3x^2}{(a_1/\cos\theta)^2} - \frac{3y^2}{b^2} - \frac{3z^2}{(c\cos\theta)^2} \right]$$

后半椭球热量为：

$$q = \frac{6\sqrt{3}\,Qf_2}{\pi a_2 bc\sqrt{\pi}} \exp\left[-\frac{3x^2}{(a_2/\cos\theta)^2} - \frac{3y^2}{b^2} - \frac{3z^2}{(c\cos\theta)^2} \right]$$

图 9.10　电弧轴线相对工件发生偏转的示意图

当电弧偏离任意方向，且与 x、y、z 方向都有夹角时，用同样的方式计算。仍以热量降到 $0.05q(0)$ 为例计算某点的热量。当与 x、y、z 任一方向的夹角分别为 α、β、γ 时，到热源中心的距离将变为 $a/\sin\alpha$、$b/\sin\beta$、$c\cos\gamma$，如图 9.10 所示。据此可以推算电弧轴线旋转至任一方向时热源模型的表达式。

前半椭球热源表达式：

$$q = \frac{6\sqrt{3}\,Qf_1\sin\alpha\sin\beta}{\pi a_1 bc\cos\gamma\sqrt{\pi}} \exp\left[-\frac{3x^2}{(a_1/\sin\alpha)^2} - \frac{3y^2}{(b/\sin\beta)^2} - \frac{3z^2}{(c\cos\gamma)^2} \right]$$

后半椭球热源表达式：

$$q = \frac{6\sqrt{3}\,Qf_2\sin\alpha\sin\beta}{\pi a_2 bc\cos\gamma\sqrt{\pi}} \exp\left[-\frac{3x^2}{(a_2/\sin\alpha)^2} - \frac{3y^2}{(b/\sin\beta)^2} - \frac{3z^2}{(c\cos\gamma)^2} \right]$$

将此类模型称为广义双椭球热源模型。

以上所述的各类模型均为广义双椭球模型的一种情况。若电弧轴线垂直于工件表面，则为简单双椭球热源模型。若某点位于到热源中心的距离为 r 的球面上，则为高斯热源模型。

9.2.5　其他热源模式

对于等离子弧焊、电子束焊和激光焊等高能束焊，由于在焊接初期热源能量密度大，因此热源能量向焊件传热的速度大于焊件向周围空间传导、对流、辐射散热的速度。在焊接时，材料的表面会逐渐汽化形成小孔，高能束焊输入的能量通过小孔进行转换和传递，在熔池中形成深孔。在这种情况下，上述热源模型已经不能适用，下面将介绍几种高能束深熔焊的热源模式。

（1）激光深熔焊的热源模式

在进行激光深熔焊时，焊接开始后激光逐渐加热焊件表面，使焊件表面逐渐熔化、蒸发，熔化金属在金属蒸气压力的作用下会形成小孔。当熔池中液体金属的表面张力和重力与小孔产生的蒸气压力达到平衡时，小孔会稳定存在。随后激光束深入到小孔内部。当激光束沿焊接方向运动时，小孔保持稳定并且在母材中向前移动，熔化的金属将小孔包围。熔池前方的金属随着小孔的移动逐渐被熔化，熔池后部的液态金属凝固结晶，从而完成工件的焊接过程。图9.11为激光深熔焊中熔池与小孔的示意图。

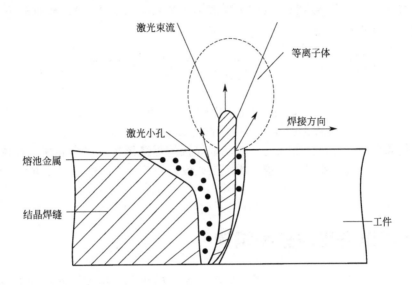

图 9.11　小孔型激光焊示意图

根据上面的分析可知，普通热源模型不适合激光深熔焊的热点。对于此类小孔型激光焊，热量在焊接工件表面以下可充分传输，激光能量不再停留于材料表面，而是向材料内部迅速传递。

根据激光束"钉头"的焊缝形状，可用旋转高斯体积热源模型。旋转高斯体积热源模型是指高斯曲线绕其对称轴旋转，形成旋转体曲面。图9.12为旋转高斯体积热源模型示意图。其数学表达式为：

$$q(x,y,z)=q(0,0)\exp\left[\frac{-3C_s}{\lg\frac{H}{z}}(x^2+y^2)\right]$$

$$(9.14)$$

式中，$q(0,0)=\dfrac{3C_sQ}{\pi H(1-e^{-3})}$，$W/m^3$；$H$ 为热源高度，m；Q 为热源功率，W；C_s 为热源形状参数，$C_s=3/R_0^2$；R_0 为热源开口半径，m。

（2）电子束焊热源模型

电子束焊具有焊接热影响区小、焊缝深宽比大、焊缝质量好等特点，在航空领域中运用广泛。但其焊接过程是一个快速且极不均匀的热循环过

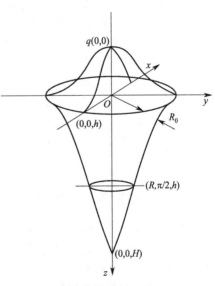

图 9.12　旋转高斯体积热源模型

程，在焊缝位置会出现很大的温度梯度分布。在焊后结构中会出现不同程度的残余应力及变形，严重影响焊接质量。

电子束焊属于深熔型焊接，因为电子束具有极高的能量密度，会瞬间产生特殊的"钥孔"效应，从而得到较大的熔深比，形成的焊缝形状为钉形。它是在激光焊时使用的旋转高斯曲面体热源模型的基础上进行改进的，能够较好地反映焊接得到的酒杯形或钉形焊缝。

由于电子束焊过程中的"钥孔"效应和表面熔池效应，焊缝形状会变为酒杯形或钉形。而在焊缝中心，由于孔壁对能量的吸收在深度方向上分布不均匀，而且能量是随深度的增加而减弱的，因此，在高斯体热源的基础上增加了一个衰减函数 $f(z)$，从而能够较好地体现这种能量的特殊分布：

$$q(x,y,z)=q(0,0)\exp\left\{\frac{-3C_s}{\ln\left(\frac{H+a_0}{-z+b_0}\right)}\left[x^2+(y-vt)^2\right]\right\}f(z) \tag{9.15}$$

式中，$f(z)=(a|z|H-b)^2+c$（a、b、c 为影响热源形状的重要参数）；v 为焊接速度；t 为焊接时间；a_0、b_0 为为防止计算溢出而假设的初值。

采用该热源模型，可根据不同的工艺规范焊接的焊缝形貌，确定相关的热源几何参数；可以准确地计算出焊接温度场；可指导实际工艺设计，并且方便进行焊接应力变形分析。

9.3 焊接温度场的分布规律

焊接温度场是焊接过程中某一时刻空间各点温度的集合。焊接温度场分为稳定温度场、非稳定温度场和准稳定温度场。

若焊件上各点的温度不随时间而发生变化，则为稳定温度场；若焊件上各点的温度随时间变化，则为非稳定温度场；而准稳定温度场是指将恒定功率的热源固定作用在焊件上，开始的一段时间内温度是非稳定的，但之后达到了饱和状态。等温线和等温面可以用来表示焊接温度场。等温面是指焊件上所有具有相同温度的点的集合；等温线则为等温面与某一截面的交线。

在温度差的影响下，热能在不断地流动，热流总是从高温处流向低温处。焊接时，由于焊件局部受热，因此在焊件上存在着很大的温度差，周围介质与焊件之间也存在很大的温度差。因此，焊件与周围介质以及焊件内部均有热能的传递。根据物理过程的不同，将热传递的方式分为热传导、热对流和热辐射等。

焊接的基本方式和焊接的工艺方法决定了焊接传热的基本方式。在电弧焊中，焊件热量的来源主要是电弧热，其以热辐射和热对流的方式传入焊件；热量传入焊件后，主要以热传导的方式在内部扩散。

9.3.1 运动热源的温度场

在实际焊接中，热源并不像前面叙述的那样是固定不变的，而是以一定的速度向前运动，并且热源的运动速度会对焊接温度场产生较大的影响。在下面的叙述中主要以热源匀速移动和高速移动为例来讨论热源的运动速度对焊接温度场的影响。

（1）厚板堆焊的温度场

① 热源以低速移动的情况 若热源沿 x 轴的方向以匀速 v（单位为 cm/s）向前移动，热源能量为 q（单位为 J/s），焊件的初始温度为 T_0，热源开始作用的点为坐标原点 O_0；经过时

间 t 后，热源运动到 O 点；焊件上任一点 $M(x,y,z)$ 的温度为 $T(x_0,y_0,z_0,t)$。该坐标系如图 9.13 所示。可以通过把运动热源的效果看成许多点热源相继作用的结果来分析。

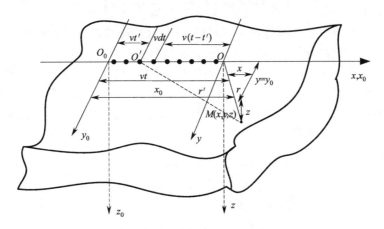

图 9.13 厚板上运动点热源的坐标系

设热源经过时间 t' 后到达 O'，经过的路程为 vt'，焊件所获得的热量为 $\mathrm{d}Q = 2q\,\mathrm{d}t'$。经过时间 $t-t'$ 后，M 点的温度升高了 $\mathrm{d}T$，则有：

$$\mathrm{d}T(x_0,y_0,z_0,t-t') = \frac{2q\,\mathrm{d}t'}{c\rho[4\pi\alpha(t-t')]^{3/2}}\exp\left[-\frac{r'^2}{4\alpha(t-t')}\right] \tag{9.16}$$

式中，$c\rho$ 为焊件的容积比热，$\mathrm{J/mm^2 \cdot \mathbb{C}}$；$\alpha$ 为扩散率，$\mathrm{mm^2/s}$。

若令 $t'' = t - t'$，则由图 9.13 可得：

$$r'^2 = r^2 + 2xvt'' + (vt'')^2 \tag{9.17}$$

将式 (9.17) 代入式 (9.16)，式 (9.16) 可变为：

$$\mathrm{d}T(x_0,y_0,z_0,t'') = \frac{2q\,\mathrm{d}t'}{c\rho(4\pi\alpha t'')^{3/2}}\exp\left(-\frac{2vx}{4\alpha}\right)\exp\left[-\frac{r^2+(vt'')^2}{4\alpha t''}\right] \tag{9.18}$$

M 点温度在时间 $t-t'$ 内的变化为：

$$\Delta T = T - T_0 = T = \int_{t'=0}^{t'=t}\mathrm{d}T(x_0,y_0,z_0,t'') \tag{9.19}$$

因为 $t'' = t - t'$，所以：当 $t'=0$ 时，$t''=t$；$t'=t$ 时，$t''=0$，且 $\mathrm{d}t' = -\mathrm{d}t''$。则：

$$T = \frac{2q}{c\rho(4\pi\alpha)^{3/2}}\exp\left(-\frac{vx}{2\alpha}\right)\int_t^0 -\frac{\mathrm{d}t''}{t''^{3/2}}\exp\left(-\frac{r^2}{4\alpha t''} - \frac{v^2 t''}{4\alpha}\right) \tag{9.20}$$

设 $t'' = \dfrac{r^2}{4\alpha\delta^2}$，$\delta = \dfrac{r}{\sqrt{4\alpha t''}}$，$\mathrm{d}t'' = -\dfrac{4\sqrt{\alpha}}{r}t''^{3/2}\mathrm{d}\delta$；又因为 $\alpha = \dfrac{\lambda}{c\rho}$，则 T 的表达式又可用式 (9.21) 表示：

$$T = \frac{q}{\lambda\pi^{3/2}r}\exp\left(-\frac{vx}{2\alpha}\right)\int_{r/\sqrt{4\alpha t}}^{\infty}\exp\left[-\delta^2 - \left(\frac{vr}{4\alpha}\right)^2\frac{1}{\delta^2}\right]\mathrm{d}\delta \tag{9.21}$$

若令 $vr/(4\alpha) = h$，则积分部分可写为：

$$\int_{r/\sqrt{4\alpha t}}^{\infty}\exp\left(-\delta^2 - \frac{h^2}{\delta^2}\right)\mathrm{d}\delta \tag{9.22}$$

对于上式，当 $t \to \infty$ 时，焊件的传热已达到饱和状态。当 $r/\sqrt{4\alpha t} \to 0$，则有：

$$\int_0^{\infty}\exp\left(-\delta^2 - \frac{h^2}{\delta^2}\right)\mathrm{d}\delta = \frac{\sqrt{2}}{2}\exp(-2h) \tag{9.23}$$

将式(9.23)代入式(9.21)得：

$$T(r)=\frac{\sqrt{2}\,q}{2\pi^{3/2}\lambda r}\exp\left[-\frac{v}{2\alpha}(x+r)\right] \tag{9.24}$$

厚板焊条电弧焊堆焊的焊接温度场可利用式(9.24)计算得到。焊接热源沿 x 轴方向运动，距离热源中心不同的地方的温度-时间变化曲线如图 9.14（a）所示，其中左下图为左上图的俯视图，在左下图中一圈一圈的曲线为围绕热源的等温线。等温线在热源中心附近比较密集，在远离热源处稀疏。等温线的长度随热源的移动速度而变化：热源移动速度越快，等温线越长。横截面上的等温线为许多的同心圆。等温面相对于热源移动方向呈对称。在热源的作用点处，焊接温度为无限大。

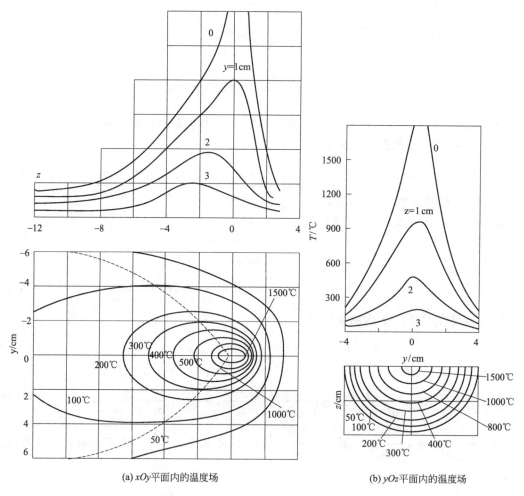

(a) xOy 平面内的温度场　　　　　　(b) yOz 平面内的温度场

图 9.14　半无限体上运动点热源的温度场示意图

$[q=4200\text{J/s},\ v=0.1\text{cm/s},\ \alpha=0.1\text{cm}^2/\text{s},\ \lambda=0.42\text{J/(cm}\cdot\text{s}\cdot\text{℃)}]$

从图 9.14 中还可以看到，当焊件上的传热已达到饱和状态，即 $t\to\infty$ 时，等温线的形状、尺寸及其相对于热源的位置将保持恒定，并随热源一起移动，这种状态即称为准稳态。而实际情况是，不可能出现准稳态这种情况。但当热源对焊件加热一段时间后，焊件上导入的热量可能与导出的热量相等，即达到热平衡状态。这时等温线的形状和尺寸就不会发生变化，即达到所谓的准稳态。

② **热源高速运动时的近似值** 由式（9.24）可知，焊接温度场受焊接速度的影响。在 1500℃、热源能量 $q=20000J/s$ 时，在保持热源不变的情况下，等温线随焊接速度的变化曲线如图 9.15 所示。从图中可以看出，热源后方的长度没有变化，热源前方的长度缩短，横向距离变小。因此，当增大焊接速度时，处于该温度等温线以下的熔化区的宽度急剧减小，其形状类似于条形。

在提高焊接速度的同时，若保持单位长度焊缝所吸收的热量不变，则必须提高热源的能量。因为在焊接时焊缝所获得的热量为热源热量与焊接速度之比，所以在保持焊缝所获得热量不变的前提下，同时提高热源热量和焊接速度时，熔化区的宽度几乎不发生变化，但热源前方等温线的长度将明显变短，后方的则变长。热输入 $E=20000J/cm$ 时，焊接速度对 1500℃ 等温线形状的影响如图 9.16 所示。

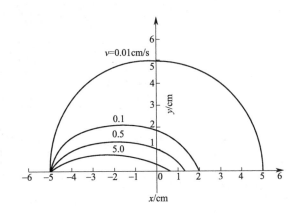

图 9.15 焊接速度 v 对 1500℃等温线形状的影响

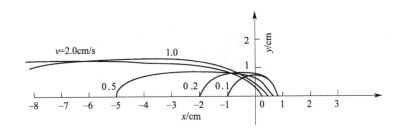

图 9.16 热输入一定时，焊接速度对等温线形状的影响

所以，当焊接速度足够大时，热源前方等温线的长度会趋向于 0，焊件上的热源只有横向传播，在沿热源运动的方向，温度梯度将趋于无穷大。这种情况就相当于瞬时线热源作用于厚度为 $dx = vdt$ 的无限大厚板的板边的传热过程，瞬时热源的能量为 $dQ=2qdt$，如图 9.17 所示。当热源运动到 M 点所在的截面 $ABCD$ 上的 O 点时，M 点才会有热能传入，使温度发生变化。在经过时间 t 后，热源从 O 点到达 O'，则焊缝附近任一点 M 的温度为：

$$T=\frac{q/r}{2\pi\lambda t}\exp\left(-\frac{r^2}{4\alpha t}\right) \tag{9.25}$$

式中，$r=\sqrt{y^2+z^2}$；$t=\dfrac{x}{v}$。

（2）高斯分布热源作用下的温度场

① **作用于半无限体表面的高斯热源** 有效功率为 q、集中系数为 k 的高斯热源，在初始时刻（$t=0$）作用于半无限体的表面，且该表面与周围介质无热交换。热源中心与坐标原点重合，如图 9.18 所示。热源在平面 xOy 上的分布为：

$$q'(r)dt=q'_{max}dt\exp(-kr^2) \tag{9.26}$$

将热源作用的整个平面 xOy 划分为微元平面：$dA=dx'dy'$。在初始时刻（$t=0$）时，作用于物体表面点 $M(x',y')$ 微元平面上的热量为 $dQ=q(r)dx'dy'dt$，可视为瞬时点热源。这种热源在半无限体内的传热过程为：

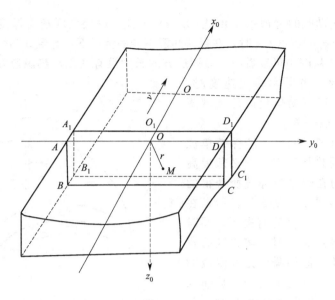

图 9. 17 高速运动点热源传热模型

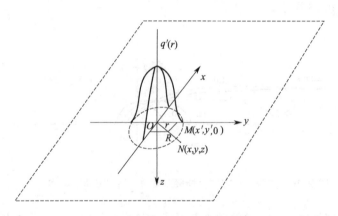

图 9. 18 高斯热源加热半无限体示意图

$$dT(x,y,z,t) = \frac{2q(r')dx'dy'dt}{c\rho(4\pi at)^{3/2}}\exp\left(-\frac{R'^2}{4at}\right) \tag{9.27}$$

式中，R' 为物体上任一点 $N(x,y,z)$ 到点热源 $(x',y',0)$ 的距离。又因为 $R'^2 = (x-x')^2+(y-y')^2+z^2$，$r'^2 = x'^2+y'^2$，所以有：

$$dT(x,y,z,t) = \frac{2q_{max}dx'dy'dt}{c\rho(4\pi at)^{3/2}}\exp\left[-\frac{(x-x')^2+(y-y')^2+z^2}{4at}-k(x'^2+y'^2)\right] \tag{9.28}$$

将整个高斯热源看成无数个加在面积微元上的热量微元的总和，各微元瞬时点热源分布在 xOy 平面内的整个面积 A 上：

$$T(r,z,t) = \int_A dt(x,y,z,t) \tag{9.29}$$

则：

$$T(r,z,t) = \frac{2q_{max}dt}{c\rho(4\pi at)^{3/2}}\int_{-\infty}^{+\infty}\int_{-\infty}^{+\infty}\exp\left[-\frac{(x-x')^2+(y-y')^2+z^2}{4at}-\frac{x'^2+y'^2}{4at_0}\right]dx'dy'$$

$$\tag{9.30}$$

在此公式中，热源集中系数 k 被时间常数 t_0 所代替，$k=1/4at_0$。

$$T(r,z,t)=\frac{2q_{max}dt}{c\rho(4\pi at)^{3/2}}\exp\left(-\frac{z^2}{4at}\right)\int_{-\infty}^{+\infty}dx'\exp\left[-\frac{(x-x')^2}{4at_0}-\frac{x'^2}{4at_0}\right]$$

$$\int_{-\infty}^{+\infty}dy'\exp\left[-\frac{(y-y')^2}{4at_0}-\frac{y'^2}{4at_0}\right] \qquad (9.31)$$

通过计算可得：

$$T(r,z,t)=\frac{2q_{max}dt}{c\rho(4\pi at)^{3/2}}\exp\left(-\frac{z^2}{4at}\right)\frac{\pi 4at_0 4at}{4a(t+t_0)}\exp\left[-\frac{r^2}{4a(t+t_0)}\right] \qquad (9.32)$$

又因为 $q_{max}=qk/\pi$，$k=1/4at_0$，则 $q=\pi 4at_0 q_{max}$。代入式(9.32) 可得：

$$T(r,z,t)=\frac{2qdt}{c\rho}\exp\left[-\frac{z^2/4at}{(4\pi at)^{1/2}}\right]\frac{\exp[-r^2/4a(t+t_0)]}{4a(t+t_0)} \qquad (9.33)$$

在式(9.33) 中，$\exp\left[-\frac{z^2/4at}{(4\pi at)^{1/2}}\right]$ 表示作用在平面 xOy 上的虚拟瞬时平面热源的热量，热

量向物体内部线性传播的方向与 Oz 轴平行，在 $t=0$ 时刻开始传播；$\frac{\exp[-r^2/4a(t+t_0)]}{4a(t+t_0)}$ 为虚拟

线热源平行于 Oz 轴径向传播，此过程比热源实际传播时间早 t_0，在无限体内瞬时高斯热源的传播过程是线性热传播过程和平面径向热传播过程表达式之积。

② 运动高斯热源加热半无限体 设热源的有效功率为 q、集中系数为 k，在半无限体的表面移动，物体表面与周围介质没有进行热交换。在初始时刻（$t=0$），热源中心与固定坐标原点重合，热源以速度 v 沿 x 轴方向移动，如图 9.19 所示。假设热源在整个加热过程中保持不变，时间间隔为 dt'，在 t' 时刻作用的瞬时热源 $dQ=qdt'$ 的中心点为 P'。此时，热源施加的热量在物体内经过时间 $t''=t-t'$ 的传播，使点 $M(x',y',z')$ 的温度提高了：

$$dT(r',z',t'')=\frac{2qdt'}{c\rho}\frac{\exp(-z'^2/4at'')}{(4\pi at'')^{1/2}}\frac{\exp[-r'^2/4a(t''+t_0)]}{4a\pi(t''+t_0)} \qquad (9.34)$$

式中，$r'^2=(\overline{P'M'})^2=(x'-vt)^2+y'^2$

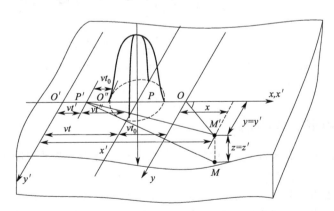

图 9.19 移动高斯热源加热半无限体的示意图

热源作用时间 t 后，温度为所有热源微元 $dQ(t')$ 作用的温度 dT 的总和。这些热源微元是在热源作用时间内在整个移动路径 $O'P'$ 上划分出的。可得：

$$T(x',y',z',t)=\int_0^t \frac{2q\,\mathrm{d}t'}{c\rho[4\alpha\pi(t-t')]^{1/2}[4\alpha\pi(t_0+t-t')]}$$

$$\exp\left[-\frac{z'^2}{4\alpha(t-t')}-\frac{(x'-vt')^2+y'^2}{4\alpha(t_0+t-t')}\right] \tag{9.35}$$

令 $t''=t-t'$，坐标原点 O 的运动路径为 $r^2=x^2+y^2$，则：

$$T(x,y,z,t)=\frac{2q}{c\rho(4\pi\alpha)^{3/2}}\exp\left(-\frac{vx}{2\alpha}\right)\int_0^t \frac{\mathrm{d}t''}{\sqrt{t''}(t_0+t'')}$$

$$\exp\left[\frac{z^2}{4\alpha t''}-\frac{r2}{4\alpha(t_0+t'')}-\frac{v^2}{4\alpha}(t_0+t'')\right] \tag{9.36}$$

式（9.36）为高斯热源加热半无限体表面时，以运动系表面表示的温度场。O 点为热源中心前面相距 vt_0 的虚拟热源。

此时，$v=0$，$x=y=z=0$，则固定热源中心的温度：

$$T(0,0,0,t)=\frac{2q}{c\rho(4\pi\alpha)^{3/2}}\int_0^t \frac{\mathrm{d}t''}{\sqrt{t''}(t_0+t'')} \tag{9.37}$$

令 $\dfrac{t''}{t_0}=\omega^2$，$\dfrac{\mathrm{d}t''}{t_0}=2\omega\,\mathrm{d}\omega$，则式（9.37）可写为：

$$T(0,0,0,t)=\frac{2q}{c\rho(4\pi\alpha)^{3/2}}\int_0^{\sqrt{t/t_0}}\frac{\mathrm{d}\omega}{1+\omega^2}\frac{2}{\sqrt{t_0}}$$

$$=\frac{4q}{4\pi\alpha c\rho\sqrt{4\pi\alpha t_0}}\arctan\sqrt{\frac{t}{t_0}} \tag{9.38}$$

$$=\frac{q}{2\lambda\sqrt{4\pi\alpha t_0}}\frac{2}{\pi}\arctan\sqrt{\frac{t}{t_0}}$$

在 $t=0$ 时刻，热源中心处的温度 T（0，0，0，0）$=0$。在加热的开始阶段，在 $t\ll t_0$ 时，由于 $\arctan\sqrt{t/t_0}\approx\sqrt{t/t_0}$，因此温度和时间的平方根呈正比关系。随后温度上升变慢并逐渐接近极限状态温度 T_∞。当 $t\rightarrow\infty$ 时，$\arctan\sqrt{t/t_0}\rightarrow\pi/2$，极限温度为：

$$T(0,0,0,\infty)=\frac{q}{2\lambda\sqrt{4\pi\alpha t_0}}=\frac{q}{2\lambda}\sqrt{\frac{k}{\pi}} \tag{9.39}$$

高斯热源中心点的极限温度 T_∞ 与热源功率 P、集中系数 k 的平方根呈正比关系，与热导率 λ 呈反比关系。

9.3.2 焊接温度场的影响因素

在实际焊接过程中，影响焊接温度场的因素有很多，其中主要的影响因素如下。

（1）热源的性质

焊接热源有电弧热、电阻热、机械能热源、化学能热源等。焊接温度场的分布会随热源种类的不同而不同。比如，气焊时热源的作用面积较大，热能较分散，焊接温度场的范围较大；电子束焊的热能集中，因此温度场范围较小。

（2）焊件金属的物理性质

不同金属的热导率不同；对于同种金属材料，若材料的化学成分、组织结构或温度不同，则热导率也不同。温度对材料热导率影响较大。另外，焊件金属的比热容 c、容积比热容 $c\rho$、热扩散率 a、比热焓 h、表面传热系数 α 对焊接温度场都有影响。

（3）焊接工艺参数

焊接速度的影响：当热源能量为常数时，随焊接速度的增加，同一等温线所包围的面积减小，温度场的长度和宽度都变小，形状变得细长，如图 9.20（a）所示。热源能量的影响：在焊接速度保持不变的情况下，热源能量增加，温度场所包围的范围增大，如图 9.20（b）所示。当热输入不变时，焊接速度和热源能量同时增大，温度场的宽度保持不变，长度被拉长，如图 9.20（c）所示。

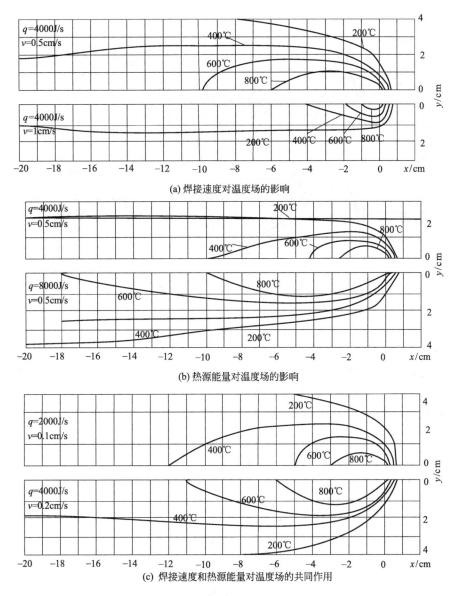

(a) 焊接速度对温度场的影响

(b) 热源能量对温度场的影响

(c) 焊接速度和热源能量对温度场的共同作用

图 9.20 焊接参数对温度场的影响

（4）焊件的板厚及形状

焊件的几何形状、焊件所处的温度，对焊接温度场都有一定的影响。如在焊接厚板时，热源作用在 xOy 平面，在 x、y、z 三维方向传播。由前面的分析可知，这种情况相当于点热源的传热过程，热的传播为半圆形。薄板焊接时，热源为线状热源，在 x、y 二维方向传播。

9.3.3 焊接热循环

在焊接过程中，焊件上的温度随着热源的移动而发生变化。焊件上的温度由低温升至高温，到达峰值温度后又由高温降到低温的过程称为焊接热循环。

越靠近焊缝的点，其温度上升越快，到达峰值温度的时间越短，温度下降也越快，且温度下降所花的时间要比温度上升长。不同位置的温度与冷却时间的关系如图9.21所示。

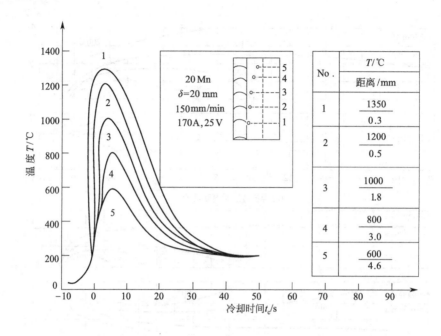

No.	$T/℃$
	距离/mm
1	1350
	0.3
2	1200
	0.5
3	1000
	1.8
4	800
	3.0
5	600
	4.6

（图中：20 Mn，$\delta=20$ mm，150mm/min，170A，25 V）

图 9.21　与焊缝不同距离处的焊接热循环

（1）焊接热循环的主要参数

图9.22为几个焊接热循环主要参数的示意图。影响焊接热循环的主要参数有以下几项。

① 加热速度（v_1）　焊接加热速度要比一般的热处理的加热速度大得多。在实际焊接

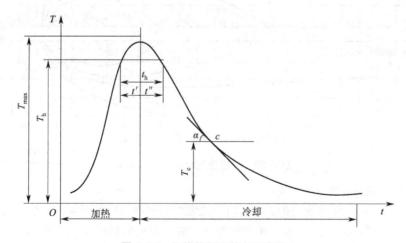

图 9.22　焊接热循环的主要参数

中，焊接条件、母材的性质以及热源的输入等因素都会影响加热速度。加热速度会影响材料的相变点：相变温度会随着加热速度的提高而提高，而相变温度的提高又会引起奥氏体的均匀化程度降低和碳化物的溶解度降低，从而影响焊后热影响区的组织和性能。

② 峰值温度（T_{max}）　所谓峰值温度，是指在焊接过程中，焊件上某点所经历的最高温度。焊件上各点的峰值温度和冷却速度不同，就会有不同的组织。如焊接接头热影响区的组织和性能与峰值温度有关，峰值温度过高会造成晶粒的急剧长大，使焊接接头粗晶脆化，降低焊接接头的塑性。

③ 高温停留时间（t_h）　在相变温度以上的停留时间称为高温停留时间。高温停留时间与焊接热输入、板厚、被焊金属的物理性质、峰值温度以及焊件的初始温度有关。高温停留时间越长，越有利于奥氏体的均匀化；但是温度过高，即使时间不长，也会造成晶粒急剧长大。

④ 冷却速度（v_c）　冷却速度是指在一定温度范围内的平均冷却速度，也可以是某一时刻的瞬时冷却速度。热影响区的组织性能受冷却速度的影响，而固态相变温度范围内的冷却速度对热影响区的组织性能的影响尤为重要。

⑤ 冷却时间（t_c）　在实际生产研究中，冷却速度很难测得，因此通常用冷却时间代替冷却速度来研究焊接接头的组织性能以及抗裂能力等。对于一般的低碳钢和结构钢来说，固态相变温度范围内的冷却时间，即温度从800℃降到500℃的时间 $t_{8/5}$，常作为研究焊接接头组织性能以及抗裂能力的主要参数。对于淬火倾向较大的钢种，采用800℃降到300℃时的时间 $t_{8/3}$，以及从峰值温度冷却到100℃时所花的时间 t_{100}。

表9.3给出了使用三种不同的焊接方式时近缝区的热循环参数。

▫ 表9.3　单层电弧焊和电渣焊低合金钢时近缝区的热循环参数

焊接方法	板厚 h/mm	焊接热输入/(kJ/cm)	900℃以上停留时间 t/s		冷却速度/(℃/s)		900℃时的加热速度/(℃/s)	备注
			加热时间	冷却时间	900℃	550℃		
TIG 焊	1	0.940	0.4	1.2	340	60	1700	不开坡口对接
TIG 焊	2	1.680	0.6	1.8	120	30	1200	不开坡口对接
埋弧焊	3	3.780	2	5.5	54	12	700	不开坡口对接，有焊剂垫
埋弧焊	5	7.140	2.5	7	40	9	600	不开坡口对接，有焊剂垫
埋弧焊	10	19.320	4	13	22	5	200	V形坡口对接，有焊剂垫
埋弧焊	15	42.000	9	22	9	2	100	V形坡口对接，有焊剂垫
埋弧焊	25	105.000	25	75	5	1	60	V形坡口对接，有焊剂垫
电渣焊	50	504.000	162	335	1	0.3	4	双丝
电渣焊	100	672.000	36	168	2.3	0.7	7	三丝
电渣焊	100	1176.000	125	312	0.83	0.25	3.5	三丝
电渣焊	220	96.600	144	395	0.8	0.25	3	双丝

（2）焊接热循环参数的计算

焊接热循环参数可以通过经验公式计算出来，但有时为了使理论值与实际值更加接近，一般采用多种方式联合计算，这样得到的值更加地接近实际值。

① 峰值温度的计算　峰值温度是焊件上某点经过时间 t_m 后达到的最高温度 T_{max}。此时温度的变化率为0，即 $\partial T / \partial t = 0$，经过运算可求得 T_{max}。

快速移动的点热源作用于半无限体表面时有：

$$T(r,t) = \frac{q}{2\pi\lambda vt} \exp\left(-\frac{r^2}{4at}\right) \tag{9.40}$$

式中，r 为平面任一点到热源中心的距离，且满足 $r^2 = y_0^2 + z_0^2$。由于热源是快速移动的，因此可以认为热量在平面内只沿垂直方向传播。

对于式(9.40)两边取对数可得：

$$\ln T(t) = \ln\left(\frac{q}{2\pi\lambda v}\right) - \ln t - \frac{r^2}{4\alpha t} \tag{9.41}$$

对上式求微分可得：

$$\frac{1}{T}\frac{\partial T(t)}{\partial t} = -\frac{1}{t} + \frac{r^2}{4\alpha t}, \text{即} \frac{\partial T(t)}{\partial t} = -\frac{T}{t}\left(\frac{r^2}{4\alpha t} - 1\right) \tag{9.42}$$

令 $\dfrac{\partial T}{\partial t} = 0$，$\dfrac{r^2}{4\alpha t} - 1 = 0$，此时 $t = t_m$。

达到峰值温度所花的时间为：

$$t_m = \frac{r^2}{4\alpha} \tag{9.43}$$

又因为 $vt_m = -x_m$，$t_m = x_m/v$，所以 $r_m^2 = -4\alpha x_m/v$，表示有最高温度各点的轨迹。

峰值温度 T_{max} 可表示为：

$$T_m(r) = T(r, t_m)$$

$$= \frac{q}{2\pi\lambda v t_m}\exp\left(-\frac{r^2}{4\alpha t_m}\right) = \frac{q}{2\pi\lambda v}\frac{4\alpha}{r^2}\exp(-1) = \frac{2}{\pi e}\frac{\alpha}{\lambda v}\frac{q}{r^2} = 0.234\frac{q}{c\rho v r^2} \tag{9.44}$$

当快速移动的线热源作用于平板焊接时，将温度表示为：

$$T = \frac{q}{2vh(\pi\lambda c\rho t)^{1/2}}\exp\left(-\frac{y_0^2}{4\alpha t} + bt\right) \tag{9.45}$$

当 $\dfrac{\partial T}{\partial t} = 0$ 时，$\dfrac{y_0^2}{4\alpha t} = \dfrac{1}{2} + bt_m$，其中 b 为散温系数。

对于热源轴线附近的点，散热不能显著降低温度。在此情况下 $bt_m \ll 1/2$，$t_m = \dfrac{y_0^2}{2a}$，最高温度可表示为：

$$T_m(y_0) = \frac{q}{2vc\rho hy_0}\sqrt{\frac{2}{\pi e}} = 0.242\frac{q}{vc\rho hy_0} \tag{9.46}$$

若考虑散热，则最高温度可表示为：

$$T_m(y_0) = 0.242\frac{q}{vc\rho hy_0}\left(1 - \frac{by_0^2}{2a}\right) \tag{9.47}$$

② 高温停留时间 t_h 的计算　高温停留时间包括加热过程中的高温停留时间 t' 和冷却过程中的高温停留时间 t''，即：

$$t_h = t' + t'' \tag{9.48}$$

对高温停留时间进行直接理论推导有一定的难度，但根据焊接温度场和实验结果可求得高温停留时间 t_h 的计算公式为：

厚板焊接时：

$$t_h = f_3\frac{q/v}{\lambda(T_m - T_0)} \tag{9.49}$$

薄板焊接时：

$$t_h = f_2\frac{(q/vh)^2}{c\rho\lambda(T_m - T_0)^2} \tag{9.50}$$

式中，f_3、f_2 分别为点热源和线热源的修正系数。

③ 冷却速度 v_c 的计算　在熔合线附近的冷却速度和焊缝冷却速度差不多；距离焊缝不远的各点，在某瞬时温度下的冷却速度也相差不大，一般为 5%～10%。因此对冷却速度只

需计算焊缝处的冷却速度。

移动热源作用于厚板焊件时的传热公式为：

$$T - T_0 = \frac{q}{2\pi\lambda vt} \exp\left(-\frac{r^2}{4\alpha t}\right) \tag{9.51}$$

当 $r = 0$ 时，对 t 微分可得：

$$\frac{\mathrm{d}T}{\mathrm{d}t} = \frac{q}{2\pi\lambda vt^2} \tag{9.52}$$

因为当 $r = 0$ 时：

$$T - T_0 = \frac{q}{2\pi\lambda vt} \tag{9.53}$$

$$\frac{1}{t} = \frac{2\pi\lambda v(T - T_0)}{q}, \frac{\mathrm{d}T}{\mathrm{d}t} = -\frac{2\pi\lambda v(T - T_0)^2}{q} \tag{9.54}$$

则冷却速度可表示为：

$$v_c = \frac{\mathrm{d}T}{\mathrm{d}t} = -2\pi\lambda \frac{(T - T_0)^2}{q/v} \tag{9.55}$$

移动线热源进行薄板对接焊时：

$$T - T_0 = \frac{q}{vh(4\pi\lambda c\rho t)^{1/2}} \exp\left(-\frac{y_0^2}{4at}\right) \tag{9.56}$$

当 $y_0 = 0$ 时，对 t 进行微分可得：

$$\frac{\mathrm{d}T}{\mathrm{d}t} = -\frac{q}{4vh(\pi\lambda c\rho t^3)^{1/2}} \tag{9.57}$$

因为：

$$\frac{1}{\sqrt{t}} = \frac{vh\sqrt{4\pi\lambda c\rho}}{q}(T - T_0) \tag{9.58}$$

则冷却速度可表示为：

$$v_c = \frac{\mathrm{d}T}{\mathrm{d}t} = -\frac{2\pi\lambda c\rho(T - T_0)^2}{(q/vh)^2} \tag{9.59}$$

在一般情况下，当 $h > 25\text{mm}$ 时焊件可视为厚板，当 $h < 8\text{mm}$ 时焊件可视为薄板。当板厚介于 8~25mm 之间时，冷却速度可利用厚板公式乘以一个修正系数 K 求得，即：

$$v_c = -K \frac{2\pi\lambda(T - T_0)^2}{q/v} \tag{9.60}$$

式中，$K = f(\varepsilon)$，可由图 9.23 得，此处 $\varepsilon = \frac{2q/v}{\pi h^2 c\rho(T - T_0)}$，为无量纲系数。

（3）影响焊接热循环的因素

从上面焊接热循环参数的计算中不难看出影响焊接热循环的因素有很多，除了被焊金属的物理性质外，焊接时的主要工艺参数、被焊金属的形状尺寸、焊接接头形式以及焊后的冷却条件都对焊接热循环有一定的影响。

① 焊接热输入的影响

从焊接热循环参数的计算公式中可知，峰值温度、高温停留时间以及冷却时间都会随焊接热输入的增大而增大。图 9.24 体现了厚板焊接时在不同的预热温度下焊接热输入对高温停留时间的影响。从图中可以看出，高温停留时间随焊接热输入的增大而延长；预热温度越高，高温停留时间也越长。

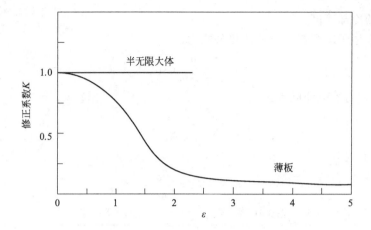

图 9.23 $K = f(\varepsilon)$ 的图像

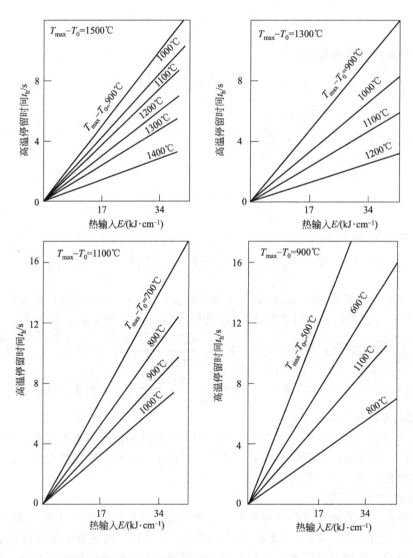

图 9.24 厚板焊接时，在不同预热温度下，热输入对高温停留时间的影响

图 9.25 体现了在不同的预热温度下，高温停留时间受焊接热输入的影响。此外，增大焊接热输入可以降低冷却速度并延长冷却时间。

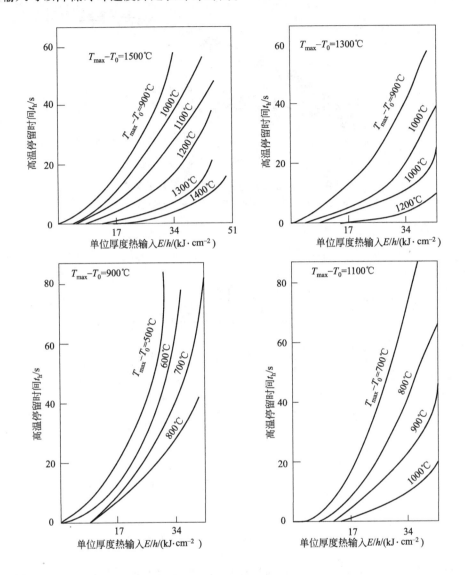

图 9.25 不同预热温度下 E/h 对 t_h 的影响

图 9.26 为在不同焊接方式下，冷却时间随热输入的变化曲线。从图中可以看出，焊条电弧焊时冷却速度最快，而埋弧焊时最慢；$CO_2 + O_2$ 气体保护焊和氩弧焊的冷却速度差不多，且均比埋弧焊大。当焊接热输入相同时，不同焊接方式下的焊接电流以及焊接速度会有较大的差异，促使焊缝形状和熔深有明显不同，从而对焊件上的热传播过程产生影响。当电源种类和电源极性不同时，相同的焊接方式也会有不同的冷却速度，如交流的冷却速度大于直流反接的冷却速度。

② 预热温度的影响　若预热温度 T_0 增加，则高温停留时间增长，冷却速度降低，冷却时间延长。如图 9.27 所示，较低的预热温度也有利于降低低温范围内的冷却速度。但在高温时，其对高温停留时间以及冷却速度的影响不是很明显。

③ 焊件形状尺寸的影响　在焊件的长度以及焊接热输入保持恒定的情况下，冷却时间会

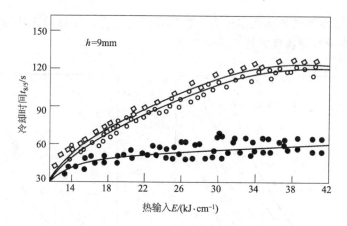

图 9. 26 焊缝边界的 $t_{8/5}$ 与热输入 E 的关系
○—CO_2+O_2 保护焊；◇—埋弧焊；●—焊条电弧焊

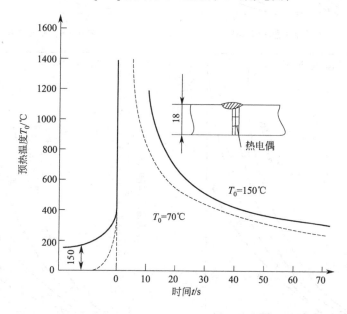

图 9. 27 预热温度对焊接热循环参数的影响

受焊件宽度和焊件厚度的影响，图 9.28 为焊件在不同宽度以及不同厚度下，冷却时间的变化曲线。实验条件：$T_0=0℃$，焊条电弧堆焊，焊条直径为 140mm，$I=140A$，电压 $U=30V$，焊接速度 $v=14.5cm/min$，焊道长度为焊件长度。从图中可以看出：当焊板厚度较小时，由于薄板散热较快，焊件宽度对冷却时间的影响较大；但板件较厚时，其影响不太明显。

冷却速度也受板厚 h 的影响。图 9.29 体现了不同厚度的低合金结构钢对熔合区冷却速度的影响。从图中可以看出，焊件越厚，其对冷却速度的影响越大。

④ 接头形式的影响　焊件导热情况会因焊接接头形式的不同而不同，因此接头形式对焊接热循环特性也有一定的影响。图 9.30 体现了不同焊接接头形式对冷却时间的影响。从图中可以看出，当焊板厚度相同时，角接头的冷却时间要比 V 形坡口对接接头的冷却时间大 1.5 倍。

⑤ 焊道长度的影响　当焊接条件和接头形式相同时，焊道越短，冷却速度越大，如图 9.31 所示。当焊道长度小于 40mm 时，冷却速度随焊道长度的变小而急剧增大；弧坑的冷

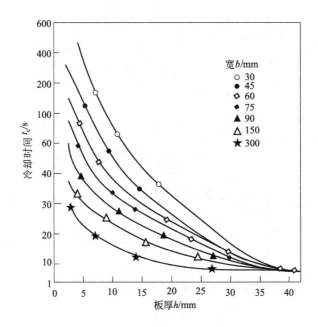

图 9.28 焊件宽度 b 和厚度 h 对冷却时间 t_c 的影响(焊件厚度 110mm, $E=17.5$J/cm)

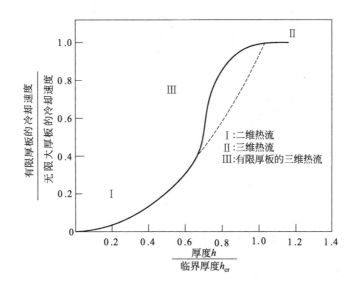

图 9.29 熔合区冷却速度与板厚的关系

却速度约为焊缝中部的两倍,同时也大于弧端的冷却速度。

⑥ 冷却条件的影响 在焊接过程中,周围环境对冷却速度有很大的影响。环境温度相差较大时,焊件的初始温度 T_0 不仅会受到影响,焊接过程中的传热条件也会受到影响。如图 9.32 所示,试样在空气中自然冷却和用石棉覆盖冷却,其温度的变化曲线有较大的差异。

(4)多层焊的热循环

在实际焊接中,尤其是对于焊件厚度较大的构件,要采用多道多层焊。多层焊的热循环是各种单层焊的交替综合作用。多层焊的热循环具有以下特点:

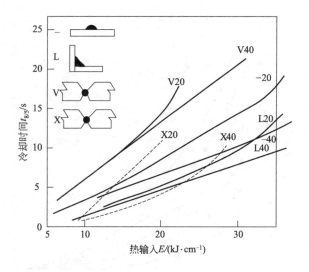

图 9.30　焊接接头形式与冷却时间的关系

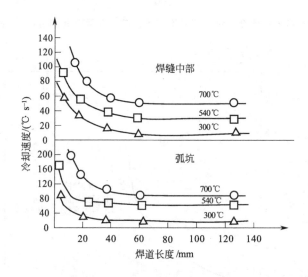

图 9.31　焊道长度对冷却速度的影响

① 具有较大的热循环参数范围；
② 相邻的焊层之间具有热处理作用；
③ 对于多层焊主要考虑焊道层数和焊层之间的温度；
④ 多层焊分为"长段多层焊"和"短段多层焊"。

　　长段多层焊是指每道焊缝的长度较长（都在 1m 以上），在这种情况下，焊完前一层后再焊后一层时焊件已冷却到较低的温度。从图 9.33 中可以看出，后道焊缝对前道焊缝一般具有回火或淬火的热处理作用。

　　对一些淬硬性较大的钢种进行长段多层焊时，焊层之间温度较低，在焊缝及焊缝附近的位置会出现淬硬组织使焊缝出现裂纹。因此在进行长段多层焊时应采用焊前预热、控制层间温度等工艺措施避免此现象产生。

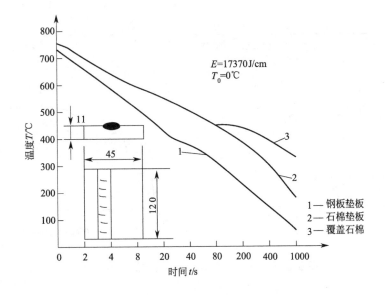

图 9.32 冷却条件对冷却过程的影响

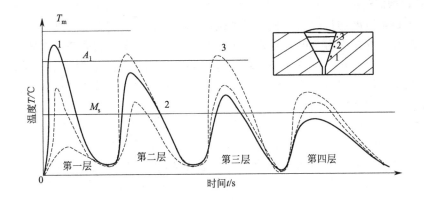

图 9.33 长段多层焊坡口边缘处三点的焊接热循环

所谓短段多层焊,是指每层焊道的长度较短(约为 40~400mm)。在进行短段多层焊时前层焊道未冷却就已经开始下一道的焊接,其层间温度较高(高于 M_s 点)。短段多层焊的热循环曲线如图 9.34 所示。

从图 9.34 中可以看出,近缝区 A 和 C 点所经历的热循环曲线是比较理想的。对于 A 点来说,在 A_{c_3} 以上停留的时间较长,避免了晶粒长大;A_{c_3} 以下的冷却速度减小,可防止焊缝淬硬组织的产生。C 点是在预热的基础上焊接的,为避免晶粒长大,可控制合适的焊缝长度,使其在 A_{c_3} 以上停留的时间变短。一般情况下,为了避免最后一道焊缝产生淬硬组织,会多焊一道退火焊道来延长奥氏体的分解。这对于晶粒易长大又易产生淬硬组织的钢种有改善作用。

9.3.4 焊接温度场的测试

数值分析的结果只是从理论上通过计算得到的焊件温度场,该计算结果是否准确必须经

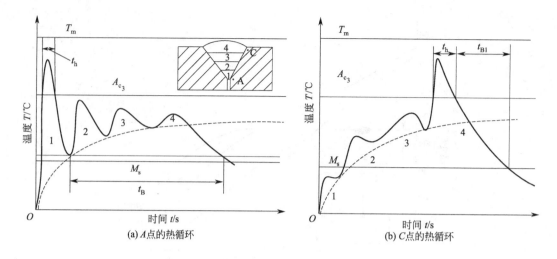

图 9.34 短段多层焊坡口边缘两点的热循环曲线

过实验验证。通常根据测量得到的焊件温度场来验证并改进数值模型。焊接实践中对于温度的测量有以下几种方法。

（1）热电偶测温法

热电偶是焊接温度测量中应用最广泛的温度器件。热电偶测温有许多优点：首先，热电偶的测量精度高。这是因为热电偶直接与被测对象接触，不受中间介质的影响。其次，测量范围广。常用的热电偶从$-50 \sim 1600℃$均可连续测量。此外，热电偶构造简单，使用方便。热电偶通常是由两种不同的金属丝组成的。热电偶的测温原理是基于热电效应。目前，焊接工程中常用的热电偶有以下几种。

① 铂铑 10%-铂热电偶　铂铑 10%-铂热电偶型号为 WTLB，其中 WT 指热电偶，LB 为分度号，铂铑合金丝为"＋"极，纯铂丝为"－"极；在 1300℃ 以下可以长期使用；在良好的环境条件下，可测量 1600℃ 的高温；一般作为精密测量和基准热电偶使用。在氧化性和中性介质中，铂铑 10%-铂热电偶的物理、化学性能稳定，但在高温时易受还原性气体侵蚀而变质。它的热电势较弱，价格也较贵，适用于测量焊缝熔合区。

② 镍铬-镍硅（或镍铬-镍铝）热电偶　镍铬-镍硅热电偶的型号为 VREU，其中 EU 是分度号。镍铬为"＋"极，镍硅为"－"极。在氧化性和中性介质中，它能在 900℃ 以下长期使用，但不耐还原性介质。它的热电势大，并且与温度的线性关系较好，价格便宜，但精度偏低，适用于测量热影响区。

③ 镍铬-考铜热电偶　镍铬-考铜热电偶型号为 WREA，其中 EA 为分度号。镍铬为"＋"板，考铜为"－"极。其在还原性和中性介质中，能在 600℃ 以下长期使用，在 800℃ 时可短期使用。其灵敏度较高，价格便宜，适用于测量远离焊缝的区域。

④ 铂铑 30%-铂铑 6% 热电偶　铂铑 30%-铂铑 6% 热电偶型号为 WRLL，其中 LL 为分度号。铂铑 30%（质量分数）为"＋"极，铂铑 6%（质量分数）为"－"极。它可在 1600% 高温下长期使用，在 1800℃ 下短期使用。其热电偶性能稳定，精度高。其适用于氧化性和中性介质，但它的热电势极小，价格较高，适用于测量熔合区。

焊接过程中用热电偶测温的方法较为简单，只需根据需要将热电偶提前固定于焊道及其两侧即可。

图 9.35 为热电偶测温法的实物图，图 9.36 为所测得的增材制造的热循环曲线。

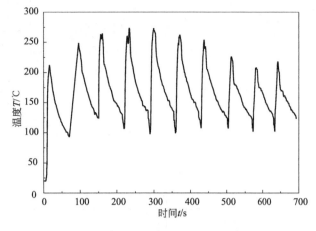

图9.35　热电偶测温法的实物图　　　　图9.36　电弧增材制造热循环曲线

（2）红外测温法

红外测温法是通过对物体红外辐射的测量来确定物体的温度。红外线是波长在 $0.76\sim$ $1000\mu m$ 之间的一种电磁波，按波长范围分为近红外、中红外、远红外、极远红外四类。任何物体只要它的温度不是绝对零度，都不断地发射红外线，其辐射功率由物体的温度决定。物体的红外辐射功率与物体表面热力学温度的 4 次方成正比，与物体表面的发射率成正比。根据斯特藩-玻尔兹曼定律有：

$$W = \varepsilon\sigma T^4 \tag{9.61}$$

式中，W 为物体红外辐射的功率，$J/(s \cdot m^2)$；T 为物体的热力学温度，K；σ 为斯特藩-玻尔兹曼常数，$J/(s \cdot m^2 \cdot K^4)$；$\varepsilon$ 为辐射系数，ε 为 1 的物体叫做黑体，一般物体的 ε 值在 0 与 1 之间。

式（9.61）表明，物体的温度愈高，辐射功率就愈大。只要知道物体的温度和它的辐射系数，就可算出它的辐射功率。反之，如果测出物体的辐射功率，就可以确定它的温度。

红外测温法有许多优点。首先，红外测温法是一种非接触式测温方法，也就是说不必接触被测物体，因此不会影响被测目标的温度分布。对于远距离、高速运动、带电以及其他不可接触的目标都可以用红外技术非接触测温。其次，红外测温法反应速度快，灵敏度高。红外测温法不像一般热电偶、点温计那样需要与被测物达到热平衡，它只要接收到目标的辐射即可测温。红外测温法的速度取决于测温仪表自身的响应时间，而这个时间一般可以控制在 1s 以内，只要目标有微小的温度差异就能立即在红外测温仪上反映出来。此外，红外测温法的测温范围很宽，可以测量从负几十摄氏度直到 $1000\,^\circ\!C$ 以上范围的温度。

要得到物体的真实温度，还必须对辐射强度进行校正。各种物体的辐射强度都不相同。其影响因素除了物体材料性质之外，还有物体的表面形状、温度等。在进行红外测温时必须根据目标的具体情况进行辐射强度的校正。图 9.37 为使用红外测量法对工件温度场进行测量的试验装置图。

图 9.38 为在上述实验装置中所测得的焊接过程中焊件上的温度变化。图 9.39 为所测得的工件上不同部位的热循环曲线。通过图 9.39 中实验值与测量值的对比可以发现，红外测温仪所测得的值与实验值基本一致。

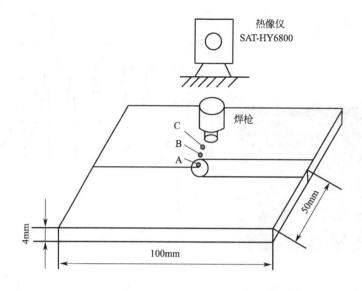

图 9.37 试验装置及焊接温度场测量示意图

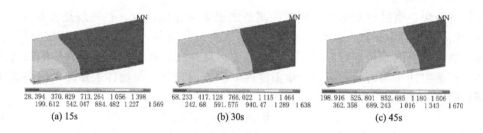

| (a) 15s | (b) 30s | (c) 45s |

图 9.38 焊接过程中焊件上的温度变化

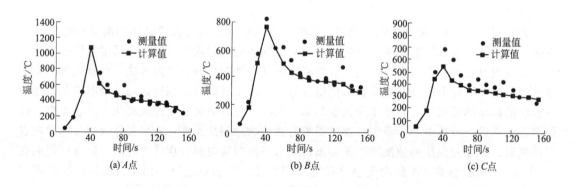

| (a) A点 | (b) B点 | (c) C点 |

图 9.39 不同测量点的热循环曲线

9.4 母材熔化特征和焊缝形状尺寸

9.4.1 母材熔化断面形态

在电弧热的作用下，母材的热物理参数、焊接速度、形状等因素决定母材熔化的形态。母材的热输入量以及电弧燃烧的形态也会影响母材的熔化形态。

对大厚板进行充分焊接时，根据点热源传热原理计算可知，一般焊缝断面形状呈半圆形。但在实际焊接中，焊缝断面形状会受焊丝直径、熔滴过渡形态等的影响而呈现多种多样的形态。一般情况下，母材断面形态在电弧热的作用下有以下几种：单纯熔化型、中心熔化型和周边熔化型。其示意图为图9.40。

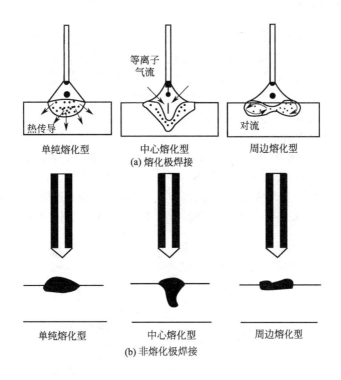

图 9.40 母材熔化形态分类

单纯熔化型的断面形状为半圆形，与由热传导理论计算得到的图形相似。熔池中的熔化金属在这种情况下的对流比较自由，热量在固体金属和熔池界面处均匀散开，且产生传导型熔化。这种熔化形态在焊条电弧焊中比较常见，在采用热输入小的短路过渡气体保护熔化极电弧焊中也可以看到。

中心熔化型是指电弧下方与周围区域相比产生了很深的熔化。这种熔化在细径大电流焊接中比较常见，其产生原因是等离子气流或电弧力对熔池的挖掘作用。在电极前端，电弧产生收缩，且沿着母材方向呈圆锥形状扩展；流过弧柱的电流线之间会受到电磁力的作用，产生电弧力，指向熔池方向；且电极附近电弧轴上的电磁压力高于焊件表面的电磁压力，由于压力差而产生的等离子气流会向焊件表面流动。流经弧柱的电流会引起等离子气流和电弧力对熔池的压力。因此，熔池所受力的数值表达式可表示为：

$$P_{arc} = Ik\delta \tag{9.62}$$

式中，δ 为电弧在电极端部的电流密度；k 为与电弧形状有关的比例系数。直径为 d 的焊丝端部电流密度可用下式表示：

$$\delta = \frac{4I}{\pi d^2} \tag{9.63}$$

合并式(9.62)和式(9.63)可得：熔池所受挖掘力与电流的平方呈正比关系，与焊丝直径平方呈反比关系。因此，细径焊丝中流过大电流的气体保护熔化极电弧焊对熔池向下的挖掘力很大，所形成的熔化形状为中心熔化型。实际焊接中的熔深比理论计算所得的大。

周边熔化型的断面形状为周边区的熔化比中心区域的深，使熔池中的金属液向外流动。熔化金属的对流作用将从电弧下方进入的热量逐渐送到周边区域，加速周边区域的熔化。

9.4.2 焊缝形状尺寸

在电弧焊过程中，在电弧的作用下熔池金属要克服表面张力和重力的作用，因此电弧正下方的熔池金属被电弧推向熔池尾部；电弧移去之后，熔池尾部金属流向电弧留下的凹坑，冷却结晶形成焊缝。因此，熔池形状在一定程度上影响着焊缝的形状。

熔池形态在各种平衡力的作用下因焊接接头形状、尺寸和在空间中所处的位置不同而呈现不同的形态。熔池金属的重力对熔池形态也有一定的影响。焊接工艺参数和焊接方法对熔池体积和熔池长度有很大的影响。

一般情况下，用焊缝横截面的形状来表示焊缝形状。焊缝横截面的形状由焊缝熔宽 B、焊缝熔深 H 和焊缝余高 h 来表示，其中 B 为两焊趾之间的距离、H 为母材熔化的深度、h 为焊缝横截面上焊趾连线上焊缝金属的最大高度。另外，焊缝成形系数 Φ ［式(9.68)］和余高成形系数 Ψ 也可以用来表示焊缝成形的特点。图 9.41 为平焊位置形状尺寸示意图。

$$\Phi = \frac{B}{H} \tag{9.64}$$

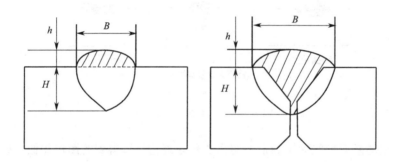

图 9.41 平焊位置形状尺寸

焊缝形状的合理性对焊接质量有很大的影响。如焊接接头的承载能力直接受焊缝熔深的影响；熔池中气体溢出的难易程度和熔池金属的结晶方向以及焊缝中心偏析程度都受焊缝成形系数大小的影响；对焊缝中产生气孔和裂纹的敏感程度、熔池的冶金条件也有一定的影响。在保证焊缝充分熔透的情况下，选择较小的焊缝成形系数可减小焊缝宽度方向的无效加热范围，可以提高热效率和缩小热影响区。但焊缝成形系数过小会使焊缝截面过窄，使焊缝中的气体无法排出从而在焊缝中形成气孔，恶化结晶条件，加大焊缝中夹渣以及裂纹产生的倾向。因而在实际焊接中，不同的焊接方法要求不同的焊缝成形系数，即在保证焊透的前提下要求合适的焊缝成形系数。例如，电弧焊的焊缝成形系数的值一般为 1.3～2；在堆焊时，为了确保堆焊层的成分和高生产率，要求焊缝宽度大、熔深浅，此时成形系数可达到 10。

在静载下焊缝余高可提高焊缝的承载能力，但在交变载荷下，焊缝余高会引起应力集中而降低焊缝的疲劳强度，进而降低焊缝的承载能力。因此，需要选择合适的焊缝余高尺寸。在焊接中，当焊缝的疲劳寿命成为主要的问题时，应该去除焊缝余高。

表示焊缝横截面形状特征的另一个重要参数为熔合比 γ，即在单道焊时焊缝横截面上熔化的母材所占的面积与焊缝的总面积之比［式(9.65)］。它可体现母材成分对焊缝成分的稀释能力。熔合比越大，则母材向焊缝的熔入量越大。

$$\gamma = A_m/(A_m + A_h) \tag{9.65}$$

式中，A_m 为熔化的母材在焊缝横截面积中所占的面积；A_h 为填充金属在焊缝横截面中所占的面积。

所谓稀释率，是指在焊接过程中，母材熔化的金属面积与焊缝横截面积之比。焊缝成分的稀释能力受上述熔合比的影响：熔合比越大，稀释能力越强。

9.5 焊缝成形及缺陷控制

9.5.1 焊接参数与工艺的影响

在实际焊接中，影响熔池与焊缝尺寸的因素很多，这些因素的相互关系也较复杂。针对具体情况，需要通过实验找出各种因素与焊缝尺寸的关系。可以根据焊接条件算出焊缝和热影响区的尺寸，但也需要积累大量的实验数据。

（1）电流、电压、焊接速度等的影响

① 焊接电流　其他条件不变，焊缝的熔深和余高随焊接电流的增大而增加，而熔宽略有增加。这是因为：作用在工件上的电弧力和电弧对工件的热输入随电流的增大均有增大的趋势，使热源位置下移，有利于热量向熔池更深处传导，增大熔深。熔深与焊接电流近于呈正比关系，比例系数为熔深系数 K_m［每 100A 电流获得的熔深（mm）］，其值受焊接方法、焊丝直径、电流种类等因素的影响。各种电弧焊方式及规范的熔深系数如表 9.4 所示。

⊡ 表 9.4　各种电弧焊方式及规范的熔深系数

电弧焊方式	电极直径 /mm	焊接电流 /A	电弧电压 /V	焊接速度 /(m·h⁻¹)	熔深系数 /(mm/100A)
埋弧焊	2	200～700	32～40	15～100	1.0～1.7
	5	450～1200	30～60	30～60	0.7～1.3
MIG 焊	1.2～2.4	210～550	21～42	40～120	1.5～1.8
CO_2 焊	2～4	500～900	35～45	40～80	1.1～1.6
	0.8～1.6	70～300	16～23	30～150	0.8～1.2
等离子弧焊	1.6	500～100	20～26	10～60	1.2～2.0
	4.4	220～300	28～36	18～30	1.5～2.4

在熔化极焊接中，通常调整焊接电流可以通过改变送丝速度来实现。如当采用恒流特性电源进行铝合金 MIG 焊时，在增大焊接电流的同时，需要增加焊丝的送丝速度，确保送丝量与焊丝熔化量之间的平衡；由于在焊丝供给量增加时，熔宽的增加量较少，因此焊缝余高增大。

在电流增大后，弧柱直径会增大，导致熔宽增加，但是电弧潜入工件的深度也增大，电弧斑点移动范围受到限制，因而熔宽增加量较小，也就是说熔宽的增加小于熔深的增加。

② 电弧电压　在电弧电压增大后，电弧功率会增加，工件热输入也会有所增大。因为电弧电压的增加是通过增加电弧长度来实现的，所以电弧热源的半径增大，工件热输入的能量密度减小，导致熔宽增大，熔深略微减小。同时由于焊接电流不变，焊丝送丝速度和焊丝熔化量几乎没有变化，所以焊缝余高减小。

在焊接过程中，为了得到合适的焊缝形状，在增大焊接电流时，也要适当地提高电弧电压。也可以说焊接电流决定电弧电压。在熔化极电弧焊这种现象中最为常见。

③ 焊接速度 当焊接速度增大时，焊接线能量（q/v_w）减少，熔宽和熔深都减小，余高也减小。在单位焊缝长度上，其焊丝金属熔敷数量与焊速 v_w 成反比关系，而熔宽与 $v_w^{1/2}$ 近似成反比。焊接速度是评价焊接生产率高低的一项重要指标，从提高焊接生产率的角度考虑，提高焊接速度可提高焊接生产率。要保证结构设计上所需的焊缝尺寸，在提高焊接速度的同时，焊接电流和电弧电压也要适当地提高，这三个量是相互联系的。但在大功率下高速焊接有可能在工件熔化及凝固时形成焊接缺陷，比如裂纹、咬边等，所以对焊速的提高一般需要加以限制。

（2）电流的种类和极性以及电极尺寸等的影响

工件热输入量的大小受电流种类和极性的影响，同时，电流的极性和种类也会影响熔滴过渡的情况以及熔池表面氧化膜的去除等。钨极端部的磨尖角度和焊丝的直径，影响到电弧的集中性和电弧压力的大小，而焊丝的直径和焊丝的伸出长度等，还影响到焊丝的熔化和熔滴的过渡，因此都会影响到焊缝的尺寸。

① 电流的种类和极性 电流可分为直流电流和交流电流。直流电流还可分为恒定直流和变动直流，交流电流根据电流的波形可分为正弦波交流和方波交流等。

对于钨极氩弧焊焊接钢、钛等金属，当直流电正接时，形成的熔深最大；当直流反接时，形成的熔深最小；而交流焊接时，熔深居于上述二者之间。在低频脉冲焊时，可以通过调整脉冲参数来改变焊缝的成形尺寸。对于铝、镁及其合金的焊接，考虑到要利用电弧阴极清理作用，应首选交流电，这是由于方波交流波形参数的可调性会提升焊接效果。

熔化极电弧焊，在直流反接时的熔深和熔宽都要大于直流正接时的值，交流焊接处于两者之间。但在直流正接时，焊丝的熔化速度快。对于 GMA 焊接，考虑到熔滴过渡的重要性，一般采用直流反接。对于埋弧焊，电流种类和极性的选择还需要考虑焊剂的成分；为了获得更大的熔深，直流焊接时也是采用反接。

② 钨极端部形状、焊丝直径和伸出长度的影响 钨极前端的角度和形状对电弧集中性及电弧压力的影响较大，应该根据所使用的电流的大小、焊件厚薄选取。通常，电弧压力会随电弧的密集程度的增大而增大，使得熔深较大、熔宽较小，从而形成窄而深的焊缝形貌。

对于熔化极电弧焊，在电流不变的情况下，焊丝越细，电弧加热越集中，从而使熔深增加、熔宽减小。但在一定方法下，焊丝直径的选取也要考虑电流值和熔池形态，避免不良焊缝的出现。

焊丝伸出长度加大时，焊丝电阻热增加，焊丝熔化速度增加，从而使余高增大而熔深有所减小。这在钢质、细径焊丝中表现最为明显，而对铝焊丝影响不大。虽然增加焊丝伸出长度可以提高焊丝金属的熔敷效率，但从焊丝熔化的稳定性和焊缝成形方面考虑，必须限制焊丝伸出长度的允许变化范围。

③ 焊接工艺因素对焊缝尺寸的影响 除上述因素外，焊接工艺参数，如坡口形式、尺寸、间隙的大小，电极与工件间的倾角，接头的空间位置及焊接方式等都会影响焊缝成形。

总之，影响焊缝成形的因素很多，因此要获得良好的焊缝成形，需要根据工件的材料、厚度，接头的形式，焊缝的空间位置，以及对接头性能和焊缝尺寸方面的要求，选择适宜的焊接方法、焊接规范和焊接工艺。

9.5.2 焊缝成形缺陷及形成原因

在焊接过程中，由于焊缝冶金因素和焊缝热循环的影响，会出现内部缺陷、外部缺陷、微观缺陷和宏观缺陷。

图 9.42 为电弧沿厚板表面移动时母材的熔化现象。在图中的 1 区，母材几乎没有熔化，

这是因为电源移动速度较大、电流值较小、热输入不足等原因。在 2、3 区母材均出现了连续性熔化。在 3 区，热输入充足、高电源移动速度和大电流的条件下形成的焊缝形状不规则，没有得到正常的焊道。电弧焊在大电流的条件下可提高生产率，但会出现不规则焊道。因此，电弧焊可用的焊接条件为图中 2 区。

图 9.43 为薄板对接时产生不规则焊道的焊接状况。在热输入较小的 1 区不能确保母材背面熔合；而热输入较大会造成熔化宽度较大，熔池脱落，不能形成正常的焊道。

不规则焊道都带有成形缺陷，主要有未焊透和未熔合、焊穿、焊瘤咬边和凹坑、气孔和夹渣以及裂纹等。下面介绍几种比较常见的焊接成形缺陷。

（1）未焊透和未熔合

焊接过程中的未焊透是指接头根部没有完全焊透；未熔合是指在进行单层焊、多层焊或双面焊时，焊道与母材之间、焊道与焊道之间出现未结合的部分。有些正反面焊道虽然中间部分熔合在一起，但相互搭接质量较低，焊缝强度不高，这种现象称为熔合不良。图 9.44 为未焊透和未熔合缺陷示意图。

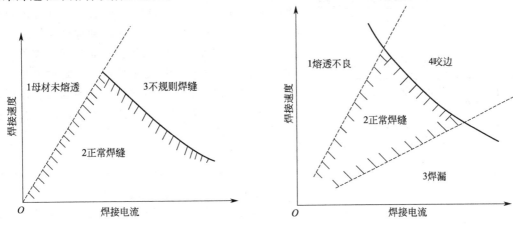

图 9.42　厚板对接不规则焊道的产生　　　　图 9.43　薄板对接不规则焊道的产生

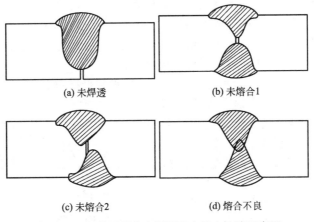

(a) 未焊透　　　　　　　　　(b) 未熔合1

(c) 未熔合2　　　　　　　　(d) 熔合不良

图 9.44　焊接过程中未焊透和未熔合缺陷示意图

在高焊速、小电流或坡口尺寸合适、电弧轴线偏离焊缝以及电弧产生偏吹等情况下，均会有未焊透和未熔合现象产生。在薄板焊接时，若焊件背面在夹具的作用下散热程度大，也会有未焊透现象的产生。

（2）咬边和凹坑

电弧焊在高速焊接时，焊缝两侧金属由于焊速快而没有完全熔化，同时已熔化金属在表面张力的作用下容易在焊趾部位聚集，使焊趾部位的湿润性差，容易造成固液态分离，从而使液态金属在凝固后形成咬边，如图9.45所示。

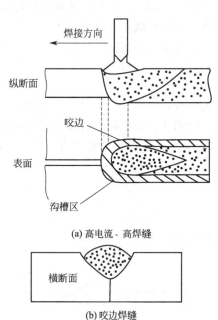

图 9.45　焊缝咬边缺陷示意图

（3）焊瘤

焊瘤是指在焊接过程中，电流作用造成焊件某处高温熔化，液态金属凝固时在自身重力的作用下流淌堆积，凝固成微小疙瘩。

焊瘤有两种表现形态，分别是熔化金属流出焊缝并在未熔化的母材金属上凝固形成金属瘤和熔化金属直接在焊缝上凝固形成大的金属瘤。

（4）下塌和烧穿

在焊接过程中容易产生的成形缺陷还有下塌和烧穿等，图9.46为下塌和烧穿示意图。在进行单面焊时，由于在工艺过程中操作不当，使焊缝金属过热而焊过背面，造成焊缝正面塌陷、背面凸起的现象称为下塌。在焊接过程中，熔化金属从坡口背面流出，形成穿孔的现象称为烧穿。出现烧穿的原因可能是焊接电流过大、过度加热焊件、焊接速度慢、电弧在焊缝位置停留时间较长等。

（5）气孔和夹渣

气孔和夹渣是在焊接过程中常遇到的缺陷，会削弱焊缝的有效工件断面。焊缝金属的强度和韧性会因为气孔和夹渣产生的应力集中而降低，其对材料的疲劳强度和动载强度也有不利影响。此外，气孔和夹渣造成裂纹，影响焊接效率。

对碳钢、高合金钢以及有色金属进行焊接生产时均有可能产生气孔。如对低碳钢进行电渣焊时，焊缝中由于供氧不足而出现气孔；焊件表面有锈时进行手工电弧焊也会出现气孔。

在焊接过程中，产生气孔的气体有两类：一类是在高温时有些气体溶于熔池金属中，当熔池金属发生相变或者凝固时，由于溶解度下降气体难以排出会形成气孔；另一类是在冶金过程中产生不溶于金属的气体残留在焊缝内形成气孔。

常见的气孔有氢气孔和CO_2气孔。对于低合金钢和低碳钢，在一般情况下，氢气孔出现在焊缝的表面位置。焊缝表面一般为喇叭口形状，气孔断面似螺钉状。此类气孔也会出现在焊缝内部；若焊缝中含有过量的氢，由于焊条中含有结晶水，熔池金属在凝固时，氢气未溢出表面而残留在焊缝中形成气孔。氢气孔一般在结晶的时候产生。在相邻的树枝晶凹陷处一般含有较多的氢气泡，并且很难排到焊缝表面。由于氢气有较强的扩散能

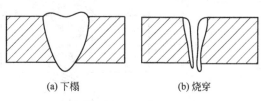

图 9.46　下塌和烧穿示意图

力，极力挣脱表面的束缚，最后形成的形状为喇叭口形。在对碳钢进行焊接时，会有大量的CO_2气体产生。在结晶过程中由于熔池金属凝固速度比CO_2气体溢出表面的速度快，CO_2气体残留在焊缝中形成气孔。但在高温时，因为CO_2在液态金属中的溶解度较小，高温冶

金反应会使 CO_2 气体快速地溢出焊缝表面，不产生气孔。CO_2 气孔沿结晶方向分布，有些气孔像一条虫卧在焊缝中。图 9.47 为焊缝中气孔的示意图。

焊缝或者母材金属中存在的夹渣，不仅会降低材料的韧性，而且会增加焊缝金属的低温脆性。在有些情况下，夹渣还会增加热裂纹和层状裂纹扩展的倾向。

在焊缝中存在的夹渣主要有三类：第一类是氧化物。在手工电弧焊低碳钢时，焊缝中存在的氧化物主要是 SiO_2，其次是 MnO、Al_2O_3 等，其存在形式一般为硅酸盐形式。这类夹杂物若以层片状或块状形式存在于焊缝中，则会引起热裂纹的产生，在母材金属中也会有层状裂纹产生。在焊接过程中脱氧越完全，则焊缝中存在的氧化物越多。氧化物一般是在熔池中进行冶金反应时产生的。第二类是氮化物。在焊接低碳钢和低合金结构钢时，主要存在的氮化物夹渣有 Fe_4N，此类氮化物主要是在时效过程中由过饱和固溶体析出，以针状的形式分布在晶粒中或横穿晶界贯穿于晶粒之间。Fe_4N 是淬硬相组织，可以提高焊缝金属的强度和硬度，但塑性和韧性会降低。第三类是硫化物。硫化物一般是焊条在熔化时带入熔池的，有时母材金属含硫量偏高时也会有硫化物的存在。硫化物的存在形式主要有 MnS 和 FeS 两种，一般而言 FeS 沿晶界析出是引起热裂纹的主要原因。

（6）焊接裂纹

焊接裂纹的存在不仅会降低产品的生产率，还可能造成严重的事故。一般在焊接中存在的裂纹有五类，分别是热裂纹、再热裂纹、冷裂纹、层状裂纹和应力腐蚀裂纹。

在高温焊接时产生的裂纹为热裂纹，其主要沿原奥氏体的晶界方向扩展。金属材料和焊接的温度区间不同，产生的热裂纹形态也不同。在目前的研究中，热裂纹的存在形式有结晶裂纹、液化裂纹以及多边化裂纹三种。

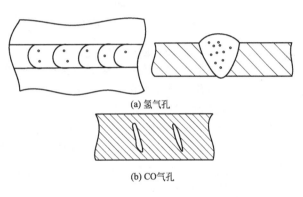

(a) 氢气孔

(b) CO气孔

图 9.47 焊缝中的气孔示意图

所谓再热裂纹，是指金属在再次加热过程中产生的裂纹。此类裂纹一般是在焊接低合金高强钢或奥氏体不锈钢时在热影响区的粗晶部位产生的，其裂纹也是沿晶界方向扩展的。

冷裂纹是焊接中常见的一种裂纹形式，是焊件在焊后冷却至低温时产生的裂纹。冷裂纹产生于中、低合金钢以及高、中碳钢的热影响区。焊接的材料不同，冷裂纹的形态也不同。冷裂纹的存在形式主要有延迟裂纹、淬硬脆化裂纹、低速性脆化裂纹三种。

焊接中产生层状裂纹的主要原因是焊缝中存在夹杂物。层状裂纹主要在焊接轧制钢时在热影响区附近部位产生。层状裂纹的产生与焊接接头也有一定的关系：当焊接接头为十字接头或角接头时容易产生层状裂纹。

应力腐蚀裂纹是在腐蚀介质和拉伸应力共同作用下产生的裂纹。它是一种延迟破坏现象，在任何温度下都有可能产生，其产生部位也在焊缝和热影响区沿晶界方向扩展。图 9.48 为焊接裂纹示意图。

9.5.3 焊缝缺陷控制

可采用一些方法抑制焊缝缺陷的形成，比如将电弧作用区散开、采用粗径焊丝、采用下坡焊道等措施。对于具体的焊缝缺陷可采用不同的控制手段。

对于在焊接过程中产生的未焊透和未熔合缺陷，可采用以下防止措施：

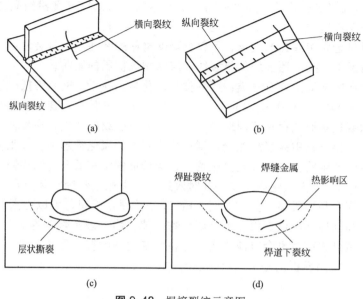

图 9.48　焊接裂纹示意图

① 选择正确的焊接规范；

② 使用较大电流焊接可防止未焊透缺陷的形成；

③ 用交流电代替直流电可在角焊缝时防止磁偏吹；

④ 合理设计坡口并保持坡口清洁，可有效防止未焊透和未熔合现象。

在焊接过程中出现咬边缺陷的原因是在高速焊接时焊缝两侧的金属没有完全熔化、熔池金属在表面张力的作用下聚集在一起、焊趾部位的湿润性差等。在焊趾部位或角焊接时，采用高电流、高电压或焊枪角度不正确就会出现此缺陷。为防止在焊缝中出现咬边缺陷，就应严格控制焊接电流与电压，控制好焊枪角度。

下塌和烧穿是焊缝中比较严重的缺陷，在焊接时使用低速高电流时就会出现此类缺陷。在薄板焊接时，下塌和烧穿容易出现；焊接厚板时，当熔池过大，熔池金属自身重力和电弧力大于其表面张力时也会出现下塌和烧穿现象。因此，在焊接时选择正确的焊接参数并且合理地确定坡口间隙，可有效防止下塌和烧穿缺陷的产生。

焊瘤是由熔池金属的自身重力过大或填充金属过多引起的。在大电流、低速、小尺寸坡口焊接时，容易产生焊瘤。焊条角度或位置在焊接横焊位置焊缝或角焊缝时不合适，也会产生焊瘤。因此，在焊缝中为防止产生焊瘤，应在焊接过程中选择合适的焊接电流、焊接速度、焊接位置及焊条角度。

在焊接中产生的气孔和夹渣等缺陷主要是由焊缝中的冶金反应引起的。防止气孔产生的措施主要有：

① 清理焊丝和工作坡口表面的铁锈、油污及水分等；

② 采用碱性焊条、焊剂，将焊条表面清洗干净并烘干；

③ 采用直流反接并短电弧焊接；

④ 使用规范的焊接操作。

为防止在焊缝中产生夹渣，可从以下几个方面入手：

① 选用正确的焊接工艺参数，有利于熔渣的浮出；

② 在进行多层焊时，清除前层焊缝中的熔渣可防止在厚层焊缝中产生夹渣；

③ 为了便于焊渣浮出，可适当地摆动焊条；

④ 在焊接时为防止焊缝中侵入空气，要注意保护熔池。

熔池行为

10.1 熔池受力分析

熔池在焊接过程中受到力和热的共同作用。当电弧压力或其他力作用于熔池表面时，熔池表面会发生凹陷，同时在力的作用下熔池内的液体金属被推向熔池的尾部，使焊件表面高度低于熔池液面，从而产生焊缝余高。同时，熔池受到各种力的作用时，会产生熔池流动，可促使熔池内部的填充金属与母材金属的融合以及熔池金属内部的对流换热，从而使焊缝冷却时各处的成分相对一致。熔池的形状以及焊缝的形成也会受到力的影响。

10.1.1 熔池表面受力

熔池表面在焊接过程中为自由表面，熔池表面受到的作用力有电弧压力、表面张力、熔池重力、马兰戈尼力等。在 GMAW 焊接时，熔池表面还受到熔滴的冲击力。熔池表面受各种力的影响，产生三维变形。当焊件熔透之后，在熔池的背面和正面都会出现明显的变形。熔池表面形貌发生变化会促使熔池内部的传热条件发生变化，导致熔池的三维形状发生变化，最终影响焊接效率和焊接质量。

（1）表面张力

熔池受熔池金属重力或电弧力的作用时，会产生熔池流动，而表面张力将阻止这种流动。在焊接过程中，表面张力在熔池中心即温度较高的区域内，其值较小；在边缘即温度较低的区域内，其值较大。熔池表面的温度差将产生表面张力差，在此驱动力下，熔池金属从熔池中心流向熔池边缘，形成的熔池呈宽而浅的形状。图 10.1 为表面张力及其造成的熔池流动模式。

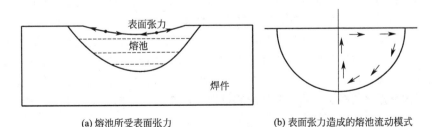

(a) 熔池所受表面张力　　　　　　(b) 表面张力造成的熔池流动模式

图 10.1　熔池表面所受表面张力及其造成的熔池流动模式

表面张力值的大小受各处成分和温度不均匀的影响，形成沿表面方向的表面张力梯度 $d\gamma/dr$（γ 为表面张力，r 为熔池半径），液体金属在这种表面张力梯度的作用下开始流动。

熔池表面的温度在电弧轴线上最高，在四周较低。如果熔池表面处的材料成分是均匀一致的，则表面张力梯度的大小为 $d\gamma/dr>0$，即表面张力在电弧轴线下方的熔池中心处最小，而熔池四周的表面张力较大，熔池表面的金属在这样一种表面张力梯度作用下的运动方向是从中心流向四周，因而形成的熔池形态是宽而浅，如图 10.2 所示。

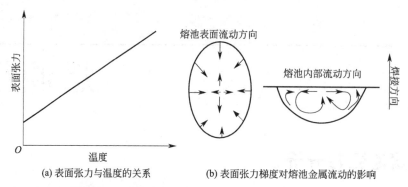

(a) 表面张力与温度的关系　　　　(b) 表面张力梯度对熔池金属流动的影响

图 10.2　表面张力温度系数与熔池流动的关系（1）

当易于在表面偏析的活性元素（如硫和氧等）存在于熔池金属中时，在熔池表面较热的地方可通过蒸发或者减小表面偏析促使表面张力增大。在这种情况下，表面张力梯度的大小 $d\gamma/dr<0$，表面张力在电弧轴线下方的熔池中心处最大，而熔池四周的表面张力较小，因而熔池表面的金属流动方向是从四周流向中心，形成的熔池形状为窄而深，如图 10.3 所示。

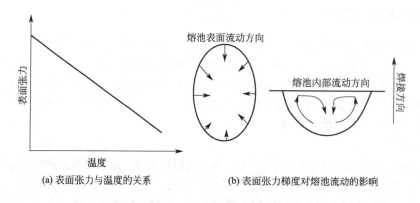

(a) 表面张力与温度的关系　　　　(b) 表面张力梯度对熔池流动的影响

图 10.3　表面张力温度系数与熔池流动的关系（2）

在熔化焊接的过程中，表面张力起着重要的作用。表面张力与熔池形成和熔池内部流动都有紧密的联系。在高温下，测量铝、铜、镍、铁等工业金属的表面张力是有些难度的，而且实验数据相对较少。但可信的是，纯金属的表面张力和密度都随温度的升高而下降。表面张力值的测量方法有悬浮液滴法。该方法是将少量的氢气放入混合气体（氦气与氩气）中，通过电磁场使待测量表面张力值的金属悬浮于上述混合气体中，并且通过激光使金属熔化。表面张力值 γ 可通过测量液滴的自身固有振荡频率 ω 获得。若液滴质量为 m，其 γ 与 ω 的关系可用下式表示：

$$\gamma = \frac{3}{8}\pi m\omega^2 \tag{10.1}$$

测量表面张力的方法除了上述方法外还有其他方法，比如静滴法。由于使用此方法测量液态金属的表面张力时需要把高温液滴滴到耐火物质上，因此可能会受到氧等物质的污染。图10.4是测量得到的铝、铜、铁、汞、钠的表面张力随温度的变化。

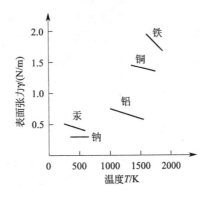

图 10.4　液态金属的表面张力

　　图10.5给出了通过悬浮液滴法测量得到的铁、镍的表面张力值，中部实线是通过回归分析得到的数值，其中铁的表面张力数值最高。

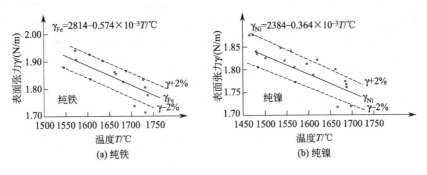

(a) 纯铁　　　　　　　(b) 纯镍

图 10.5　纯铁和纯镍的表面张力随温度的变化

　　对于大多数的液态金属来说，当其表面含有氧、硫等表面活性元素时，其表面张力值会大幅度地降低。如在铁中加入表面活性元素能够降低其表面张力的数值。表面张力的变化梯度会随表面活性元素浓度的增加发生很大的变化；当加入较高浓度的表面活性元素时，表面张力曲线成为直线。几种非金属元素对铁的表面张力的影响如图10.6所示。

　　除此之外，纯金属表面的表面张力还受温度的影响。当含有表面活性元素时，表面张力的温度系数由负变为正。这是由于温度的升高降低了表面上活性元素的含量。最初的表面活性元素含量越大，表面张力受温度的影响就越大。图10.7所示为铁-氧系熔化金属的表面张力随温度的变化曲线。从图中可以看出，当含有0.002%的氧元素时；表面张力曲线基本为水平的；增加氧含量后，表面

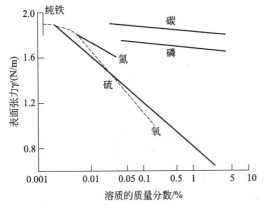

图 10.6　非金属元素对铁表面张力的影响

张力的温度系数变为正值，并且表面张力对温度的变化曲线的斜率随氧含量的增加而增大。

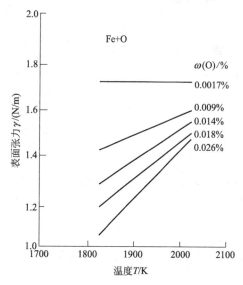

图 10.7　铁中氧含量对表面张力的影响

目前，对电弧焊接区的对流热输送与表面张力的关系还不是完全明确。这主要是因为研究焊接对流热输送的难度大，测试液态金属表面张力较为困难，测量焊接熔池的表面张力更加困难，比如测量焊接熔池温度及其分布就存在很大的难度。基于上述学说及观点，实际评价焊接熔池的表面张力的大小时可用以下经验公式：

$$\gamma = \frac{4.3IV}{t_{max}\sqrt{v_s}} \tag{10.2}$$

式中，I 为焊接电流，A；V 为电弧电压，V；t_{max} 为熔深，mm；v_s 为焊速，cm/min。

（2）电弧压力

当焊接电流通入焊接熔池时，由于电流密度较大，斑点面积较小，因此斑点处所受压力的影响较大；而在熔池表面其他各处的电流密度较小，所受的压力也较小。熔池金属在这种压力下产生流动：所受斑点压力较大时，会促使熔池中心处的液体金属产生向下的流动，而熔池边缘的液体金属流向熔池中心。熔池金属在此流动方式下会产生涡流现象。在金属流动的过程中，熔池中心处的高温金属会将热量带向熔池底部，加大熔深。

当熔池液体表面受电弧静压力作用时，会形成下凹的熔池形态，如图 10.8 所示。较大的电弧动压力（等离子流力），也对焊缝成形产生较大的影响。例如，在富氩气体保护熔化极电弧焊射流过渡时，熔池受等离子流力与熔滴的冲击力共同作用时，熔池形态将会变成指状形态，焊缝形成指状熔深，如图 10.9 所示。

在 TIG 焊中，熔池表面受到电弧压力的相对大小可用公式（10.3）表示：

$$p_a = \frac{\mu_m I^2}{8\pi^2 \sigma_j^2} \exp\left(-\frac{r^2}{2\sigma_j^2}\right) \tag{10.3}$$

式中，σ_j 为电流发布参数；μ_m 为真空磁导率。

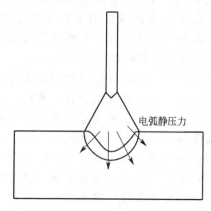

图 10.8　电弧静压力对焊缝成形的影响

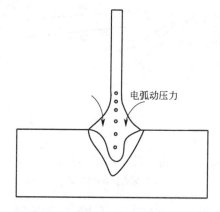

图 10.9　电弧动压力对焊缝成形的影响

（3）等离子流力

在等离子弧焊时，熔池表面除受表面张力作用之外，还受到等离子流力的作用。熔池自由表面在等离子流的冲击下，会产生与电弧压力方向相同的剪切力，促使熔池表面产生下凹变形，同时驱动熔池表面的液态金属由熔池中心向熔池边缘运动。图10.10为熔池表面所受等离子流力示意图。

（4）熔滴冲击力

富氩气体保护熔化极电弧焊射流过渡时，焊丝前端的熔化金属以较小的熔滴及很高的速度沿焊丝轴向冲向熔池，使熔池受到较大的冲击，因此也容易形成指状熔深。图10.11为熔池所受熔滴冲击力以及熔滴冲击力造成的熔池流动。

10.1.2 熔池内部受力

熔池内部所受到的力有浮力、马兰戈尼力、电磁力、表面张力等。这些力单独作用或共同作用于熔池，会对熔池内部的流动产生重要的影响。

（1）熔池金属的重力及浮力

对于液态金属，其重力大小随体积与密度的增大而增加。熔池金属的重力会影响熔池金属的流动以及焊缝所处的空间位置。如在水平位置焊接时，熔池金属的重力有助于提升熔池的稳定性；在空间位置焊接时，熔池金属的重力可能会影响熔池的稳定性，从而影响焊缝成形。

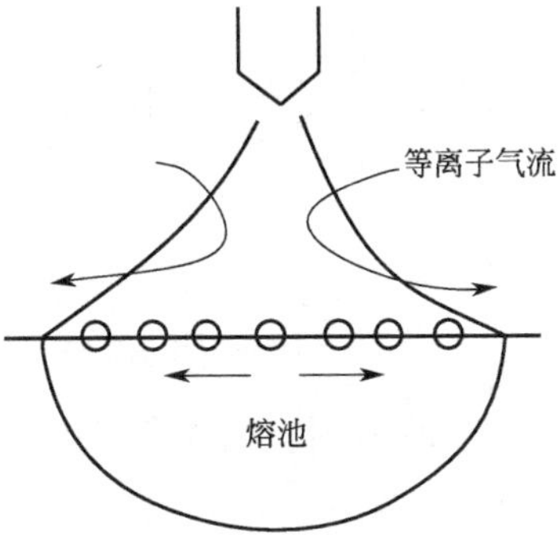

图 10.10 熔池表面所受等离子流力的影响

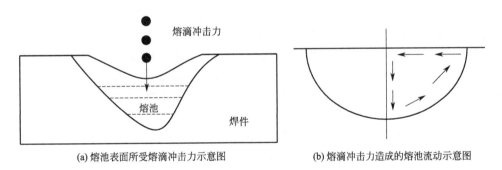

(a) 熔池表面所受熔滴冲击力示意图　　　　(b) 熔滴冲击力造成的熔池流动示意图

图 10.11 熔池所受熔滴冲击力与熔池流动示意图

金属的密度受温度的影响。由于在熔池中有温度梯度或成分梯度存在，所以不同部位液态金属的密度有所不同，从而产生不同的浮力。金属密度与温度呈反比关系：温度高时，其密度较小；温度较低时，其密度较大。熔池中温度过高的液态金属在浮力作用下从熔池底部上升到表面，而温度较低的液态金属被推到熔池底部。图10.12为熔池所受浮力造成的熔池流动示意图。TIG焊时，对于熔池所受到的浮力 G，其计算公式为：

$$G = -\rho g \beta (T - T_0) \tag{10.4}$$

式中，β 为膨胀系数。

（2）电磁力

电流密度与其自感磁场相互作用时就会产生电磁力。当电磁力作用于熔池时，熔池形貌以及熔池中流体的流动行为均会受到影响。在电磁驱动力的影响下，熔池表面金属从熔池四周流向熔池中心，再从熔池中心流向熔池底部，最后沿熔合线流向熔池表面，金属流体的这种流动方式会给熔池底部带去大量的热量，从而形成窄而深的焊缝形貌。图 10.13 为电磁力单独作用于熔池时造成的熔池流体流动示意图。

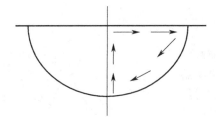 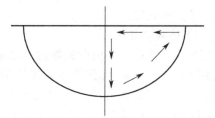

图 10.12　浮力作用于熔池时造成的
熔池流体流动示意图

图 10.13　电磁力单独作用于熔池时
造成的熔池流体流动示意图

TIG 焊时，熔池所受电磁力的计算公式为：

$$F = J \times B \tag{10.5}$$

其中径向电磁力的大小 S_r 为：

$$S_r = -\frac{\mu_m I^2}{4\pi^2 \sigma_j^2} \exp\left(-\frac{r^2}{2\sigma_j^2}\right) \left[1 - \exp\left(-\frac{r^2}{2\sigma_j^2}\right)\right] \left(\frac{z}{z_L}\right)^2 \tag{10.6}$$

式中，z 为熔池深度；z_L 为工件的厚度。

轴向电磁力的大小为：

$$S_z = \frac{\mu_m I^2}{4\pi^2 r^2 z_L} \left[1 - \exp\left(-\frac{r^2}{2\sigma_j^2}\right)\right]^2 \left(\frac{z}{z_L}\right) \tag{10.7}$$

（3）马兰戈尼力

表面张力不同的两种液体在界面处存在表面张力梯度，造成质量传送的现象，称为马兰戈尼效应。出现马兰戈尼效应的原因是：表面张力较大的液体对其周围表面张力小的液体的拉力较强，从而产生表面张力梯度；表面张力梯度促使液体金属产生流动，其流动方向为从表面张力较低的部位流向表面张力较高的部位。焊接过程中的马兰戈尼流，是由表面张力梯度引起的。液态金属的表面张力一般随温度的增加而降低。因此，在焊接过程中表面张力梯度随温度梯度的出现而出现。马兰戈尼流的流动方向会随表面温度系数的正负变化而发生改变。

10.1.3　量纲分析

在焊接过程中，熔池所受到的作用力（如表面张力、电磁力及浮力等）的大小，可以用无量纲数 Gr、Rm 和 Ma，即格拉斯霍夫数、磁雷诺数和表面张力雷诺数来表示。格拉斯霍夫数可由浮力和黏性力之比表示：

$$Gr = \frac{g\beta L_B^3 \Delta T \rho^2}{\mu^2} \tag{10.8}$$

式中，g 为重力加速度；β 为热膨胀系数；L_B 为熔池浮力的特征长度，一般取熔池半径 $1/8$；ΔT 为熔池的最高温度与固相温度之差；ρ 为熔池密度；μ 为黏度。TIG 焊不锈钢时，若取 $\rho = 7000 \mathrm{kg \cdot m^{-3}}$，$\beta = 10^{-4} \mathrm{K^{-1}}$，$L_B = 6.25 \times 10^{-4} \mathrm{m}$，$\mu = 5.5 \times 10^{-3} \mathrm{kg \cdot m^{-1} s^{-1}}$，$\Delta T = (2323 - 1673)\mathrm{K} = 650\mathrm{K}$，则根据上式求得 $Gr = 252$。AA-TIG 焊时，$\Delta T = (2720 - 1673)\mathrm{K} = 1047\mathrm{K}$，$L_B = 3.4 \times 10^{-4} \mathrm{m}$，$Gr = 65$。

将磁雷诺数定义为电磁力和黏性力之比，即：

$$Rm = \frac{\rho \mu_m I^2}{4\pi\mu^2} \qquad (10.9)$$

表面张力雷诺数可表示为：

$$Ma = \frac{\rho L_R \Delta T \left| \dfrac{d\gamma}{dT} \right|}{\mu^2} \qquad (10.10)$$

式(10.9)和式(10.10)中，μ_m 为材料磁导率；L_R 为特征长度，半径取熔池的上表面；$d\gamma/dT$ 为表面张力温度系数。通过代入前面的数值，可得 Rm 并没有多大变化，代入上式计算可得 $Rm = 1.66\times10^5$。TIG 焊时，$Ma = 4.17\times10^5$；AA-TIG 焊时，$Ma = 4.17\times10^5$。可以根据上述计算值比较作用力之间的大小。比如 Rm 和 Gr 之比表示电磁力和浮力的相对大小，即：

$$R_{M/B} = \frac{Rm}{Gr} \qquad (10.11)$$

可得上式比值为 659。表面张力和浮力的相对大小可用 Ma 和 Gr 之比表示：

$$R_{S/B} = \frac{Ma}{Gr} \qquad (10.12)$$

在 TIG 焊时，可得 $R_{S/B}$ 为 1365；在 AA-TIG 焊时，其值为 6415。作用力在熔池上的相对强弱从小到大依次为浮力、电磁力和表面张力。熔池流动受表面张力的影响最大，表面张力梯度产生的马兰戈尼力使熔池金属从熔池中心流向四周。熔池流动在等离子流力的作用下，其流动方式与表面张力相似。

对于不锈钢 TIG 焊熔深增加机理的阐述，大多数是偏向熔池金属的流动。熔池流动还会导致熔池热对流和热传导方式的变化。但熔池中两种主要的传热方式，即热传导与热对流的相对强弱，对于不同的材料会有不同的结果。因此，简单的熔池流动改变并不能严格揭示熔深增加的机理。

对不锈钢 TIG 焊接熔池，由于在熔池中同时存在热传导与热对流这两种主要的热传递过程，为了更好地区分在熔池热传递过程中，哪种热传递方式起到主要的作用，可用无量纲数 Pe，即 Peclet 数来做一个估计：

$$Pe = \frac{u\rho c_p L_R}{\lambda} \qquad (10.13)$$

式中，u 为速度；ρ 为密度；c_p 为比热；L_R 为特征熔池长度，半径仍取熔池的上表面；λ 为热导率。TIG 焊时，以上参数分别取为 $u = 0.1\text{m}\cdot\text{s}^{-1}$，$\rho = 7000\text{kg}\cdot\text{m}^{-3}$，$c_p = 600\text{J}\cdot\text{kg}^{-1}$，$L_R = 0.005\text{m}$，$\lambda = 20\text{W}\cdot\text{m}^{-1}\text{K}^{-1}$，可求得 Pe 为 105。AA-TIG 焊时，$L_R = 0.0027\text{m}$，u 相应地大一点，取 0.15m/s，可得 Pe 为 85。由此可得：在熔池不断变大的过程中，热对流在传热过程中逐渐起到主导作用，热传导作用不大；在固相转变区域，只有热传导作用，因此母材的尺寸大小对熔池的形成以及尺寸会有明显的影响。熔池流动的无量纲数比较见表 10.1。

▫ 表 10.1　熔池流动的无量纲数比较

无量纲数	Gr	Rm	Ma	R_{MB}	$R_{S/B}$	Pe
TIG	252	1.66×10^5	3.44×10^5	659	1368	105
AA-TIG	65	1.66×10^5	4.17×10^5	2554	6415	85

10.2 熔池表面形貌及行为

10.2.1 熔池表面形貌

　　焊接熔池的表面是自由表面。在焊接过程中，熔池表面的变化可以改变熔池内部液态金属的流动以及热量在母材金属中的传导过程。熔池表面并不是所谓的刚性平面。在实际焊接过程中，熔池表面在电磁力、表面张力、电弧力以及熔滴冲击力等各种力的作用下形成凹凸的曲面。熔池表面的几何形状如图10.14所示。

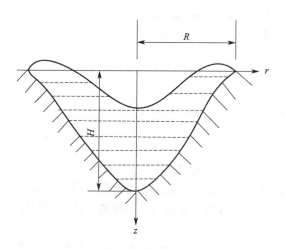

图 10.14　熔池截面的几何形状

（1）结构光法形貌分析

　　在焊接熔池的三维信息中，熔池表面的三维形貌对于焊接过程的熔透控制意义重大。焊件熔透信息可由熔池的正面高度与背面熔宽直观反映出来，但在实际焊接过程中，背面熔宽受到机械程度的限制，观测不是很方便。针对以上问题，结构光法可对熔池表面进行准确测量。

　　图10.15为GTAW熔池表面形貌三维传感方法原理图，该系统由结构光条纹激光器、成像屏、滤光片、摄像机、图像采集卡、计算机以及GTAW焊接系统组成。将小功率结构光条纹激光器的激光条纹投射在熔池表面，并且罩于整个熔池的上方；因为工件表面的反射特性与熔池表面的反射特性不同，在成像屏上得到来自熔池表面镜面反射的激光条纹，工件表面通过漫反射到成像屏上的条纹可忽略不计。借助在镜头前安装的CCD摄像机可以观察成像屏上的条纹变化，由此可以获得熔池表面的三维信息，如高度等。

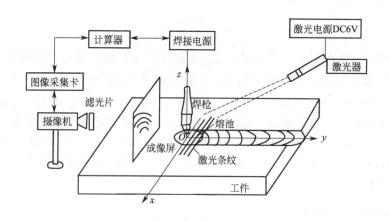

图 10.15　熔池表面三维传感原理图

　　利用上述原理图，获取熔池表面的激光反射条纹。图10.16为GTAW焊熔池激光反射条纹图像。在此系统中改进了结构光法，采用了滤光技术从而避免了弧光的干扰；运用了熔池表面的反射特性，采用了光源反射模型，使其在成像屏上成像。成像屏由一平板玻璃上附贴一张白纸组成，该成像屏既能保证有一定的透过率，还方便 CCD 摄像机从反面观察激光反射条纹。白纸的漫反射表面可以改变激光的传播方向，将镜面反射变为漫反射，这使 CCD 摄影机的拍摄角度可以多变，从而克服传统结构光法的缺点。

在此系统中，获得清晰激光条纹图像的原因有：

① 在弧光强度较低的频段利用滤光技术可以减小弧光的干扰。

② 该传感系统还利用了电弧弧光和照明激光在传播上的差异。利用直流、小功率的结构光条纹激光器，熔池表面的镜面反射特性，合理放置成像屏的位置，并结合窄带滤光等技术对 GTAW 熔池表面形貌进行三维传感，获得的激光反射条纹图像能够清晰地反映熔池表面形貌。

利用基于网格结构的激光重构原理和方法，对已知的高斯凸面和凹面进行恢复验证。其结论为恢复结果与已知高斯凸面和凹

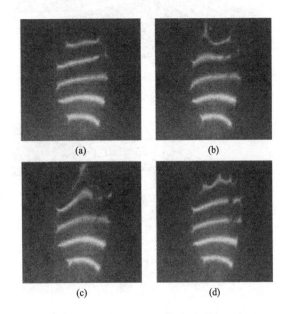

图 10.16　GTAW 焊熔池激光反射条纹图像

面之间存在较小的误差，这些误差主要是线性化误差和测量误差。图 10.17 所示为三维高斯凸面和凹面的恢复结果。

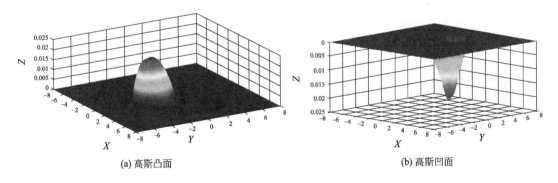

图 10.17　三维高斯凸面和凹面恢复结果

可采用此方法对熔池进行实时的恢复。在一定的焊接工艺参数（焊接电流为 40A，保护气 Ar 的流量为 10L/min，不锈钢板的尺寸为 100mm×50mm×3mm）下，对 304 不锈钢薄板进行不填丝的定点 TIG 焊工艺。在熔透条件下，不同时刻定点 TIG 焊的反射激光图像的三维重构结果如图 10.18 所示。熔池表面在不同时刻的三维表面处于动态变化中，且熔池随时间慢慢扩大，同时熔池表面的高度也在增加。

使用网格结构激光可恢复 TIG 焊熔池三维表面。在定点 TIG 焊过程中，熔池表面为凸面，随着焊接时间的延长，熔池的高度和宽度逐渐增大。

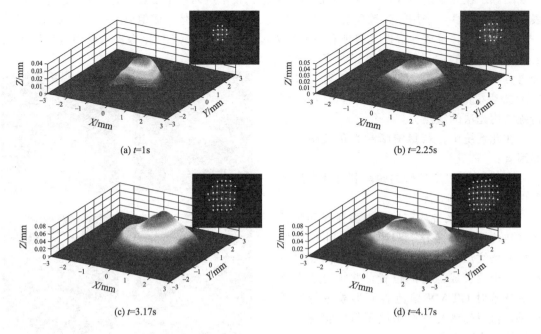

(a) t=1s (b) t=2.25s

(c) t=3.17s (d) t=4.17s

图 10.18　不同时刻反射激光图像的三维重构结果

在熔透条件下，不同时刻 TIG 焊熔池三维表面恢复结果如图 10.19 所示。熔池随时间的变化结果可以从恢复结果看出：熔池表面高度从 8.15s 到 10.33s 随时间几乎没有变化；熔池宽度随时间的延长在不断增大。导致以上现象的原因是熔池达到稳定状态时，熔池中的热输入与热损失达到平衡，熔池受到的作用力和能量也达到平衡。当焊接时间超过 10.33s 后，熔池表面的高度开始下降，熔池宽度的变化趋势也增大。该变化表明 304 不锈钢钢板在 10.33s 后开始熔透，并且熔透趋势在逐渐增大，熔池上表面的下凹程度也不断增大。

根据以上熔池表面三维形貌的结果分析可知，可以用此方法恢复熔池表面的三维形貌。由此可得：熔池三维表面在定点 TIG 焊时为凸面，随着焊接时间的延长，熔池表面高度和熔池宽度都在不断增大。在考虑焊件熔透的条件下，随着焊接时间的延长，熔池表面高度呈先增大后减小的趋势，即从凸面变为凹面；熔池宽度随时间的延长一直在增大。通过对比焊后的熔池形貌，可以发现试验结果和数值模拟结果基本吻合。

（2）双目立体视觉法

所谓双目立体视觉法，是指由两幅或者两幅以上的二维图像，对物体三维可见表面的几何形状进行恢复的方法。在计算机的立体视觉系统中，利用摄像机对物体从不同角度拍摄两幅或者多幅图像，再利用计算机三维重建的原理恢复所拍摄的目标物体的三维形状、空间位置信息。立体视觉法一般有以下五个步骤：摄像机标定、图像获取、特征提取、立体匹配以及三维重建。目前有传统标定法、基于主动视觉的标定法和相机自标定法三种相机标定方法。立体图像的校正方法可分为基于平面的图像校正方法和基于外极线的图像校正方法。

图 10.20（a）为窄间隙焊接试验简图，图 10.20（b）为双视觉系统与熔池的位置关系图。图 10.20（b）中的 AB 斜面为熔池，且熔池斜面的长度为 L，其与水平方向的夹角为 θ；CCD 分别从物体的前后方向进行拍摄，其 CCD1、CCD2 的拍摄方向与水平面的夹角分别为 α、β；A、B 点到 CCD 相机光轴中心的距离分别为 l_1、l_2。

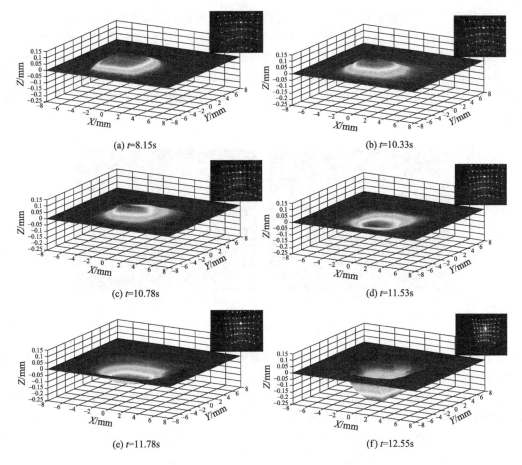

(a) t=8.15s

(b) t=10.33s

(c) t=10.78s

(d) t=11.53s

(e) t=11.78s

(f) t=12.55s

图 10.19 熔透条件下 TIG 焊熔池三维表面恢复结果

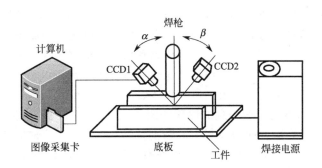

(a) 窄间隙焊接试验简图

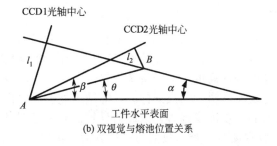

(b) 双视觉与熔池位置关系

图 10.20 双视觉检测熔池原理图

在进行窄间隙焊接时，熔池边缘由于受到两边侧壁的影响会产生压缩。因此，窄间隙焊接与常规焊接工艺（如平板焊接、角焊缝焊接等）相比较，所得的焊接熔池形态存在差异。图10.21的两图为分别对熔池的两侧边和中间点进行三维信息提取所得图像，两图对应点如图上标记。图10.21（a）为CCD2从反向方向拍摄的图片。从图10.21（b）中能够看出熔池表面不是水平的；通过计算熔池三处的信息可得，熔池表面为一中间低、两侧高的凹液面。

 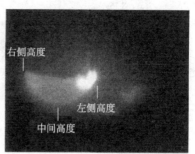

(a) CCD1采集的熔池图像　　　　　　(b) CCD2采集的熔池图像

图10.21　熔池三维信息图像

采用多视觉传感系统对窄间隙焊熔池进行观测。通过对熔池状态进行采集分析以及提取熔池的特征信息，得到在窄间隙焊时，其焊接熔池为一个凹液面。

目前，在对焊接熔池表面的三维重构的研究中，双目立体视觉技术的运用较少。主要原因是在焊接过程中，熔池变化的速度极快，使得在重构熔池表面过程中保持两个摄像机完全同步拍摄有一定的难度，而且对图像质量有较高的要求。除此以外，在焊接过程中，熔池观测受弧光的干扰、某些区域图像特征不明显等，都会对匹配造成一定的困难。

（3）阴影恢复法

所谓阴影恢复现状法（shape from shading，SFS），是指通过应用单幅图像中的灰度信息或明暗信息等阴影信息，对表面上各个定义点的相对高度进行阴影恢复，或者对其相关参数值，如表面法向量等进行阴影恢复。此方法是利用一种特定的反射模型，建立物体表面形貌和图像亮度之间的约束关系，并且根据已知的物体表面形状知识确立表面形状参数的约束关系，通过求解此约束关系，从而得到所测物体表面的三维形状。

利用SFS方法获取熔池正面信息的原理如图10.22所示。图中坐标系$O\text{-}xyz$的原点O位于钨极的正下方，其焊接方向为y轴，x轴垂直于焊接方向，z轴指向焊枪。摄像机的位置是（-40，210，130）。对LD10铝合金进行GTAW焊，试样尺寸规格为100mm×300mm×2.5mm。焊接条件：焊接电流为150A，焊接速度为2.5mm/s，基值电流为30A；熔池表面反射参数为$\beta_d=0.4$、$\beta_s=0.6$、$k=3.0$。对于凝固熔池表面，$\beta_d=1.0$，$\beta_s=0$，$\rho=0.8$，菲涅耳项为1。基值电流延迟80ms以后取像，取像位置为斜后方，弧长为5mm。

通过上图的试验装置对铝合金焊接熔池图像进行提取，并且通过阴影恢复形状法对铝合金焊接熔池的表面高度进行计算。图10.23为GTAW焊铝合金熔池表面高度计算结果。通过该实验计算了合成图像的表面高度，并分析了焊接熔池的成像特点，获得了熔池表面的反射模型，提出了实际熔池表面光滑性约束条件。计算结果能够反映出铝合金熔池表面的下塌趋势。由于焊接熔池表面的高度测量困难，因此对计算误差的原因进行了以下理论分析：

① 熔池表面的反射特点测量困难，只能通过计算估计描述；

② 铝合金在熔化前后没有明显的色泽变化；

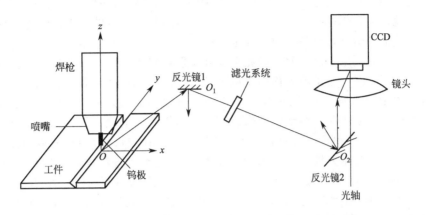

图 10.22　熔池信息获取的原理图

③ 计算结果的误差还来自于计算理论和计算方法。

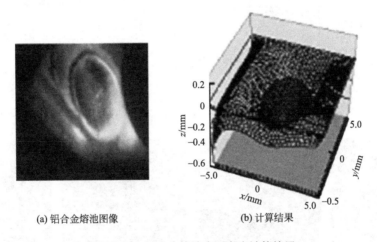

(a) 铝合金熔池图像　　　　　(b) 计算结果

图 10.23　铝合金熔池表面高度计算结果

阴影恢复法对于熔池表面的重建结果达不到所要求的精度。产生这种现象的原因是实际熔池反射的多样性使确定反射模型有一定的困难。阴影恢复形状法由于受很多实际条件的影响，在熔池三维重建方面的具体应用和效果受到很大的限制。应用阴影恢复形状法，可以重构熔池表面高度方向的三维信息，但是在整体深度上有较大偏差；而且由于平滑等的限制，将会产生过平滑及丢失细小特征的结果。

10.2.2　熔池表面振荡

熔池振荡是指在电流脉冲等外力作用下，熔池在其固有频率下的自由振动。熔池振荡的重要性在于振荡频率与熔池穿透条件和熔池尺寸之间的关系紧密，从而使振荡频率随熔池尺寸或全穿透条件的增大而减小。当检测到振荡频率时，可以通过调节焊接电流的传播速度来实现熔深或尺寸控制。在本节中将对熔池表面振荡的行为进行介绍。

（1）熔池表面振荡特性

在峰值电流期间，电弧喷射压力会导致熔池表面中心区域温度降低。在基值电流期间，电弧等离子体压力突然降低后，施加在熔池上的电弧喷射压力、表面张力和重力之间的平衡被打破。因此，表面张力将熔池拉回到一个新的平衡位置，从而引起熔池的振荡。另一方面，熔化的熔池表面可以像镜子一样反射大部分附带的激光。结果表明，反射的激光点阵能同时响应熔池表面的运动，反映熔池表面的振荡。

当激光点阵投影到熔池表面时，激光点阵被反射到成像平面上。成像平面上的反射点具有不同的映射关系，对应于熔池表面的不同形状：凸面、凹面和组合。图 10.24(1a)~(4a)分别是对应于图 10.24(1b)~(4b)的映射关系图，图 10.24(1a)~(4a)是不同熔池表面的反射激光点阵图像。结果表明，熔池中心附近激光点间距随熔池表面凹凸状态的变化而变化。根据投影激光点与反射激光点的映射关系可以看出：图 10.24(1b)的熔池表面为中等凸度；图 10.24(2b)的熔池表面为较凸度，这是因为反射激光点在熔池中心的间距大于图 10.24(1b)中的；图 10.24(3b)中，由于反射激光点在熔池中心的间距较近，熔池表面呈中等凹形；图 10.24(4b)中，反射激光点在熔池中心的间距较近，说明熔池表面较图 10.24(3b)中的深。如果熔池表面向下凹陷得多，成像面上反射的激光点将可能汇聚到一个点上，甚至上下交叉。因此，熔池中心两相邻激光点之间像素距离的变化幅度可以代表熔池振荡的幅度。

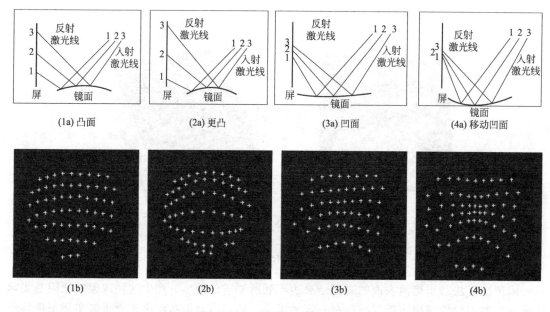

(1a) 凸面   (2a) 更凸   (3a) 凹面   (4a) 移动凹面

(1b)   (2b)   (3b)   (4b)

图 10.24　熔池振荡特征原理

（2）熔池振荡的力学分析

焊接熔池中液面面积与体积的比值较大，受金属的局部熔化的影响。熔池中熔化金属的液面分为气-液界面和固-液界面两大类。气-液界面内外之间的压力差 p 的分布可以产生相应的熔池形状变化，则此界面可以看成自由液面；而相界面的形状是固定不变的，固-液界面不受液面内外之间的压力差的影响。事实上，此类液面是液态熔化金属的拘束面。而拘束面的形状、液面的受力状态等因素共同确定了自由液面的边界条件。如图 10.25 所示，以 GTAW 熔透熔池为例，弧焊过程中作用于熔池区域并对熔池形状有直接影响的力主要有电弧力、表面张力、固体曲面壁对熔池的支撑力、重力、剪切力。在这些力的作用下，熔池中的液态金属发生谐振。这些谐振持续不断，使得金属在一定条件下冷却并在凝固的熔池边缘形成波纹。

引起熔池谐振状态变化的原因有许多，例如机械振动、滴入熔池的液滴的影响、产生的

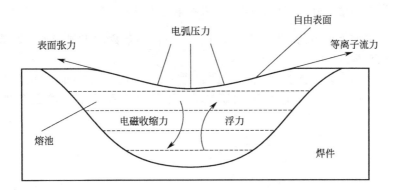

图 10.25 熔池受力

气泡以及电弧电流的突然改变。对该变化的过渡过程目前尚无系统的理论解释。

（3）熔池表面谐振

① 未熔透状态熔池谐振模型　在焊接熔池的振荡模型研究中，熔池表面可视为一层二维薄膜，它随着电弧力和表面张力的作用发生起伏振动；而同时受到熔池大小、振动模式等边界条件的约束，其振谐表现出类似于驻波的形式，谐振的本征频率只能出现在一些确定的值上。

根据二维波动理论，薄膜上的各点都在 z 方向上振动，振动的位移大小 u 是时间和位置的函数 $u(x,y,t)$。假设薄膜面密度为 ρ，张力的大小为 f，则点 (x,y) 单位面积上 z 方向的力的大小可表示为：

$$F_z(x,y) = f\left(\frac{\partial^2 u}{\partial x^2} + \frac{\partial^2 u}{\partial y^2}\right)$$

取 (x,y) 处的微元 ΔS，由牛顿第二定律可得薄膜运动方程的极坐标形式：

$$\frac{1}{c^2}\frac{\partial^2 u}{\partial t^2} = \frac{1}{r}\frac{\partial}{\partial r}\left(r\frac{\partial u}{\partial r}\right) + \frac{1}{r^2}\frac{\partial^2 u}{\partial \theta^2}$$

$$c = \sqrt{f/\sigma}$$

式中，σ 为薄膜面密度。

分离变量 $u(r,\theta,t) = z(r,\theta)\mathrm{e}^{-i\omega t}$，代入上式得：

$$\frac{\partial^2 z}{\partial r^2} + \frac{1}{r}\frac{\partial z}{\partial r} + \frac{1}{r^2}\frac{\partial^2 z}{\partial \theta^2} + k^2 z = 0$$

式中，θ 表示极坐标中的角度变量。

$$k = \omega/c$$

对圆形薄膜，在 θ 方向恒有边界条件：

$$z(r,\theta+2\pi n) = z(r,\theta)$$

而事实上，不同的熔池在 θ 方向的边界条件不尽相同。如果绕半径为 r 的圆周有 m 个节，则 $z(r,\theta)$ 可以进一步分离变量：

$$z(r,\theta) = z_m(r)\cos m\theta$$

式中，$m = 0,1,2,\cdots$。则有：

$$\frac{\partial^2 z_m}{\partial r^2} + \frac{1}{r}\frac{\partial z_m}{\partial r} + \left(k^2 - \frac{m^2}{r^2}\right)z_m = 0 \tag{10.14}$$

式（10.14）为贝塞尔方程，所求解为第一类贝塞尔函数 $J_m(kr)$。

对任意形态的熔池，在 r 方向同样恒有边界条件 $J_m\left(k\dfrac{D}{2}\right)=0$（$D$ 为熔池直径），但不同类型的熔池在 r 方向上的节的个数不同。因此，θ 方向的节数 m 和半径方向的节数共同决定了熔池的固有振动模式。

母材未熔透时熔池表面谐振的几种模式如图 10.26 所示。在不同的振荡参数 (n,m) 条件下（其中 n 为贝塞尔方程的不同阶数），贝塞尔方程的主要参数分别为 $(0,1)$，$(1,1)$，$(0,2)$。

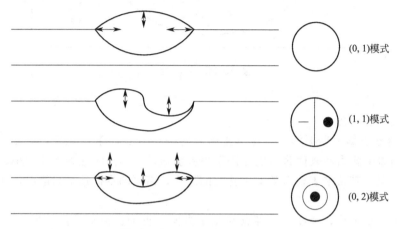

图 10.26　未熔透熔池谐振模式

根据流体力学，熔池表面在未熔透状态下可以看作自由表面波，可以根据其色散关系得到熔池振荡的本征频率：

$$f^2=\frac{1}{(2\pi)^2}\left(gk+\frac{\gamma}{\rho_1}k^3\right) \tag{10.15}$$

式中，k 为波数；ρ_1 为液体金属密度；γ 为液体金属表面张力系数；g 为重力加速度。

若熔池表面呈圆形对称，表面张力可以看成是蒙在液体表面的膜的张力，则熔池表面可以表示为：

$$\frac{\partial^2 z}{\partial r^2}+\frac{1}{r}\frac{\partial z}{\partial r}+\frac{1}{r^2}\frac{\partial^2 z}{\partial \theta^2}+k^2 z=0 \tag{10.16}$$

因此，未熔透熔池表面必定符合薄膜波动的边界条件 $J_m\left(k\dfrac{D}{2}\right)=0$，但并不满足薄膜波动方程。

将边界条件代入式(10.16)，并且忽略 gk，可得：

$$f=5.838\sqrt{\frac{\gamma}{\rho_1}}D^{-\frac{3}{2}} \tag{10.17}$$

② 完全熔透状态熔池谐振模型　当工件处于熔透状态时，由于熔池底部不再受工件的支持，整个熔池都表现出明显的振动，因此熔池内部的运动状态比未熔透状态下复杂。在近似推导时，不再将熔池看成自由表面波，而是将整个熔透的熔池看作一个等效的"薄膜"。因此，熔透状态下熔池振荡的本征频率可利用图 10.26 中薄膜波动 $(1,1)$ 模式直接得出。

与未熔透时类似，熔池振荡在熔透状态下也有不同的模式。在熔透状态的熔池贝塞尔方程和边界条件分别为：

$$J_0(kr),2.405=k\frac{D}{2} \tag{10.18}$$

式中，k 为波数，且 $k = 4.81/D_{eq}$。

利用薄膜模型的前提是假设熔透的熔池形状为上下等直径的"柱体"。而在实际焊接中，背面熔宽相比于正面熔宽，其尺寸较小，则 D_{eq} 为等效半径：

$$D_{eq}^2 = \frac{1}{2}(D_t^2 + D_b^2) \tag{10.19}$$

式中，D_t 为上表面熔池直径；D_b 为下表面熔池直径。

此处，$c = \sqrt{f/\sigma}$ 中的表面张力 f 须以 2γ 代替，表示"柱体"上下表面叠加的效果，$h\rho_s$ 代替面密度，h 为薄板厚度，ρ_s 为固体金属密度，从而实现了"柱体"微元质量的等效。可以得出：

$$f = 1.083\sqrt{\frac{\gamma}{h\rho_s}} D_{eq}^{-1} \tag{10.20}$$

（4）熔池熔透与不熔透的振荡区别

① 部分熔透下的对称振荡　图 10.27(1b) 和 (2b) 是部分熔透时振荡熔池的连续反射激光点阵图像。图 10.27(1b) 中熔池中心相邻激光点的像素距离相对较大，而图 10.27(2b) 中的像素距离则要小得多。熔池中心向内收缩，如图 10.27(1b) 所示，相应地，熔池振荡表面呈凹形；而熔池中心向外膨胀，如图 10.27(2b) 所示，相应地，熔池振荡表面呈凸形。

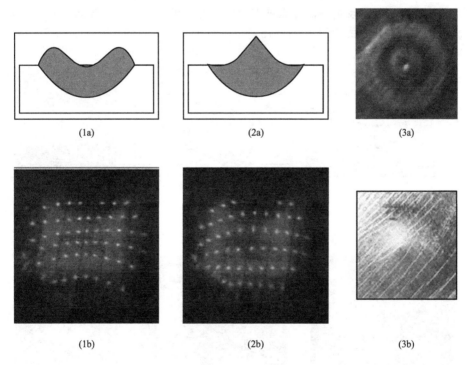

|（1a）|（2a）|（3a）|
|（1b）|（2b）|（3b）|

图 10.27　部分熔透时熔池中心的对称振荡

图 10.27(1b) 和 (2b) 表明，部分熔透时的熔池振荡呈熔池中心对称。其振动模型可以用贝塞尔函数的一次谐波模式来描述。

众所周知，电弧压力是由沿电弧长度方向的磁压差引起的，磁压差加速电弧等离子体，并将气体夹带到工件上，形成动态喷射压力，它随着电流的平方的增大而增大，随着电弧半径的增大，从电极到工件的压力减小。因此，由峰值电流产生的电弧射流压力远大于由基值电流产生的电弧射流压力。

当焊接电流由峰值电流转换为基值电流时，电弧喷射压力突然从熔池顶部释放，并以固有频率诱发熔池振荡。表面张力将熔池拉回到平衡位置。由于惯性，熔池中心区域的像素距离增大，如图 10.27(2b)所示，熔池在达到平衡点后继续向上扩展。当熔池向上扩展到其最高位置时，表面张力和重力将熔池拖回到其平衡点，熔池中心区域的像素距离缩小，如图 10.27(1b)所示。由于惯性，熔池在到达平衡位置后继续向下压。

由于熔池底部固体金属的支撑，当熔池中央的液体金属向下压时，熔池边缘的液体金属被向上推。图 10.27(1a)和(2a)说明了部分熔透时的熔池振荡模式。图 10.27(3a)和(3b)是与部分熔透有关的焊缝的顶部和底部。

② 全熔透对称振荡模式 图 10.28(1b)和(2b)中的摆动熔池图像显示焊件全熔透。图 10.28(3a)和(3b)分别是焊缝的顶部和底部，对应全熔透振荡。全熔透情况下的振荡可以用拉伸膜或熔池中液态金属的经典流体动力学来描述。

在图 10.28(1b)中，熔池中心区域出现了一个比其他区域亮度高的明亮区域。这表明在全熔透的条件下，工件的底部金属已熔化，如图 10.28(3b)所示。熔池底部失去了固体金属的支撑，而是由熔池底部液态金属的表面张力维持的。因此，在工件全熔透时，焊缝中的液态金属具有额外的自由度（垂直于熔池表面）；熔池顶部和底部表面的表面张力作为主要驱动力对振荡行为有着显著的影响。当电弧喷射压力作用在熔池表面的顶部时，熔池表面降低到一个较低的位置，以致反射的激光点阵在熔池中心收缩成一个大的亮点。此时，熔池表面呈凹形。此时熔池振荡模式如图 10.28(1a)所示。

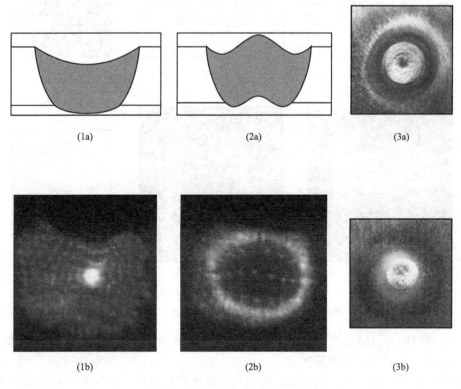

(1a)   (2a)   (3a)

(1b)   (2b)   (3b)

图 10.28 全熔透时熔池中心的对称振荡

图 10.28(2b)中的熔池边缘出现了一个比其他区域亮的圆环。出现这种现象是因为当熔

池表面顶部的电弧喷射压力突然释放时，熔池顶部和底部的表面张力将熔池拉回到平衡位置。熔池中心先向上扩展，熔池边缘随熔池中心的移动而移动。然而，由于熔池底部缺乏固体金属的支撑，由脉冲电流产生的高电弧压力将熔池表面推到相对较低的位置。因此，当熔池中心达到最高点时，熔池的边缘不易被拖回凸面，并且在大多数情况下，熔池表面的反射图像，如图 10.28(2b)所示，是围绕熔池边缘的一个亮圆。这表明熔池中心区域的形状为凸形，熔池边缘的形状为凹形，如图 10.28(2b)所示。此时的振荡模式如图 10.28(2a)所示。

从反射的激光点特性可以看出，在全熔透下的熔池振荡相对于弧的轴线也是径向对称的。但是，熔池的顶部和底部都是液膜，熔池的振荡形态明显不同。振荡熔池表面的相应图像如图 10.28(1a)所示。图 10.28(1b)和(2b)表明，熔池的振荡幅度远大于部分熔透时的振荡幅度，在完全熔透下的振荡模式为对称振荡模式。

③ 临界熔透下的晃动振荡　图 10.29(1b)和(2b)显示了临界熔透件的熔池振荡，其中，符号"$\ominus$"和"$\oplus$"分别表示熔池振荡的谷和峰。

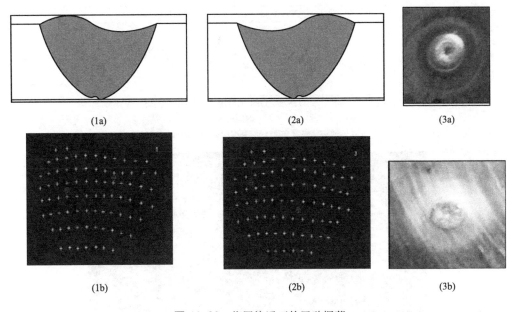

图 10.29　临界熔透下的晃动振荡

图 10.29(1b)中的最小像素距离位于熔池振荡图像的右侧，而图 10.29(2b)中的最小像素距离位于熔池振荡图像的左侧，偏离熔池中心。与全熔透或部分熔透时的熔池振荡不同，临界熔透时振荡熔池的极限位置（振荡中心）并不总是在熔池的中心，而是随熔池流动在移动。振荡中心有可能在下一刻移动到另一个位置。这种振荡行为有点像水坑中的水波，因此在该情况下熔池的振荡模式被称为晃动振荡或摆动振荡。此时的振荡模式如图 10.29（1a）和（2a）所示。

熔池振荡中心移动的原因有：当熔池增大时，工件底部金属也逐渐熔化为液态。由于显微组织、晶体结构和缺陷以及缺陷的不均匀性和连续性，熔化的振荡中心有可能不在熔池的中心；在固定焊接中，底部熔池的熔化过程并不完全均匀和对称。因此，非对称位置导致熔池的受力不平衡且不均匀，不平衡力在振荡熔池中引起非对称运动，导致熔池的振荡中心偏移。

在临界熔透的情况下，只有很小一部分底部的金属熔化，熔池的大部分仍由固态金属支撑。在电弧压力下，一小部分液态金属被向下推动；随着熔池尺寸的增大，液态金属被固体材料支撑的较少，更多的液态金属被向下推动。只有当熔池底部尺寸达到一定值后，振荡才会成为全熔透模式。在完全熔透之后，底部液体表面的面积达到顶部表面的30%到50%。因此，临界振荡不在其振荡中心的特定位置，而是处于一个过渡阶段。图10.29（3a）和（3b）为相应临界熔深焊缝的顶部和底部，其中熔池底部表面积小于顶部表面积的0.3倍和0.5倍。

（5）脉冲 GTAW 的熔池振荡过程

在脉冲 GTAW 焊接熔池振荡的演变过程中，以1000帧每秒的速度采集了一系列基于激光点阵的连续反射熔池图像。脉冲电流的峰值时间和基值时间均为20ms。在一个脉冲周期内，采集并处理了峰值电流下的20帧图像和基值电流下的20帧图像。之后提取特征点，通过插值添加缺失点，用符号"+"替换图像中与振荡中心相对应的激光点阵中的点，如图10.30所示。

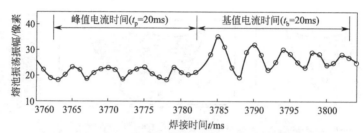

(a) 熔池振荡幅度变化(焊接基准时间为3760ms～3804ms)

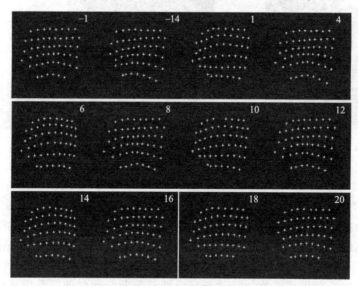

(b) 一些典型的熔池振荡图像(焊接基准时间为3760～3804ms)

图 10.30 部分熔透下熔池振荡过程

（$I_p=80A$，　$I_b=20A$，　$f=25Hz$，　$T_b=20ms$）

围绕熔池振荡中心的两个相邻激光点之间的像素距离被称为熔池振荡的振幅。当电流从峰值切换到基值时，电弧等离子体压力突然释放，表面张力将熔池拉回到平衡位置。自然振荡是由于表面张力和重力引起的。不同的熔透状态具有不同的熔池振荡行为，这可以从40ms脉冲周期内的连续振荡行为中观察和分析。

① 部分熔透下的熔池振荡 从图 10.30 中可以看出，振荡动态演化过程非常明显。图 10.30（b）显示了处理后的一些典型振荡图像。由于熔池振荡的存在，反射激光图样发生畸变，其变化对整个周期内有规律和周期性的收缩和膨胀作出响应。

如前所述，在熔池振荡中心的两个相邻激光点之间的像素距离被称为熔池振荡的振幅。计算每张图像的振幅。振幅与焊接时间的关系如图 10.30(a)所示。从图 10.30(a)可以观察到以下现象：

在基值电流期间，当熔池表面电弧等离子体压力释放时，熔池以固有的频率振荡。在电流作用下，由于热输入减少，振幅随熔池的凝固而逐渐减小。

在峰值电流期间，熔池表面也不是完全静止的。可能是由于基值电流周期内的"自然"振荡的影响，熔池表面的表面张力减小了熔池振荡的振幅，使得熔池以较低的振幅继续振荡，如图 10.30（a）所示。

此外，熔池的固有频率可以根据图 10.30（b）所示的熔池振荡过程轻松得出。当焊接时间为 3783~3803ms 时，熔池振荡在 20ms 内有 4.5 个周期，此时的振荡频率约为 225Hz。

图 10.31 显示了焊接时间为 4608~4628ms 时的熔池振荡过程，其焊接参数与图 10.30 所示的试验条件相同。由于焊接时间比图 10.30 长，熔深相应加深，振荡过程更剧烈。

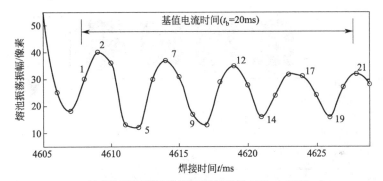

(a) 熔池振荡幅度变化(焊接基准时间为4608ms~4628ms)

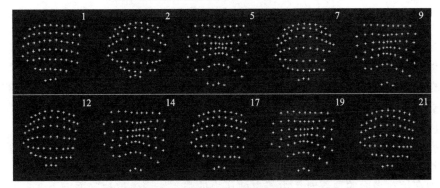

(b) 一些典型的熔池振荡图像(焊接基准时间为4608~4628ms)

图 10.31 局部熔透较大时的熔池振荡过程
（I_p=80A， I_b=20A， f=25Hz， T_b=20ms）

根据图 10.31，可以计算出自然振荡频率约为 200Hz，小于图 10.30 的 225Hz。该结果与其他研究一致，表明固有频率随熔池几何尺寸或质量的增加而减小。

如图 10.30 和图 10.31 所示，与电弧电压变化、弧光强度或阴影图像技术相比，借助三维激光点阵传感方法和高速摄像机，更容易观察到振荡形态的变化，并能清晰地观察和分析熔池表面振动的动态演变过程。

② 全熔透的熔池振荡 图 10.32 显示了焊接时间 t_0 等于 6080ms 时，典型的全熔透振荡熔池表面和几个相应的熔池振荡图像的变化。在电弧等离子体压力消失后，分别在 1ms、4ms、7ms、10ms 处拍摄熔池振荡面的反射图像，熔池的振荡过程如图 10.32 时间轴下方所示。熔池振荡模式和全熔透现象与部分熔透相似。然而，当焊缝完全熔透时，熔池底部的金属也会熔化，从而使熔池底部失去固体金属的支撑。此时，它是由底部熔池中液态金属的表面张力维持的。熔池本身的重量对熔池振荡也有显著的影响。全熔透时熔池振荡的振幅远大于部分熔透时的振幅，熔池振荡的运动也更剧烈。

显然，由于表面张力的影响和底部固体金属缺乏支撑，熔池表面低于工件顶部。当焊接电流从峰值切换到基值电流，使熔池顶部的电弧喷射压力突然消失时，熔池顶部和底部的表面张力将熔池拉回到平衡位置，并以自然频率振荡。振荡过程如图 10.32 所示。由图可见，熔池由下往上逐渐扩大。熔池的形态如图 10.32 所示，相应的图像在 t_0+1ms 至 t_0+10ms 中，振荡过程如前所述为重复的振荡，但熔池振荡的幅度随着液态金属的凝固而减小。在接下来的 40ms 内，熔池振荡过程类似。

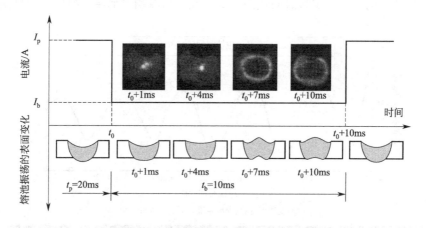

图 10.32 全熔透时熔池振荡表面的变化

由于熔池本身的重量和缺乏底部固体金属的支撑，熔池向下收缩到较低的位置，熔池中心反射的激光点阵逐渐收敛到一个较小的区域，如图 10.32 中的 t_0+1ms 图像所示。图 10.32 中的 t_0+4ms 图像显示，熔池继续收缩，亮度在整个熔池区域中最大。当熔池表面向上扩展时，熔池中心相邻激光点之间的距离逐渐变大。但熔池边缘形状仍可能为凹形，且反射激光点阵收敛。结果，该区域的亮度更大，看起来像一个明亮的圆环，如 t_0+7ms 的图像所示。t_0+10ms 图像中的亮环变大，表明熔池的边缘部分向上扩展。如果熔池继续向上扩展，熔池边缘的凹面会逐渐变平，甚至凸出，然后明亮的圆环会逐渐消失。当电弧喷射压力再次施加在熔池表面的顶部时，由于电弧压力的强制作用，熔池表面向下弯曲至非常低的水平，如图 10.32 中时间轴下方最后一个振荡过程示意图所示。

③ 临界熔透下的熔池振荡 如前所述，当熔透处于部分熔透和完全熔透之间时，溶池振荡动态过程处于临界熔透阶段，如图 10.33 所示，包括 20ms 基值电流时间内的 20 帧。在图 10.33 的 20 幅图像中，振荡熔池表面的最低位置被标记为 "Θ"。从图中可以看出，熔池振荡随符号 "Θ" 的移动而发生的动态变化是明显的。最大振幅和最低振动位置分布如图 10.33 所示。

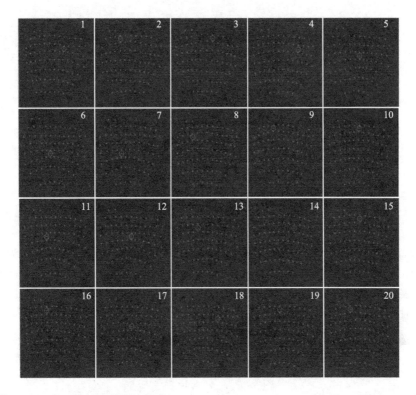

图 10.33 临界熔透下的熔池振荡（$I_p=80\text{A}$，$I_b=20\text{A}$，$f=40\text{Hz}$，$T_b=20\text{ms}$）

图 10.33 表明，熔池表面不像部分熔透和全熔透那样对称和垂直振荡，熔池振荡中心不再固定在熔池中心，而是像水面上的波浪一样不断移动。熔池的行为类似于游泳池中水的摆动或晃动。

图 10.34 显示出了在 20ms 基值电流期间晃动振荡的最大和最小振幅的变化。同样，峰值电流的振幅为 80A，峰值持续时间为 20ms。基值电流的振幅为 20A，持续时间为 20ms。在图 10.34 中，当焊接时间达到 7084ms 时，发生临界熔透过程，并且在基值时间 20ms 后，自然振荡过程被强制停止，因为电弧喷射压力又一次被施加在熔池表面的顶部，这是由脉冲电流产生的。

与部分熔透（图 10.30、图 10.31）和全熔透（图 10.32）相比，临界熔透（图 10.33）的振荡幅度最小，振荡频率不是固定值而是变化的。

在临界熔透过程中，振荡中心是动态变化的。熔池表面形貌与部分熔透和全熔透时相比有明显的突变。熔池的振荡模式与部分熔透和全熔透时的振荡模式也有本质区别。显然，从反射图像中可以清楚地观察到的熔池表面的形貌变化是无法从用于熔池振荡研究的一维电弧电压或弧光信号中获得的。

10.2.3 熔池表面行为演化

（1）熔透与非熔透熔池表面

在瞬时 TIG 焊时，先考虑未熔透熔池的情况。以熔池表面为研究对象，将熔池表面视为可在外力作用下随意变形的空间曲面，如图 10.35 所示。其中变形曲面为气-液界面，将表面划分为若干微元，其中某个微元在 x、y 两个方向的弧长分别为 ds_1、ds_2；曲面半径分

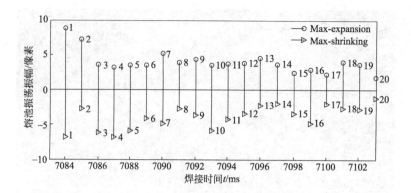

图 10.34 基值电流为 20ms 时晃动振荡的最大和最小振幅变化

别为 R_1、R_2，界面两侧所受的压强为 p_1、p_2。作用于该曲面微元的压力差为（$p_1 - p_2$）$ds_1 ds_2$，在微元两个相对的边 ds_1 上，有两个表面张力均为 γds_1；在微元两个相对边 ds_2 上，有两个表面张力均为 γds_2；以上这些力的夹角分别为 $d\alpha = ds_1/R_1$，$d\beta = ds_2/R_2$。当达到动态平衡时：

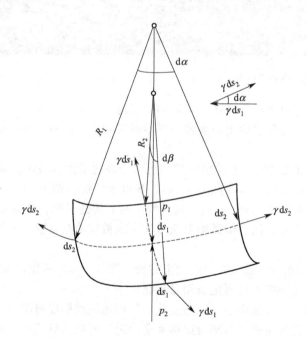

图 10.35 气-液界面上某微元的受力示意图

$$(p_1 - p_2)ds_1 ds_2 = 2\gamma ds_1 \frac{1}{2}\frac{ds_2}{R_2} + 2\gamma ds_2 \frac{1}{2}\frac{ds_1}{R_1} = \gamma\left(\frac{1}{R_1} + \frac{1}{R_2}\right)ds_1 ds_2$$

$$(p_1 - p_2) = \gamma\left(\frac{1}{R_1} + \frac{1}{R_2}\right) \tag{10.21}$$

对于一个空间曲面 $F(x,y,z) = 0$，其曲率为：

$$\frac{1}{R_1} + \frac{1}{R_2} = -\boldsymbol{\nabla}\left(\frac{\boldsymbol{\nabla}F}{|\boldsymbol{\nabla}F|}\right) \tag{10.22}$$

当熔池表面的形状方程为 $z=(x,y)$ 时，则 $F(x,y,z)=\varphi(x,y)-z=0$。有：

$$\frac{\boldsymbol{\nabla} F}{|\boldsymbol{\nabla} F|}=\frac{(\varphi_x,\varphi_y,-1)}{\sqrt{\varphi_x^2+\varphi_y^2+1}}$$

式中，$\varphi_x=\dfrac{\partial\varphi}{\partial x}$；$\varphi_y=\dfrac{\partial\varphi}{\partial y}$。将上式代入式(10.22)有：

$$
\begin{aligned}
\frac{1}{R_1}+\frac{1}{R_2}&=-\left(\frac{\partial}{\partial x}\boldsymbol{i}+\frac{\partial}{\partial y}\boldsymbol{j}+\frac{\partial}{\partial z}\boldsymbol{k}\right)\left(\frac{\varphi_x}{\sqrt{\varphi_x^2+\varphi_y^2+1}}\boldsymbol{i}+\frac{\varphi_y}{\sqrt{\varphi_x^2+\varphi_y^2+1}}\boldsymbol{j}+\frac{-1}{\sqrt{\varphi_x^2+\varphi_y^2+1}}\boldsymbol{k}\right)\\
&=-\frac{\partial}{\partial x}\left(\frac{\varphi_x}{\sqrt{\varphi_x^2+\varphi_y^2+1}}\right)-\frac{\partial}{\partial y}\left(\frac{\varphi_y}{\sqrt{\varphi_x^2+\varphi_y^2+1}}\right)\\
&=-\frac{(1+\varphi_y^2)\varphi_{xx}-2\varphi_x\varphi_y\varphi_{xy}+(1+\varphi_x^2)\varphi_{yy}}{(\varphi_x^2+\varphi_y^2+1)^{3/2}}
\end{aligned}
\tag{10.23}
$$

式中，$\varphi_{xx}=\dfrac{\partial^2\varphi}{\partial x^2}$；$\varphi_{yy}=\dfrac{\partial^2\varphi}{\partial y^2}$；$\varphi_{xy}=\dfrac{\partial^2\varphi}{\partial x\partial y}$。

在熔池表面，电弧压强为 p_a，方向朝下；液态金属的重力为 $\rho g\varphi$，当表面向下凹时，重力是使熔池表面恢复原来形状的力，方向与电弧压力相反。因此，在图 10.35 所示的坐标系中，熔池表面的形状用 $z=\varphi(x,y)$ 表示，根据式 (10.21) 到式 (10.23)，熔池表面曲面应满足方程：

$$p_a-\rho g\varphi+C_1=-\gamma\frac{(1+\varphi_y^2)\varphi_{xx}-2\varphi_x\varphi_y\varphi_{xy}+(1+\varphi_x^2)\varphi_{yy}}{(\varphi_x^2+\varphi_y^2+1)^{3/2}}\tag{10.24}$$

式中，p_a 为电弧压强；g 为液态金属的重力加速度；ρ 为密度；γ 为表面张力系数；C_1 为待定常数。

在焊件熔池表面以外的位置，$\varphi(x,y)=0$。在填充焊丝的情况下，变形前后熔池金属的总体积不变，因此，熔池表面的形状函数 $\varphi(x,y)$ 满足以下约束条件：

$$\iint\limits_{\Omega_1}\varphi(x,y)\,\mathrm{d}x\,\mathrm{d}y=0\tag{10.25}$$

式中，Ω_1 为焊件表面的熔池区域。

当焊件熔透以后，熔池的上、下表面将会同时发生变形，如图 10.36 所示。若熔池上、下表面的形状方程分别为 $z=\varphi(x,y)$，$z=\psi(x,y)$，熔池表面变形的坐标原点分别位于焊件的上、下表面，则焊件熔透后熔池上表面形状满足以下方程：

$$p_a-\rho g\varphi+C_2=-\gamma\frac{(1+\varphi_y^2)\varphi_{xx}-2\varphi_x\varphi_y\varphi_{xy}+(1+\varphi_x^2)\varphi_{yy}}{(\varphi_x^2+\varphi_y^2+1)^{3/2}}\tag{10.26}$$

熔池下表面形状满足以下方程：

$$\rho g(\psi+H-\varphi)+C_2=-\gamma\frac{(1+\psi_y^2)\psi_{xx}-2\psi_x\psi_y\psi_{xy}+(1+\psi_x^2)\psi_{yy}}{(\psi_x^2+\psi_y^2+1)^{3/2}}\tag{10.27}$$

式中，H 为焊件的厚度；C_2 为待定常数。再假设变形前后熔池内金属的体积不变，则上面两式满足下面的约束方程：

$$\iint\limits_{\Omega_1}\varphi(x,y)\,\mathrm{d}x\,\mathrm{d}y=\iint\limits_{\Omega_2}\psi(x,y)\,\mathrm{d}x\,\mathrm{d}y\tag{10.28}$$

式中，Ω_1、Ω_2 分别为熔池区上、下表面熔池区域。若点 (x,y) 在熔池区以外，则有 $\varphi(x,y)=0$，$\psi(x,y)=0$。

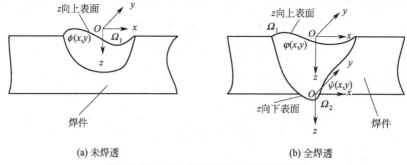

图 10.36   TIG 焊熔池表面变形示意图

在式(10.24)到式(10.27)中，C_1、C_2 为待定常数，其物理意义为除了熔池重力、熔池表面张力、电弧压力以外所有作用于熔池表面的力的总和。在实际计算中，C_1 的计算方法是，在区域 Ω_1 内对式(10.24)积分，并代入式(10.25)中，整理可得：

$$C_1 \iint\limits_{\Omega_1} \mathrm{d}x\,\mathrm{d}y = \iint\limits_{\Omega_1} (-p_a)\,\mathrm{d}x\,\mathrm{d}y - \iint\limits_{\Omega_1} \frac{(1+\varphi_y^2)\varphi_{xx} - 2\varphi_x\varphi_y\varphi_{xy} + (1+\varphi_x^2)\varphi_{yy}}{(\varphi_x^2+\varphi_y^2+1)^{3/2}/\gamma}\,\mathrm{d}x\,\mathrm{d}y$$

$$(10.29)$$

在 Ω_1、Ω_2 区域内分别对式（10.26）、式（10.27）两边进行积分，并代入式（10.28）中，整理可得 C_2 的计算公式：

$$C_2 \left(\iint\limits_{\Omega_1} \mathrm{d}x\,\mathrm{d}y + \iint\limits_{\Omega_2} \mathrm{d}x\,\mathrm{d}y \right)$$

$$= \iint\limits_{\Omega_1} (-p_a)\,\mathrm{d}x\,\mathrm{d}y - \iint\limits_{\Omega_1} \frac{(1+\varphi_y^2)\varphi_{xx} - 2\varphi_x\varphi_y\varphi_{xy} + (1+\varphi_x^2)\varphi_{yy}}{(\varphi_x^2+\varphi_y^2+1)^{3/2}/\gamma}\,\mathrm{d}x\,\mathrm{d}y$$

$$- \rho g \iint\limits_{\Omega_2} (H-\varphi)\,\mathrm{d}x\,\mathrm{d}y - \iint\limits_{\Omega_2} \frac{(1+\psi_y^2)\psi_{xx} - 2\psi_x\psi_y\psi_{xy} + (1+\psi_x^2)\psi_{yy}}{(\psi_x^2+\psi_y^2+1)^{3/2}/\gamma}\,\mathrm{d}x\,\mathrm{d}y \quad (10.30)$$

电弧压力表示为：

$$p_a = \frac{\mu_m I^2}{8\pi^2 \sigma_j^2} \exp\left(-\frac{r^2}{2\sigma_j^2}\right) \quad\quad (10.31)$$

式中，$r = \sqrt{(x-v_0 t)^2 + y^2}$；$\mu_m$ 为真空磁导率；I 为焊接电流；σ_j 为电流分布参数；v_0 为焊接速度；t 为时间。

图 10.37 显示出在不同时刻的熔池中的速度场，其中图（a）是当自由表面在峰值电流周期内处于熔池中的最低点时的速度场，图（b）到图（h）是在熔池中心上升到最高点或下降到最低点时在基值电流的作用下显示出的熔池流场。从图中可以看出，在基值电流的作用下，当自由表面凸起时熔池中的流动方向不同于自由表面凹陷时的流动方向。当熔池是凸的时，液态金属向上流动，这形成了从熔池中心到熔池边缘的流动回路。当熔池是凹的时，流动方向与熔池凸起时的流动方向相反。

图 10.38 显示了工件完全熔透前后的熔池速度场。特别地，图（a）是自由表面在完全熔透之前在最大凹陷 1.872 秒时的流场。图（b）、图（d）和图（f）对应于自由表面在完全熔透后在不同的脉冲周期中达到其最大凹陷度时的流场。在图 10.38 中的其他图中，自由表面处于不同脉冲周期的最大凸出位置。很容易发现，在熔池完全熔透后，整个熔池上下振

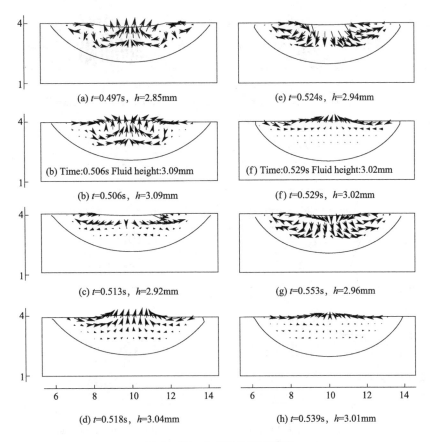

(a) t=0.497s, h=2.85mm

(e) t=0.524s, h=2.94mm

(b) Time:0.506s Fluid height:3.09mm

(b) t=0.506s, h=3.09mm

(f) Time:0.529s Fluid height:3.02mm

(f) t=0.529s, h=3.02mm

(c) t=0.513s, h=2.92mm

(g) t=0.553s, h=2.96mm

(d) t=0.518s, h=3.04mm

(h) t=0.539s, h=3.01mm

图 10.37　全熔透前的速度场

动，使熔池表面位于工件表面的上方或下方。然而，在部分熔透中，当熔池表面位于工件表面的正上方或正下方时，在其他区域，熔池表面可能位于工件表面的正下方或正上方。

通过激光网格反射和数值模拟，研究了 GTA 焊熔池从熔化到全熔透的全过程，可得到以下结论：

① 建立了 GTA 焊接熔池振荡的稳态三维瞬态模型（图 10.39）。所建立的模型与实验和理论结果吻合较好，能够反映实际焊接过程。

② 全熔透前，熔池振荡频率随焊接时间的增加而减小，同时，熔深随着焊接时间的增加而增加。当熔池被完全熔穿时，振荡频率保持不变。

③ 当熔池状态由部分熔透转变为全熔透时，振荡频率迅速降低。当电流从峰值到基值或从基值到峰值变化时，阻尼振动的频率高于电流恒定时的频率。

④ 在相同的焊接工艺和母材厚度下，振荡频率是熔池直径的函数。当熔池直径大于 8.4 mm 时，母材完全熔透。

（2）小孔效应

高能束焊接的能量密度可以达到 $10^9\,W/m^2$ 以上。等离子弧焊接 PAW、激光焊接以及电子束焊接都为高能束焊接。工件部位有热源作用时，受热部位温度会迅速升高，甚至远远高于工件的熔点，达到材料的沸点。同时，在液态金属中，一部分会蒸发成金属蒸气，过高的加热温度使得金属蒸气处于过热状态。液态金属蒸发成为金属蒸气时，会迅速膨胀，最后从焊件表面逸出；处于下面或者周围的液体会产生蒸发反力，导致熔池下凹变形。凹变形的

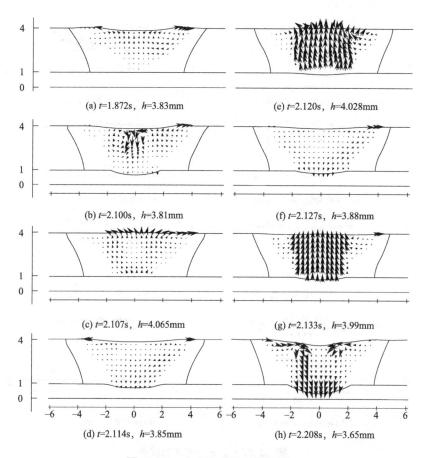

(a) t=1.872s, h=3.83mm

(e) t=2.120s, h=4.028mm

(b) t=2.100s, h=3.81mm

(f) t=2.127s, h=3.88mm

(c) t=2.107s, h=4.065mm

(g) t=2.133s, h=3.99mm

(d) t=2.114s, h=3.85mm

(h) t=2.208s, h=3.65mm

图 10.38 完全熔透前后的速度场

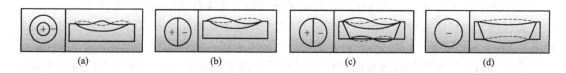

(a)　　　　　　　(b)　　　　　　　(c)　　　　　　　(d)

图 10.39 焊接熔池的数学振荡模型

现象导致更多激光焊产生的光子、电子束焊产生的电子以及等离子弧焊产生的电子和离子持续撞击蒸发，且出现新裸露出的金属表面，新裸露出的金属表面继续被加热蒸发。因此，下凹变形的趋势愈来愈强，最后形成小孔。小孔被液体金属层所包围，小孔内部是金属蒸气。当能量输入足够大时，整个焊件都会被焊穿。图 10.40 显示出小孔快速形成过程中的几个片段。

在等离子弧焊接过程中形成的小孔效应，其物理现象复杂多样。对于等离子弧焊接，在实际焊接的开始阶段，焊枪与焊件都不运动。直到焊件熔透形成小孔，等离子弧才以实际设定的焊接速度相对于焊件运动。同时，熔池和小孔也一起沿焊接方向运动。由于等离子弧的能量密度高以及具有运动极快的等离子流，小孔可以在极短的时间内形成。下面来介绍小孔的形状。

① 轴对称式的小孔 若小孔形状是轴对称几何形状，等离子流在小孔中可视为理想流

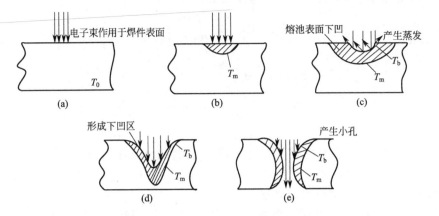

图 10.40 小孔快速形成的过程示意图

体，且在一维方向上。如图 10.41 所示，建立坐标系 (r, z)，设：等离子弧的密度为 ρ_p；速度为 u_p；压强为 P_p；小孔的半径为 r_p，是轴向坐标 z 的函数。再假设小孔中等离子流密度为常数。

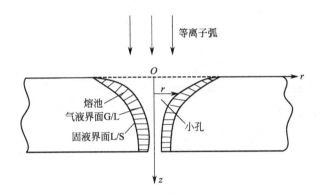

图 10.41 具有轴对称几何形状的小孔示意图

等离子流遵循质量守恒定律：

$$\rho_p u_p \pi r_p^2 = 常数$$

上式两端对 z 求导数：

$$\rho_p \frac{du_p}{dz} \pi r_p^2 + \rho_p u_p \pi 2 r_p \frac{dr_p}{dz} = 0$$

整理可得：

$$r_p \frac{du_p}{dz} + 2 u_p \frac{dr_p}{dz} = 0 \tag{10.32}$$

根据动量守恒定律有：

$$\rho_p \pi r_p^2 dz \left(u_p \frac{du_p}{dz} \right) = \pi r_p^2 \left[P_p - \left(P_p + \frac{dP_p}{dz} \right) \right]$$

令 $\rho_p (\pi r_p^2 u_p) = m$ 为等离子流的流量，可得：

$$m \frac{du_p}{dz} + \pi r_p^2 \frac{dP_p}{dz} = 0 \tag{10.33}$$

在液态金属与等离子弧的界面上，应用 Young-Laplace 方程：

$$P_p - P_L = \gamma \left(\frac{1}{R_1} + \frac{1}{R_2} \right)$$

可得：

$$P_p - \rho g z = -\gamma \left\{ \frac{\dfrac{d^2 r_p}{dz^2}}{\left[1 + \left(\dfrac{dr_p}{dz} \right)^2 \right]^{3/2}} + \frac{\dfrac{dr_p}{dz}}{r_p \left[1 + \left(\dfrac{dr_p}{dz} \right)^2 \right]^{1/2}} \right\} \tag{10.34}$$

根据以上分析，可以得到了式(10.32)、式(10.33)和式(10.34)。这三个方程描述了小孔内等离子弧的行为。对这三个方程联立求解，可以得出三个变量 r_p、u_p、P_p，一旦求得 z 坐标处的 r_p 值，小孔形状就可以确定。

② 任意形状的小孔 在实际的等离子弧焊接过程中，当等离子弧运动时，小孔形状不是轴对称的，而是偏向电弧后方，如图 10.42 所示。建立如图所示的坐标系(x, y, z)。假设在垂直 z 轴的每一个平面内，小孔的断面都是扁椭圆，用三个参数(x_f, x_b, y_b)来描述扁椭圆的形状。这三个参数与小孔的形状有关。如果已知小孔的形状参数 $z = \varphi(x, y)$，则每个断面的这三个参数就确定下来了。垂直于 z 轴的某个平面内扁椭圆的面积：

$$A_p = \pi \varphi(0, y_b) \frac{\varphi(x_f, 0) + \varphi(x_b, 0)}{2} \tag{10.35}$$

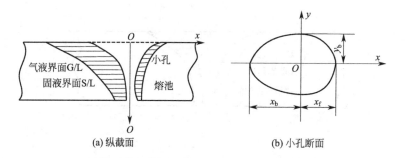

(a) 纵截面　　　　　　(b) 小孔断面

图 10.42　电弧运动时小孔示意图

根据质量守恒原理：$\rho_p A_p u_p = $ 常数。在该式左右两边对 z 求导，可得：

$$u_p \frac{dA_p}{dz} + A_p \frac{du_p}{dz} = 0 \tag{10.36}$$

根据动量守恒原理：

$$\rho_p A_p dz \left(u_p \frac{du_p}{dz} \right) = A_p \left[P_p - \left(P_p + \frac{dP_p}{dz} \right) \right]$$

令 $\rho_p A_p u_p = m$ 为等离子流的流量，则有：

$$m \frac{du_p}{dz} + A_p \frac{dP_p}{dz} = 0 \tag{10.37}$$

在等离子弧与液态金属接触的界面上，有下式成立：

$$P_p - \rho g z = -\gamma \frac{(1 + \varphi_x^2)\varphi_{yy} - 2\varphi_x \varphi_y \varphi_{xy} + (1 + \varphi_y^2)\varphi_{xx}}{(1 + \varphi_x^2 + \varphi_y^2)^{3/2}} \tag{10.38}$$

式(10.35)到式(10.38)构成对小孔形状的完整描述。解方程过程如下：

① 预选 P_p，求解式(10.35)，得出小孔形状函数 $z = \varphi(x, y)$；

② 根据式(10.35)求出 A_p；

③ 根据式(10.36)求出 u_p；

④ 根据式(10.37)求出 P_p；

⑤ 返回①，根据新的 P_p，重新求解式(10.35)，得出小孔新的形状函数 $z=\varphi(x,y)$。重复上述步骤，反复迭代，直至收敛。

10.3 熔池流动行为

在追求高效率、高焊接工艺水平的同时，提高焊接速度可实现工业发展的需求。但随着焊接速度的增加，熔池流动行为也会发生剧烈变化。焊缝中的材料成分的改变也会使熔池流动行为发生变化。焊缝中流体的流动最终影响焊缝的组成、几何形状、结构、焊接接头的物理性能。焊缝周围液态金属的对流和传热也受熔池流动行为的影响，而熔池的对流传热最终决定了焊件的应力分布。同时，熔池中的传质也受熔池流动的影响，而熔池的传质规律直接决定了焊缝金属的元素分布，进而影响焊缝金属的抗腐蚀性能及抗疲劳性能。因此，探究熔池的流动行为对提高焊接质量具有重要的指导意义。

10.3.1 熔池表面流动行为

熔池表面的流体受电磁力、浮力和表面张力等作用力共同作用时，熔池表面会产生流动，其对焊接质量以及焊缝表面的外观形貌有着决定性的作用，也决定了最终的焊缝形状。

（1）TIG焊熔池表面液态金属的流动行为

① 单一金属熔池表面的流动行为 对板厚为3mm的304不锈钢和Q235碳钢进行TIG焊，观测其熔池表面的流动行为，焊接参数如表10.2所示。

⊡ **表 10.2 焊接参数**

基值电流 I_b/A	峰值电流 I_p/A	占空比 I_δ	电压 U/V	焊速 v/(m/min)	弧长 L/mm	焊枪倾角 θ/(°)	气流 Q/(L/min)
40	90	1:9	10	0.20	3	90	1.5

图10.43为所记录的示踪粒子在304不锈钢熔池表面0.25s内的运动情况，图中所标记的白色点 [如图10.43(a)中箭头所指] 即为随熔池流动而运动的示踪粒子。图10.43比较系统地展现了熔池表面的一个示踪粒子从产生到消失的过程中的运动情况。将分帧后0.25s连续时间段内的10张熔池图片叠加于一起，可观察到示踪粒子的连续运动轨迹，便于追踪同一示踪粒子在熔池表面的位置变化情况。图10.43(a)所示的白色区域为熔池。为便于表示，采用示踪粒子起始时刻图片为开始帧，示踪粒子消亡时刻图片为结束帧，并将示踪粒子开始帧、中间帧、结束帧的图片叠加形成一张新的图片，可以发现图10.43(a)中所示的示踪粒子从熔池边缘向熔池中心作逆时针方向旋转运动。

为了进一步研究熔池表面的流动行为，对试验中一个典型的焊接过程中不同时间段的示踪粒子从产生到消失的运动轨迹进行研究，图10.44(b)、图10.44(c)、图10.44(d)分别是在304不锈钢TIG焊过程中典型的示踪粒子运动轨迹，通过分析，它可清晰地反映出示踪粒子在熔池表面的运动情况。从图10.44中可发现在304不锈钢TIG焊过程中示踪粒子都是从熔池边缘到熔池中心作逆时钟方向运动，直至示踪粒子在熔池表面消失。由此可以获得熔池表面示踪粒子的运动模型。

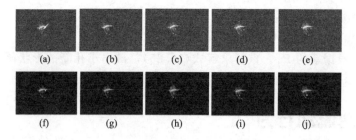

图 10.43　304 不锈钢 TIG 焊时粒子在熔池表面的流动

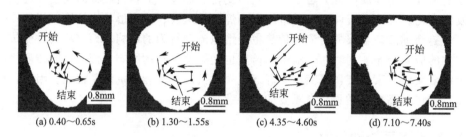

(a) 0.40～0.65s　　(b) 1.30～1.55s　　(c) 4.35～4.60s　　(d) 7.10～7.40s

图 10.44　304 不锈钢熔池表面示踪粒子的运动轨迹

　　图 10.45 为熔池表面示踪粒子的运动模型，从图中可以看出在 304 不锈钢 TIG 焊时，示踪粒子由熔池边缘向熔池中心作逆时针运动。由此可以表明熔池表面的液态金属是从熔池周边以逆时针旋转的方式进入到熔池中心的，其运动轨迹与行为可由图 10.45 清晰地表达出来。

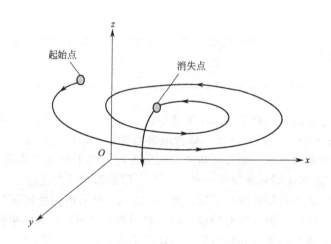

图 10.45　304 不锈钢 TIG 焊示踪粒子运动轨迹的空间示意图

　　图 10.46 所示为 Q235 低碳钢熔池表面 0.13s 内示踪粒子的运动情况。图中所显示的白色区域为熔池，为了表示方便，采用的示踪粒子起始时刻位于熔池边缘。示踪粒子为图 10.46(a) 中箭头所指示的白点。图 10.46 为示踪粒子不同时刻在熔池表面的位置变化情况。将分帧后 0.13s 时间段内的连续五张熔池图片叠加在一起，即得到了示踪粒子在熔池表面的运动轨迹，如图 10.46 所示。从图中可以发现 Q235 低碳钢在 TIG 焊时，示踪粒子一直在熔池边缘运动，不能向熔池中心区域运动。

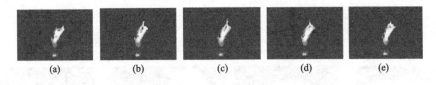

图 10.46　Q235 碳钢熔池表面流动情况

为了深入研究 Q235 低碳钢熔池表面的流动行为，同样研究了一个典型的焊接过程中不同时间区间内示踪粒子在熔池表面生成、运动以及消失的轨迹。如图 10.47（b）、图 10.47（c）、图 10.47（d）所示，可以发现在 Q235 碳钢 TIG 焊时，这些示踪粒子的运动过程基本没有方向性并一直在熔池边缘运动，或者从熔池中心向熔池边缘运动。由图 10.47 可以看出 Q235 碳钢在 TIG 焊时，熔池表面的液态金属是以不规则、不定向的运动轨迹在熔池边缘运动。

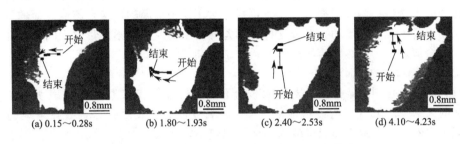

图 10.47　Q235 碳钢 TIG 焊示踪粒子运动轨迹

通过对比 304 不锈钢和 Q235 碳钢 TIG 焊熔池表面的流动行为发现，在相同的焊接参数和焊接方法下，对于不同的焊接材料，其熔池行为有着很大的区别。对于 304 不锈钢，其熔池表面流动方向主要是从熔池边缘向熔池中心流动；而对于 Q235 碳钢，其熔池表面的流动主要是从熔池边缘向熔池中心流动。通过上述分析可得，熔池表面的流动行为与焊件材料的物理性质有关。

目前对 TIG 焊熔池流动行为的研究理论认为，导致熔池流动行为发生变化的最直接原因是表面张力温度梯度系数的改变。当表面张力温度梯度系数由正变为负时，熔池流动由从中心向四周的流动模式变为从四周向中心的流动模式，即由向外流变成向内流。

② 异种金属熔池表面的流动行为　对于异种金属的焊接，因为不同母材在物理和化学性质上存在差异，所以其在保证焊接质量与焊接工艺上存在很大的困难。但对于异种金属或者单一金属而言，焊接过程中的熔池流动会影响最终的焊缝质量。因此，想要获得成形较好的焊缝，关键在于有效地控制熔池流动。

采用示踪粒子在异种金属熔池表面进行定位，通过所获得的示踪粒子在熔池表面的具体像素坐标值，描绘出示踪粒子在熔池表面的运动轨迹。熔池表面液态金属的流场可以用示踪粒子的运动轨迹来表示。为了更加形象地描绘熔池表面液态金属的流场，提取第一个示踪粒子所处的熔池边缘来表示熔池表面液态金属的流场。以焊接 304 不锈钢和 Q235 碳钢为例：图 10.48(a) 为提取的熔池边缘图像，像素为 1280×960；可以将上文所得到的示踪粒子流动轨迹置于横坐标为 1280，纵坐标为 960 的直角坐标系下。将熔池边缘图像与轨迹图像叠加，示踪粒子轨迹图像在 1280×960 坐标系下的位置就是对应的在熔池表面的位置，这样每一个示踪粒子在熔池中的确切的运动轨迹就可以被表示出来，如图 10.48（b）所示。使用相同的方法分别提取焊接 316L 不锈钢和 Q235 碳钢、焊接 304 不锈钢和 316L 不锈钢时示踪粒子在熔池中的运动轨迹,以此来表示异种金属焊接熔池表面的流场,如图 10.48 (c)、图 10.48 (d) 所示。

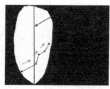

(a) 提取的熔池边缘　　　(b) 304不锈钢/Q235碳钢　　(c) 316L不锈钢/Q235碳钢　　(d) 304不锈钢/316L不锈钢

图 10.48　异种金属熔池表面液态金属的流场

由图 10.48 中可以看出,在 304 不锈钢、316L 钢分别和 Q235 碳钢焊接时,熔池表面的示踪粒子从不锈钢一侧流向碳钢一侧;在 304 不锈钢与 316L 不锈钢焊接时,示踪粒子的运动轨迹在 304 不锈钢一侧。根据以上分析可得,对于异种金属的焊接,熔池表面的示踪粒子随熔池流动出现不规则的流动。造成这种流动差异的主要原因是不同母材之间物理性能的差异使得异种金属之间的传热、传质过程变得异常复杂。

(2)活性剂对熔池表面流动的影响

在没有添加活性剂的条件下,对 SUS304 不锈钢板进行 TIG 焊的结果表明:在椭圆形熔池前部的大部分区域(大约占熔池的 3/4)内温度较高;表面张力系数在熔池的前部为负;表面张力值在温度中心即温度较高的区域内较小,在远离中心区域,其值随温度的降低而增大。表面张力驱使表面液态金属从熔池中心向边缘流动,引起向外的两个涡流,流动方向相反。在椭圆形熔池后部的小部分区域(大约占熔池的 1/4)的温度分布区间,落在 Fe-O 系统特定的区域内,表面张力系数在该区域内由负变正。因此,在此区域内的表面张力系数为正值。中心区域附近的温度较高,表面张力大,而熔池边缘温度低,表面张力小,表面液态金属的流动方向为从熔池边缘流向熔池中心,引起向内的涡流。向内的涡流强度大于向外的涡流强度,两股方向相反的涡流在熔池后方大约 1/4 处相遇,而后改变方向汇合在一起,流向熔池底部,对该部位造成冲击,将热量传递给基体材料,从而加速了该部位的熔化,使得熔池后方的深度达到最大。

图 10.49 为无活性剂时熔池表面的流体流动录像的截取图。该图表明:熔池表面示踪元素颗粒,在流体向外流动的影响下,沿着熔池边缘从前往后移动,始终徘徊在熔池的边缘,没有穿越熔池中央的现象。这表明:熔池表面没有向熔池中央流动的流体存在。不锈钢 A-TIG 焊多组元活性剂 FS12 由氧化物组成,在添加活性剂来对不锈钢进行 TIG 焊时,其熔深可增加 2 倍。活性剂在电弧作用下发生分解,进入熔池中的形式为氧原子,它会偏聚于熔池表面,使表面张力降低。$\partial \gamma / \partial T$ 在氧含量达到一定值后会由负变正,说明表面张力随温度的升高而增大。由于氧含量的影响,xy 面的温度场发生畸变,高温区向中心压缩,从而使熔池中的表面张力温度系数几乎全部变为正,只有在熔池中心很小的范围内依然存在负的表面张力温度系数。表面张力的温度系数为正值时,在熔池表面的固液界面附近,表面张力值最小,在熔池的中心部位最大。熔池表面的液态金属在该驱动力下的流动方式为从熔池边缘向熔池中心流动,引起方向相反两个涡流,都是向内的。向内的涡流使得高温区向中心压缩。方向相反的两个涡流在熔池表面的中心处相遇。在此处,涡流运动方向相同,都向熔池底部流动,同样对该部位造成冲击,将热量传递给基体材料,加速了工件该部位的熔化,使得熔池深度加大。同时在熔池表面上,向内流的流体会减小熔池宽度。表面张力的温度系数

在熔池中心处为负值，在此驱动力下熔池内的液态金属向外流动，驱使流动方向向下的涡流向前运动，从而使熔深最大的部位也向前运动。熔池中流体的这种流动方式形成了窄而深的焊缝形状。

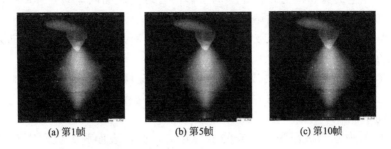

(a) 第1帧　　　　　　(b) 第5帧　　　　　　(c) 第10帧

图 10. 49　无活性剂时熔池表面流体流动（$I=160$A，$L=1$mm，$v=140$mm/min，Ar 流量为 20L/min）

采用钨粒子示踪法，分析耐候钢 A-TIG 焊的电弧形态和熔池表面形态，以及熔池表面的流动行为。图 10.50 为有活性剂时熔池表面的流体流动录像的截取图。分析流体流动的图像可得：示踪粒子在熔池表面的运动轨迹是沿熔池边缘向后运动，经常会以很快的速度穿越熔池中央。通过示踪粒子的运动轨迹，可知在熔池表面的流体有向熔池中心流动的趋势，且熔池表面流体的运动方向相反；在添加活性剂后，流体的流动速度加快。

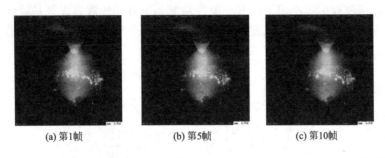

(a) 第1帧　　　　　　(b) 第5帧　　　　　　(c) 第10帧

图 10. 50　有活性剂时熔池表面流体流动（$I=160$A，$L=1$mm，$v=140$ mm/min，Ar 流量为 20L/min）

10. 3. 2　熔池内部流动

（1）熔池金属的对流驱动力

在熔池内部，液态金属也存在着流动。熔池内部流体的流动行为要比熔池表面的复杂得多。造成熔池流动的最主要原因是熔池受到的各种作用力，如浮力、电磁力、剪切应力等。

① 浮力　浮力是由于熔池内部熔化金属存在密度差而产生的一种力。靠近热源的熔池表面中心部分的液态金属温度较高，而远离热源的熔池底部和熔池表面边缘的液态金属的温度则较低。温度升高，液态金属的密度降低，这就导致熔池内部出现密度差而产生浮力。

② 电磁力　熔池内部流动的电流是引起电磁力的主要原因。在焊件上的电流会向电极方向收敛，也向熔池表面的中心处收敛。这个收敛的电流场和它自感产生的电磁场会产生一个方向向内且向下的电磁力。

③ 剪切应力　剪切应力有两种，分别是表面张力梯度引起的剪切力和等离子射流产生的剪切力。

对于表面张力引起的剪切应力，其产生原因是：在焊接过程中，熔池表面存在着温度差，此温度差是中心高温区与固液界面处熔点温度的差值；通常情况下，熔池金属各部位产生的温度差造成了表面张力梯度，从而产生剪切力。

等离子射流产生的剪切应力是由于等离子体沿着熔池表面高速向外移动，而在熔池表面产生的一个剪切应力，其方向指向熔池表面外。

熔池金属流动的趋势大多都是受熔池流动的驱动力所影响的，不同的驱动力所导致的熔池金属的对流方向也有所不同。

图 10.51（a）所示为等离子气流引起的熔池内部金属的对流。等离子体与电弧压力在熔池上的作用形式一样，即使熔池的中心区凹陷下去。在该驱动力下，熔池金属由中心区域向熔池边缘流动。

图 10.51（b）所示为表面张力引起的金属对流，称作表面张力流。表面张力梯度是产生流动的主要原因，熔池中金属的流动方向是从表面张力低的部位流向表面张力高的部位。远离热源的液态金属较冷，有着较高的表面张力。反之，靠近热源的液态金属的表面张力较小。因此就出现了表面张力差，熔池金属向表面张力高的部位流动，也就是由熔池表面中心向四周流动的表面张力流。

图 10.51（c）所示为熔池内部流动着的电流产生的电磁力引起的对流。在电磁力的作用下，液体金属沿着熔池轴线方向向熔池底部流动，同时又沿着熔池边界向上流动。

图 10.51（d）所示为由于熔池内部金属的浮力而产生的对流现象，有与通常的热对流相同的机构。焊接过程中，在熔池内部，温度从电弧下方到固液界面处是持续变化的，这样就会在熔池内部形成空间温度。温度较高的地方，液态金属的密度较低，而密度较高部位受到浮力的作用，其运动方向与重力方向相反。

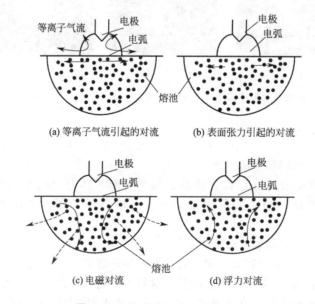

图 10.51　焊接熔池的对流驱动力

对于电弧焊，在这些对流中，以等离子气流引起的对流、表面张力流及电磁对流最为重要。电磁对流在熔池的中心区是向下方流动，在表面上是从熔池边界区向中心区流动。由于熔池表面的温度较高，在平焊时，表面的熔化金属因浮力有留在表面的倾向，这对电磁对流有减弱的作用。熔化金属的表面张力在通常情况下随温度的上升而减小,因此形成从中心区向周边区的流动,仍然是与电磁对流反向。

（2） TIG焊熔池内部流动行为

在TIG焊中,熔池内部受到电磁力、表面张力以及气体剪切力等作用力。表面张力是引起熔池金属流动最主要的驱动力。而流体流动的方向是由表面张力梯度决定的,表面张力温度系数的正负决定了熔池中涡流的流动方向,最终决定了焊缝的形成。电磁力主要驱使熔池金属在熔池中心处先向熔池底部流动,再向熔池边缘流动,从而形成一个从熔池中心到熔池底部,再到熔池边缘,然后又从熔池边缘向熔池中心流动的环流。在此流动方式下,焊缝形状为窄而深。在气体剪切力的作用下,熔池金属在熔池表面从熔池中心向熔池边缘流动,也形成了一个类似电磁力作用下的流动模型,但流动方向相反。

图10.52中的两图分别为SUS304不锈钢板在无活性剂和有活性剂TIG焊时熔池内部金属流体运动录像的截取图。可以看出:在没有添加活性剂的情况下,钨粒子在熔池内部金属刚开始流动时向外跳跃,流动方向为由熔池中心向边缘流动,再从熔池边缘向熔池底部流动,从而形成了顺时针方向流动的涡流。在此涡流内钨粒子旋转了3圈。在添加活性剂后,钨粒子在熔池内部金属刚开始流动时先向下流动,到达熔池底部后再返回,从而形成了以逆时针方向流动的涡流;钨粒子在熔池表面的流动方向是从熔池边缘向熔池中心流动。在此涡流内钨粒子旋转了12圈。对比有无活性剂的情况下钨粒子的运动轨迹,可以发现,在有活性剂的条件下,钨粒子的运动速度要比没有活性剂的条件下的运动速度快（有活性剂时,运动速度可提升大约四倍左右）。

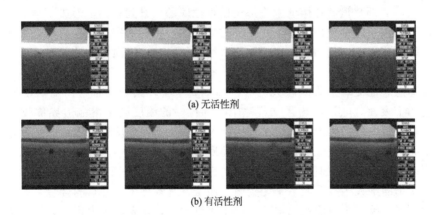

(a) 无活性剂

(b) 有活性剂

图 10.52 X射线观察结果（$I=100A$, $L=1mm$, $v=1.5mm/s$, Ar流量为20L/min）

图10.53为钨粒子在涡流内的运动轨迹示意图。由此可得,在A-TIG焊时,强烈的熔池向内对流是熔深增加的根本原因。

10.3.3 熔池流动对焊接质量的影响

熔池内液态金属的流动对焊接质量有着重要的影响。其基本原因是熔池中熔化金属的流动影响到了材料焊接区的热输送现象及所形成的焊缝形状尺寸。

（1）影响熔池液体金属流动的驱动力

力是使熔池内的液态金属产生流动的根本原因。焊接过程中熔池受到各种力的作用。在TIG焊中,电弧等离子气流从熔池表面流过,对熔池表面产生垂直于液面的压力和沿液面

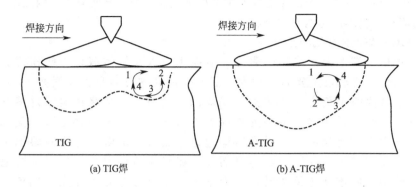

(a) TIG焊   (b) A-TIG焊

图 10.53 钨粒子运动轨迹

的表面剪切力；液态金属的表面张力对温度很敏感，在熔池表面产生表面张力温度梯度；作为焊接回路的一部分，熔池内部流动着焊接电流，焊接电流产生的电磁力能引起液体金属的流动；另外，熔池内各部分熔化金属的温度和密度不同，从而形成浮力流。在 MAG 焊中，从焊丝顶端滴落的熔滴以一定的速度冲击熔池，形成熔滴冲击流动。此外，在高能束焊中，高能束在熔池内部形成穿透的小孔，小孔内高温等离子流会使熔池内的液体金属产生更为复杂的流动。

（2）驱动力对熔池内液态金属的流态及熔池形态的影响

熔池表面有电弧压力或等离子气流作用时，熔池的中心区形成下凹变形，同时又从熔池的中心区向周边区流动，把熔池中心区的液态金属推向熔池周边区域。此后液态金属沿熔池周边下沉至熔池底部，最后在熔池中心部位由熔池底部上升到表面，形成一个对流循环。由于电弧的高温等离子体首先加热位于其正下方熔池中心区的液态金属，因此电弧等离子流所导致的对流循环将不断熔化和扩大熔池周边，结果得到一个浅而宽的熔池，也就是周边熔化型焊缝。

表面张力对熔池流动的影响较大。对于纯金属来说，其表面张力值随温度的升高而减小。在熔池的上表面，电弧加热区（熔池中心部位）的温度高于熔池边界部位的温度，因此，熔池中心部位的表面张力小于熔池周边部位的表面张力。所以在表面张力的作用下，上表面熔池中心的液体向周边流动，下沉至熔池底部后由中心返回液面，形成的流态与电弧等离子气流驱动的对流流态相似。因此，单纯的表面张力驱动对流也会得到周边熔化型焊缝。然而工程中使用的绝大多数金属不是纯金属，而是含有各种杂质元素的合金。大多数的液态金属，当含有氧、硫等表面活性元素时，即使含量微小，其表面张力也会大幅度降低。如铁中加入微量表面活性元素时，相对于活性元素含量的变化，表面张力的变化是很大的。当添加量较高时，表面张力随温度的变化曲线成为直线。此外，当有表面活性元素存在时，表面张力的温度系数会变为正值。其主要原因是随着温度的升高，液体表面上的活性元素含量在逐渐减少。而且最初的表面活性元素含量越高，这种现象就越明显。工程上普遍使用的碳钢（铁硫系或铁氧系）有明显的此类特性。

因此，表面张力所形成的对流受表面张力温度系数的影响。焊接熔池上表面温度分布不均匀，而且焊接材料中的表面活性元素含量不一，致使表面张力流的流态不稳定。随着温度的变化，焊缝形态有可能由周边熔化型焊缝向中心熔化型焊缝变化，或者在二者之间无规律地自由变化。在活性 TIG 焊（A-TIG 焊）中，在焊道前方预先涂覆活性剂，焊缝熔深将增加，原因之一就是表面张力温度系数的影响。

驱动力所引起的熔池内部液态金属的综合流动情况非常复杂，并受焊接工艺、焊接材料等各种因素的影响。总体来说,在 TIG 焊时,以等离子气流引起的对流、表面张力流及电磁对流最为重要。电磁对流在熔池的中心区是向下方流动,在表面上是从熔池边界区向中心区流动。由于熔池表面温度较高,在平焊时,表面的熔化金属因浮力有留在表面的倾向,这对电磁对流有减弱的作用。熔化金属的表面张力在通常情况下随温度的上升而减小,因此形成从中心区向周边区的流动,仍然是与电磁对流反向。小电流焊接时,表面张力流使熔深变浅。在 MIG 焊和 MAG 焊时,熔滴的冲击力对熔池内流体的流态影响较大,通常使液态金属从中心向下流到熔池底部,然后沿周围池壁返回表面,因此容易形成深而窄的焊道。在高焊速 MAG 焊情况下,等离子气流和熔滴冲击引起的流动占主导地位,其将熔池前方的液态金属推向熔池尾部,熔池内部的对流被削弱,熔池尾部的液体金属无法回流至熔池前方,凝固后形成驼峰焊道。

(3)熔池自由表面的变形与焊缝成形

在电弧压力、熔滴冲击力和其他外力的作用下,熔化的液态金属的自由表面要发生变形。周期性下落的熔滴还会引起熔池自由液面的振动和波动。而变形后的熔池表面将进一步改变电弧的热输入模式,从而引起熔池形态的变化。因此,熔池的表面变形对焊缝成形有着重要的影响。

通常,在小电流 TIG 焊情况下,熔池自由表面的变形量极少,忽略这个变形对焊接传热过程的分析影响较小。在大电流 TIG 焊和 MIG 焊、MAG 焊中,尤其是在射流 MAG 焊中,熔池自由表面的变形就不能忽略。特别是在高速 MAG 焊中,熔池自由表面的形状变化很大,更要考虑变形对熔池形态、流体流态的影响。

(4)熔池内流体的流动与焊缝冶金质量

焊接熔池内流体的流动会影响到焊缝中夹杂物和气体的分布。从熔池中心底部向熔池表面的流动会将熔池中的夹杂物或气体带到熔池表面,有利于得到冶金质量高的焊缝。而相反的流态则不利于夹杂物和气体的排出:气体及夹杂物排出量随着温度下降而降低,气泡聚集在熔池的凝固前沿。依赖于流体流动的方式,这些气泡或者被带到熔池底部而残留在凝固的焊缝中,或者被带到熔池表面而逸出。一般情况下,电磁力起主导作用时,有利于气体的逸出。表面张力梯度在凝固前沿使液态金属向下运动,这不利于气泡的逸出。但是,如果通过添加表面活性元素,使表面张力梯度的正负性改变,则流体流动的方向也改变,就有利于气泡的逸出。

10.3.4 咬边及驼峰焊道

(1)咬边

在高速焊接时,随着焊接速度的提升,会伴随出现一些与常规焊接不同的特征。最明显的是焊缝成形的差别,即在高速焊接时会产生咬边的现象。为了避免在高速焊接时出现咬边现象,需对其形成机理进行分析,再从中找出相应的抑制措施。

① 熔池的几何形状 在分析平板堆焊时产生咬边的静力学机理时,需考虑熔深形状。将熔深为 d、熔宽为 W 的熔合线简化成椭圆的一段弧,椭圆在 y 方向上的半轴长为 $b = 2d$;假设熔深形状在整个过程中不受其他因素的影响,并保持不变;在该过程中不考虑过热的液体金属对母材的重熔作用。熔池形状的几何模型如图 10.54 所示。根据几何知识可求出熔合线上距熔池底部高度为 h_s 的点 S 处的宽度 W_s、点 S 处熔合线与水平线的夹角 ϕ、熔化的母材金属截面积 A_b 以及经过点 S 的水平线以下的熔化金属截面积 A_s。

② 液态金属混合物的平衡条件 在考虑母材熔化的情况下,当熔敷金属与已熔化的

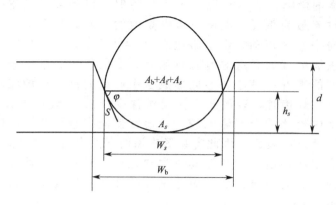

图 10.54 熔池形状的几何模型

母材金属的混合物在重力和表面张力的共同作用下达到平衡时，液态金属达到稳定。假设熔敷金属在焊趾部位首先铺开，这时所确立的三相接触线（焊趾部位）的受力情况是两个角度值：一个是水平线与气液界面的夹角 β，另一个是水平线与熔合线的夹角 φ，如图 10.55 所示。固液界面间的接触角 θ 在给定条件（表面状态、温度、材料等条件一定时）下，是一个比较确定的约束条件。则只有满足下列条件时，焊趾部位的受力才会达到平衡：

$$\beta + \varphi = \theta \tag{10.39}$$

若上式不成立，则会出现以下两种情况：

① $\beta + \varphi > \theta$。在此条件下，焊趾部位所受到的合力的方向是指向熔池外的，在该情况下液体向外展开，不会出现咬边现象，如图 10.55（a）所示。

② $\beta + \varphi < \theta$。与上述情况相反，合力方向指向熔池，三相接触线将向熔池内部移动，同时熔化的母材金属向中间聚集，$\beta + \varphi$ 的值不断增大，直到满足式（10.39）时达到平衡，如图 10.55（b）中虚线所示。这样就形成了咬边，如图 10.55（b）所示。

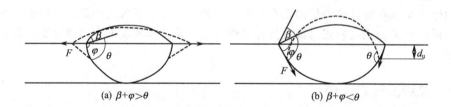

(a) $\beta + \varphi > \theta$ (b) $\beta + \varphi < \theta$

图 10.55 熔敷金属液体在熔池边缘的受力与运动趋势

③ 确定平衡位置的算法　由上面的分析可知，在考虑熔池形状的情况下，只要确定了一定的截面积的液态金属，就可以求解液态金属的平衡方程。但要注意的是，此时的面积和平板表面积不同，因为液态金属会向熔池中心聚集，使三相接触线与母材表面分开。在这种情况下就要考虑熔池中心聚集的部分熔化母材的重力作用。若熔化母材的截面积为 A_b，熔敷金属的截面积为 A_f，则液态金属总的截面积为 $A_b + A_f$。当三相接触线位于熔合线上的任一点 S 时，S 点水平线以上的液态金属的重力需要表面张力来维持，这部分液体截面积为 $A_b + A_f - A_s$，如图 10.54 所示。因此，为通过 Young-Laplace 方程求解此时的 β，需要引入以下边界条件：

$$A = A_b + A_f - A_s \tag{10.40}$$

$$W=W_s \qquad\qquad (10.41)$$

式中，A_s 和 W_s 的定义如图 10.54 所示。焊缝咬边如图 10.56 所示

由于底部宽度 W 在液体截面积一定时是底角 β 的单调递减函数，所以可以根据式（10.40）和式（10.41）的两个边界条件，采用迭代算法计算 β 的值。若所求的结果满足式（10.39），则液态金属达到平衡。此时咬边的深度和宽度以及焊道长度、顶部曲率和底部宽度等焊道的形状参数可以求得。通过以上分析可得：

① 平板堆焊时出现咬边的机理，可以通过考虑熔池形状的液态金属的流体静力学模型来解释；

② 增大熔宽和接触角可增大焊缝咬边的倾向，而单位时间内熔敷金属的含量增大，咬边倾向相对减小；

③ 调整焊丝和保护气体的成分、采用与大电流匹配的电压进行焊接可以减小咬边倾向。

（2）驼峰焊道

在 TIG 焊热和力耦合的作用下，固态金属发生熔化并形成凹陷，熔池金属随着耦合热力的向前移动而逐渐向熔池尾部移动；熔池尾部的金属由于离热源较远，在来不及回流的情况下凝固，在熔池尾部形成凸起。

对于在 TIG 焊中形成的驼峰焊道，可通过示踪粒子法观察其在形成过程中的流动行为。在高速运动热源的作用下，示踪粒子进入熔池，且受到各种作用力的共同作用；在开始阶段随液态金属运动到熔池后方区域，使得熔池高于其他部位，示踪粒子在此区域内做左旋转运动，当电弧热的热量不能使运动到熔池后方的液态金属维持液态

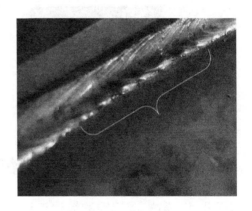

图 10.56　焊缝咬边

时，随着这部分液态金属的凝固，示踪粒子会留在这部分凸起的焊缝中，此时会产生驼峰缺陷。示踪粒子的运动轨迹如图 10.57 所示。

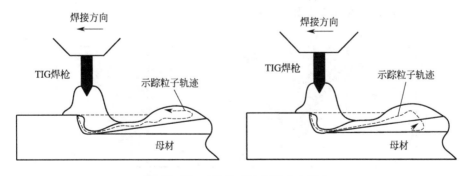

图 10.57　示踪粒子运动模式示意图

电弧压力在 TIG 焊中呈高斯分布，其作用力的方向是指向熔池上方。当熔池金属所受的电弧压力大于其静电力时，熔池金属在电弧压力的作用下会产生凹陷，造成熔池表面的液态金属薄层出现下塌变形，熔池表面在热流分布和电弧压力的共同作用下产生下凹和凸起。位于熔池前部的液态金属受电弧压力的作用被推向熔池的后部，使得熔池后部凸起，前部凹

陷。熔池内的液态金属在凝固之后，表层分子的一部分粒子位于驼峰中，另一部分位于焊缝中间。熔池中液态金属在热和力的作用下并不只是在表面流动。熔池所受到的电弧热在移动较快的耦合热力下分散较快，液态金属将出现提前凝固的现象。熔池后部由于散热速度较快，这部分液态金属会首先凝固；由于这部分金属位于加热区域，所以会使熔池温度迅速降低。图 10.58 为热力耦合作用下的液态金属流动示意图，图 10.59 为试验中拍摄的驼峰焊道。

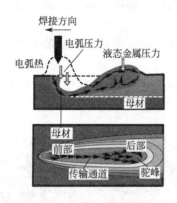

图 10.58 热力耦合作用下的液态
金属流动示意图

图 10.59 驼峰焊道示意图

10.4 深熔焊的熔池流动特征

10.4.1 激光深熔焊的熔池流动特征

在激光深熔焊中，表面张力对熔池的流动具有很重要的作用。表面张力的大小受温度的影响，同时，表面温度梯度和温度系数也会影响表面张力的大小。对于一般的纯金属及合金而言，表面张力的温度系数呈负值。而对于激光深熔焊熔池而言，在匙孔附近液态金属的温度较高，则表面张力较小；远离匙孔区域温度较低，因此表面张力大。所以熔池中流体的流动方向为由匙孔向熔池边缘流动，如图 10.60 所示。

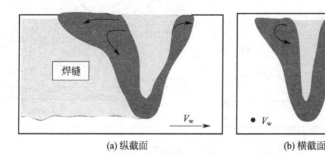

(a) 纵截面　　　　　　　　　　(b) 横截面

图 10.60 表面张力对熔池流动的影响

在激光深熔焊焊接过程中，位于匙孔内部的等离子体蒸气具有较大压力，其在离开匙孔并向熔池后方喷射的过程中会对匙孔后壁和后部熔池产生摩擦力。在该摩擦力的作用下，熔池金属流向熔池后部，使熔池的长度增加。图 10.61 为激光深熔焊中蒸气摩擦力对熔池流体流动的影响示意图。

在激光焊熔池中，由于存在温度和密度的不同，因此液态金属的浮力不同，这将影响熔池中液态金属的流动。浮力作为体积力，会对整个熔池体积范围的流动产生影响。在纯浮力作用下，熔池流体由近匙孔区域流向熔池边缘，如图 10.62 所示。

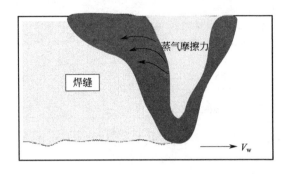

图 10.61　蒸气等离子体摩擦力对熔池流动的影响

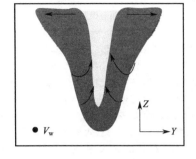

图 10.62　浮力对熔池流动的影响

10.4.2　深熔焊工艺对熔池流动的影响

① 焊接速度 V_w 对熔池流场的影响　V_w 影响流体流动的原因有：表面张力随温度梯度的变化而变化，而熔池上表面的温度梯度随 V_w 增加而减小，导致熔池中的热毛细作用逐渐减弱，减小了表面张力的差值，从而使对流强度减弱；焊接热输入随 V_w 增加而减小，流体的比热容 c_p 降低，单位质量的流体所吸收的热量减少，从而使熔池温度降低，使流体黏度 μ 增加，流体流动的速度减慢，强度降低；熔池内部热导率 k 将随温度的降低而逐渐升高，使得流体间热传输速率增加，温度梯度减小，对流减小；随 V_w 增加，熔池的温度降低，流体密度增加，使得热浮力减小，流体上浮不明显；随 V_w 增加，匙孔前端区域的金属被激光束照射快速气化。激光作用前端越窄，流体向熔池下部和后部区域的流动趋势越大。

② 预热温度对熔池流场的影响　熔池的流动受温度梯度的影响：对于流体流速，流体对流的速度随温度梯度的增大而增加；对于熔池尺寸，熔深、熔宽、匙孔半径都随温度梯度的增大而减小。通过分析认为导致这种变化的原因是温度梯度造成的表面张力差，但流体流动方式受温度梯度的影响较小。流体流动除了受温度梯度的影响之外，材料的热物理性能和流体驱动力也会影响流体流动。

③ 材料热物理性能对熔池流动的影响　熔池中温度梯度和流体温度在不同的预热温度和焊接速度下会出现变化。这种变化会对材料的热物理性能造成影响，从而影响材料对激光的吸收和传输能力，影响熔池内部流体的流动。

通常，随着温度的升高，金属导体材料的热导率 λ 会下降。原因有两方面：一方面，随温度升高，金属材料的电阻率增大，电子的传热减少；另一方面，温度升高会提高晶格振动的频率，声子的导热能力也会下降。当金属材料的热导率 λ 降低时，熔池内流体间的热传输减弱，熔池内的温度更加集中，流体对流随温度梯度的增大而加强。流体黏度 μ 随温度的增加而减小：当熔池中热输入增加时，流体温度升高，黏度减小，流体流动性增强。一般情况下，随着温度的升高，金属材料的比热容 c_p 增大。

参考文献

[1] 杨春利,林三宝. 电弧焊基础[M]. 哈尔滨:哈尔滨工业大学出版社,2003.

[2] 武传松. 焊接热过程与熔池形态[M]. 北京:机械工业出版社,2008.

[3] 安藤宏平,长谷川光雄. 焊接电弧现象[M]. 施雨湘,译. 北京:机械工业出版社,1985.

[4] LANCASTER J F. The Physics of welding[M]. Oxford:Pergamon press,1984.

[5] 朱建国,郑文琛,郑家贵,等. 固体物理学[M]. 北京:科学出版社,2005.

[6] 马腾才,胡希伟,陈银华. 等离子体物理原理[M]. 北京:中国科学技术出版社,2012.

[7] CHEN F F. 等离子体物理学导论[M]. 林光海,译. 北京:人民教育出版社,1980.

[8] 菅井秀郎. 等离子体电子工程学[M]. 张海波,张丹,等译. 北京:科学出版社,2002.

[9] 弗尔曼. 低温等离子体[M]. 邱励俭,译. 北京:科学出版社,2011.

[10] 许根慧,等. 等离子体技术与应用[M]. 北京:化学工业出版社,2006.

[11] ALLAN J,MICHAEL A. 等离子体放电与材料工艺原理[M]. 蒲以康,译. 北京:电子工业出版社,2018.

[12] 过增元,赵文华. 电弧和热等离子体[M]. 北京:科学出版社,1986.

[13] 张三慧. 大学物理热学[M]. 北京:清华大学出版社,1999.

[14] 陈钦生. 大学物理[M]. 北京:科学出版社,2002.

[15] 王祖源. 大学物理[M]. 北京:机械工业出版社,2002.

[16] 姜焕中. 电弧焊及电渣焊[M]. 北京:机械工业出版社,1988.

[17] 杨文杰. 电弧焊方法及设备[M]. 哈尔滨:哈尔滨工业大学出版社,2007.

[18] 王其平. 电器电弧理论[M]. 北京:机械工业出版社,1982.

[19] 中国机械工程学会焊接学会. 焊接手册 焊接方法及设备:第1卷[M]. 北京:机械工业出版社,2001.

[20] 斯红. 基于标准温度法TIG电弧温度场诊断技术研究[D]. 上海:上海交通大学,2013.

[21] 于全芝,李玉同,张杰. Thomson散射诊断技术的新进展[J]. 物理,2004(06):61-66.

[22] 李桓,陈埒涛,宋永伦,等. 焊接电弧激光诊断技术的新进展[C]. 第十一次,全国焊接会议,2005:237-241.

[23] 张志强,张国钢,郏爽,等. 发射光谱法测量空气直流电弧温度分布与电子密度[J]. 电器与能效管理技术,2016(22):57-60.

[24] 蒋凡,李元锋,陈树君. 焊接电弧监测技术研究现状及展望[J]. 机械工程学报,2018(2):16-26.

[25] 杨运强,宋永伦,李俊岳. 铝焊接电弧物理特性的研究[J]. 湘潭大学自然科学学报,1995(02):107-110.

[26] 孙俊生,武传松. 熔池表面形状对电弧电流密度分布的影响[J]. 物理学报,2000(12):2427-2432.

[27] 贾昌申,肖克民,刘海侠,等. 直流TIG电弧的电流密度研究[J]. 西安交通大学学报,1994(04):32-37.

[28] 陈树君,陶东波,白韶军,等. 电弧电流密度和电弧压力测量技术研究现状[J]. 焊接,2010(04):37-42,105.

[29] 陶东波,陈树君,白韶军,等. 基于分裂阳极法的电弧电流和电弧力的联合测试系统[J]. 电焊机,2011(05):19-22,34.

[30] 孙明. 触头弧根瞬时电流密度的测量[J]. 高压电器,1996(01):23-25.

[31] 蒋启祥,邹怡蓉,都东. 基于图像分析的焊接电弧空间电流密度分布测量[J]. 焊接学报,2016(8):101-104.

[32] 李渊博. 绝缘片约束TIG电弧的静电探针分析及其在超窄间隙中的加热特性[D]. 兰州:兰州理工大学,2013.

[33] 李渊博,朱亮. 低扰动静电探针对TIG电弧载流区的分析[J]. 焊接学报,2011(8):69-72.

[34] 梅林,沈风刚,王裕文,等. 立向下焊焊接熔池表面温度场分布的红外热像法测定[J]. 焊接,1999(2):22-24.

[35] 李为杜. 红外检测技术基本原理及应用[J]. 施工技术,1998(11):36.

[36] 朱胜,任智强,殷凤良,等. 水冷铜阳极法测量阳极等离子电弧力径向分布[J]. 中国表面工程,2010(05):86-89.

[37] 殷凤良. 等离子弧焊接过程的数值模拟[D]. 天津:天津大学,2007.

[38] 王宗杰. 熔焊方法及设备[M]. 北京:机械工业出版社,2007.

[39] 郑宜庭,黄石生. 弧焊电源[M]. 北京:机械工业出版社,1999.

[40] 黄石生. 弧焊电源及其数字化控制[M]. 北京:机械工业出版社,2016.

[41] 朱正行,杨君仁,倪纯珍. 钨极氩气保护电弧焊电弧行为的研究[J]. 焊接学报,1984(01):39-44,71-74.

[42] 赵红星,王国庆,宋建岭,等. 氦弧与氩弧电弧特性对比研究[J]. 机械工程学报,2018(8):137-143.

[43] 周政. 2219铝合金钨极氦弧焊电弧特性及熔池形态数值模拟[D]. 哈尔滨:哈尔滨工业大学,2017.

[44] 王宝,宋永伦. 焊接电弧现象与焊接材料工艺性[M]. 北京:机械工业出版社,2012.

[45] 李鹤岐,李爱玲,肖果明．等速送丝—恒流 MIG 焊电源的研制及工艺试验[J]．焊接学报,1984（01）:19-30,61-64.

[46] 杨文艳．磁控高效 GMAW 焊接工艺试验研究[D]．兰州:兰州理工大学,2019.

[47] 许芙蓉．GMA 焊接工艺参数对焊接烟尘产生影响的研究[D]．天津:天津大学,2008.

[48] 李亚江．先进焊接/连接工艺[M]．北京:化学工业出版社,2015.

[49] 杨超．磁控 MIG/MAG 焊熔滴过渡行为研究[D]．南昌:南昌航空大学,2014.

[50] 王艳芳,赵征,杨新华．CMT 冷金属过渡焊接技术动态研究[J]．焊接技术,2018,047（03）:6-10.

[51] 冬壮．缆式焊丝 TIG-MIG 复合焊电弧行为及熔滴过渡研究[D]．镇江:江苏科技大学,2018.

[52] 孔海旺,李科,王金波,等．CO_2 气体保护焊熔滴过渡与飞溅的研究[J]．热加工工艺,2017（11）:243-245.

[53] 郑佳,李亮玉,钟蒲,等．双丝三电弧焊中熔滴过渡及焊缝成形机理[J]．焊接学报,2019,40（7）:31-36,162.

[54] 何双,陈辉,曹鑫宇,等．激光-MAG 复合焊接不同空间位置下熔滴形态及焊缝形貌特征[J]．热加工工艺,2018（17）:76-80.

[55] 许贞龙．YAG 激光–MIG 电弧复合焊热源相互作用及熔滴过渡研究[D]．天津:天津大学,2010.

[56] 陈超,范成磊,林三宝,等．GMAW 短路过渡过程的二次引弧现象[J]．焊接学报,2018,39（12）:13-16,133.

[57] 王怀利．低碳钢 MAG 焊熔滴过渡分析[D]．石家庄:河北科技大学,2018.

[58] 卢宜．基于电弧声信号的 MIG 焊熔滴过渡类型识别[D]．南昌:南昌航空大学,2017.

[59] 孙咸．埋弧焊电弧空腔行为及其影响[J]．电焊机,2018,48（10）:8-14.

[60] 胡礼木．材料成形原理[M]．北京:机械工业出版社,2005.

[61] 方洪渊,等．焊接结构学[M]．北京:机械工业出版社,2008.

[62] 陈怀逸,王伟明,Dal M,等．激光焊接中温度测量方法的对比[J]．机电一体化,2015,21（10）:23-27,48.

[63] 兰虎,张华军,田小林,等．一种新型的窄间隙焊接温度场测量方法[J]．焊接学报,2018,39（2）:110-114.

[64] 雷玉成,朱彬,王健,等．钨极氩弧焊温度场三维动态模拟及红外测温[J]．江苏大学学报（自然科学版）,2008（04）:38-41.

[65] 王新鑫．电弧辅助活性剂焊电弧熔池耦合行为研究[D]．兰州:兰州理工大学,2014.

[66] 于永龙．TIG 焊接过程中的熔池三维表面演化行为研究[D]．兰州:兰州理工大学,2017.

[67] 王志江,张广军,张裕明,等．非熔化极气体保护焊接熔池表面形貌三维传感及其装置设计[J]．机械工程学报,2008,44（10）:300-303.

[68] 顾网平,万文,熊震宇,等．基于双视觉的窄间隙焊熔池特征分析[J]．焊接技术（2）:5,20-22.

[69] 李来平,林涛,陈善本,等．基于由阴影恢复形状法的焊接熔池表面高度获取[J]．上海交通大学学报,2006,40（6）:898-901.

[70] 赵亮强,王继峰,林涛,等．铝合金 GTAW 熔池振荡模型分析[J]．上海交通大学学报,2010（1）:92-94.

[71] HUANG J K,YANG M H,CHEN J S,et al. The oscillation of stationary weld pool surface in the GTA welding[J]. Journal of Materials Processing Technology,2018,256:57-68.

[72] 孙天亮．TIG 焊熔池流动行为的试验研究[D]．兰州:兰州理工大学,2016.

[73] 杨茂鸿．旁路耦合微束等离子三维焊接数值研究[D]．兰州:兰州理工大学,2017.

[74] 黄健康,孙天亮,樊丁,等．TIG 焊熔池表面流动行为的研究[J]．机械工程学报,2016,52（18）:31-36.

[75] 张瑞华,尹燕,水谷正海,等．活性剂钨极惰性气体保护电弧焊接熔池行为的观察[J]．机械工程学报,2009,45（3）:115-123.

[76] 冯雷,陈树君,殷树言．高速焊接时焊缝咬边的形成机理[J]．焊接学报,1999,20（1）:16-21.

[77] 张芙蓉．激光深熔焊过程熔池流动特性数值模拟与分析[D]．哈尔滨:哈尔滨工业大学,2014.

[78] CHAN C L,MAZUMDER J,CHEN M M. Three-dimensional axisymmetric model for convection in laser-melted pools[J]. Materials Science and Technology,1987,3（4）:306-311.

[79] 陈彬斌．电子束熔丝沉积快速成形传热与流动行为研究[D]．武汉:华中科技大学,2013.

[80] 王厚勤,张秉刚,王廷,等．电子束定点焊接 304 不锈钢熔池流动行为数值模拟[J]．焊接学报,2016,37（03）:61-65,135.

[81] 何笑英．基于结构激光的 TIG 焊熔池三维表面演化行为研究[D]．兰州:兰州理工大学,2016.

[82] 黄祖良．矢量分析与张量分析[M]．上海:同济大学出版社,1989.

[83] 黄宝宗．张量和连续性介质力学[M]．北京:冶金工业出版社,2012.

[84] DANIEL F. 麦克斯韦方程直观[M]．唐璐,等译．北京:机械工业出版社,2013.

[85] 高家锐．动量、热量、质量传输原理[M]．重庆:重庆大学出版社,1987.

[86] 王洪伟．我所理解的流体力学[M]．北京:国防工业出版社,2019.

[87] 庄礼贤. 流体力学[M]. 北京: 中国科学技术大学, 2009.

[88] 杜文玉. 复杂 TIG 电弧多物理声全耦合数值分析[D]. 兰州: 兰州理工大学, 2014.

[89] 韩日宏. 旁路耦合电弧焊热物理过程研究[D]. 兰州: 兰州理工大学, 2012.

[90] 冷雪松, 张广军, 吴林. 双钨极氩弧焊耦合电弧压力分析[J]. 焊接学报, 2006, 27 (9): 13-16.

[91] HSU K C, ETEMADI K, PFENDER E. Study of the free-burning high-intensity argon arc[J]. Journal of Applied Physics, 1983, 54 (3): 1293.

[92] HSU K C, PFENDER E. Two-temperature modeling of the free-burning, high-intensity arc[J]. Journal of Applied Physics, 1983, 54 (8): 4359-4366.

[93] CHOO R T C, SZEKELY J, WESTHOFF R C. On the calculation of the free surface temperature of gas-tungsten-arc weld pools from first principles: Part I. modeling the welding arc[J]. Metallurgical and Materials Transactions B, 1992, 23 (3): 357-369.

[94] ZHANG G, XIONG J, HU Y. Spectroscopic diagnostics of temperatures for a non-axisymmetric coupling arc by monochromatic imaging[J]. Measurement Science and Technology, 2010, 21 (10): 105502.

[95] 黄健康. 铝合金脉冲 MIG 焊过程多信息分析及解耦控制[D]. 兰州: 兰州理工大学, 2010.

[96] 黄健康, 石玗, 卢立晖, 等. 脉冲 MIG 焊建模仿真分析及弧长控制[J]. 机械工程学报, 2011, 47 (4): 37-41.